总主编 伍 江 副总主编 雷星晖

叶蔚 张旭 著

新风对室内建材污染物控制的基础研究

A Preliminary Ventilation Rate Study based on Volatile Organic Compound Concentrations Emitted from Building Materials

内 容 提 要

室内通常存在多种污染源影响室内人员健康。在办公建筑、住宅等人员密度相对比较低的人居环境中，可以认为建筑装饰装修材料、家具等为主要污染源。本书以加拿大国家研究委员会建材VOC散发数据库(NRC数据库)为基础数据，通过理论分析、实验研究、数值模拟等方法，探讨了基于稀释多建材共存场景中气相VOC浓度的新风量指标的计算方法。

本书适合相关专业科研人员阅读。

图书在版编目(CIP)数据

新风对室内建材污染物控制的基础研究 / 叶蔚，张旭著.
—上海：同济大学出版社，2017.8
(同济博士论丛 / 伍江主编)
ISBN 978-7-5608-7002-1

Ⅰ.①新… Ⅱ.①叶… ②张… Ⅲ.①室内空气—空气污染控制—研究 Ⅳ.①X51

中国版本图书馆CIP数据核字(2017)第093843号

新风对室内建材污染物控制的基础研究

叶 蔚 张 旭 著

出 品 人 华春荣 责任编辑 张崇豪 熊磊丽
责任校对 徐春莲 封面设计 陈益平

出版发行 同济大学出版社 www.tongjipress.com.cn
(地址：上海市四平路1239号 邮编：200092 电话：021-65985622)
经 销 全国各地新华书店
排版制作 南京展望文化发展有限公司
印 刷 浙江广育爱多印务有限公司
开 本 787 mm×1 092 mm 1/16
印 张 19.75
字 数 395 000
版 次 2017年8月第1版 2017年8月第1次印刷
书 号 ISBN 978-7-5608-7002-1

定 价 92.00元

“同济博士论丛”编写领导小组

组　　长：杨贤金　钟志华

副 组 长：伍　江　江　波

成　　员：方守恩　蔡达峰　马锦明　姜富明　吴志强
徐建平　吕培明　顾祥林　雷星晖

办公室成员：李　兰　华春荣　段存广　姚建中

“同济博士论丛”编辑委员会

总 序

在同济大学110周年华诞之际，喜闻“同济博士论丛”将正式出版发行，倍感欣慰。记得在100周年校庆时，我曾以《百年同济，大学对社会的承诺》为题作了演讲，如今看到付梓的“同济博士论丛”，我想这就是大学对社会承诺的一种体现。这110部学术著作不仅包含了同济大学近10年100多位优秀博士研究生的学术科研成果，也展现了同济大学围绕国家战略开展学科建设、发展自我特色，向建设世界一流大学的目标迈出的坚实步伐。

坐落于东海之滨的同济大学，历经110年历史风云，承古续今、汇聚东西，秉持“与祖国同行、以科教济世”的理念，发扬自强不息、追求卓越的精神，在复兴中华的征程中同舟共济、砥砺前行，谱写了一幅幅辉煌壮美的篇章。创校至今，同济大学培养了数十万工作在祖国各条战线上的人才，包括人们常提到的贝时璋、李国豪、裘法祖、吴孟超等一批著名教授。正是这些专家学者培养了一代又一代的博士研究生，薪火相传，将同济大学的科学研究和学科建设一步步推向高峰。

大学有其社会责任，她的社会责任就是融入国家的创新体系之中，成为国家创新战略的实践者。党的十八大以来，以习近平同志为核心的党中央高度重视科技创新，对实施创新驱动发展战略作出一系列重大决策部署。党的十八届五中全会把创新发展作为五大发展理念之首，强调创新是引领发展的第一动力，要求充分发挥科技创新在全面创新中的引领作用。要把创新驱动发展作为国家的优先战略，以科技创新为核心带动全面创新，以体制机制改革激发创新活力，以高效率的创新体系支撑高水平的创新型国家建设。作为人才培养和科技创新的重要平台，大学是国家创新体系的重要组成部分。同济大学理当围绕国家战略目标的实现，作出更大的贡献。

大学的根本任务是培养人才，同济大学走出了一条特色鲜明的道路。无论是本科教育、研究生教育，还是这些年摸索总结出的导师制、人才培养特区，“卓越人才培养”的做法取得了很好的成绩。聚焦创新驱动转型发展战略，同济大学推进科研管理体系改革和重大科研基地平台建设。以贯穿人才培养全过程的一流创新创业教育助力创新驱动发展战略，实现创新创业教育的全覆盖，培养具有一流创新力、组织力和行动力的卓越人才。“同济博士论丛”的出版不仅是对同济大学人才培养成果的集中展示，更将进一步推动同济大学围绕国家战略开展学科建设、发展自我特色、明确大学定位、培养创新人才。

面对新形势、新任务、新挑战，我们必须增强忧患意识，扎根中国大地，朝着建设世界一流大学的目标，深化改革，勠力前行！

万　钢

2017 年 5 月

论丛前言

承古续今，汇聚东西，百年同济秉持“与祖国同行、以科教济世”的理念，注重人才培养、科学研究、社会服务、文化传承创新和国际合作交流，自强不息，追求卓越。特别是近20年来，同济大学坚持把论文写在祖国的大地上，各学科都培养了一大批博士优秀人才，发表了数以千计的学术研究论文。这些论文不但反映了同济大学培养人才能力和学术研究的水平，而且也促进了学科的发展和国家的建设。多年来，我一直希望能有机会将我们同济大学的优秀博士论文集中整理，分类出版，让更多的读者获得分享。值此同济大学110周年校庆之际，在学校的支持下，“同济博士论丛”得以顺利出版。

“同济博士论丛”的出版组织工作启动于2016年9月，计划在同济大学110周年校庆之际出版110部同济大学的优秀博士论文。我们在数千篇博士论文中，聚焦于2005—2016年十多年间的优秀博士学位论文430余篇，经各院系征询，导师和博士积极响应并同意，遴选出近170篇，涵盖了同济的大部分学科：土木工程、城乡规划学(含建筑、风景园林)、海洋科学、交通运输工程、车辆工程、环境科学与工程、数学、材料工程、测绘科学与工程、机械工程、计算机科学与技术、医学、工程管理、哲学等。作为“同济博士论丛”出版工程的开端，在校庆之际首批集中出版110余部，其余也将陆续出版。

博士学位论文是反映博士研究生培养质量的重要方面。同济大学一直将立德树人作为根本任务，把培养高素质人才摆在首位，认真探索全面提高博士研究生质量的有效途径和机制。因此，“同济博士论丛”的出版集中展示同济大学博士研究生培养与科研成果,体现对同济大学学术文化的传承。

"同济博士论丛"作为重要的科研文献资源,系统、全面、具体地反映了同济大学各学科专业前沿领域的科研成果和发展状况。它的出版是扩大传播同济科研成果和学术影响力的重要途径。博士论文的研究对象中不少是"国家自然科学基金"等科研基金资助的项目,具有明确的创新性和学术性,具有极高的学术价值,对我国的经济、文化、社会发展具有一定的理论和实践指导意义。

"同济博士论丛"的出版,将会调动同济广大科研人员的积极性,促进多学科学术交流、加速人才的发掘和人才的成长,有助于提高同济在国内外的竞争力,为实现同济大学扎根中国大地,建设世界一流大学的目标愿景做好基础性工作。

虽然同济已经发展成为一所特色鲜明、具有国际影响力的综合性、研究型大学,但与世界一流大学之间仍然存在着一定差距。"同济博士论丛"所反映的学术水平需要不断提高,同时在很短的时间内编辑出版 110 余部著作,必然存在一些不足之处,恳请广大学者,特别是有关专家提出批评,为提高同济人才培养质量和同济的学科建设提供宝贵意见。

最后感谢研究生院、出版社以及各院系的协作与支持。希望"同济博士论丛"能持续出版,并借助新媒体以电子书、知识库等多种方式呈现,以期成为展现同济学术成果、服务社会的一个可持续的出版品牌。为继续扎根中国大地,培育卓越英才,建设世界一流大学服务。

伍　江

2017 年 5 月

前　言

室内通常存在多种污染源影响室内人员健康。在办公建筑、住宅等人员密度相对比较低的人居环境中，可以认为建筑装饰装修材料、家具等为主要污染源，甲醛等挥发性有机物（VOC_s，认为甲醛也是一种 VOC）为主要化学污染物。当室外空气品质优于室内空气品质时，向室内通入新风是提高室内空气品质的主要方法之一。现阶段，国内外人居环境新风量理论中多以人为主要污染源，以 CO_2、气味等替代性指标间接表征室内空气品质，并用于确定新风量指标。

本书以加拿大国家研究委员会建材 VOC 散发数据库（NRC 数据库）为基础数据，通过理论分析、实验研究、数值模拟等方法，探讨了基于稀释多建材共存场景中气相 VOC 浓度的新风量指标的计算方法。主要研究工作如下：

（1）针对仅包含少量时刻散发浓度、采样间距较大的直流舱建材 VOC 散发数据库的数据，提出了“单自由度拟合法”和“快速估计法”两种方法用以估计建材 VOC 散发模型关键参数，并通过 NRC 数据库和参考散发材料进行了检验。

（2）基于“快速估计法”，将 NRC 数据库中 28 种建材（24 种单层建材和 4 种可近似认为单层建材的装配建材）的散发数据转换为“建材 VOC 散发模型关键参数数据库”，用于预测室内 VOC 散发和人员暴露水平。

（3）基于标准房间的概念，提出了：① 全散发周期特征散发率法；② 非稳态/准稳态两阶段散发率法等两种计算办公建筑、住宅等人居环境所需新风量的方法。选取了七个室内空气品质指标(我国国标 GB/T 18883 等四个独立指标,以及欧盟 EU－LCI 等三个组合指标),对两种新风量计算方法进行了案例分析。

(4) 研究了甲醛的初始可散发浓度及其对新风量的影响。选取了聚碳酸酯、低密度聚乙烯、聚甲基丙烯酸甲酯、聚丙烯和聚苯乙烯等五种聚合物,利用微天平实验平台探讨了甲醛在聚合物中的吸附、散发特性。分析并检验了三种解释甲醛在聚合物中部分可逆吸附的原因。

(5) 结合新风物理效应,提出了基于呼吸区污染物分布系数修正非均匀环境中新风量的方法,并给出了含回风、间歇通风等场景下新风量的修正方法。提出了基于室内建材 VOC 浓度分布的通风及空调系统提前开启时间。此外,统计了新风量决定性 VOC_s,结合新风化学效应分析室内潜在的短期和长期新风需求,并给出了基于化学反应、温度和室外空气品质等因素的新风量修正方法。

目 录

第1章 绪论

1.1 人居环境中新风量的需求来源和研究现状

1.1.1 人居环境新风量的需求来源

人居环境通常指人类聚居的地方，在空间上又分为生态绿地系统和人工建筑系统[1]。当今社会，一般人在其约90%的时间内处于相对封闭的室内[2]，婴儿、老人、残疾人和病人等所花的时间可能更长。因此，人们将长期暴露在人工建筑系统中存在的各类污染物中，舒适与健康也将受污染物影响[3-5]。

自19世纪末以来，人(呼气、体味等，bioeffluents)被认为是室内主要的污染源。人们设计从简易到复杂的各类通风技术用于稀释污染物，改善室内由人本身造成的空气污染问题。新风(一般指建筑机械通风、空调系统引入室内的室外空气，outdoor air)和新风量(outdoor airflow rate/ventilation rate)的概念也被提出、应用与发展[6-9]。由于直接量化室内空气品质(IAQ，indoor air quality)的方法有限，CO_2浓度、气味等间接反映室内空气品质的替代性(surrogates)指标被广泛使用至今[10-12]。国内外现行新风量标准中仍普遍以将室内CO_2浓度控制在某一水平下(如1 000 ppmv[13])计算得到的新风量为基础指标[14-16]。

近年来，建筑装饰装修材料(本书中简称建材)、家具、常用消费品等新型室内空气污染源源散发的挥发性有机物(VOC_s，volatile organic compounds，为表述方便，本书将甲醛列为一种VOC)越来越多地出现在人居环境中，潜在影响室内人员健康。建材家具、常用消费品等也成为新的新风量需求来源。虽然出现过用甲醛等确定新风量的短暂讨论[17]，但没有改变CO_2为主导的现状。实际上，对于以办公建筑、住宅为代表的人居环境，VOC_s应该成为除CO_2浓度、气味等指标外额外的确定新风量的依据(indicator)，主要原因有以下三个方面：

1. 污染物量级和散发持续时间

从污染物量级和散发持续时间角度看，建材、家具散发的 VOC_s 是办公建筑、住宅等人员密度较低的室内环境中潜在的主导污染物。

当认为室内污染物混合均匀，且考虑化学反应及入室新风品质时，室内污染物 j 的平均浓度变化可用质量守恒式表示，即式(1-1)：

$$V\frac{\mathrm{d}y_j(t)}{\mathrm{d}t}=\sum\dot{M}_j^{\mathrm{b}}(t)+\sum\dot{M}_j^{\mathrm{c}}(t)+\sum\dot{M}_j^{\mathrm{p}}(t)+\sum\dot{R}_j(t)-Q[y_i(t)-y_{\mathrm{in},t}(t)] \tag{1-1}$$

式中，V 为室内空间体积，m^3；$y_j(t)$ 为 t 时刻污染物 j 的室内气相浓度，$\mu\mathrm{g}\cdot\mathrm{m}^{-3}$；$\sum\dot{M}_j^{\mathrm{b}}(t)$ 为室内所有建材污染物散发源的等效散发率(包含源、汇效应)，$\mu\mathrm{g}\cdot\mathrm{s}^{-1}$；$\sum\dot{M}_j^{\mathrm{c}}(t)$ 为常用消费品等间歇散发源的污染物等效散发率，$\mu\mathrm{g}\cdot\mathrm{s}^{-1}$；$\sum\dot{M}_j^{\mathrm{p}}(t)$ 为室内人员等效的污染物散发率，$\mu\mathrm{g}\cdot\mathrm{s}^{-1}$；$\sum\dot{R}_j(t)$ 为室内(气相、颗粒相、固体表面等)化学反应的化学反应率(整体生成为正，消耗为负)，$\mu\mathrm{g}\cdot\mathrm{s}^{-1}$；$Q$ 为通风量(新风量)，$\mathrm{m}^3\cdot\mathrm{s}^{-1}$；$y_{\mathrm{in},j}(t)$ 为污染物 j 在入室新风中的浓度，$\mu\mathrm{g}\cdot\mathrm{s}^{-1}$。

首先分析 $\sum\dot{M}_j^{\mathrm{c}}(t)$。对于清洁用品、空气清新剂等常用消费品而言，其散发过程多为突发、间歇、脉冲式。对某一种污染物的峰值散发浓度可达 $10^2\sim10^3$ $\mu\mathrm{g}\cdot\mathrm{m}^{-3}$[18-19]，与一般新建材在室内散发初期可造成的峰值浓度相当[20]。但是，即便在一般通风环境下，清洁用品等的一次、二次污染物的持续时间也仅为若干小时[18-19]。因此，常用消费品并不是室内长期恒定的污染源，一般而言，不必专门为该类污染源提高通风量。故在办公建筑、住宅等人居环境中，$\sum\dot{M}_j^{\mathrm{c}}(t)$ 可被忽略。

其次分析 $\sum\dot{M}_j^{\mathrm{p}}(t)$。呼气和体味是人体污染物的两类散发形式。人体散发物可分为：① 无机气体，如 CO_2 等；② 有机气体，如 VOC_s 等；③ 生物气溶胶(bioaerosols)等。对于室内人员密度较高的空间，如教室、剧场等，以及人员呼气可能带有传染性的空间，如医院病房等，人体散发物即为潜在的最主要的污染物。而对于办公建筑、住宅等建筑，健康人产生的污染物所占比重一般较小。由人散发形成的稳定的室内 VOC_s 浓度之和一般小于 10 $\mu\mathrm{g}\cdot\mathrm{m}^{-3}$[21]。与此相对，根据加拿大国家研究委员会建材 VOC 散发数据库(NRC 数据库)提供的数据计算，在 1 $m^2 \cdot m^{-3}$ 建材承载率（建材散发面积与房间体积之比）和 1 h^{-1} 换气次数下，建材散发的单种 VOC 的稳定室内浓度就可达到 10^2 $\mu g \cdot m^{-3}$[22-23]。故 $\sum \dot{M}_j^p(t)$ 可忽略。

最后，假定忽略室内自发的化学反应以及由人进行的燃烧、吸烟等行为（$\sum \dot{R}_j(t)=0$），并认为室外空气品质良好（$y_{in,j}(t)=0$），式（1-1）即简化为

$$V\frac{dy_j(t)}{dt}=\sum \dot{M}_j^b(t)-Q\cdot y_j(t) \tag{1-2}$$

由此可见，对于办公建筑、（含有新风系统的）住宅等室内人员密度较低的空间，室内所需的通风量（新风量）可由建材散发的 VOC_s 来确定。

需要注意的是，若认为一般人在办公室中 CO_2 呼气率为 0.005 2 $L \cdot s^{-1}$[24]，在新风量较低的环境中 CO_2 浓度仍能迅速累积。尽管 CO_2 本身无毒无味，但高浓度 CO_2 环境仍被发现降低人员工作效率[25]。故 VOC_s 不应完全替代 CO_2 成为唯一的用于决定新风量的指标，而应作为 CO_2、气味等的补充指标用于确定新风量。

2. 新风量敏感性

从新风量敏感性角度看，人对于建材家具散发 VOC_s 的暴露环境受新风量的大小影响显著。

各类污染物对人体的影响途径有食物、水、空气、皮肤等。而室内各类气相污染物对人体健康的影响途径（pathway）可用图 1-1 表示[26]：

污染源 source → 散发量 emission → 空气中污染物浓度 concentration → 人体暴露 exposure → 剂量 dose → 健康影响 health effect

图 1-1 建材散发的 VOC_s 对人体健康的影响途径

由图 1-1 可知，降低人体暴露风险的前提是降低室内气相污染物浓度。新风的作用是通过稀释气相 VOC_s 等污染物浓度，直接影响（上游）污染物散发特性和（下游）人体的暴露量，并最终间接影响污染物对人体健康的作用[27-29]。

但并不是所有室内气相污染物浓度均对新风量敏感。换句话说，提高新风量，并不能有效改善人在室内对所有气相污染物的暴露环境。

不考虑新风品质和空气中的颗粒物问题，基于散发模型[20,30-32]计算了四类典型污染物在两种换气次数（ACH，air change rate）下的散发特点（见图 1-2）：

（1）湿式涂料，在室内散发 VOC，峰值高（直线，峰值约为 500 $mg \cdot m^{-3}$ 量级或 ppmv 级），持续时间以小时计；

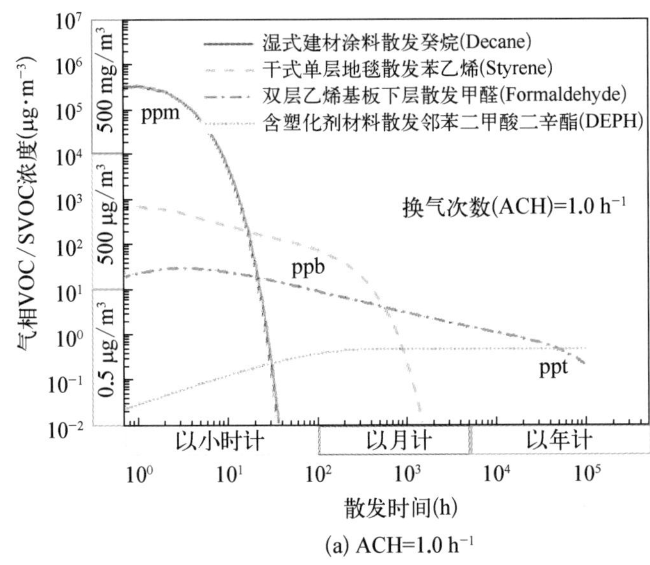

(a) ACH=1.0 h^{-1}

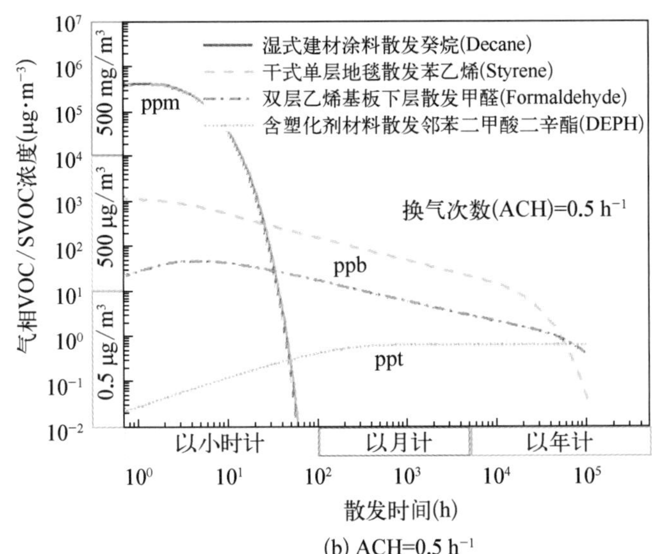

(b) ACH=0.5 h^{-1}

图 1-2 四类典型室内 VOC/SVOC 散发特点模拟

(2) 单层干式建材直接向室内散发 VOC，持续时间以月计，在低换气次数下转以年计(虚线，峰值约 500 $\mu g \cdot m^{-3}$或 ppbv 级)；

(3) 多层干式建材，因散发源被覆盖导致 VOC 降峰延迟散发，其持续时间以年计(点划线)；

(4) 某含塑化剂材料，散发半挥发性有机物(SVOC$_s$，semi-volatile organic

compounds)，浓度极低(点线，约 0.5 μg·m^{-3}量级或 pptv 级)，持续时间以年计。

总体而言，第一类污染物散发持续时间较短，没有长期的新风量需求。第四类污染物极易吸附于室内和颗粒物表面，气相浓度极低，在一定范围内改变新风量大小对 SVOC 暴露环境影响有限。而第二、三类污染物气相浓度高、持续时间长，且受新风量大小影响较大。在不考虑 VOC_s 和 $SVOC_s$ 毒理学差异、暴露风险的前提下是现阶段研究新风量指标的主要需求来源。

3. 我国现有新风量指标

从我国现有新风量指标看，还无法全面应对建材家具污染散发对室内空气品质带来的影响。

宏观层面上看，目前我国新建建筑量达 20 亿平方米/年，是世界上新建建筑规模最大的国家，也是建材、家具的规模和产值的最大国[33]。含有涂料油漆的建筑装饰材料和以人造板为代表的合成材料类家具是其中主要的散发源。涂料油漆是苯系物的重要来源[34-36]。而人造板之所以会散发 VOC_s，与其生产原料和工艺密切相关[33,37-38]。我国有 80%以上的人造板大量使用由甲醛和尿素制备而成的尿醛树脂作为胶黏剂[39]。为了保证建材胶合性能，生产时需要一定量的富余甲醛，因此人造板在室内使用过程中通常散发甲醛[40-41]。如此大量的 VOC 散发源已成为长期影响我国室内人群健康，甚至导致癌变的潜在诱因[21,42-49]。

与此同时，我国建筑新风量标准仍处于由传统新风理论(Yaglou 理论，见 1.1.2 节)向现代建筑新风理论转变阶段。《民用建筑采暖通风与空气调节设计规范》(GB 50736)[15]着重考虑了人员污染对新风量的影响，在高密人群建筑(即人员污染为主的建筑)的新风量指标上有所突破。对于建材家具污染可能占主导地位的低密人群建筑(办公建筑、住宅等)，因缺少针对基于建材污染物散发计算所需新风量的方法，采取了折中的方案：住宅按换气次数给出，办公室则按人均最小新风量计算。

新风量指标作为保证人居环境室内空气品质的一个环节，还需要与上、下游指标配合保障人们健康。目前我国与欧美发达国家在新风量上下游指标方面主要存在两个差距：一是我国暂未全面实施上游家具标识体系，导致没有如德国 AgBB[50]等建材标识体系，故未能全面指标化建材家具污染物的散发限值，进而无法快速提高和完善的生产加工阶段的源控制(source control)。人居环境中实际往往存在几十种，甚至上百种 VOC_s/$SVOC_s$，且各类污染物散发特性各异，使用缺乏经过加工阶段源控制的建材不仅对室内空气品质带来不利影响，同时也给新风量的确定进一步带来了不确定因素。二是现有下游规范对“污染”与“控制”在“时间”和“量”上不对称。《室内空气质量标准》(GB/T 18883)[13]已愈十年没有修订,其中污染物指标可能已不能适应目前室内空气污染的控制需求。《民用建筑工程室内环境污染控制规范》(GB 50325)[51]仅包含短期的施工阶段的VOC浓度控制要求,不包含建筑长期运行的要求,“时间”不对称。而以《民用建筑采暖通风与空气调节设计规范》(GB 50736)[15]为代表的通风设计规范未专门对各类建筑给出基于控制建材、家具污染物的建筑新风指标,“量”不对称。“污染与控制的不对称”的新风指标可用但不可靠,无法应对日益突出的室内空气品质问题。

1.1.2 新风量理论、标准的现状与发展趋势

除了稀释VOC等污染物浓度外,建筑新风的主要作用还有提供室内人员呼吸代谢所需要的氧气、稀释室内异味、调节室内温湿度和气流环境等。

人类对建筑室内新风的认识体现在新风量理论和指标的演变过程(图1-3)中。以Tredgold(1836)[12],Billings(1895)[52],Yaglou(1936)[7-8],Fanger(1989)[10],Sundell(1994)[53],Jokl(2000)[54]为代表发展并形成了新风量的基础理论。其中有代表性的理论有:① Tredgold基于满足基本生理需求提出了最小新风量(人均7.2 $m^3 \cdot h^{-1}$),Tredgold新风量显然不能满足舒适和健康要求[12];Billings基于将CO_2浓度控制在550 ppmv,提出了最小人均51 $m^3 \cdot h^{-1}$的新风量,并推荐新风量按102 $m^3 \cdot h^{-1}$设计[52];② Yaglou传统新风理论,通过

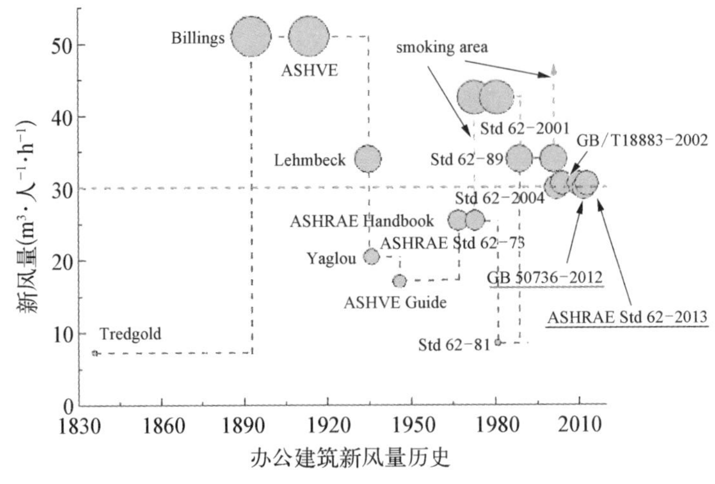

图1-3 新风量指标的演化(以办公建筑为例)

实验确定室内空气品质(CO_2、气味强度)、人员空间密度、人员活动与人员新风量指标的关联[7-8]。例如，将由人员空间密度为 8 m^3 的静坐的成人产生的体味控制到可接受的水平所需的新风量为 20 $m^3 \cdot h^{-1}$。而若成人在洗澡后一周参与实验，新风量需提高 33%[47,50-51]。Yaglou 绝大多数的实验结论得到后续研究验证[55-56]；③ Fanger 舒适和适应性理论，定量化污染源和空气品质，用舒适方程确定新风量[10]。Fanger 理论完全依据人体的主观感觉对污染强度进行量化并设计新风量，但未被普遍接受。

通风空调标准长期以来以 Yaglou 传统理论为基础，即认为人是人居环境中的主要污染源，并用 CO_2 作为决定新风量的主要指示性指标，在一定程度上忽视建材家具污染。这一思想在世界各国标准(包括我国标准)中都有所反映[27,57]。

现代国际主流的新风量理论均兼顾人员污染和建筑本身的污染(建材等)。目前同时考虑人员和建筑污染的新风量标准也已逐渐成为共识[27]：① 欧盟 CEN prENV 1752 和北欧 NKB－61 将人员部分污染与建筑部分污染相加；② 德国 DIN 1946 Part Ⅱ取人员部分污染与建筑部分污染的最大值；③ 现行欧盟标准 BS EN 15242[58]参照美国 ASHRAE 62.1 标准采用叠加法计算人员部分新风量和建筑部分新风量；④ ASHRAE Standard 62.1[14]给出了基于质量守恒方程的“性能设计法”及“规定设计法”，并推荐采用后者设计新风量，即：

$$V_{bz} = R_p R_z + R_a A_z \tag{1-3}$$

式中，V_{bz}为人员呼吸区新风量，$L \cdot s^{-1}$；R_p、R_a 分别为每人最小新风量需求指标和每单位建筑面积最小新风量需求指标，$L \cdot s^{-1} \cdot 人^{-1}$、$L \cdot s^{-1} \cdot m^{-2}$；$P_z$、$A_z$ 分别为设计人员数和建筑面积，人、m^2。

ASHRAE 自 2004 年起提出的这种“叠加”的思路[59-60]，并非仅仅为了便于工程实践。现有室内空气污染病理学研究也证明，在四种污染物在感觉和刺激方面对人的影响方式，即叠加(1+2=3)、独立(1+2=2)、协同(1+2=4)和拮抗(1+2=1)中，“叠加”可以认为是一种较普遍的形式[61]。

上述国家或国际标准都有较强的针对性，不能直接用于我国标准的确定。以 ASHRAE Standard 62.1[14]为例，其中反映化学污染物散发特性的指标 R_a 是以美国办公建筑典型建材种类为对象进行人体暴露实验，以受试者主观评价和专家经验判断来确定，而其他 R_p 和 R_a 值多为经验值[62]。尽管指标理论上不能直接引入我国，其重视建筑污染，以及“叠加”的思路均有借鉴价值。

1.2 稀释建材散发污染物的新风量的五个约束条件及研究现状

如何确定稀释建材散发的污染物的合理的新风量并在相关设计规范中制定合理的新风指标，是涉及：① 建筑功能定位；② 建材污染源量化；③ 污染物散发特性量化；④ 新风品质与新风物理化学效应；⑤ 室内空气品质控制目标等的多条件约束的复杂问题。

1.2.1 建筑功能与新风量

建筑内污染物量级和种类通常因建筑功能而异，新风量通常也因建筑功能而异。ASHRAE Standard 62.1[14]给出了办公建筑 11 个大类 70 余个小类建筑不同的“规定设计法”新风量指标，其数据主要来源于：① 环境气候室实验和现场实测研究结果(research)；② 实际工程中获得的经验值(experience)；③ 专家的判断(judgement)三个方面[63]。新风量计算方法同式(1-3)，其中每人新风量指标和 R_p 和每单位建筑面积新风量指标 R_a 分别按照 2.5 $L\cdot s^{-1}\cdot 人^{-1}$ 和 0.3 $L\cdot s^{-1}\cdot m^{-2}$ 的倍数给出，见表 1-1。表中 R_p 指标较高的建筑类型为美容美甲店、健身房等；R_a 指标较高的为生产空间、药房、宠物店等。可见人员新风量指标和建筑新风量指标分别一般取决于环境中人所需新鲜空气量和散发源特点。但对于游泳池、体育场等人员流动性较大的建筑，采用建筑新风量指标确定建筑新风量，不再考虑人员新风量，此时建筑新风量指标为考虑人员污染和建筑污染的综合指标。需要指出的是，在 ASHRAE Standard 62.1 中，办公建筑新风量是其他功能建筑新风量指标的基准，其他建筑则依靠经验和判断给出。此外，公寓式住宅与一般办公建筑新风量指标一致，其他低层住宅新风量指标由 ASHRAE Standard 62.2[64]给出。

对比我国新风量规范，《民用建筑采暖通风与空气调节设计规范》(GB 50736)[15]给出了公共建筑、设置新风系统的居住建筑和医院建筑，以及高密人群建筑三大类 24 个小类的新风量指标，包含的建筑功能种类少于 ASHRAE 标准。就我国规范的发展路线而言，下一阶段理论研究工作重点之一应为住宅和办公建筑等建筑本身污染相对突出的低人员密度建筑的新风量指标及其确定方法。

表 1-1 ASHRAE Standard 62.1 新风量指标与建筑功能[14,65]

人员新风量指标 R_p，基准为 $2.5\ L \cdot s^{-1} \cdot 人^{-1}$			单位建筑面积新风量指标 R_a，基准为 $0.3\ L \cdot s^{-1} \cdot m^{-2}$		
倍数	说　明	举　例	倍数	说　明	举　例
0	无人员污染或人员流动性大	走廊、游泳池	1.0	低建筑污染强度	办公室、公寓住宅
1.0	低活动强度	办公室、公寓住宅	2.0	中等建筑污染强度	小型装配室
1.5	中等活动强度或活动产生轻度污染物	食堂、博物馆	3.0	较高建筑污染强度	药房、宠物店
2.0	较高活动强度或活动产生中等污染物	教室、实验室	5.0	Ⅰ类高建筑污染强度，无 R_p	健身房、运动场
4.0	高活动强度或活动产生重度污染物	健身房、美容店	8.0	Ⅱ类高建筑污染强度，无 R_p	游泳池

1.2.2 人居环境中建材污染源的量化方法

国际上对污染源的定量化描述通常以标准房间(standard room)的形式给出。标准房间于1994年起源于丹麦[66]，发展至今主要作为环境舱与真实环境之间的比较(或转换)媒介或基准，也作为直接检测建材家具散发合格与否的补充方法，是现代欧美建材家具标识体系的组成部分[67]。完整的标准房间具有房间基本尺寸，建材家具数量、种类及散发面积(可推算装载率)，换气次数等。欧洲目前只有针对住宅的标准房间，均未包含建材家具信息。美国BIFMA[68]给出开放办公室(open plan)(图1-4(a))和私人办公室(private office)(图1-4(b))的标准房间，其家具面积为占地面积而非散发面积，如图1-4。美国加州[69]推荐了办公室、教室和别墅类住宅的标准房间，包含了人员数量基准。我国近年首次统计并发布了针对住宅标准房间示意图[33-67]，如图1-5，并给出了标准卧室(图1-5(a))和标准起居室(图1-5(b))，包含详细的家具配置清单，由于大规模自然通风量的统计存在难度，未包含通风量统计数据。目前我国还没有针对办公建筑的标准房间信息，鉴于国内外办公房间环境差异小于住宅房间的环境差异，可参考国外办公建筑标准房间。

标准房间对新风量研究有启示作用。表1-2给出了国内外标准房间的对比[66-69]。

表 1-2　国内外主要标准房间的对比[66-69]

项　　目	北京卧室	北京起居室	CDPH 普通住宅	CDPH 教室	CDPH 私人办公室	BIFMA 开放办公室	BIFMA 私人办公室	Danish 房间
长,m				12.2	3.66			
宽,m				7.32	3.05			
地面/顶部面积,m^2	16.5	22	211/217	89.2	11.15	5.94	23.78	7
层高,m	2.6	2.6	2.59	2.59	2.74	2.74	2.74	
体积,m^3	42.9	57.2	549	231	30.6	16.3	65.2	17.42
外/内门,m^2	1.6	1.6	7.56/37.2	1.89	1.89			0.2
窗,m^2	2.7	2.7	38	4.46	1.49			2
墙(不含门窗),m^2				94.6	33.4			24
人员				27	1	1	1	
新风量,$m^3 \cdot h^{-1}$			127	654	20.7	15.0	34.7	
有效换气次数,h^{-1}			0.23	0.82	0.68	0.92	0.53	
承载率(不含地板)$m^2 \cdot m^{-3}$	0.42	0.23				1.33	0.38	
承载率(含地板)$m^2 \cdot m^{-3}$	0.7	0.42						
包含	1 双人床 2 床头柜 1 大衣柜 1 梳妆柜 1 椅子 1 饰品柜	1 沙发 1 茶几 1 电视柜 1 餐桌 4 椅子 1 储物柜	4 个卧室 2 个浴室 4 个其他房间					家具 黏合剂

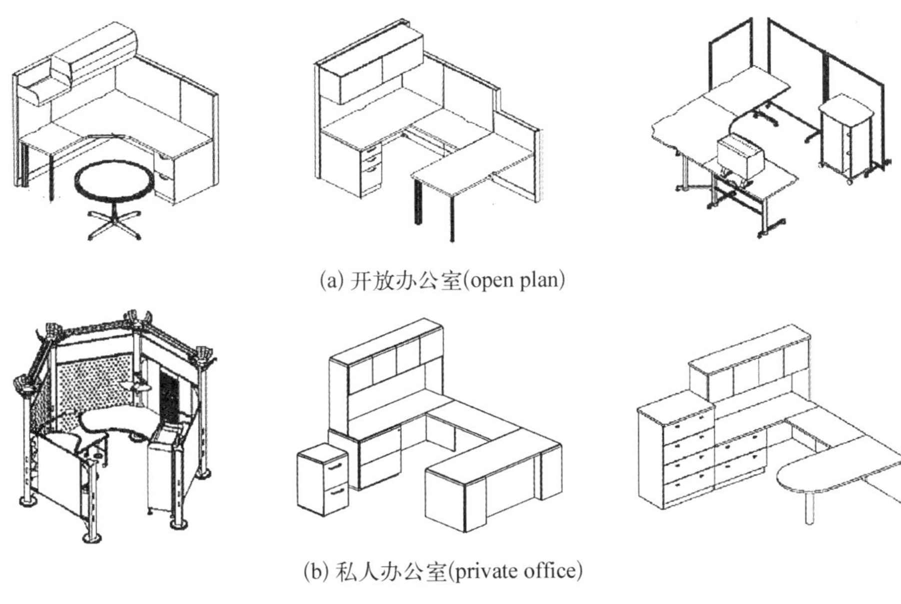

(a) 开放办公室(open plan)

(b) 私人办公室(private office)

图 1－4 办公室标准房间示意图[68]

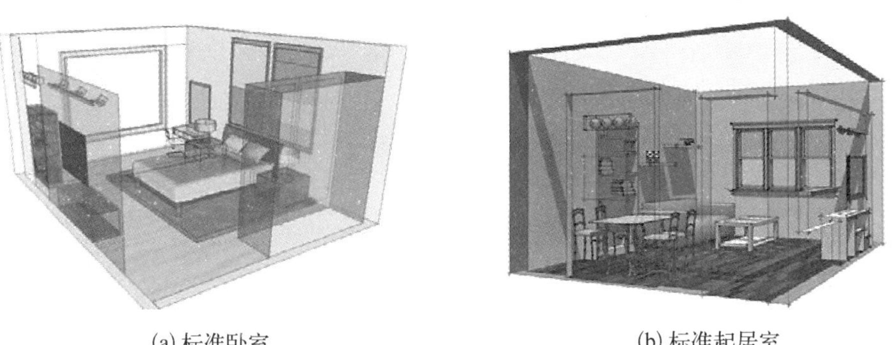

(a) 标准卧室

(b) 标准起居室

图 1－5 住宅标准房间示意图[33-67]

1.2.3 建材 VOC 散发传质模型及关键参数的确定方法

追根溯源，建材散发 VOC 本质上为“内控制”(internal-controlled)扩散过程，近二十年建材 VOC 散发研究多以建材材料相(material-phase)为研究对象，以小尺度均匀环境舱(well-mixed small-scale chamber)为平台，研究成果集中在建立源(source)/汇(sink)模型、确定源(一次污染物为主)/汇模型的关键参数两个方面。

Little(1994)[20]建材散发传质模型出现后，成为近二十年建材散发领域研究的基础。后续研究成果主要基于材料相 VOC 的传质特性，分为以下两个方面：① 建立和完善应对不同场合的源/汇模型；② 确定源/汇模型中关键参数的方法。后者又主要分为(快速、多参数同时测定的)实验研究和基于无量纲模型的散发(即传质)关联式分析。

在源/汇模型方面，现有研究通常认为干建材为常物性单相/多孔材料，VOC 散发服从 Fick 扩散定律。以单相材料为例，模型发展先后经历：① 从源模型至汇模型[70]；② 从单层材料至多层材料[31]；③ 从单面散发至双面散发[71]；④ 从初始均匀材料至非均匀材料[71]；⑤ 均匀通风舱至均匀密闭舱[72]；⑥ 从单一建材至多建材共存[73]；⑦ 从无内部化学反应至含化学反应[31]等。已基本包含各类人居环境场景的模拟计算需求。

对于材料相中 VOC 浓度及气相 VOC(均匀的)浓度变化，主流模型基本都有复杂的显式或非显式解析解。由于大部分数学模型建立在相似的物理模型上，其主要关键参数几乎一致。即无论何种解法，模型的关键参数主要有：建材初始可散发浓度 C_0、材料相扩散系数 D、建材/空气界面分配系数 K、对流传质系数 h_m，其他影响建材散发的环境因素有温度 T、相对湿度 RH、室外空气中 VOC 浓度等。

图 1-6 所示为典型单相单层建材散发物理模型以及 Xu 和 Zhang (2003)[74]给出的封闭方程。

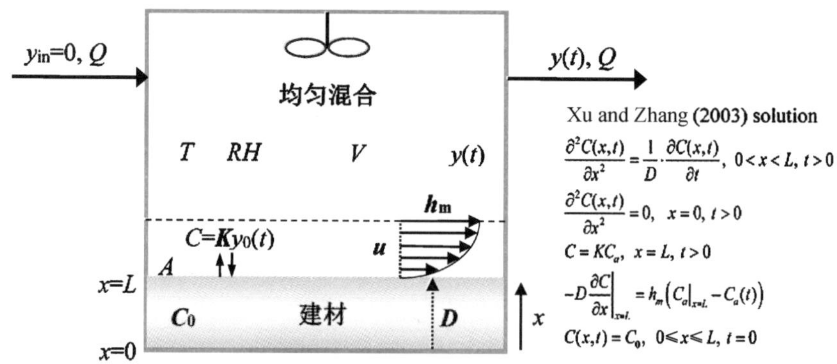

图 1-6　典型单相单层建材散发物理模型与关键参数及解法

图 1-7 给出了典型干式建材 VOC 散发传质模型关键参数测定方法归类(按表 1-4 中的序号)。

借助物理定义设计实验和利用同系物间物化性质的相似性来预测是早期获取模型关键参数的两种主要方法[75]。

传统实验的主要缺陷在于准确性(如双杯法测 K 将高估 K 值，湿杯法测 D

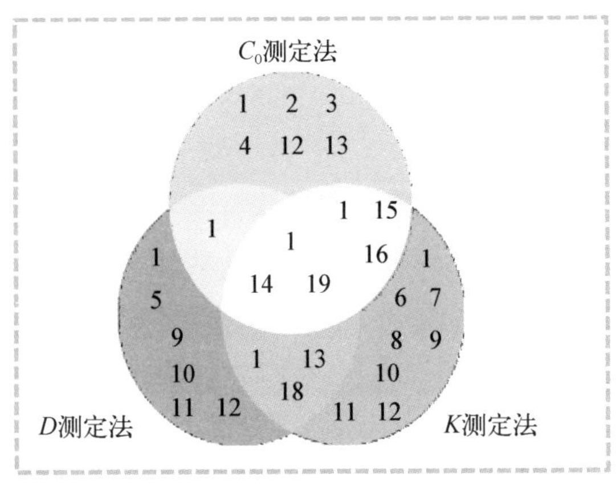

图 1-7　典型干式建材 VOC 散发传质模型关键参数测定方法归类(按表 1-4 中的序号)

也将高估 D 值)和耗时(如常温萃取法测 C_0 需 7～28 天，且高估可散发的 C_0)[33]。近年来出现的实验方法则通常借助环境舱和数学模型以进行多元回归。代表性的方法有 C-history 法和 VVL 法，在同时获得单层建材 C_0、D 和 K 的基础上将测试时间缩短至 1 至 3 天[76-77]，还可测得多层建材表观(即多层建材综合表现出来的)关键参数 $C_{0,\text{equ}}$、D_{equ} 和 K_{equ}。但对各个参数的独立测量比多参数回归拟合严谨。此外，参考散发材料(reference material)[78-82]也为检验环境舱实验性能提供了基准。

相比常规数学模型，无量纲模型(以 α, βK, Fo_{m}, Bi_{m}/K 为无量纲参数，其中，α, β, Fo_{m}, Bi_{m} 分别为无量纲换气次数，材料与空气体积比，传质傅里叶数和传质毕渥数)更能揭示 VOC 散发的物质本质[83-84]。如建材 VOC 散发过程中 Bi_{m}/K 通常远大于 1，可认为为"内控制"扩散过程，故 h_{m} 等影响"外控制"(external-controlled)扩散的参数对建材长期散发(long-term)的影响可忽略。与此同时，温度可显著影响部分材料的 C_0、D、K[85]。不同尺度下的 VOC 散发结果也可通过无量纲分析进行比较[84]。

除解析解外，VOC 散发/吸附特性的求解方法还有数值模型、区域模型、CFD、状态空间法(state-space)[86]等。与大部分解法假定气相 VOC 均匀混合不同，因 α 太小，CFD 法简化材料相(一维)VOC 传质，侧重气相(三维)传质。污染物的动态传播、各类边界条件对室内污染物浓度分布时均值的影响规律、污染物瞬时浓度分布规律等均可实现。CFD 求解的技术要点在于：① 处理 K，即在气固界面存在质量不连续。将 VOC 吸附率处理为壁面函数(wall function)[87]，或采用吸附等温线(adsorption isotherm)、等效气相浓度法[88]等方法可近似解决浓度不连续的问题；② 需对复杂的室内非均匀 VOC 浓度场选取合适的室内空气品质评价指标。

综上，现阶段对单一单层建材 VOC 散发模型的理论研究已比较成熟，但其在工程应用领域的应用还有局限。主要存在几个问题：① 除关联式外模型求解普遍复杂，对使用人员要求高；② 大部分解析解假定气相 VOC 浓度均匀一致，无法体现通风模式和新风效应对气相 VOC 浓度的作用与影响，在人居环境应用前需得到验证。实际上，大部分关键参数如 C_0、D 等并不随外界环境均匀性与否而改变，故已有的实验理论确定模型关键参数方法、源/汇模型等仍可用。目前可行的一个技术路线是结合新风效应，在气相 VOC 浓度非均匀场模型下检验基于均匀场得到的新风量指标及其计算方法。

表 1-3 给出了典型干式建材 VOC 散发传质模型汇总[89]的适用场景和模型及其求解特点比较。

表 1-3　典型干式建材 VOC 散发传质模型汇总[89]

序号	作　者	适　用　场　景	模型及其求解特点
1	Tichenor 等(1991)[90]	(1) 单层建材单面吸附 VOC，建材各向同性(下同) (2) 建材外界空气均匀混合(若无说明均下同)	基于 Langmuir 吸附等温线的早期 VOC 吸附模型
2	Little 等(1994)[20]	(1) 单层建材单面散发 VOC，建材初始散发浓度 C_0 分布均匀(若无说明均下同) (2) 忽视对流传质阻力	(1) 材料相 VOC 浓度 $C(x, t)$、建材表面散发率 $E(t)$ 和气相 VOC 浓度 $y(t)$ 随时间变化的完全显式解析解 (2) 可能高估建材早期散发强度 (3) 后期建材 VOC/SVOC 散发模型的基本框架
3	Little 和 Hodgson(1996)[91]	(1) 单层建材单面吸附 VOC (2) 考虑恒定非零的入室气相 VOC，其浓度为 y_{in} (3) 忽视对流传质阻力	(1) $C(x, t)$、$E(t)$ 和 $y(t)$ 随时间变化的完全显式解析解 (2) 基于 Little 等(1994)[20]源模型，仅边界条件、初始条件不同

续 表

序号	作 者	适 用 场 景	模型及其求解特点
4	Yang(1999)[92]	(1) 单层建材单面散发 VOC (2) 长期散发模型(不考虑界面分配系数 K)	$y(t)$以及 t_1—t_2 时刻间的平均散发因子解析解
5	Yang 等(2001)[93]	(1) 单层或多层建材单面散发 VOC (2) 考虑对流传质阻力和界面分配系数 K (3) 建材外界空气非均匀混合	(1) 基于 CFD 数值求解 (2) 建材外界空气中 VOC 为三维对流扩散,建材内部为一维扩散
6	Yang et al(2001)[87]	(1) 单层建材单面吸附 VOC (2) 建材外界空气非均匀混合	基于 CFD 数值求解
7	Huang 和 Haghighat (2002)[94]	(1) 单层建材单面散发 VOC (2) 考虑对流传质阻力 (3) 假定 $y(t)$远小于临近建材表面处空气中气相 VOC 浓度 $y_0(t)$,该假设并不一定成立	(1) $C(x, t)$、$E(t)$和 $y(t)$随时间变化的完全显式解析解 (2) 同时基于有限差分法给出数值解法
8	Lee 等(2002)[95]	(1) 单层建材单面散发 VOC (2) 建材底部为湿式材料边界,故为干/湿式装配建材	$C(x, t)$、$E(t)$和 $y(t)$随时间变化的非完全显式解析解,需基于有限差分法从初始条件起计算
9	Xu 和 Zhang (2003)[74]	(1) 单层建材单面散发 VOC (2) 可加入随时间变化的 y_{in}和/或非零的初始室内气相 VOC 浓度 $y_{initial}$	$C(x, t)$、$E(t)$和 $y(t)$随时间变化的非完全显式解析解,需基于有限差分法从初始条件起计算
10	Zhang 和 Xu (2003)[83]	基于 Xu 和 Zhang(2003)[74]模型	基于无量纲数 Fo_m and Bi_m/K 给出 $E(t)$的传质经验关联式
11	Kumar 和 Little (2003)[96]	(1) 单层建材单面散发或吸附 VOC (2) 考虑分布不均匀的 C_0 以及随时间变化的 y_{in} (3) 忽视对流传质阻力	(1) $C(x, t)$、$E(t)$和 $y(t)$随时间变化的完全显式解析解 (2) 源汇通用模型

续 表

序号	作　者	适 用 场 景	模型及其求解特点
12	Kumar 和 Little (2003)[97]	(1) 双层建材单面散发或吸附 VOC (2) 考虑分布不均匀的 C_0 以及随时间变化的 y_{in} (3) 忽视对流传质阻力	(1) $C(x, t)$、$E(t)$和 $y(t)$随时间变化的完全显式解析解 (2) 源汇通用模型
13	Haghighat 和 Huang (2003)[98]	(1) 多层建材单面散发 VOC (2) 考虑一个单层建材作为汇	基于有限差分法数值求解
14	Murakami 等 (2003)[99]	(1) 建材单面散发或吸附 VOC (2) 考虑建材为多孔材料	基于 CFD 数值求解
15	Deng 和 Kim (2004)[100]	(1) 单层建材单面散发 VOC (2) 仅适用于直流舱(即$N>0$)气相 VOC 浓度计算	$C(x, t)$、$E(t)$和 $y(t)$随时间变化的完全显式解析解
16	Xu 和 Zhang (2004)[101]	(1) 基于 Xu 和 Zhang (2003)[74]模型 (2) 考虑非均匀分布的建材初始散发浓度 C_0	$C(x, t)$、$E(t)$和 $y(t)$随时间变化的非完全显式解,需基于有限差分法从初始条件起计算
17	Zhang 和 Niu (2004)[102]	多种多层建材共存,每种建材可作为 VOC 源或汇	基于单区域法数值求解
18	Lee 等(2005)[103]	(1) 建材单面散发或吸附 VOC (2) 考虑建材为多孔材料 (3) 考虑一次源汇效应和二次源汇效应	(1) $C(x, t)$、$E(t)$和 $y(t)$随时间变化的非完全显式解析解,需基于有限差分法从初始条件起计算 (2) 多相模型
19	Wang 等(2006)[71]	单层建材双面散发 VOC	$C(x, t)$、$E(t)$和 $y(t)$随时间变化的非完全显式解析解,需基于有限差分法从初始条件起计算
20	Lee 等(2006)[104]	(1) 建材单面散发或吸附 VOC (2) 考虑建材为多孔材料	(1) 基于 CFD 数值求解 (2) 建材外界空气中 VOC 为二维强制对流扩散,建材内部为非稳态一维扩散和吸附

续 表

序号	作　　者	适 用 场 景	模型及其求解特点
21	Deng 等(2007)[70]	(1) 单层建材单面吸附 VOC (2) 考虑随时间变化的 y_{in}	$C(x, t)$、$E(t)$和 $y(t)$随时间变化的完全显式解析解
22	Qian 等(2007)[84]	基于 Xu 和 Zhang(2003)[74]模型和 Deng 和 Kim (2004)[100]模型	基于无量纲数 α, βK, Fo_m and $\frac{Bi_m}{K}$给出 $E(t)$的传质经验关联式
23	Hu 等(2007)[105]	(1) 多层建材双面散发 VOC (2) 考虑分布不均匀的 C_0	各层 $C(x, t)$、各面 $E(t)$和 $y(t)$随时间变化的非完全显式解析解,需基于有限差分法从初始条件起计算
24	Yuan 等(2007)[106]	多层建材单面散发 VOC	(1) 基于逸度给出 $C(x, t)$ and $y(t)$的数值解 (2) 消除不同建材界面间 VOC 浓度的不连续
25	Deng 和 Kim (2007)[88]	(1) 单层建材单面散发 VOC (2) 建材外界空气非均匀混合 (3) 引入通风策略	基于 CFD 数值求解
26	Li 和 Niu(2007)[107]	(1) 多种多层建材共存散发或吸附 VOC (2) 引入通风策略	基于单区域法数值求解
27	Deng 等(2008)[73]	多种单层建材共存,每种建材可作为 VOC 源或汇	$y(t)$和各建材的 $E(t)$随时间变化的完全显式解析解
28	Xiong 等(2008)[108]	(1) 建材单面散发 VOC (2) 考虑建材为多孔材料	(1) 各层 $C(x, t)$、各面 $E(t)$和 $y(t)$随时间变化的非完全显式解析解,需基于有限差分法从初始条件起计算 (2) 宏观、微观双尺度模型
29	Yan 等(2009)[86]	适用于不同场合,如多层建材双面散发 VOC 等	引入状态空间法求解建材 VOC 散发/吸附问题
30	张泉等(2010)[109]	(1) 基于 Deng 和 Kim (2004)[100]模型 (2) 考虑恒定的 y_{in} 和恒定的室内初始浓度 (3) 仅适用于直流舱(即 $N>0$)气相浓度计算	$C(x, t)$、$E(t)$和 $y(t)$随时间变化的完全显式解析解

续 表

序号	作　　者	适　用　场　景	模型及其求解特点
31	Deng 等(2010)[110]	多层建材单面散发 VOC	$E(t)$和 $y(t)$随时间变化的完全显式解析解
32 33	Xiong 等(2011)[72] Xiong 等(2012)[111]	(1) 单层建材单面散发或吸附 VOC (2) 适用于密闭舱气相 VOC 浓度计算($N=0$)	$C(x, t)$、$E(t)$和 $y(t)$随时间变化的完全显式解析解
34	Xiong 等(2011)[72]	基于 Xiong 等(2011)[72]模型	基于无量纲数 βK，Fo_m and $\frac{Bi_m}{K}$给出$E(t)$的传质经验关联式
35	Deng 等(2010)[112]	基于 Little 和 Hodgson (1996)[91]模型	基于无量纲数 α，βK，and Fo_m 给出建材吸附的经验关联式
36	Wang 和 Zhang (2011)[31]	(1) 基于 Hu 等(2007)[105]模型 (2) 考虑建材内部含 VOC 产生源或消耗源	(1) 各层 $C(x, t)$、各面 $E(t)$和 $y(t)$随时间变化的非完全显式解析解，需基于有限差分法从初始条件起计算 (2) 目前最通用的建材 VOC 散发模型
37	Li(2013)[113]	单层建材单面散发 VOC	给出短期、中期、长期三种近似解析解，其中短期散发解无须求解超越方程，中期散发解气相 VOC 浓度与$\frac{1}{t^{1/2}}$存在线性关系，长期散发解为指数衰减模型形式
38	Zhu 等(2013)[114]	单层建材单面散发或吸附 VOC	任意通风条件下 $C(L, t)$、$y(t)$的解析解

表 1-4 给出了典型干式建材 VOC 散发传质模型关键参数(C_0、D、K)的测定方法[89]。

表1-4 典型干式建材VOC散发传质模型关键参数(C_0、D、K)的测定方法[89]

序号	测定方法	主要流程和测定参数	测点特点和结果分析
1	直流舱散发测试确定法	详见表1-9	详见表1-9
2	流化床解吸附法(CM-FBD method)[115]	低温研磨建材至粉末态,在流化床中室温条件下解吸附,测定自由态VOC总量(C_0)	(1) 破坏了建材的固有结构 (2) 自由态概念需进一步研究与验证
3	热解析法(DTD)[115]	利用热解析技术测建材中VOC总量(C_{m0})	往往大于可散发的VOC初始浓度
4	常温萃取法[116]	低温研磨建材至粉末态,进行多次散发过程,数学推导计算C_0	(1) 破坏了建材的固有结构 (2) 测试耗时,低浓度测量时不确定度大
5	压汞法[117-118]	将扩散系数表示成孔隙率、曲折度和参考扩散系数等3个变量的函数,选用数学模型计算参考扩散系数并最终计算D	(1) 测试时间短,压汞试验2h可完成 (2) 测试结果受数学模型影响 (3) 仅适用于各向同性材料
6	吸附法[85,119]	密闭舱中注入VOC测气、固相浓度,计算K	可采用穿孔萃取法避免对建材预清除
7	关联式法[120-122]	基于物理实验建立D和K与VOC分子量、饱和蒸气压等物理参数间的关联式	缺乏足够的理论支持
8	湿杯法(Cup method)[123-124]	(1) 称重法测定液态纯VOC质量变化并计算D (2) 若h_m可忽略,可计算D和K其一	(1) 一次测量仅能测一种VOC的D或K (2) 测量结果高估建材中相应VOC的D
9	干杯法(Dry cup method)[118]	称重法测定气态纯VOC导致的质量变化并计算D,若h_m可忽略,可计算D和K其一	一次测量仅能测一种VOC的D或K
10	双流通舱法(CLIMPAQ method、Two FLEC method等)[125-128]	两联通流通舱,一舱通入浓度恒定的VOC,另一舱通干净空气,两舱均各自高速循环至稳态,通过数学推导可求得D和K	(1) CLIMPAQ为稳态流通两舱法的代表 (2) 可同时测定多种VOC的D和K (3) 忽略h_m,测量结果可能低估D

续 表

序号	测定方法	主要流程和测定参数	测点特点和结果分析
11	双密闭舱法(Two-airtightchamber method)[129]	两联通密闭舱,初始均无VOC,一舱通入一定量的VOC,并通过两舱之间的测试材料传质,通过数学推导可求得 D 和 K	(1) 气密性要求高,采样量也易导致两舱压力不均 (2) 忽略 h_m,结果可能低估 D 且高估 K
12	微天平称重法(Microbalance method)[121,130-132]	(1) 利用微天平记录 VOC 吸附过程求 K (2) 记录散发过程结合 Crank 模型[133]拟合 D (3) 可测参考散发材料(reference material)的 C_0	(1) 独立测得 D 和 K(及参考散发材料 C_0) (2) Crank 模型仅考虑扩散,忽略 h_m (3) 热浮力在一定程度上影响微天平称重
13	FLEC 反问题求解法[134-135]	利用 FLEC 出口 VOC 浓度测量的结果,基于数学散发模型的反问题求解,已知 C_0 求 D 和 K,或已知 D 和 K 求 C_0	(1) 计算结果依赖于 FLEC 出口 VOC 浓度测量结果的准确性 (2) 不测定未知量而计算已知量较困难
14	密闭舱浓度足迹法(C-history method)[76]	对单层建材进行密闭舱散发测试至达到稳态,通过数学推导可求解 C_0、D 和 K,其中 C_0 为建材中 VOC 的初始可散发浓度	(1) 适用于[0. 125 L^2/D, 1. 50 L^2/D]区间 (2) 在一定条件下可测多层建材表观关键参数
15	多平衡态回归法(MSER method)[136-137]	在密闭舱中对同一建材进行多次(平衡/注入 VOC)测试,利用线性回归计算 C_0 和 K	气相 VOC 浓度峰值难以捕捉,影响回归结果
16	多次散发回归法(MEFR method)[138-139]	在密闭舱中对同一建材进行多次(散发/平衡/取出)测试,利用线性回归计算 C_0 和 K	(1) 克服 MSER 法缺陷 (2) 测试时间为 1 至 4 周
17	变容积比回归法(VVL method)[77]	在密闭舱中进行多次不同容积比的(散发/平衡/取出)测试,通过数学推导计算 C_0 和 K	(1) 测试时间可短至 24 h 以内 (2) 利用扩展的 C-history 法可计算 D 和 h_m

续 表

序号	测定方法	主要流程和测定参数	测点特点和结果分析
18	释放吸附法[140]	注入 VOC 建材吸附后可计算 D、K 和 h_m	提供新的测 h_m 的方法
19	直流舱浓度足迹法[141]	先密闭后直流，数学推导求解 C_0、D 和 K	测试时间可短至 12 h 以内

1.2.4 新风改善室内空气品质的过程

当新风品质优于室内空气品质时，可认为通风（新风）可以改善室内空气品质，其过程可用新风效应来评价。新风效应是指引入室内的室外空气在室内的流动、混合及扩散特性（决定人员呼吸区的有效新风量）以及引起的污染物迁移（物理输运）和转化（化学反应）[65]。适用于通风（新风）引起的物理效应的评价指标见表 1-5。

表 1-5 适用于通风（新风）引起的物理效应的评价指标

序号	作者	评价指标	描述
1	Chen 等(1969)[142]	排风口空气龄分布	早期评价室内空气分布的模型和指标
2	Nauman(1981)[143]	污染物驻留时间	可评价新风运移污染物的能力
3	Sandberg(1981)[144]	相对通风效率/排污效率	可评价新风对房间不同区域的影响程度
4		绝对通风效率	可评价某点新风稀释污染物的程度与其最大能力的比值
5		空气龄	指新风进入室内的时间，可评价房间整体/局部去污能力
6	Skaret 和 Mathisen (1982)[145]	稳态通风效率	可评价稳态新风去除（稀释）污染物的快慢
7		瞬态通风效率	可评价某时刻新风稀释室内污染物的快慢
8	Sandberg 和 Sjöberg (1983)[146]	相对空气扩散效率	可评价新风稳态通风模式去除污染物的快慢
9	Sandberg 和 Skaret (1985)[147]	换气效率	可评价新风稳态通风模式新风替换原空气的快慢

续 表

序号	作　　者	评价指标	描　　述
10	Murakami(1992)[148]；Kato 等(1994)[149]；Kato 和 Yang (2008)[150]	送排风贡献率等 SVE 系列指标	主要描述稳态条件下室内污染物扩散特性和通风有效性，如评价各个区域受不同风口的影响程度等
11	Peng 等(1997)[151]	净化效率	某一送风口对任意位置污染物的稀释能力
12		污染物累积指数	评价污染源与新风气流对污染物浓度的联合影响
13	Deng 和 Tang (2001)[152]	污染物年龄	表征污染物从产生到当前时刻的时间
14	Li 等(2003)[153]	全程空气龄	考虑回风的空气龄修正
15	Zhao 等(2004)[154]	人员修正换气效率	考虑人员活动区的换气效率修正
16	Yang 等(2004)[155]	污染物可及性	可动态评价污染物自散发至任意时段到达各点的能力
17	Li 和 Zhao(2004)[156]	送风可及性	可动态评价送风在任意时段到达室内各点的能力
18	张寅平等(2006)[157]	空间流动影响因子	用于优化室内 VOC 源和人员活动区域分布
19	Li 等(2009)[158]	污染源脉冲响应系数	非恒定边界下各边界对室内任意点污染物浓度贡献程度
20	王军，张旭(2012)[65]	新风效应第一因子	综合描述新风效应发生过程中的质量输运

表 1－5 中各物理指标实际上均是从不同角度描述非均匀环境下室内空气参数的分布和转化规律。现有对非均匀环境的研究工作主要分为模型试验和 CFD 模拟。模型试验对真实情况的室内环境进行描述和分析，数据真实可靠但仅为离散点，故存在结果信息量不够丰富的不足。此外模型试验过程往往存在扰动多、动态过程漫长、试验周期长、成本高等缺陷[159]。CFD 技术结合物理评价指标(和化学反应模型)是研究新风效应的另一条可行途径。物理评价指标按时间尺度可分为稳态指标和非稳态指标，与新风量指标时间尺度对应的为稳态指标。尽管实际人居环境中温湿度场、浓度场等均存在时变，但通过无量纲分析

可知，建材 VOC 的散发在后 90%的时间内均可认为为准稳态散发[160]，工程上可根据非稳态指标对非稳态散发区(约前 10%的散发时间)采用非稳态指标对室内空气品质进行评价，而对后 90%的准稳态散发时间采用稳态指标进行评价。

另一方面，建材中的 VOC 潜在参与各类室内化学反应。其反应媒介主要在建材内(生产安装过程产生的初始 VOC 及吸附作用产生的额外 VOC)、建材表面(异相化学反应)和气相(由新风带入室内或在室内直接产生臭氧 O_3、氮氧化物 NO_x、羟基 OH 等活性分子)中，导致室内不仅存在建材散发的一次污染物，同时存在因各类化学反应生成的二次污染物[18-19,161-172]。建材一次污染物、二次污染物的产生及其对室内空气品质的影响过程见图 1-8 所示。

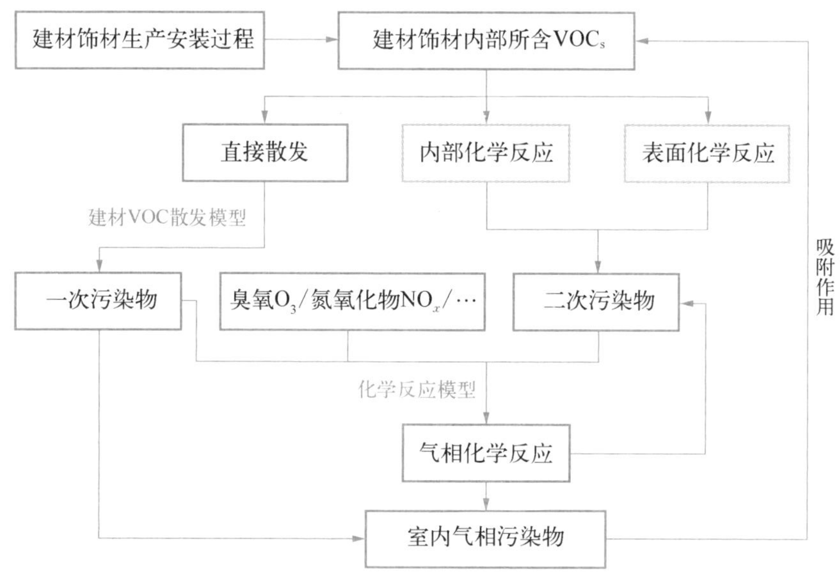

图 1-8 建材一次污染物、二次污染物的产生及其对室内空气品质的影响过程

目前已知的影响室内空气品质的二次污染物产生过程可分为以下几类[173]：① 臭氧 O_3、氮氧化物 NO_x、羟基 OH 等气相中活性气体引起的反应；② 萜烯类氧化过程，木质建材往往含有大量萜烯类化合物；③ 臭氧 O_3 与部分建材成分的反应(反应原理尚未完全明确，但检测到臭氧的存在可以降低部分建材散发 VOC 的浓度)[161,164,168,170,172,174-175]；④ 不饱和脂肪酸分解，如油地毡块等含有的不饱和脂肪酸被氧化成脂族醛等(异相反应);⑤ 细胞膜质分解释放 VOC,同样可能存在于各类木质建材中;⑥ 光化学反应,如对木质材料进行紫外光固化过程中过量使用光引发剂[176];⑦ 酯类、有机磷酸酯、尿素派生物等的水解作用;⑧ 建材在极端(如极干、极热)条件下的降解可能释放大量 VOC;⑨ 跨物种反应,如酯类在湿水泥上发生水解反应;⑩ 生物代谢反应等其他产生二次污染物的过程。

尽管影响室内空气品质的二次污染物产生来源较复杂,部分产生过程可用化学反应模型描述,适用于通风(新风)引起的化学效应的模型见表 1-6。

表 1-6　适用于通风(新风)引起的化学效应的模型

序号	作　　者	模 型 及 描 述
1	Özkaynak 等(1982)[177]	简化 NO_x 的化学过程,采用分区法建立化学反应模型
2	Nazaroff 和 Cass(1986)[178]	结合通风、净化、异相反应、散发、光解、热解反应,建立通用化学反应模型,对部分室内和室外反应组分采用伪稳态近似
3	Weschler 和 Shields(1996)[179]	基于充分混合假设建立单区质量平衡模型
4	Drakou 等(1998)[180]	利用 CFD 法求解室内化学反应
5	Sarwar 等(2002)[181]	基于 OH 反应给出室内化学与暴露模型(ICEM)
6	Carslaw(2007)[182]	化学盒子模型
7	王军,张旭(2012)[65]	新风效应第二因子,综合描述新风效应发生过程中的气相污染物转化

表 1-6 中模型通常可针对一类化学反应进行描述和预测反应结果,但离准确预测室内气相 VOC 浓度变化仍存在距离,特别是典型的新风场景中 VOC 种类可多达几百种[183-184],不同化学物质暴露对人体健康危害的不同也导致不存在统一或唯一的检验标准去预测和控制室内二次污染物。目前,新风指标及其计算方法对二次污染物的敏感性研究是探索控制室内二次污染物污染问题的路径之一。

1.2.5　基于健康的控制目标和实现途径

目前建筑新风量指标受健康和节能双重控制目标制约,当今国际主流观点均认为健康因素应占主导位置。

确定目标污染物阈值体系是目前国际控制室内建材污染物散发的主要方法。表 1 - 7 给出了国际主要室内空气目标污染物阈值指标体系的比较。在欧美各国普遍采取建材标识体系之前，室内空气品质标准和卫生标准是控制室内空气品质的主要参考依据。建材标识体系相比室内空气品质标准和卫生标准将控制上升为源控制，控制策略仍是确定目标污染物及其(散发)阈值。目标污染物包含已知致癌物(主要采用国际癌症研究院 IARC 和欧盟两种分类)、VOC (美国将部分致癌物包含进 VOC)和 TVOC 等[67]。欧洲各国对 VOC 普遍采用的参考指标为 LCI(lowest concentration of interest)指标，并采用“LCI+R”法确定阈值。典型代表为德国 AgBB 标识，包含约 170 种 VOC 的 LCI，LCI 取值为相应卫生标准的 1/100，每种污染物(VOC)测得浓度 y_j 与 LCI 的比值为 R_j，所有 R_j 之和为 R 且不大于 1[50]，即为“LCI+R”法，见式(1 - 4)。目前欧盟开始推广统一的 EU - LCI[185]体系。

$$\begin{cases} R_i = \dfrac{y_i}{LCI_i} \\ R = \sum R_i \leqslant 1 \end{cases} \tag{1-4}$$

式中，y_i 为某污染物测得的浓度，$\mu g \cdot m^{-3}$；LCI_i 为该 VOC 的 LCI 限值，$\mu g \cdot m^{-3}$。

表 1 - 7 国际主要室内空气目标污染物阈值指标体系的比较

序号	发布者/指标	时间	类 别	简介及包含目标 VOC	NRC 数据库交集
1	GB/T 18883[13]	2002	室内空气品质标准	我国室内空气品质标准，给出 5 种 VOC 的 1 h 平均限值和 TVOC 的 8 h 平均限值	4
2	ASHRAE Standard 62. 1[14]	2013		美国采暖、制冷与空调工程师学会发布，结合 CREL 和 MRLs 给出了 32 种 VOC 的推荐限值	18
3	OHHEA，CRELs[186]	2013		美国加州环境安全评估办公室发布的 100 余种空气污染物(含 VOC)的急性(1 h)、8 h 和慢性暴露限值	24

续 表

序号	发布者/指标	时间	类 别	简介及包含目标 VOC	NRC 数据库交集
4	OSHA [187]	2006	职业卫生标准	美国职业健康与安全委员会发布的空气污染物标准(29CFR 1910.1000),共 476 种污染物(含 VOC)	39
5	ACGIH,TLVs[188]	2006		美国政府工业卫生学家会议发布的化学物质限值 2005 年版含 710 种污染物(含 VOC),用 TLVs(threshold limit values)表示	47 (2005 版)
6	GBZ 2.1[189]	2007		我国工作场所有害因素职业接触限值标准,共 346 种污染物(含 VOC),职业接触限值按时间(8 h 工作日,40 h 工作周)加权平均容许浓度(PC - TWA)和短时间(15 min)接触容许浓度、最高容许浓度(MAC)给出	34
7	ATSDR,MRLs [190]	2013		美国毒物和疾病登记署发布的 401 种(截至 2013 年 7 月)污染物(含 VOC)的最小风险水平(minimal risk levels, MRLs),按急性(1～14 d)、中性(15～354 d)暴露和慢性(≥1 yr)暴露三类给出	16
8	AFSSET[191]	2009	建材标识标准	法国建材标识体系使用的 LCI 指标体系,约 165 种 VOC	63
9	CS 01350[69]	2010		美国加州公共健康部发布针对室内建材 VOC 散发公布的 35 种 VOC 限值,限值参考 CRELs,按≤1/2CRELs 给出	参见 CRELs
10	BIFMA[68]	2011		美国办公家具制造商协会建材标识标准,包含工作站(workstation)、座椅(seating)和单一组件(individual components)的 30 余种 VOC 限值	—

续 表

序号	发布者/指标	时间	类 别	简介及包含目标 VOC	NRC数据库交集
11	AgBB[50]	2012	建材标识标准	德国建材标识体系使用的 LCI 含约 176 种 VOC，和用于比较建材第 3 d 和 28 d 的 TVOC 散发限值	59
12	EU－LCI[185]	2013		欧洲标准委员会制定的 LCI 指标体系，现包含 82 种 VOC	32

欧美建材标识体系与建材散发数据库数据的建立和发展密不可分。建材散发数据库大致可分为以下三类：① 早期建材散发数据库以文献综述为主[192]，如法国国家科研署（ANR，French National Research Agency）资助的 REGENAIR 项目建立的数据库 PANDORA[192]。该类数据库的数据来源、检测技术水平等均不统一，仅能在有限范围内反映建材散发水平。② 部分国家和组织对典型建材集中进行选取和测试并建立建材散发数据库。典型的数据库为加拿大国家研究委员会建筑研究学会（NRC）基于 CMEIAQ Ⅰ和Ⅱ项目建立的 NRC 数据库[22]，包含 69 种建材在 100～300 h 内在环境小室内散发的 90 种主要 VOC_s 散发数据。NRC 数据库提供了相对翔实的测试数据，但该类数据库的主要缺点是数据库一旦建立很难得到更新和补充新建材。③ 伴随建材标识体系的发展，复合式数据库逐渐成为新的趋势。实际上建材标识体系是集国家规范、行业标准、检测标准、认证机构、限值要求等的多环节系统工程。为满足政府、检测与认证机构、生产商、消费者等四方的要求，数据库往往需要包含建材基本生产信息、检测数据、认证信息、实践应用、生气周期评价等相对全面的信息，更重要的一点是完成检测的建材可以被实时更新至数据库。欧洲委员会健康与消费者执行局（EC/EAHC，EC Executive Agency for Health and Consumers）于 2006 年及 2010 年分别启动的 BUMA（Building Materials prioritization as indoor pollution sources）项目[193]和 EPHECT（Emissions，Exposure Patterns and Health Effect of Consumer products in the EU）项目[194]，两个项目分别建立欧洲建材及消费品检测数据库，并最终旨在合为 BUMAC 数据库。BUMA 和 EPHECT 数据库已基本按照复合式数据库要求建立和发展。国际主要建材散发数据库及其特点见表 1－8。

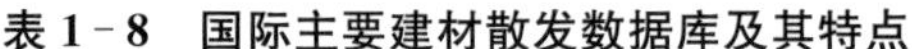

表 1-8　国际主要建材散发数据库及其特点

序号	数据库/项目	组织机构	时间	项目/数据库特点	软件/数据库
1	SIAE[192]	US EPA	1999	建立了包含 17 类,78 种,8 490 个住宅建材污染物散发速率数据的数据库。自发布后未更新	软件 CONTAM
2	CMEIAQ I [195-199]	NRC	1999	建立了包含 49 种建材,90 种 VOC_s散发特性的数据库	软件 MEDB-IAQ
3	CMEIAQ II [22,200-210]	NRC	2000	(1) 含 69 种建材,约 90 种 VOC_s散发数据库; (2) 属于多点检测数据库	软件 IA-QUEST
4	PANDORA [192]	France/ ANR	2010	(1) 建立了一个可按家用消费品、建材及人员活动分类或按污染物分类的数据库。建材散发数据区分使用场合,如办公室、住宅和医院等; (2) 属于单点检测数据库、文献综述数据库	开放数据库 PANDORA
5	EDBIAPS [211]	EC	1995—1997	(1) 建立了包含建材和部分 HVAC 设备的污染物散发量及其毒性限值的数据库; (2) 建立了一个简单的房间 IAQ 预测模型	数据库 EDBIAPS
6	AIRLESS [211]	EC/DGXII	1998—2000	(1) 优化 HVAC 系统和设备的设计要求为目的; (2) 获得了更多 HVAC 设备污染物释放/散发数据	—
7	SOPHIE (MATHIS) [193,211]	EC/DGXII	1998—2000	(1) 建立了包含超过 200 种建材及部分 HVAC 设备的污染物散发量、感官影响和毒性评估; (2) 建立了一个考虑吸附/解吸效应、换气次数的房间 IAQ 预测模型	数据库 SOPHIE
8	BUMA [193]	EC/EAHC	2006—2009	建立了包含超过 400 种建材,400 种污染物的 8 000 条散发特性的数据库(截至 2010 年 12 月 13 日),实时更新	数据库 BUMA 暴露模型系统 BEMES

续　表

序号	数据库/项目	组织机构	时间	项目/数据库特点	软件/数据库
9	EPHECT[194]	EC/EAHC	2010—2013	以建立欧洲常用消费品使用模式、散发特性及暴露水平的数据库为目标	数据库BUMAC

客观而言，我国对室内空气品质的关注和认识仍处于初级阶段[33]。现有欧美建材标识体系包含目标污染物相对较多。我国建材使用和生产工艺与欧美存在的差异也造成欧美与我国在室内污染物组成方面存在差异。此外，我国也未建立具备一定规模的建材散发数据库。上述原因制约着我国直接套用欧美建材标识体系。故目前的一项亟待解决的工作是建立和完善适合我国国情的建材标识体系，如此在加强源控制的同时，可根据我国建材散发水平确定合理的人居环境新风量指标。

1.3　基于建材 VOC 散发模型及理论确定新风量的可行性分析

要研究基于建材 VOC 散发的新风量的计算方法，需要遵循新风量的四个约束条件。① 建筑功能定位：由 1.1.1 节可知，办公建筑、（含有新风系统的）住宅等人员密度比较低的室内空间可根据建材散发的 VOC 在室内的气相浓度来确定新风量；② 建材污染源量化：由 1.2.2 节可知，可利用标准房间来量化办公室和住宅的污染源；③ 新风品质与新风物理化学效应：针对建材 VOC 散发的研究，通常可先根据三个假设来研究没有新风效应作用下的新风量指标：a. 室内污染物均匀混合；b. 不考虑室内空气污染物参与的任何形式的化学反应；c. 新风品质良好。再检验与分析上述假设对新风量的影响；④ 室内空气品质控制目标：由 1.2.5 节可知，室内空气品质指标可参考各类现行独立指标和组合指标。

故剩下需要解决的主要问题在于：如何对室内（一次）污染物的散发特性进行合理量化。尽管单一源的散发/吸附模型发展已相对成熟，但办公建筑及住宅等人居环境内通常含有多种建材家具，散发源不唯一。如何合理量化“多建材共存”条件下各类建材家具的 VOC 散发模型关键参数（C_0、D、K）的值，成为确定新风量指标的关键问题。

量化"多建材"散发模型关键参数的可行途径之一是利用现有建材 VOC 散发数据库(见 1.2.5 节,表 1-8)。但现有建材 VOC 散发数据库中的散发数据并不能直接用于其预测室内环境中的散发特性,主要原因有以下三个方面:① 数据库中建材散发的检测环境与实际人居环境存在差异,通风量(新风量)、承载率的等不同均可能导致散发特性、室内气相 VOC 浓度产生差异;② "多建材共存"条件下各建材的散发特性与各建材单独散发时的散发特性存在差异;③ 现有数据库中的散发数据均不在主流散发模型的基础上建立,也就是数据库中散发模型关键参数一般未知,需反求。换句话说,量化室内建材污染物的散发特性的过程也就是通过数据库散发数据反求散发模型关键参数的问题。

如果认为将已知散发模型关键参数(C_0、D、K)预测建材在室内环境中的散发特性的过程称为"正问题",那么,通过建材数据库中的散发数据求解散发模型关键参数(C_0、D、K)的过程即为"反问题"。但现有建材散发数据库并不能便捷地、准确地进行这个"反问题"的求解。如 PANDORA 数据库等为单点检测(如仅用某单个时刻散发数据代表该材料散发特性)数据库,不包含散发过程的变化信息,实际上无法用于较准确地预测散发模型关键参数。再如 NRC 等直流舱多点测试(在一定时间内取若干时间点采样获得气相 VOC 浓度变化曲线)数据库,包含建材在环境舱中一段时间内的散发数据,具备通过技术手段确定建材 VOC 散发模型关键参数的可能性。表 1-9 汇总了目前基于直流舱气相 VOC 浓度测定结果确定散发模型关键参数的主要方法。

表 1-9　基于直流舱气相 VOC 浓度测定结果确定散发模型关键参数的主要方法

序号	方法类别	方法举例和简要说明	方法特点与适用条件
1	直接计算法	根据气相 VOC 测试点直接积分计算 C_0	测试时间需足够长至绝大部分 VOC 已从建材散发出,往往并不实际
2	多参数拟合法	最小二乘法[212]	依赖于关键参数的敏感性[134],若 C_0 已知,且 D 和 K 敏感性不趋于一致,可进行较准确的双参数拟合,但结果往往不唯一
3		Levenberg-Marquardt(LM)算法[213]	
4		序列二次规划法(SQP)算法[80,214]	

续 表

序号	方法类别	方法举例和简要说明	方法特点与适用条件
5	CFD模拟法	Yang模拟法[93]（基于K和饱和蒸气压实验关联式计算K，再CFD模拟求解C_0和D）	(1) K的估算结果影响较大 (2) 气相VOC浓度峰值测定对计算结果影响较大
6	近似计算法	相邻点计算法[215]（利用散发模型无穷级数解的第一项推导，类同C-history法思路）	(1) 在$Fo_m \geqslant 0.01$区间计算C_0D和值，Fo_m为传质傅里叶数，$Fo_m = D \cdot \frac{t}{L^2}$，其中$t$为时间，$L$为建材厚度 (2) 采样时间间隔需满足（$\Delta t \sim 0.01\frac{L^2}{D}$，即约为$0.01Fo_m$） (3) 不估计$K$，$K$对$C_0$和$D$值结果有影响
7		直流舱C-history法[141]	(1) 需结合密闭舱测试结果 (2) 测试时间存在要求
8	其他	假定比例因子拟合法[20]	D和K知其一，可拟合C_0和D、K中另一参数，误差无法估计

以NRC数据库为例，该数据库中的各建材散发各VOC的C_0、D和K三类关键参数均未知，测试时间一般为100～300 h，最大采样间隔为24～103 h。以下逐一分析表1-9中的各个方法。

方法1——直接计算法：根据气相VOC测试点直接积分计算C_0，要求测试时间需足够长。而NRC数据库中各建材的测试时间一般小于300 h，故无法满足该方法对测试时间的要求。

方法2—方法4——多参数拟合法：由于NRC数据库中各建材VOC的C_0值未知，也无法对每组测试数据中D和K的敏感性进行判断，直接拟合数据库中的散发数据容易造成多解。

方法5——CFD模拟法：该方法的主要问题在于K的估算结果和实验峰值对C_0和D的计算结果影响较大。由于K值未知，无法判断C_0和D的计算结果的准确性。此外，由于CFD法需要进行试算，CFD计算时间成本一般较直接拟合法等为长。

方法6——近似计算法：该方法的两个前提条件为：① 测试点的时间间隔(Δt)需满足$\Delta t \sim 0.01L^2/D$。具体来说，NRC数据库中L(建材厚度)取值量级

为 10^{-2} m，假定 D 的取值范围为 $[10^{-9}, 10^{-10}]$ $m^2 \cdot s^{-1}$，则 Δt 的合理范围约为 [0.3 h，30 h]，在 300 h 的测试时间内需达到 10～1 000 余个测试点。NRC 数据库中对每种建材的测试采样（不含重复采样）一般仅小于 10 个；② 须在$Fo_m \geqslant 0.1$区间计算 C_0 和 D 值。尽管当 D 的取值范围小于 10^{-10}时测试点时间间隔可满足条件，但由于在 $Fo_m \geqslant 0.1$ 区间（测试时间≥30 h）内测试点过少或测试结束时仍未达到 $Fo_m \geqslant 0.1$ 的区间，该方法对 NRC 数据库中的大多数散发数据均不适用。

方法 7——直流舱 C-history 法：该方法要求结合密闭舱气相 VOC 浓度散发曲线进行拟合，故不适用 NRC 数据库（属于直流舱）。但即便适用，也存在测试时间不符合要求的问题（参见上一段）。

方法 8——假定比例因子拟合法：该方法要求 D 和 K 知其一，进而拟合 C_0 和 D、K 中另一参数。由于 NRC 数据库中 C_0、D 和 K 均未知，故该方法不可用。

综上所述，现有建材 VOC 散发模型关键参数的数学估计方法均不适用于预测如 NRC 数据库等检查数据的关键参数。进一步分析，如需根据表 1－9 中的方法估计关键参数，检测实验的过程（采样间隔、是否需要结合密闭舱等）大多需进行预设计，当新建数据库时可采用。如需基于已有的直流舱检测数据库建立新风量指标及其计算方法，仍需研究新的建材 VOC 散发模型关键参数的估计方法。

1.4 本课题的主要研究工作

1.4.1 研究内容

本课题从确定控制建材污染的新风量的五个约束条件出发。研究对象为办公建筑、（含有新风系统的）住宅等人居环境。研究目标是基于国际现有建材 VOC 散发数据库，建立量化污染源和污染物散发特性的方法，并建立适合我国国情的控制建材污染的新风量指标及其计算方法。具体的研究内容如下：

（1）建立适用于直流舱检测建材散发特性数据（气相 VOC 浓度）的建材 VOC 散发模型关键参数的估计方法。首先基于建材 VOC 散发数据库散发数据反求建材 VOC 散发模型关键参数（C_0、D 和 K）的可用数据筛选原则，提出干式单层建材关键参数"单自由度拟合法"和"快速估计法"。借助 Virginia Tech 开发的参考散发材料技术，检验两种建材 VOC 散发模型关键参数估计法的有效性，同时分析两种方法对双层建材散发场景的适用性。

（2）定性定量分析现有主要建材散发数据库，选取合适的建材散发数据库

(NRC 数据库)作为基础数据。分别采用“单自由度拟合法”和“快速估计法”将NRC 数据库中单层建材和装配建材 VOC 散发数据转换为散发模型关键参数,并最终将其转换为“建材 VOC 散发模型关键参数数据库”。进而给出该“建材VOC 散发模型关键参数数据库”的工程应用。

(3) 基于国际标准房间(standard room)的概念建立标准“新风场景”。选取两类室内空气品质指标(独立指标、组合指标),按以下两种方法估计新风量:① 全散发周期“特征散发率法”;② 非稳态/准稳态“两阶段散发率法”。在此基础上,评估新风量对含多层建材、回风、间歇通风的散发场景的适用性,并给出对回风、间歇通风等条件下新风量的修正方法。此外,给出 VOC_s 优先控制目标和新风量计算方法用于工程实践的一般应用方法。

(4) 基于 Virginia Tech 开发的甲醛/VOC 在聚合物上的吸附/散发微天平实验平台,研究甲醛在聚合物等材料中初始可散发浓度的特性(部分可逆吸附特性)。基于温度对准稳态散发阶段散发率和传质系数的关联式,分析探讨温度对建材甲醛/VOC 散发、吸附特性的影响,给出新风量的修正方法。

(5) 分析其他新风物理效应和化学效应对新风量指标的影响程度。新风物理效应主要体现在室内污染物分布不均匀上,新风化学效应则反映在建材散发的 VOC 在室内参与各类化学反应的过程。新风物理效应和化学效应对新风量的计算方法有直接影响,本文分析期影响程度并从工程应用角度给出修正方法。

1.4.2 基本假设

本课题以单区(single zone)为研究对象,不考虑多区影响,并作如下假设:

① 仅考虑机械通风系统所需新风量,不考虑自然通风、围护结构渗透;

② 以干式建材为室内主要污染源,并认为干式建材均为常物性材料;

③ 建材每一层中 VOC 浓度初始均匀分布,在材料相中为一维传质扩散,传递动力为浓度差。传质过程符合 Fick 定律,散发过程可用散发传质模型预测;

④ 不考虑建材材料相内部化学反应,认为由散发数据反算得到的材料相中各 VOC 初始可散发浓度均为其实际可散发浓度;

⑤ 认为进入新风场景的建材家具的初始状态都是新的建材家具,其散发模型关键参数由本文提出的方法计算得到;

⑥ 除第 7 章外,认为任何时刻室内 VOC 均混合均匀;

⑦ 新风对室内不同 VOC 的稀释作用相同;

⑧ 不考虑室内外颗粒物对室内气相 VOC 浓度及新风量的影响。

1.4.3 技术路线

本课题采用的技术路线如图 1－9 所示。

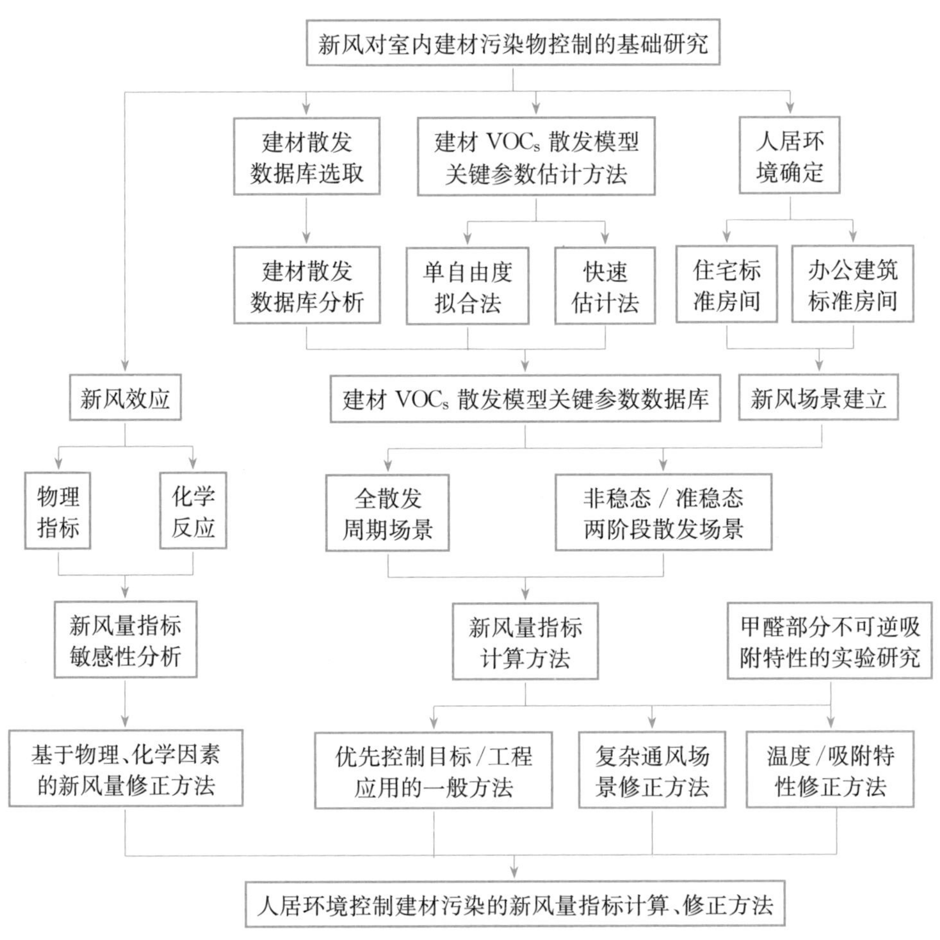

图 1－9 本课题的技术路线

1.4.4 研究思路与章节关系

第 1 章为绪论。

第 2 章汇总了预测新风场景中建材 VOC 散发过程的基础理论与工具。第 2 章是对绪论的补充，后续章节部分内容在第 2 章基础上完成。

第 3 章提出了两种适用于求解 NRC 数据库中建材 VOC 散发模型关键参数的方法(C_0、D、K)：①“单自由度拟合法”；②“快速估计法”。

第 4 章在第 3 章基础上，通过“快速估计法”将 NRC 数据库转换为建材 VOC 散发模型关键参数(C_0、D)数据库。

第 5 章在第 4 章基础上，提出了两种预测新风量的方法：① 全散发周期特征散发率法；② 非稳态/准稳态两阶段散发率法，用于计算室内所需新风量。

第 6 章基于甲醛在聚合物中的部分可逆吸附特性，研究了甲醛的初始可散发浓度问题，并在第 5 章基础上提出了新风量的修正方法。

第 7 章研究了其他新风物理效应和化学效应，并在第 5 章基础上提出了新风量的修正方法。

第 8 章总结了本书的结论、创新点、局限性，并进行展望。

本课题研究思路与章节的关系可用如图 1-10 所示。

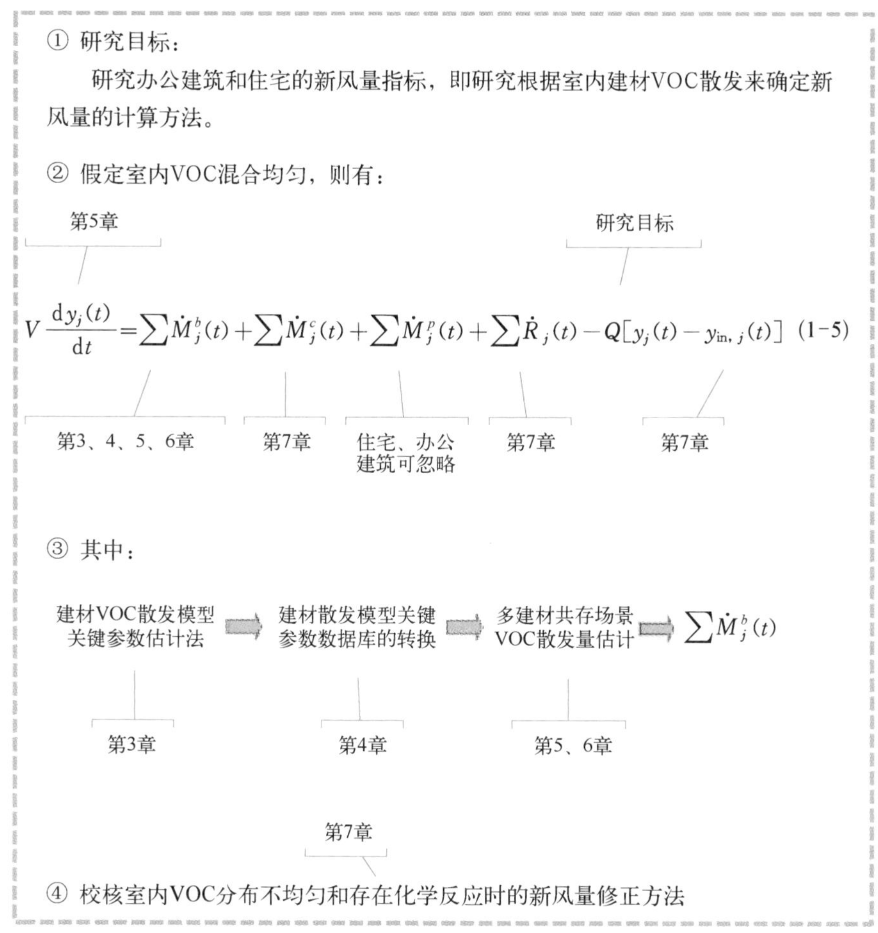

图 1-10　本课题研究思路与章节的关系

式(1－5)(同式(1－1))中：

$y_j(t)$——第 j 种 VOC 在 t 时刻在室内的气相浓度，$\mu g \cdot m^{-3}$；

$\sum \dot{M}_j^b(t)$ ——t 时刻所有建材等效的第 j 种 VOC 散发率(考虑汇)，$\mu g \cdot s^{-1}$；

$\sum \dot{M}_j^c(t)$ ——t 时刻所有间歇散发源等效的第 j 种 VOC 散发率，$\mu g \cdot s^{-1}$；

$\sum \dot{M}_j^p(t)$ ——t 时刻室内人员等效的第 j 种 VOC 散发率，$\mu g \cdot s^{-1}$；

$\sum \dot{R}_j(t)$ ——t 时刻第 j 种 VOC 的化学反应率(生成为正，消耗为负)，$\mu g \cdot s^{-1}$；

$y_{in,j}(t)$——入室新风中第 j 种 VOC 的气相浓度，$\mu g \cdot m^{-3}$；

Q——通风量(新风量)，$m^3 \cdot s^{-1}$；

V——室内空间体积，m^3。

第2章 预测人居环境中建材 VOC 散发过程的基础理论

汇总了在新风场景中预测建材 VOC 散发所需的基础理论与工具。较详细叙述了部分物理和数学模型。本章是对绪论的补充，后续章节在本章基础上完成。

2.1 干式建材 VOC 散发模型

建材 VOC 散发模型是评价建材 VOC 散发特性的基础工具。研究通常将干式单层各向同性建材作为基本单元建立散发模型，如 Little(1994)模型[20]和 Xu 和 Zhang(2003)[74]模型。同时把组合式建材简化成多层建材，在单层建材 VOC 散发模型基础上建立复杂形式的建材 VOC 散发模型，如 Lee 等(2002)[95]给出了干/湿式装配建材的散发模型，Wang 和 Zhang(2011)[31]给出了干式建材 VOC 散发通用模型，可描述建材内部含 VOC 产生或消耗源的多层建材双面散发模型。

另一方面，很多情况下需要在已知 VOC 散发曲线前提下求解散发模型三个关键参数，即“反问题”。现阶段无论建材为何种材质、结构，仅能将其当成“黑箱”。若建材恰为单层材料，求得的 C_0、D 和 K 即为该建材的散发模型关键参数；若建材为多层材料，$n(n\geqslant 2)$层建材即有 $3n$ 个关键参数，通过单一的气相 VOC 浓度曲线准确求解 $3n$ 个关键参数几乎不可能，通常仅可通过单层建材 VOC 散发模型求得该“黑箱”建材的表观散发模型关键参数 $C_{0,\ \mathrm{equ}}$、D_{equ}和 K_{equ}。

2.1.1 干式单一单层建材 VOC 单边散发模型

Little(1994)模型[20]是典型的单层建材 VOC 散发模型(忽略对流传质系数 h_{m})。如图 2-1 所示。

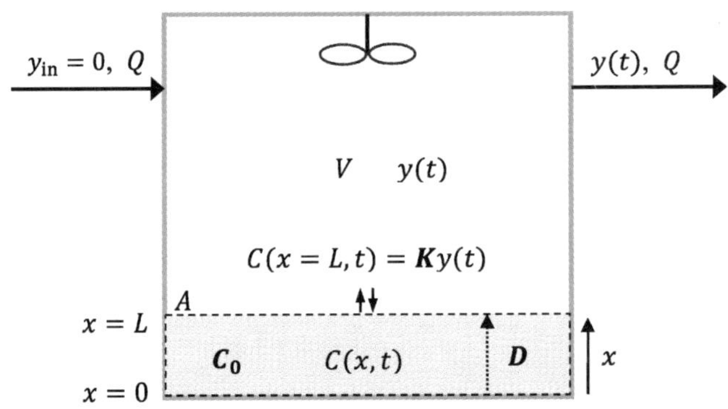

图 2-1　典型单层建材 VOC 散发模型(忽略对流传质系数 h_m)

假定室内空间气相 VOC 浓度均匀混合,忽略对流传质系数 h_m,材料相、气相控制方程以及边界条件可表示为

$$\frac{\partial C(x,\ t)}{\partial t}=D\frac{\partial^2 C(x,\ t)}{\partial x^2} \tag{2-1a}$$

$$\left.\frac{\partial C(x,\ t)}{\partial x}\right|_{x=0}=0 \tag{2-1b}$$

$$K=\frac{C(x,\ t)\ |_{x=L}}{y(t)} \tag{2-1c}$$

$$V\frac{\mathrm{d}y(t)}{\mathrm{d}t}=A\left(-D\left.\frac{\partial C(x,\ t)}{\partial x}\right|_{x=L}\right)-Q\cdot y(t) \tag{2-1d}$$

式中,$C(x,\ t)$为建材在位置 x 处在 t 时刻的材料相 VOC 浓度,μg・m^{-3};x 为至建材底部的线性距离,以建材底部为 $x=0$,m;$y(t)$为气相 VOC 浓度,μg・m^{-3};L 为建材厚度,m;A 为建材暴露面积(一般即为 VOC 散发面积),m^2;V 为建材散发可及的室内空间体积(均匀混合),m^3;Q 为通风量,m^3 h^{-1};y_{in}为入室 VOC 浓度,在 Little(1994)模型[20]中取为零。

式(2-2)为式(2-1)的显式解析解:

$$C(x,\ t)=2C_0\sum_{n=1}^{\infty}\left\{\frac{\exp(-Dq_n^2t)(h-kq_n^2)\cos(q_nx)}{[L(h-kq_n^2)^2+q_n^2(L+k)+h]\cos(q_nL)}\right\} \tag{2-2}$$

其中,

$$h = \frac{Q}{A \cdot D \cdot K} \tag{2-3}$$

$$k = \frac{V}{A \cdot K} \tag{2-4}$$

式(2－2)中，$q_n(n = 1, 2, \cdots)$ 是超越方程(2－5)的正根：

$$q_n \tan(q_n L) = h - k q_n^2 \tag{2-5}$$

Little(1994)模型忽略 h_m(对流传质阻力为零)对建材散发的影响，在建材散发初期将高估散发率[83]。Xu 和 Zhang 模型(2003)[74]改进了该问题(图 2－2)，在建模过程中考虑了 h_m，建材 VOC 散发率$\dot{m}$可表示为

$$\begin{aligned} \dot{m} &= -D \frac{\partial C(x, t)}{\partial x}\Big|_{x=L} \\ &= D \sum_{n=1}^{\infty} \sin^2(\beta_n L) \frac{2(\beta_n^2 + H^2)}{L(\beta_n^2 + H^2) + H} \\ &\quad \times \left\{ [C_0 - K \cdot y(0)] e^{-\beta_n^2 t} - \int_0^t \exp(-\beta_n^2 (t - \tau)) K \, dy(\tau) \right\} \end{aligned} \tag{2-6}$$

式中，$H = \dfrac{h_m}{D \cdot K}$，$m^{-1}$；$\beta_n$ 是方程(2－7)的所有正根：

$$\beta_n \tan(\beta_n L) = H \tag{2-7}$$

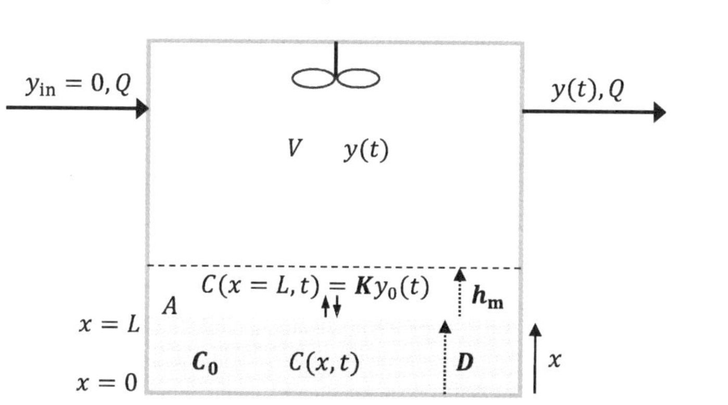

图 2－2　典型单层建材 VOC 散发模型(考虑对流传质系数 h_m)

尽管无量纲分析表明 h_m 对散发初始阶段影响较大[83]，但当大于 8 h 后，Little 模型(1994)与 Xu 和 Zhang(2003)模型的预测结果基本一致。

此外，在如 NRC 等建材 VOC 散发数据库中建材散发初始 24 h 内一般仅有少

量检测数据，而本文提出的“单自由度拟合法”降低了初始阶段气相 VOC 浓度对建材 VOC 散发模型关键参数（C_0、D 和 K）“反问题”求解的影响。若采用 Xu 和 Zhang(2003)[74]等考虑对流传质系数 h_m 的模型将增加预测变量。基于上述原因，采用 Little(1994)模型作为单层建材 VOC 散发模型关键参数求解模型。

2.1.2 干式单一多层建材 VOC 单边散发模型

多层建材复杂散发情形模型在单层建材模型基础上发展起来。Wang 和 Zhang(2011)[31]模型是目前最通用的模型，以无内部化学反应的典型双层建材单边散发模型（考虑对流传质系数 h_m）为例给出解析解，如图 2-3 所示（相关计算见 3.5.1 节）。

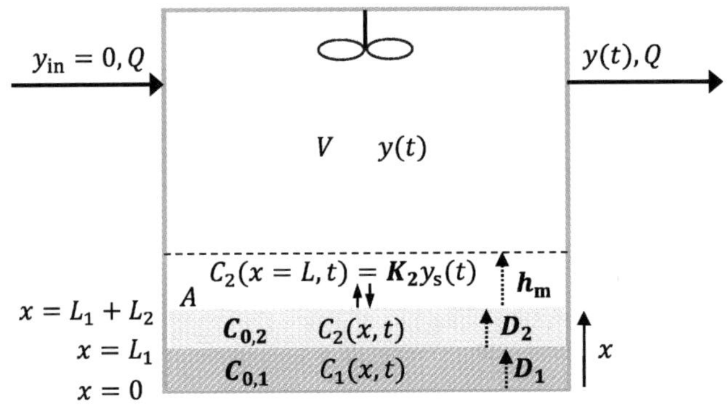

图 2-3 典型双层建材单边散发模型(考虑对流传质系数 h_m)

Wang 和 Zhang(2011)[31]考虑了对流传质系数 h_m 对散发的影响，假定初始各层建材内 VOC 浓度均匀，其材料相控制方程、边界条件和初始条件分别为

$$\frac{\partial C_i(x,t)}{\partial t}=D_i\frac{\partial^2 C_i(x,t)}{\partial x^2},\ t>0,\ l_{i-1}<x<l_i,\ (i=1,2) \tag{2-8a}$$

$$D_1\frac{\partial C_1(x=L_1,t)}{\partial x}=D_2\frac{\partial C_2(x=L_1,t)}{\partial x},\ t>0 \tag{2-8b}$$

$$\frac{C_1(x=L_1,t)}{K_1}=\frac{C_2(x=L_1,t)}{K_2},\ t>0 \tag{2-8c}$$

$$-D_2\frac{\partial C_2(x=L_1,t)}{\partial x}=h_m[y_s(t)-y(t)],\ t>0 \tag{2-8d}$$

$$C_2(x=L_1+L_2,t)=K_2\cdot y_s(t),\ t>0 \tag{2-8e}$$

$$C_i(x,\ t=0)=C_{0,\ i},\quad l_{i-1}<x<l_i,\ (i=1,\ 2) \tag{2-8f}$$

式中，$C_{0,\ i}$、$C_i(x,\ t)$、D_i、K_i、L_i 分别为第 i 层的建材的初始 VOC 可散发浓度，$\mu g\cdot m^{-3}$、材料相 VOC 浓度随时间和位置变化的分布，$\mu g\cdot m^{-3}$、传质系数，$m^2\cdot s^{-1}$、界面分配系数，无量纲、厚度，m；l_i 为传质方向坐标，$l_0=0$，$l_1=L_1$，$l_2=L_1+L_2$；y_s 为气固界面处气相 VOC 浓度，$\mu g\cdot m^{-3}$。

其解析解形式如下：

$$\begin{aligned}C_i(x,\ t)=&K_i\cdot y(t)\\&+\sum_{n=1}^{\infty}\frac{K_i}{\beta_n^2 N(\beta_n)}\psi_i(\beta_n,\ x)\Big\{[\beta_n^2(F(\beta_n))\\&-h_m\psi_2(\beta_n,\ l_2)y(0)]e^{-\beta_n^2}t\\&-\int_0^t[e^{-\beta_n^2(t-\tau)}h_m\psi_2(\beta_n,\ l_2)]d\,y(\tau)\Big\}\end{aligned} \tag{2-9}$$

其中，

$$N(\beta_n)=\sum_{i=1}^{2}K_i\int_{l_{i-1}}^{l_i}[\psi_i(\beta_n,\ x')]^2dx' \tag{2-10}$$

$$F(\beta_n)=\sum_{i=1}^{2}C_{0,\ i}K_i\int_{l_{i-1}}^{l_i}\psi_i(\beta_n,\ x')dx' \tag{2-11}$$

$$\begin{aligned}\psi_i(\beta_n,\ x)=&A_{i,\ n}\sin\left(\frac{\beta_n}{\sqrt{D_i}}x\right)\\&+B_{i,\ n}\cos\left(\frac{\beta_n}{\sqrt{D_i}}x\right),\ l_{i-1}<x<l_i,\ (i=1,\ 2)\end{aligned} \tag{2-12}$$

$$\begin{bmatrix}A_{i,\ n}\\B_{i,\ n}\end{bmatrix}=\left(\prod_{j=1}^{i-1}U_{j+1}^{-1}(l_j)U_j(l_j)\right)\begin{bmatrix}0\\1\end{bmatrix},\ i=1,\ 2 \tag{2-13}$$

$$U_j(x)=\begin{bmatrix}\sin\left(\frac{\beta_n}{\sqrt{D_i}}x\right) & \cos\left(\frac{\beta_n}{\sqrt{D_i}}x\right)\\K_j\sqrt{D_i}\cos\left(\frac{\beta_n}{\sqrt{D_i}}x\right) & -K_j\sqrt{D_i}\sin\left(\frac{\beta_n}{\sqrt{D_i}}x\right)\end{bmatrix},\ i=1,\ 2 \tag{2-14}$$

当 $i=1$ 时，有 $\prod_{j=1}^{i-1}U_{j+1}^{-1}(l_j)U_j(l_j)\equiv I_2\equiv\begin{bmatrix}1&0\\0&1\end{bmatrix}$。

$\beta_n(n=1, 2, \cdots)$ 是下列超越方程的正根：

$$\begin{vmatrix} v_{1,1} & v_{1,2} & 0 & 0 \\ v_{2,1} & v_{2,2} & v_{2,3} & v_{2,4} \\ v_{3,1} & v_{3,2} & v_{3,3} & v_{3,4} \\ 0 & 0 & v_{4,3} & v_{4,4} \end{vmatrix} = 0 \tag{2-15}$$

式(2-15)中，有

$v_{1,1}=-\beta_n K_1\sqrt{D_1}$，$v_{1,2}=0$；

$v_{2,1}=\sin\left(\dfrac{\beta_n l_1}{\sqrt{D_1}}\right)$，$v_{2,2}=\cos\left(\dfrac{\beta_n l_1}{\sqrt{D_1}}\right)$，$v_{2,3}=-\sin\left(\dfrac{\beta_n l_1}{\sqrt{D_2}}\right)$，$v_{2,4}=-\cos\left(\dfrac{\beta_n l_1}{\sqrt{D_2}}\right)$；

$v_{3,1}=K_1\sqrt{D_1}\cos\left(\dfrac{\beta_n l_1}{\sqrt{D_1}}\right)$，$v_{3,2}=-K_1\sqrt{D_1}\cos\left(\dfrac{\beta_n l_1}{\sqrt{D_1}}\right)$；

$v_{3,3}=-K_2\sqrt{D_2}\cos\left(\dfrac{\beta_n l_1}{\sqrt{D_2}}\right)$，$v_{3,4}=K_2\sqrt{D_2}\sin\left(\dfrac{\beta_n l_1}{\sqrt{D_2}}\right)$；

$v_{4,3}=\beta_n K_2\sqrt{D_2}\cos\left(\dfrac{\beta_n l_2}{\sqrt{D_2}}\right)+h_{\mathrm{m}}\sin\left(\dfrac{\beta_n l_2}{\sqrt{D_2}}\right)$；

$v_{4,4}=-\beta_n K_2\sqrt{D_2}\sin\left(\dfrac{\beta_n l_2}{\sqrt{D_2}}\right)+h_{\mathrm{m}}\cos\left(\dfrac{\beta_n l_2}{\sqrt{D_2}}\right)$。

若初始气相 VOC 浓度 $y(t=0)=0$，由式(2-9)可得到双层建材上表面散发率$\dot{m}$：

$$\begin{aligned} \dot{m} &= -D_2\left.\frac{\partial C_2(x, t)}{\partial x}\right|_{x=L_1+L_2} \\ &= \sum_{n=1}^{\infty}\frac{h_{\mathrm{m}}}{\beta_n^2 N(\beta_n)}\psi_2(\beta_n, l_2)\Big\{\left[\beta_n^2(F(\beta_n))\right]\mathrm{e}^{-\beta_n^2 t} \\ &\quad -\int_0^t\left[\mathrm{e}^{-\beta_n^2(t-\tau)}h_{\mathrm{m}}\psi_2(\beta_n, l_2)\right]\mathrm{d}y(\tau)\Big\} \end{aligned} \tag{2-16}$$

同单层建材 VOC 散发模型，假定室内均匀混合，气相 VOC 控制方程可用式(2-17)表示：

$$V\frac{\mathrm{d}y(t)}{\mathrm{d}t}=A\dot{m}-Q\cdot y(t) \tag{2-17}$$

联立式(2-16)与式(2-17)可用差分法求解随时间变化的气相 VOC 浓度。

需要指出的是，对于多层建材，在一定条件下可用三个表观特征参数来表征其散发规律：表观初始可散发浓度 $C_{0,\mathrm{equ}}$、表观扩散系数 D_{equ} 和表观分配系数 K_{equ} 描述散发过程[216]。在"黑箱"问题中，实际上有可能通过单层建材 VOC 散发模型求解得到多层建材的表观关键参数。本文以双层建材散发规律为例研究复杂散发过程，并分析单层建材 VOC 散发模型求解表观参数的适用性(见 3.5 节)。

2.1.3　干式多(个独立的单层)建材共存 VOC 散发模型

多建材共存存在解析解，但解的形式较复杂，工程应用存在难度。

假定室内共有 n 种建材均可散发某种 VOC，其初始可散发浓度、传质系数、界面分配系数、厚度、可散发表面积、表面对流传质系数、传质毕渥数、承载率分别表示为 $C_{0,i}$、D_i、K_i、L_i、A_i、$h_{\mathrm{m},i}$、$Bi_{\mathrm{m},i}(=h_{\mathrm{m},i}L_i/D_i)$、$LR_i(=A_i/V)$，$i=1, 2, \cdots, n$。Deng 等人(2008)[73]给出了多源汇共存模型，令 N 为换气次数，h^{-1}；并令 $\varphi_i=LR_iL_i$，$H_i=L_i/L_1$，$\tau=tD_1/L_i^2$，$\Gamma_i=D_l/D_1$，$\alpha=NL_i^2/D_1$。

气相 VOC 浓度 $C_{\mathrm{a}}(\mu\mathrm{g}\cdot\mathrm{m}^{-3})$ 和各建材表面无量纲散发率 $q_i|_{H_i}$ 分别为[73]

$$C_{\mathrm{a}}=\sum_{m=1}^{\infty}\mathrm{e}^{-r_k^2\tau}\left[\Delta_c\left(\frac{\mathrm{d}\Delta}{\mathrm{d}\lambda}\right)^{-1}\right]_{\lambda=-r_k^2} \tag{2-18}$$

$$q_i|_{H_i}=\sum_{m=1}^{\infty}\mathrm{e}^{-r_k^2\tau}\left[\Delta_{q_i}\left(\frac{\mathrm{d}\Delta}{\mathrm{d}\lambda}\right)^{-1}\right]_{\lambda=-r_k^2} \tag{2-19}$$

式中，Δ_c、Δ_{q_i}、Δ 表达式较繁琐，不再赘述。其中，r_k 是式(2-20)的正根：

$$(\alpha-r_k^2)+\frac{\varphi_iK_ir_k}{\dfrac{K_1}{Bi_{m,i}}r_k-\cot(r_k)} \\ +\sum_{i=2}^{n}(-1)^{i+1}\frac{\varphi_iK_i\dfrac{H_i}{\Gamma_i^{\frac{1}{2}}}r_k}{\dfrac{K_1}{Bi_{\mathrm{m},i}}\dfrac{H_i}{\Gamma_i^{\frac{1}{2}}}r_k-\cot\left(\dfrac{H_i}{\Gamma_i^{\frac{1}{2}}}r_k\right)}=0 \tag{2-20}$$

其中对流传质系数 $h_{\mathrm{m},i}$ 按式(2-21)计算[94,217]：

$$对于层流：Sh = 0.664 Sc^{\frac{1}{3}} Re_l^{\frac{1}{2}} \tag{2-21a}$$

$$对于紊流：Sh = 0.037 Sc^{\frac{1}{3}} Re_l^{\frac{4}{5}} \tag{2-21b}$$

$$对于混合流：Sh = (0.037 Re_l^{\frac{4}{5}} - 8\,700) Sc^{\frac{1}{3}} \tag{2-21c}$$

式中，舍伍德数 $Sh = \dfrac{h_m l}{D_a}$；施密特数 $Sc = \dfrac{v}{D_a}$；雷诺数 $Re_l = u \cdot \dfrac{l}{v}$；$D_a$ 为空气中 VOC 的扩散系数，$m^2 \cdot s^{-1}$，按 FSG 方法[218]计算；v 为空气的运动黏度，$m^2 \cdot s^{-1}$；l 为建材的特征长度，m；u 为空气边界层流速，$m \cdot s^{-1}$。

2.2 干式建材 VOC 散发模型的无量纲分析

建材 VOC 散发模型无量纲分析是基于建材 VOC 散发模型发展起来的，也更深刻地揭示了 VOC 散发过程的本质。

2.2.1 干式建材 VOC 散发模型的无量纲关联式

Zhang 和 Xu(2003)[83]、Qian 等(2007)[84]分别基于无量纲分析，推导了预测直流舱建材 VOC 散发的无量纲关联式。

Zhang 和 Xu(2003)[83]关联式为式(2-22)：

$$\dot{m}^* = \frac{\dot{m}}{C_0 DL} = \begin{cases} 1.22\left(\dfrac{Bi_m}{K}\right)^{9.70\times10^{-3}} Fo_m^{0.601} & (0 \leqslant Fo_m < 0.3) \\ 1.22\left(\dfrac{Bi_m}{K}\right)^{-1.75\times10^{-3}} e^{-\frac{0.191}{Fo_m}} & (0.3 \leqslant Fo_m < 2) \\ 1 & (Fo_m \geqslant 2) \end{cases} \tag{2-22}$$

Qian 等(2007)[84]关联式为式(2-23)：

$$\dot{m}^* = \begin{cases} 1.34\alpha^{8.4\times10^{-3}} (\beta K)^{-1.3\times10^{-4}} \left(\dfrac{Bi_m}{K}\right)^{0.26} e^{\frac{0.005\,9}{Fo_m + 0.003\,8}} & (0 \leqslant Fo_m < 0.01) \\ 0.469\alpha^{0.022} (\beta K)^{-0.021} \left(\dfrac{Bi_m}{K}\right)^{0.021} Fo_m^{-0.48} & (0.01 \leqslant Fo_m < 0.2) \\ 2.104\alpha^{-7.2\times10^{-3}} (\beta K)^{8.5\times10^{-3}} \left(\dfrac{Bi_m}{K}\right)^{-7.0\times10^{-3}} e^{-2.36 Fo_m} & (Fo_m \geqslant 0.2) \end{cases} \tag{2-23}$$

式(2－22)和式(2－23)中，$\dot{m}^*$ 为无量纲建材 VOC 散发率；$\dot{m}$ 是无量纲 VOC 散发总量；$\alpha=\dfrac{NL^2}{D}$、$\beta=\dfrac{AL}{V}$、$Fo_m=\dfrac{D\cdot t}{L^2}$ 和 $Bi_m=\dfrac{h_m L}{D}$ 分别为无量纲换气次数，无量纲材料与空气体积比，传质傅里叶数和传质毕渥数。α、βK、$\dfrac{Bi_m}{K}$ 和 Fo_m 均为无量纲数。

包含四个无量纲参数的 Qian 等(2007)关联式较 Zhang 和 Xu(2003)关联式更全面，散发阶段突出了存在高浓度势差的初始阶段 ($Fo_m \leqslant 0.01$) 也更合理。

对无量纲分析的应用见 3.2.2 节。

2.2.2　干式建材 VOC 散发的几个无量纲判据

已有研究表明，由无量纲分析可得(对式(2－22)、式(2－23)等)，建材 VOC 散发可以分为三个阶段：散发初期(即峰值期，$0 < Fo_m \leqslant 0.01$)、过渡期($0.01 < Fo_m \leqslant 0.2$) 和准稳态期($0.2 < Fo_m \leqslant 2.0$)。

通常认为，$Fo_m = 0.01$ 当成散发率显著下降的判据[84]，把 $Fo_m = 0.2$ 当成建材 VOC 散发由非稳态过渡至准稳态的判据[160]，而把 $Fo_m = 0.2$ 当成建材 VOC 散发基本结束的判据[83]。故也可按 $Fo_m = 0.2$ 将散发过程分为非稳态/准稳态两个阶段。

2.3　求解“反问题”所涉及的数学方法

介绍根据建材 VOC 散发特性(散发曲线，即气相 VOC 浓度随时间的变化曲线)反求建材 VOC 散发模型关键参数所涉及的三个数学方法。

2.3.1　PCHIP 插值算法

由 1.3 节分析可知，由于 NRC 数据库检测时间一般小于 300 h，且检测点较少，对其 VOC 散发浓度直接积分得到的 C_0 值与其设定真值的误差可能较大。

在“单自由度拟合法”(见 3.2 节)的拟合过程中，采用“补点 C_0 插值估计法”用于估计 C_0。对两次检测时间之内的气相 VOC 浓度进行插值估计，插值法采用 PCHIP 插值算法(piecewise cubic Hermite interpolating polynomial，单调分段三次 Hermite 多项式插值算法)完成(见 3.2.3 节)。

假定采样点均无测量误差，定义区间 $I_i = [t_i, t_{i+1}](i = 1, 2, \cdots, n)$，在 Fo_m 区间[0, 2.0]内插值函数为 y_{pchip}，并满足

$$y_{pchip}(t_i) = y_{exp}(t_i),\ i = 1, 2, \cdots, n \tag{2-24}$$

式中，$y_{exp}(t_i)$为 t_i 时刻采样点气相 VOC 浓度。令 $h_i = h_{i+1} - t_i$，$d_i = y'_{pchip}(t_i)$，区间 I_i 的斜率 Δ_i 表示为 $\frac{[y_{exp}(t_{i+1}) - y_{exp}(t_i)]}{h_i}$，区间 I_i 单调的充分条件为

$$\mathrm{sgn}(d_i) = \mathrm{sgn}(d_{i+1}) = \mathrm{sgn}(\Delta_i) \tag{2-25}$$

若 $\Delta_i = 0$，当且仅当 $d_i = d_{i+1} = 0$ 时，式(2-25)满足。实际上，无测量误差的模拟采样点无不存在该假设，故当 $\Delta_i \neq 0$ 时，由式(2-25)可推导得到[219]：

$$y_{pchip}(t) = \left[\frac{d_i + d_{i+1} - 2\Delta_i}{h_i^2}\right](t - t_i)^3 + \left[\frac{3\Delta_i - 2d_i - d_{i+1}}{h_i}\right](t - t_i)^2 + d_i(t - t_i) + C_{exp}(t_i) \tag{2-26}$$

其一阶导数、二阶导数分别可表示为式(2-27)和式(2-28)：

$$y'_{pchip}(t) = \left[\frac{3(d_i + d_{i+1} - 2\Delta_i)}{h_i^2}\right](t - t_i)^2 + \left[\frac{2(3\Delta_i - 2d_i - d_{i+1})}{h_i}\right](t - t_i) + d_i \tag{2-27}$$

$$y''_{pchip}(t) = \left[\frac{6(d_i + d_{i+1} - 2\Delta_i)}{h_i^2}\right](t - t_i) + \left[\frac{2(3\Delta_i - 2d_i - d_{i+1})}{h_i}\right] \tag{2-28}$$

Fritsch 和 Carlson(1980)[219]给出了在各区间 I_i 内单调的条件。相比其他二阶导数连续的三次样条曲线(cubic spline)，为保形和单调，PCHIP 插值算法对插值曲线 y_{pchip} 的一阶导数 $y'_{pchip}(t)$连续，$y''_{pchip}(t)$并不一定连续[220]。如此将使插值结果(散发曲线形状)更接近建材 VOC 散发特性曲线。

2.3.2 随机模拟 Monte-Carlo 方法

采用随机模拟 Monte-Carlo 方法对“补点 C_0 插值估计法”预测 C_0 的有效性进行检验(见 3.2.3 节)。

假定对于每组采样(模拟采样)，其测量误差 δ 服从正态分布 $\delta \sim N(0, \sigma^2)$。

t_i 时刻测量真值用 $y_{mdl}(t_i)$ 表示，由 Little(1994)[20] 模型在相应关键参数直接计算下产生。采样点测量值 $y_{exp}(t_i)$ 可由式(2-29)表示：

$$y_{exp}(t_i) = y_{mdl}(t_i) + \delta_i \tag{2-29}$$

式中，δ_i 为 t_i 时刻测量误差。

令上分位点为 $\alpha = 0.01$（依据 3σ 法则，取 99%置信水平），由分位点定义有

$$P\left(\left|\frac{\delta_i - 0}{\sigma}\right| < z_{0.01/2}\right) = 1 - 0.01 \tag{2-30}$$

式中，P 为概率；点 $z_{\alpha/2}$ 为标准正态分布的上 α 分位点，$z_{\alpha/2} = 2.576$，即

$$|\delta_i| < 2.576\sigma \tag{2-31}$$

则 δ_i 取值范围为 $[-2.576\sigma, 2.576\sigma]$。其中，$\sigma$ 按式(2-32)给出[134]：

$$\sigma = \beta \cdot y_{exp,max} \tag{2-32}$$

式中，$y_{exp,max}$ 为单组测试（模拟测试）中测得的最大气相 VOC 浓度；β 分别取为 0.01、0.05 和 0.1。

按式(2-32)产生随机误差，对关键参数 D 和 K 在各量级内按均匀分布的随机数取值。按 Little(1994)模型重复计算气相 VOC 浓度，通过“补点 C_0 插值估计法”计算 C_0 值与其设定真值比较来评价该估计法的有效性。

2.3.3　Levenberg-Marquardt 非线性最小化算法

在“单自由度拟合法”的拟合过程中，采用 Levenberg-Marquardt 非线性最小化算法[134,213]拟合建材 VOC 散发模型关键参数（见 3.2.1 节），单步拟合均为单参数（D 或 K）。

假定采样点均包含测量误差，且测量误差服从正态分布 $\delta \sim N(0, \sigma^2)$。

普通最小二乘范数可表示为

$$S(P) = \sum_{i=1}^{n}[y_{exp}(t_i) - y_{est}(t_i, P)]^2 \tag{2-33}$$

式中，S 为误差平方和或目标函数；P 为待拟合变量，即 $P = D$ 或 $P = K$；$y_{exp}(t_i)$ 为 t_i 时刻采样点气相 VOC 浓度标量；$y_{est}(t_i, P)$ 为在估计的 P 条件下，t_i 时刻 Little(1994)模型计算得到的气相 VOC 浓度标量；n 为采样点总数。

式(2-33)写成矩阵形式为

$$\boldsymbol{S}(P) = [y_{exp} - y_{est}(P)]^{T}[y_{exp} - y_{est}(P)] \tag{2-34}$$

式中，$[y_{exp} - y_{est}(P)]^{T} = [y_{exp}(t_1) - y_{est}(t_1, P), y_{exp}(t_2) - y_{est}(t_2, P), y_{exp}(t_3) - y_{est}(t_3, P) \cdots, y_{exp}(t_n) - y_{est}(t_n, P)]$，上标 T 表示矩阵转置。

式(2-34)最小化的充分条件是

$$\nabla S(P) = 2\left[-\frac{\mathrm{d}y_{est}^{T}(P)}{\mathrm{d}P}\right][y_{exp} - y_{est}(P)] = 0 \tag{2-35}$$

式中，$\dfrac{\mathrm{d}y_{est(P)}^{T}}{\mathrm{d}P} = \left[\dfrac{\mathrm{d}y_{est}(t_1, P)}{\mathrm{d}P}, \dfrac{\mathrm{d}y_{est}(t_2, P)}{\mathrm{d}P}, \cdots, \dfrac{\mathrm{d}y_{est}(t_n, P)}{\mathrm{d}P}\right] = 0$。

定义 Jacobian 矩阵 ($\boldsymbol{J}(P)$) 为

$$\boldsymbol{J}(P) = \left[\frac{\mathrm{d}y_{est(P)}^{T}}{\mathrm{d}P}\right]^{T} = \begin{bmatrix} \dfrac{\mathrm{d}y_{est}(t_1, P)}{\mathrm{d}P} \\ \dfrac{\mathrm{d}y_{est}(t_2, P)}{\mathrm{d}P} \\ \vdots \\ \dfrac{\mathrm{d}y_{est}(t_n, P)}{\mathrm{d}P} \end{bmatrix} \tag{2-36}$$

将式(2-36)代入式(2-35)，得到

$$-2\boldsymbol{J}^{T}(P)[y_{exp} - y_{est}(P)] = 0 \tag{2-37}$$

对于非线性问题，通常可使用梯度下降法、Gauss 算法或 Newton 算法（或 Newton-Raphson 算法）对式(2-37)迭代求解[221-223]，迭代过程中要求 $\boldsymbol{J}^{T}\boldsymbol{J}$ 矩阵非奇异。特别在迭代初始阶段，$\boldsymbol{J}^{T}\boldsymbol{J}$ 矩阵行列式计算结果易出现接近零导致病态问题，导致迭代过程无法拟合未知参数。Levenberg-Marquardt 算法引入阻尼系数 μ^{k}（正标量）解决该问题，其迭代过程可表示为

$$P^{k+1} = P^{k} + [(\boldsymbol{J}^{k})^{T}\boldsymbol{J}^{k} + \mu^{k}\Omega^{k}]^{-1}(\boldsymbol{J}^{k})^{T}[y_{exp} - y_{est}(P^{k})] = 0 \tag{2-38}$$

式中，$\Omega^{k} = \mathrm{diag}[(J)^{T}J^{K}]\Omega^{k}$，$\mu^{k}\Omega^{k}$ 即为阻尼振荡项，如此在初始阶段不一定需满足 $J^{T}J$ 矩阵非奇异的要求。

Levenberg-Marquardt 算法收敛条件可表示为[134]

$$S(P^{k+1}) < \varepsilon_1 \tag{2-39a}$$

$$\| (\boldsymbol{J}^{k})^{T}[y_{exp} - y_{est}(P^{k})] \| < \varepsilon_2 \tag{2-39b}$$

$$\| P^{k+1} - P^k \| < \varepsilon_3 \tag{2-39c}$$

式中，$\varepsilon_1 = 10^{-6}$，$\varepsilon_2 = 10^{-7}$，$\varepsilon_3 = 10^{-15}$；$\|.\|$ 为向量的范数。

其中，当待拟合变量 $P = D$ 时，y_{exp}仅对 $y_{\text{exp}}(Fo_{\text{m}} \geqslant 0.2)$ 段气相 VOC 浓度数据进行非线性最小化拟合(见 3.2.2 节)。

2.4　判断建材 VOC 散发模型与实验结果符合程度的统计学方法

ASTM D5157[224]标准旨在判断 IAQ 模型对实验值的统计意义上的符合程度，表 2-1 给出了 ASTMD5157 指标与判断条件[224]，其中 $C_{\text{o}i}$和 $C_{\text{p}i}$分别表示气相 VOC 浓度曲线的观测值和预测值，$\bar{C}_{\text{o}}$ 和$\bar{C}_{\text{p}}$ 分别为 $C_{\text{o}i}$和 $C_{\text{p}i}$的平均值，$\sigma^2_{C_{\text{p}}}$ 和 $\sigma^2_{C_{\text{o}}}$ 分别为 $C_{\text{o}i}$和 $C_{\text{p}i}$的方差。

表 2-1　ASTM D5157 指标与判断条件[224]

序号	指　标	表　达　式	式编号	判断条件
1	相关系数 r	$r = \dfrac{\sum_{i=1}^{n}[(C_{\text{o}i} - \bar{C}_{\text{o}})(C_{\text{p}i} - \bar{C}_{\text{p}})]}{\sqrt{\sum_{i=1}^{n}[(C_{\text{o}i} - \bar{C}_{\text{o}})^2] \cdot \sum_{i=1}^{n}[(C_{\text{p}i} - \bar{C}_{\text{p}})^2]}}$	(2-40)	$r \geqslant 0.9$
2	线性回归斜率 a	$a = \bar{C}_{\text{p}} - b \cdot \bar{C}_{\text{o}}$	(2-41)	$0.75 \leqslant a \leqslant 1.25$
3	线性回归截距 b	$b = \dfrac{\sum_{i=1}^{n}[(C_{\text{o}i} - \bar{C}_{\text{o}})(C_{\text{p}i} - \bar{C}_{\text{p}})]}{\sum_{i=1}^{n}[(C_{\text{o}i} - \bar{C}_{\text{o}})^2]}$	(2-42)	$b \leqslant 0.25\,\bar{C}_{\text{o}}$
4	标准均方误差 $NMSE$	$NMSE = \dfrac{\sum_{i=1}^{n}[(C_{\text{p}i} - C_{\text{o}i})^2]}{n \cdot \bar{C}_{\text{o}} \cdot \bar{C}_{\text{p}}}$	(2-43)	$NMSE \leqslant 0.25$
5	分数偏差 FB	$FB = \dfrac{2(\bar{C}_{\text{p}} - \bar{C}_{\text{o}})}{\bar{C}_{\text{p}} + \bar{C}_{\text{o}}}$	(2-44)	$\lvert FB \rvert \leqslant 0.25$

续 表

序号	指　标	表 达 式	式编号	判断条件
6	方差偏差 FS	$FS=\dfrac{2(\sigma_{C_p}^2-\sigma_{C_o}^2)}{\sigma_{C_p}^2+\sigma_{C_o}^2}$	(2-45)	$\lvert FS\rvert\leqslant 0.5$

本文在“单自由度拟合法”的拟合过程中借鉴 ASTM D5157 标准中的指标判断拟合结果。

2.5 本章小结

本章汇总了在新风场景中预测建材 VOC 散发所需的基础理论与工具。包含干式建材 VOC 散发模型、干式建材 VOC 散发模型的无量纲分析、求解“反问题”所涉及的数学方法等三个方面。

本书研究工作在本章基础上展开。

第3章

两种直流舱建材 VOC 散发模型关键参数估计方法

基于建材 VOC 传质散发模型无量纲分析，提出了“单自由度拟合法”和“快速估计法”两种直流舱建材 VOC 单层散发模型关键参数的估计法。基于参考散发材料技术进行了验证，分析了两种方法对多层建材的适用性。

本章为第 4 章建立建材 VOC 散发模型关键参数数据库提供了理论基础。

3.1 问题的提出

建材 VOC 散发传质模型是目前理论上描述建材 VOC 散发规律的最可靠的方法之一，其中材料相 VOC 初始可散发浓度 C_0、材料相 VOC 传质系数 D 和建材/空气界面分配系数 K 是传质模型的三个关键参数。通过确定三个关键参数，可以预测建材在不同环境条件下的散发特性。三个关键参数可以通过独立实验分别测得或通过散发实验结合数学模型测得。对直流舱建材散发检测数据进行多参数拟合是一个难点(见 1.3 节，即表 1-9 中的方法均不一定完全适用)。

3.1.1 可用数据筛选的原则

现有国际建材 VOC 散发数据库和现代国际建材标识体系多采用直流舱在一定时间(通常为几百小时)内对建材 VOC 散发进行单点或多点气相采样，由气相色谱-质谱联用仪(GC/MS, gas chromatograph-mass spectrometer)或高效液相色谱法(HPLC, high performance liquid chromatography)等技术进行检测，通常不采用连续监测，建材初始 VOC 浓度 C_0 通常也不检测(且初始浓度并不一定为可散发浓度[75,79])。

通过上述有限信息准确获取建材 VOC 散发模型关键参数 C_0、D 和 K 存在一定难度(见 1.3 节)。本文提出了"单自由度拟合法"和"快速估计法"两种方法试图通过有限的信息拟合建材 VOC 散发模型关键参数。两种方法适用的条件或可用数据的筛选原则可总结为：① 一定时间内在直流舱中对建材散发仪检测少量(一般需大于 3 个)时刻气相 VOC 浓度；② 检测点间隔不满足 $\Delta t \sim 0.01L^2/D$(见 1.3 节，表 1-9)；③ 在建材散发的三个阶段(见 2.2.2 节)：初期 ($0 < Fo_m \leqslant 0.01$)、过渡期 ($0.01 < Fo_m \leqslant 0.2$) 和准稳态期 ($0.2 < Fo_m \leqslant 2.0$) 均有检测数据。

3.2 "单自由度拟合法"及其适用范围

3.2.1 拟合过程与算法框图

基于可用数据的筛选原则，提出干式单层建材关键参数"单自由度拟合法"程序框图拟合关键参数，如图 3-1 所示。

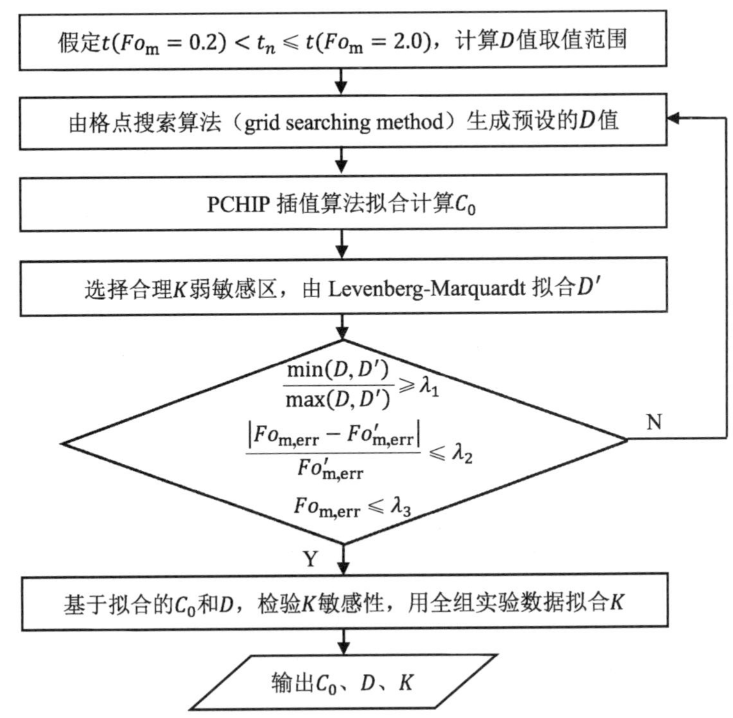

图 3-1 干式单层建材关键参数"单自由度拟合法"程序框图

分三步分别拟合 C_0、D、K 三个参数，主要拟合步骤如下：

(1) 令实验点最大时刻(最终检测时刻)为 t_n，Fo_m 为传质傅里叶数。若满足 $t(Fo_m = 0.2) < t_n \leqslant t(Fo_m = 2.0)$，舍弃零点，并假定当 $Fo_m = 2.0$ 时气相 VOC 浓度趋于零，采用 PCHIP 插值算法[219]拟合获得 C_0 的近似值(见 2.3.1 节)，即"补点 C_0 插值估计法"；

(2) 假定 $K = 1$ (或其他值)，在 K 对气相 VOC 浓度弱敏感区 ($Fo_m >$ (0.05 ~0.2)，视具体情况而定)实验数据采用 Levenberg-Marquardt 非线性最小化算法[213](见 2.3.3 节)拟合 D；

(3) 基于拟合的 C_0 和 D，检验 K 敏感性后，用全组实验数据拟合 K。

图 3-1 中的 $Fo_{m,err}$ 和 $Fo'_{m,err}$ 分别为当次和上次预设的 $Fo_m(t_n)$ 和拟合后 $Fo_m(t_n)$ 的相对误差。收敛条件分别为 $\lambda_1 = 0.95$、$\lambda_2 = 0.05$、$\lambda_3 = 0.05$。

需要指出的是，若最终检测时刻 $t_n \leqslant t(Fo_m = 0.2)$，即散发过程还未达到准稳态阶段，本方法并不适用。

3.2.2 界面分配系数 K 对气相 VOC 浓度影响的无量纲分析

分析 α、βK、Bi_m/K 以及 K 在不同 Fo_m 区间内的敏感性。Qian 等(2007)认为 α、βK、Bi_m/K 的取值范围分别为[60, 36 200]、[0.4, 150]、[20, 700][84]。K 取值范围可取[10^0, 10^5]，基于无量纲分析(见 2.2.1 节)，定义 α、βK、Bi_m/K 和 K 对无量纲建材 VOC 散发率 $\dot{m}^*$ 的敏感性分别为 S_α、S_β、S_B、S_K，并假定其取值下限为基准，则有[23]

$$S_\alpha = \begin{cases} \left(\dfrac{\alpha}{60}\right)^{8.4\times10^{-3}}, & 0 \leqslant Fo_m \leqslant 0.01 \\ \left(\dfrac{\alpha}{60}\right)^{0.022}, & 0.01 < Fo_m \leqslant 2 \\ \left(\dfrac{\alpha}{60}\right)^{-7.2\times10^{-3}}, & Fo_m > 2 \end{cases} \tag{3-1}$$

$$S_\beta = \begin{cases} \left(\dfrac{\beta K}{0.4}\right)^{-1.3\times10^{-4}}, & 0 \leqslant Fo_m \leqslant 0.01 \\ \left(\dfrac{\beta K}{0.4}\right)^{-0.021}, & 0.01 < Fo_m \leqslant 2 \\ \left(\dfrac{\beta K}{0.4}\right)^{8.5\times10^{-3}}, & Fo_m > 2 \end{cases} \tag{3-2}$$

$$S_B = \begin{cases} \left(\dfrac{Bi_m}{20K}\right)^{0.26}, & 0 \leqslant Fo_m \leqslant 0.01 \\ \left(\dfrac{Bi_m}{20K}\right)^{0.021}, & 0.01 < Fo_m \leqslant 0.2 \\ \left(\dfrac{Bi_m}{20K}\right)^{-7.0\times10^{-3}}, & Fo_m > 0.2 \end{cases} \tag{3-3}$$

$$S_K = \begin{cases} K^{-0.2601}, & 0 \leqslant Fo_m \leqslant 0.01 \\ K^{-0.042}, & 0.01 < Fo_m \leqslant 0.2 \\ K^{0.0155}, & Fo_m > 0.2 \end{cases} \tag{3-4}$$

即有

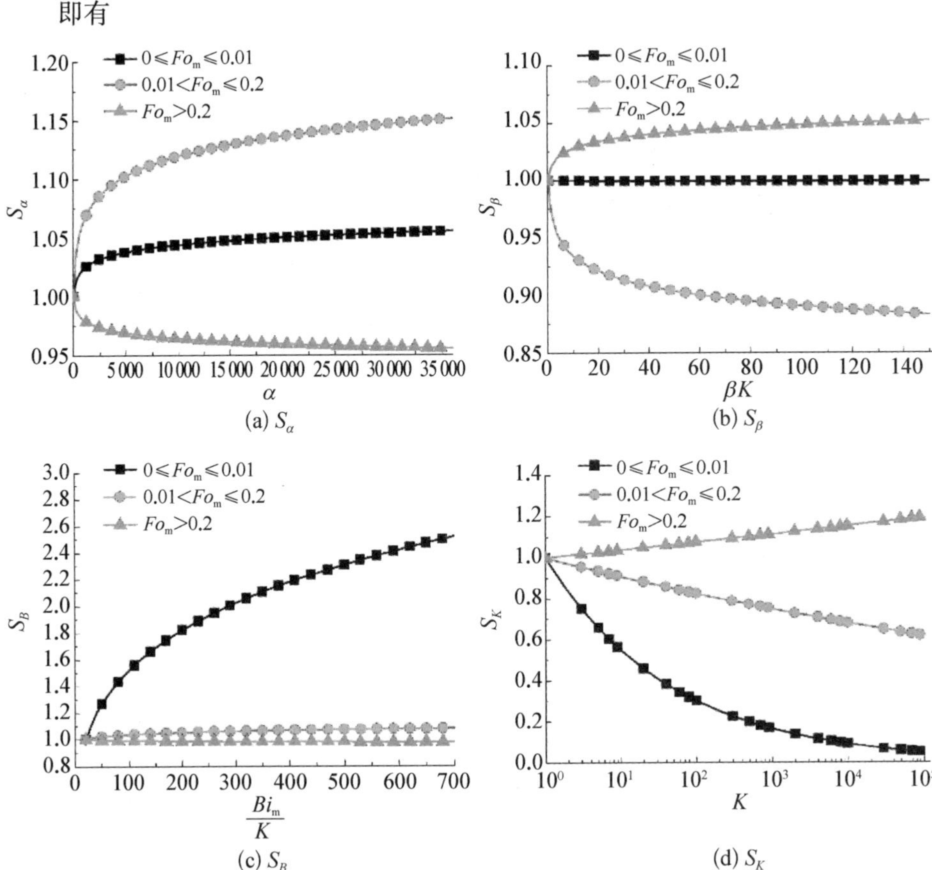

图 3-2　无量纲参数敏感性分析

无量纲参数敏感性分析，如图 3-2 所示，α 和 βK 在散发全过程中对无量纲建材

VOC 散发率 $\dot{m}^*$ 影响都基本小于 15%。同时,仅在散发初期 ($Fo_m \leqslant 0.01$),Bi_m/K 和 K 对无量纲建材 VOC 散发率 $\dot{m}^*$ 有较大影响,在取值范围内与基准值的比值分别可达到基准值的 250%与 5%。前者实际上验证了对流传质系数 h_m 对散发初始阶段存在较大影响,同时可利用后者特性,避开无量纲建材 VOC 散发率 $\dot{m}^*$ 受 K 影响较大的阶段。Xiong 等人(2013)[160]也指出,$Fo_m > 0.2$ 时,散发趋于准稳态,此时,气相 VOC 浓度也趋于准稳态且对 K 值极不敏感(K 不敏感区)。实际上在过渡阶段,气相 VOC 浓度已显示出对 K 的弱敏感性。故可在 K 对气相 VOC 浓度弱敏感区(Fo_m>(0.05～0.2),视具体情况而定)对建材散发 VOC 的检测数据进行拟合(令 $K = 1$ 或其他值),以降低初始阶段 K 对拟合结果的影响。

K 对气相 VOC 浓度弱敏感区示意,如图 3－3 所示,图 3－3(a)给出了 K 对气相 VOC 浓度不敏感区 ($Fo_m > 0.2$) 和弱敏感区 ($0.05 < Fo_m \leqslant 0.2$) 的示意[225]。图 3－3(b)给出了在 K 弱敏感区内拟合传质系数 D 的示意。其中模拟实验点由 Little(1994)模型在 0 至 300 h 内取 12 个理想模拟采样点(即为模型计算结果)产生,环境舱与建材尺寸、散发参数见表 3－1。其中基于以下两个原因选取己醛为代表性散发污染物:① 散发关键参数被较准确地测量,且得到验证[92];② 己醛为一种新风量决定性 VOC(见 7.3.1 节)。

表 3－1　环境舱与建材尺寸、散发参数[92]

初始可散发浓度,C_0	1.15×10^7 μg·m^{-3}	截面积,A	0.212 m×0.212 m
传质系数,D	7.65×10^{-11} m^2·s^{-1}	体积,V	0.5 m×0.4 m×0.25 m
界面分配系数,K	3 289	换气次数,ACH	1.0 h^{-1}
厚度,L	0.015 9 m	对流传质系数,h_m	1.3×10^{-3} m·s^{-1}

根据图 3－1 所示流程完成拟合过程,可见当起止模拟点 $Fo_m = 0.05$ 时,拟合的 D 值误差已小于 5%,当起止模拟点 $Fo_m = 0.15$ 时,拟合的 D 值已与设定真值基本一致。由于取 $K=1$(实际散发过程 $K>1$),故若非拟合点过少,若认为 C_0 计算准确,在 K 弱敏感区拟合的 D 值将偏小,K 值将偏大。

3.2.3　"补点 C_0 插值估计法"的 Monte-Carlo 检验与适用范围

令 $y_{\exp}(t_i)$表示 t_i 时刻采样点气相 VOC 浓度。假定直流舱初始时刻(t_0)气相 VOC 浓度为零(即 $y_{\exp}(t_0) = 0$),某建材在直流舱中进行散发测试,采集数据 n 组,采集时刻数组可表示为 $\{t_0 = 0, t_1, t_2, \cdots, t_n\}$,对于某种 VOC,各时刻对

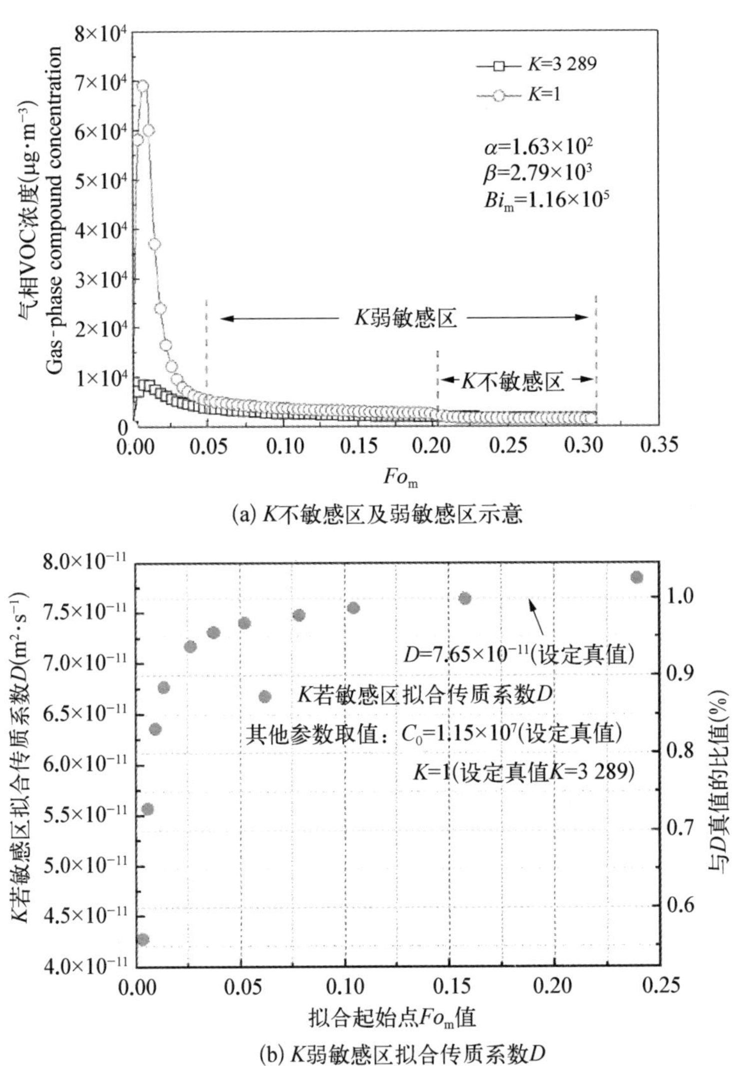

(a) K不敏感区及弱敏感区示意

(b) K弱敏感区拟合传质系数D

图 3-3　K 对气相 VOC 浓度弱敏感区示意

应的气相浓度测试结果为 $\{y_{\text{exp}}(t_0)=0,\ y_{\text{exp}}(t_1),\ y_{\text{exp}}(t_2),\ \cdots,\ y_{\text{exp}}(t_n)\}$。根据直流舱建材散发实验结果，若换气次数恒定，可用式(3-5)计算 C_0：

$$C_0=\frac{Q}{A\cdot L}\int_{t=t_0}^{t=t_n} y_{\text{exp}}(t)\,\mathrm{d}t \tag{3-5}$$

由式(3-5)积分计算 C_0 的前提条件有：① 实验时间需足够长，建材内部可散发部分 VOC 需接近散发完全，否则，式(3-5)计算得到的结果将小于实际 C_0

值;② 采集时刻须足够密,气相 VOC 浓度点集合需基本保持浓度曲线的特征(如对峰值的捕捉),否则积分计算结果也存在误差。对于通常的直流舱散发检测实验(特别是当检测点较少时),这两个前提条件均不易满足。本文分别针对这两个前提条件给出近似解决(满足)方案。

针对前提①: 无量纲分析表明,当 $Fo_{\mathrm{m}}=2.0$ 时,可认为直流舱散发过程基本结束。基于此若最后一个采集点气相 VOC 浓度不为零(散发尚未结束),则假定当 $Fo_{\mathrm{m}}=2.0$ 时由建材散发导致的气相 VOC 浓度趋于零,并对每组实验数据增加假想数据点($y_{\exp}(Fo_{\mathrm{m}}=2.0)=0$)。

针对前提②: 在全数据段($0\leqslant Fo_{\mathrm{m}}\leqslant 2.0$)采用 PCHIP 插值算法[219]拟合获得气相浓度拟合曲线,定义为 $y_{\mathrm{pchip}}(Fo_{\mathrm{m}})$。除保形外,若插值数据在插值数据段内单调,PCHIP 插值算法在每两个临近点内均单调连续[219]。由于浓度势差,气相 VOC 浓度往往在极短时间内达到峰值。即除初始阶段,理论上气相 VOC 浓度曲线单调递减。另外,为降低未捕捉到浓度峰值对 C_0 积分造成较大误差,舍弃零点,在 t_0 处由已知实验点外延数据。此时,气相 VOC 浓度对应的时刻数组为 $\{t_1, t_2, \cdots, t_n, t_{n+1}(Fo_{\mathrm{m}}=2.0)\}$,并满足 $t_{n+1}(Fo_{\mathrm{m}}=2.0)\geqslant t_n$,对应的气相浓度数组为 $\{y_{\exp}(t_1), y_{\exp}(t_2), \cdots, y_{\exp}(t_n), y_{\exp}(t_{n+1})=0\}$。

由于 Fo_{m} 与时间 t 存在线性关系,将横坐标用 Fo_{m} 坐标表示,式(3-5)变形为

$$C_0=\frac{Q}{A\cdot L}\int_0^{2.0} y_{\mathrm{pchip}}(Fo_{\mathrm{m}})\mathrm{d}(Fo_{\mathrm{m}}) \tag{3-6}$$

图 3-4 给出了“补点 C_0 插值估计法”示意,模拟采样点同如图 3-3(b)所示,其他场景设置同表 3-1,初始时刻室内气相 VOC 浓度为零。

由图 3-4 可知,“补点 C_0 插值估计法”可以生成与模型基本一致的气相 VOC 浓度曲线,其中在模拟实验区间内相关系数 $r=0.9633$。此外,“补点 C_0 插值估计法”得到的 C_0 近似值 $C_0'=1.29\times10^7\ \mu\mathrm{g}\cdot\mathrm{m}^{-3}$,即由 12 个理想模拟采样点计算得到的 C_0 估计值与其设定真值之间的误差为 12.2%。

分析当采样点存在测量误差 δ(随机误差,不考虑系统误差和粗大误差)时“补点 C_0 插值估计法”的适用范围。

常见建材中 VOC 的 C_0、D 和 K 的取值范围分别为: $[10^4\sim10^8]\mu\mathrm{g}\cdot\mathrm{m}^{-3}$、$[10^{-9}\sim10^{-12}]\mathrm{m}^2\cdot\mathrm{s}^{-1}$ 和 $[10^2\sim10^5]$[84,115,121,226-227]。由 Little 模型可知(式(2-2)),任意时刻的气相 VOC 浓度均与 C_0 值成正比,C_0 仅影响气相 VOC

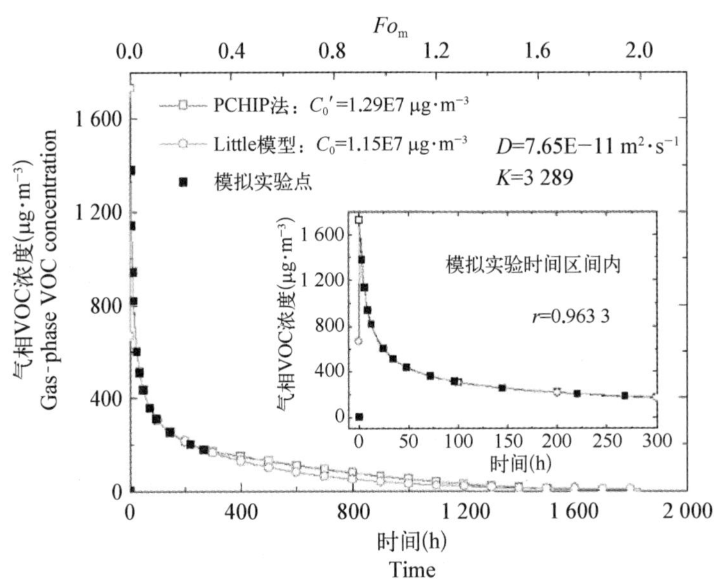

图 3-4 “补点 C_0 插值估计法”示意

浓度曲线幅度，并不与 D、K 耦合影响曲线形态。

采用随机模拟 Monte-Carlo 方法对“补点 C_0 插值估计法”在 D 和 K 取值区间内进行适用性检验[23]（见 2.3.2 节）。模拟的建材如 NRC 数据库中的 CRP7 建材（见 4.1.3 节），散发场景设置同表 3-1，模拟实验采样点与图 3-4 所示相同。由 Little(1994)模型产生与模拟实验相同时刻点的气相 VOC 浓度点，并按式(2-32)计算模拟测量误差。假定 C_0 为 $10^5\,\mu g\cdot m^{-3}$，D 和 K 在各量级内按均匀分布的随机数取值。以 D 在$[10^{-12},10^{-11}]$量级和 K 在$[10^3,10^4]$量级内为例，在随机模拟过程中令 D 和 K 的随机变量 X_D 和 X_K 分别服从 $X_D \sim U[10^{-12},10^{-11}]$和 $X_K \sim U[10^3,10^4]$。

实际上，当实验（模拟实验同理）测量误差较大，最小二乘法拟合数据得到曲线可能更能代表设定真实曲线。但由于非线性拟合原始曲线相当于多参数拟合，为把多参数解耦，当实验（或模拟实验）测量误差较大时，本处仍采用 PCHIP 插值算法估计 C_0。

在每个 D 和 K 的量级组合模拟 200 次，各组“补点 C_0 插值估计法”得到的 C_0'（近似值）与随机取值 C_0（设定真值）的相对误差组成样本，以 $\bar{X}$ 和 S 表示每组样本的均值和标准差，得到表 3-2—表 3-4。其中，模拟随机过程由 Matlab 调用伪随机数序列完成。

表 3-2　"补点 C_0 插值估计法"的随机模拟 Monte-Carlo 检验($\sigma=0.01y_{exp,max}$)

$C_0=10^5\ \mu g\cdot m^{-3}$	K 量级							
D 量级，$m^2\cdot s^{-1}$	$10^2\sim10^3$		$10^3\sim10^4$		$10^4\sim10^5$		$10^5\sim10^6$	
	$\bar{X}$	S	$\bar{X}$	S	$\bar{X}$	S	$\bar{X}$	S
$10^{-8}\sim10^{-9}$	8%	10%	4%	4%	−19%	13%	−79%	12%
$10^{-9}\sim10^{-10}$	7%	6%	2%	3%	−19%	13%	−79%	12%
$10^{-10}\sim10^{-11}$	5%	15%	2%	14%	−15%	16%	−69%	17%
$10^{-11}\sim10^{-12}$	83%	99%	75%	95%	56%	72%	−12%	39%
$10^{-12}\sim10^{-13}$	318%	264%	291%	250%	306%	235%	195%	166%

表 3-3　"补点 C_0 插值估计法"的随机模拟 Monte-Carlo 检验($\sigma=0.05y_{exp,max}$)

$C_0=10^5\ \mu g\cdot m^{-3}$	K 量级							
D 量级，$m^2\cdot s^{-1}$	$10^2\sim10^3$		$10^3\sim10^4$		$10^4\sim10^5$		$10^5\sim10^6$	
	$\bar{X}$	S	$\bar{X}$	S	$\bar{X}$	S	$\bar{X}$	S
$10^{-8}\sim10^{-9}$	57%	37%	23%	24%	−17%	14%	−79%	13%
$10^{-9}\sim10^{-10}$	33%	27%	14%	15%	−18%	15%	−79%	12%
$10^{-10}\sim10^{-11}$	17%	44%	7%	27%	−10%	30%	−71%	17%
$10^{-11}\sim10^{-12}$	141%	193%	133%	177%	102%	146%	16%	94%
$10^{-12}\sim10^{-13}$	470%	463%	501%	504%	483%	499%	310%	323%

表 3-4　"补点 C_0 插值估计法"的随机模拟 Monte-Carlo 检验($\sigma=0.10y_{exp,max}$)

$C_0=10^5\ \mu g\cdot m^{-3}$	K 量级							
D 量级，$m^2\cdot s^{-1}$	$10^2\sim10^3$		$10^3\sim10^4$		$10^4\sim10^5$		$10^5\sim10^6$	
	$\bar{X}$	S	$\bar{X}$	S	$\bar{X}$	S	$\bar{X}$	S
$10^{-8}\sim10^{-9}$	118%	74%	48%	47%	−16%	17%	−79%	13%
$10^{-9}\sim10^{-10}$	67%	53%	29%	29%	−17%	19%	−79%	12%
$10^{-10}\sim10^{-11}$	32%	69%	15%	43%	−7%	38%	−71%	18%
$10^{-11}\sim10^{-12}$	186%	286%	168%	265%	119%	198%	24%	106%
$10^{-12}\sim10^{-13}$	541%	653%	585%	690%	581%	698%	351%	391%

由 3.2.2 节可知，K 通常仅对非稳态散发期有较大影响 ($0<Fo_m\leqslant0.2$)。而"补点 C_0 插值估计法"的本质是对散发后期阶段的曲线进行猜测进而估计

C_0。表 3－2—表 3－4 也验证了在特定的 C_0 和 D 量级内，K 值对“补点 C_0 插值估计法”预测 C_0 值的影响较小。

由表 3－2—表 3－4 也可知，对特定的建材 VOC 散发过程，存在 D 值量级范围可使“补点 C_0 插值估计法”能较准确地预测 C_0 值，即便模拟测量误差标准差达到 $\sigma=0.10y_{\exp,\max}$。该方法依赖已知实验采集时刻点集合。若认为当 $Fo_{\mathrm{m}}>0.2$ 时，散发趋于准稳态[160]。D 值过小导致该方法高估 C_0 值的原因在于实验点时刻最大点 $t_n\leqslant t\ (Fo_{\mathrm{m}}=0.2)$，气相浓度曲线在 t_n 处仍未达到准稳态，PCHIP 插值算法得到的较平缓的曲线将高估该段浓度值。即实验点时刻最大点需满足条件：$t_n>t\ (Fo_{\mathrm{m}}=0.2)$。若 D 值过大也将导致 t_n 接近 $t\ (Fo_{\mathrm{m}}=2.0)$ 或 $t_n>t\ (Fo_{\mathrm{m}}=2.0)$，与基本假设矛盾。故该方法的适用条件为检测的最后一个数据点 t_n 应满足关系式 $t(Fo_{\mathrm{m}}=0.2)<t_n\leqslant t\ (Fo_{\mathrm{m}}=2.0)$。通过 $t_n\leqslant t(Fo_{\mathrm{m}}=2.0)$ 也可推导该组实验 D 值上限，而模拟计算也表明，当 $t_n\leqslant t\ (Fo_{\mathrm{m}}=0.2)$ 时，将影响该方法的预测准确性。

3.3 “快速估计法”及其适用范围

提出一种单层建材关键参数的简易估计法，可快速估计关键参数 C_0 和 D 的取值范围。

3.3.1 D“快速估计法”

由于浓度势差，建材散发 VOC 的过程在初始时刻散发率最大。同时由无量纲分析可知，散发率通常在 $Fo_{\mathrm{m}}>0.01$ 后显著下降，表现为气相 VOC 浓度最大(包含峰值)的阶段通常发生 $Fo_{\mathrm{m}}\leqslant0.01$ 内，从 $0.01<Fo_{\mathrm{m}}\leqslant0.2$ 逐渐过渡至准稳态散发阶段 $(0.2<Fo_{\mathrm{m}}\leqslant2.0)$。

根据此特性，假定某次建材直流舱散发检测中，某 VOC 浓度峰值和最后的实验检测点发生时刻 t_p、$t_n(t_p\leqslant t_n)$ 分别位于浓度最大阶段和准稳态散发阶段(t_n 位于准稳态散发阶段的条件可不满足)，即符合式(3－7a)和式(3－7b)：

$$Fo_{\mathrm{m}}(t_p)\leqslant0.01 \tag{3-7a}$$

$$0.2<Fo_{\mathrm{m}}(t_n)\leqslant2.0 \tag{3-7b}$$

式(3－7)等价于

$$D \leqslant \frac{0.01L^2}{t_p} \tag{3-8a}$$

$$\frac{0.2L^2}{t_n} < D \leqslant \frac{2L^2}{t_n} \tag{3-8b}$$

若 t_n 位于准稳态散发阶段的条件不满足，用 $0.01 < Fo_m(t_n) \leqslant 2.0$ 代替式(3-7b)。

对于单层建材，在室内换气次数 $N = 1\ \text{h}^{-1}$ 条件下，气相 VOC 浓度峰值发生时刻通常小于 10^1 h，总测试时间一般不超过两周(小于 300 h)，若关系式 $20t_p \leqslant t_n$ 成立(比较式(3-8a)和式(3-8b))，则有[23]

$$\begin{cases} \dfrac{0.2L^2}{t_n} < D \leqslant \dfrac{0.01L^2}{t_p}, & 20t_p \leqslant t_n \leqslant 200t_p \\ \dfrac{0.2L^2}{t_n} < D \leqslant \dfrac{2.0L^2}{t_n}, & t_n > 200t_p \end{cases} \tag{3-9}$$

对于装配建材，若表观关键参数存在，表观扩散系数 D_{equ} 也可由表示为

$$\begin{cases} \dfrac{0.2L^2}{t_n} < D_{\text{equ}} \leqslant \dfrac{0.01L^2}{t_p}, & 20t_p \leqslant t_n \leqslant 200t_p \\ \dfrac{0.2L^2}{t_n} < D_{\text{equ}} \leqslant \dfrac{2.0L^2}{t_n}, & t_n > 200t_p \end{cases} \tag{3-10}$$

3.3.2　C_0“快速估计法”

对于单层建材，若 D 值估计范围确定，由“补点 C_0 插值估计法”可得 C_0 估计值的取值范围，C_0 上限由 t 坐标表示为式(3-11a)。若 t_n 位于准稳态散发阶段的条件不满足，可用式(3-11b)表示，此时可能将高估上限的数值：

$$\begin{aligned} C_0 &= \frac{Q}{A \cdot L}\int_0^{t_{\text{end}}} y_{\text{pchip}}(t)\,\mathrm{d}t = \frac{Q}{A \cdot L}\int_0^{\frac{2.0L^2}{0.2L^2/t_n}} y_{\text{pchip}}(t)\,\mathrm{d}t \\ &= \frac{Q}{A \cdot L}\int_0^{10t_n} y_{\text{pchip}}(t)\,\mathrm{d}t \end{aligned} \tag{3-11a}$$

$$\begin{aligned} C_0 &= \frac{Q}{A \cdot L}\int_0^{t_{\text{end}}} y_{\text{pchip}}(t)\,\mathrm{d}t = \frac{Q}{A \cdot L}\int_0^{\frac{2.0L^2}{0.01L^2/t_n}} y_{\text{pchip}}(t)\,\mathrm{d}t \\ &= \frac{Q}{A \cdot L}\int_0^{200t_n} y_{\text{pchip}}(t)\,\mathrm{d}t \end{aligned} \tag{3-11b}$$

式中，t_{end}为当 $Fo_{\mathrm{m}}=2.0$ 的时刻，h。

若 $20t_p \leqslant t_n \leqslant 200t_p$ 或若 $t_n > 200t_p$，C_0 下限分别为式(3-12a)和(3-12b)：

$$C_0=\frac{Q}{A\cdot L}\int_0^{200t_p} y_{\mathrm{pchip}}(t)\mathrm{d}t,\ 20t_p \leqslant t_n \leqslant 200t_p \tag{3-12a}$$

$$C_0=\frac{Q}{A\cdot L}\int_0^{t_n} y_{\mathrm{pchip}}(t)\mathrm{d}t,\ t_n > 200t_p \tag{3-12b}$$

对于装配建材，若表观关键参数存在，表观初始 VOC 浓度 $C_{0,\mathrm{equ}}$可能的取值范围表示方法类同式(3-11)和式(3-12)。

3.4 两种建材 VOC 散发模型关键参数估计方法的实验检验

采用 Virginia Tech 设计开发的 reference material(参考散发材料)技术检验[79, 228]本文提出的单层建材关键参数的两种估计方法。参考散发材料技术的设计初衷是设计关键参数 C_0、D、K 均已知的 VOC 散发材料，该材料已被验证可准确预测其在实验舱中的散发规律[79,89,229]。本文使用其在实验舱中的测得气相 VOC 浓度数据，将单层建材关键参数估计法获得关键参数 C_0、D、K 的估计值(及取值范围)，与其已知的关键参数进行对比。

3.4.1 参考散发材料及其散发模型关键参数的确定方法

采用 Microbalance 法制作参考散发材料(reference material)的原理[228]，如图 3-5 所示。Microbalance 法制作 reference material 原理如图 3-5(a)所示[79,228]。

由图 3-5 可知，通过在恒温箱中加热(85℃)装有纯甲苯的扩散管(diffusion vial)使甲苯蒸发。流速恒定(Q=250 mL·min^{-1})的干空气通过恒温箱，形成浓度基本恒定的气相甲苯(y_{in})。含甲苯的干空气分别通过微天平的一端和一不锈钢容器。不锈钢容器里放若干由铝制支架支撑的 PMP(polymethylpentene，聚甲基戊烯)薄片，尺寸为 6.0 cm×6.0 cm×0.025 cm，微天平端放一片 PMP 薄片，尺寸为 3.6 cm×3.6 cm×0.025 cm。认为微天平端质量的变化仅通过吸附甲苯过程造成，图 3-5(b)给出了动态微天平仪(可读精度 0.1 μg，Thermo Cahn D-200，Thermo Fisher Scientific，Waltham，MA)记录的过程。当质量不再

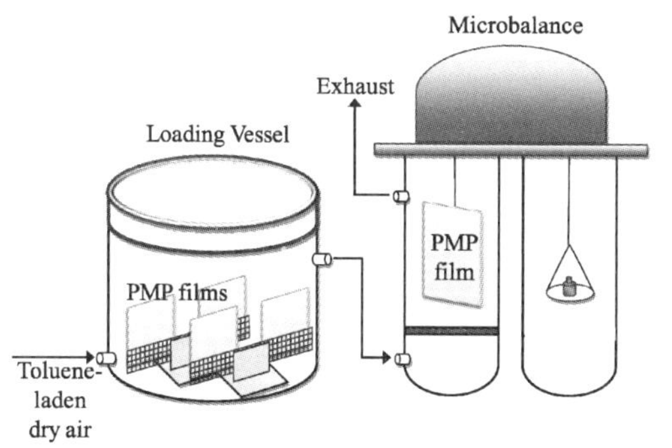

(a) Microbalance法制作reference material原理

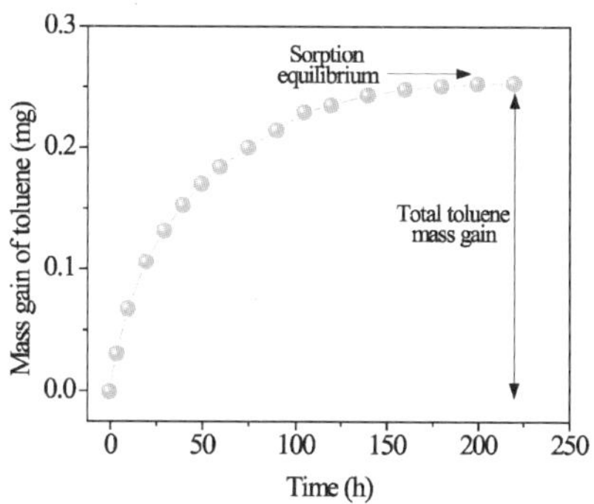

(b) Reference material吸附甲苯的过程

图 3-5 Microbalance 法制作参考散发材料(reference material)的原理[228]

变化时认为吸附达到平衡状态(约 10 天)。由于气相甲苯浓度是 PMP 材料中甲苯浓度的 10^4 倍以上,认为微天平和不锈钢容器内的吸附过程一致,故不锈钢容器内的 PMP 薄片吸附甲苯也已达到平衡状态。根据微天平中的质量增量和薄片体积计算 PMP 中甲苯的 C_0 值。

当达到吸附平衡状态时,根据界面分配系数定义可用式(3-13)计算 K 值:

$$K=\frac{C_s}{y}=\frac{C_0}{y_{in}}=\frac{\dfrac{M_\infty}{A\cdot L}}{\dfrac{\Delta m_T}{\Delta t\cdot Q}}=\frac{M_\infty\cdot\Delta t\cdot Q}{\Delta m_T\cdot A\cdot L} \tag{3-13}$$

式中,C_s 为界面分理处固相 VOC 浓度,即 PMP 薄片表面甲苯浓度,$\mu g\cdot m^{-3}$;M_∞ 为吸附平衡时微天平端质量增量,μg;Δt 为两次恒温箱中甲苯扩散管称重的时间差,min;Δm_T 为内甲苯扩散管的质量差,μg。

根据 Crank(1975)模型[133],可由式(3-14)计算 D:

$$\frac{M_t}{M_\infty}=1-\sum_{n=0}^{\infty}\frac{8}{(2n+1)^2\pi^2}\cdot\exp\left[\frac{-D(2n+1)^2\pi^2 t}{4H^2}\right] \tag{3-14}$$

式中,M_t 为 t 时间内 PMP 薄片吸附的甲苯质量,μg。$2H$ 是 PMP 薄片的厚度,即 $H=L/2$。PMP 薄片为双边吸附,认为其吸附面积是 $2A$,单侧吸附厚度是 H。

图 3-6 给出了 Microbalance 法制作 reference material 实验室图(Virginia Tech),分别给出如图 3-6(a)微天平实验舱及记录仪器、如图 3-6(b)0%相对湿度干空气控制系统、如图 3-6(c)不锈钢容器与 PMP 材料和如图 3-6(d)参

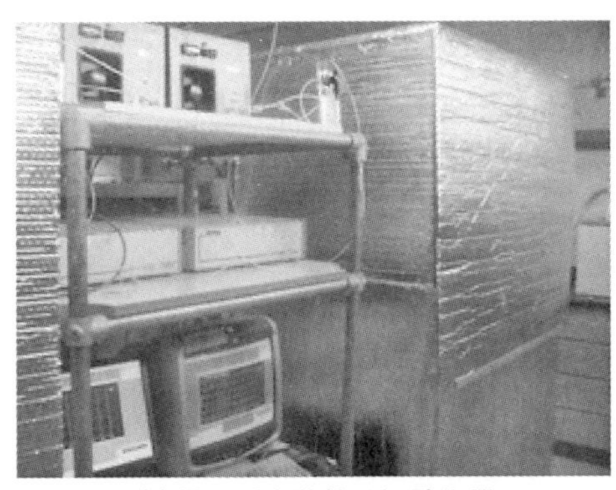
(a) 微天平实验舱及记录仪器

(b) 0%相对湿度干空气控制系统

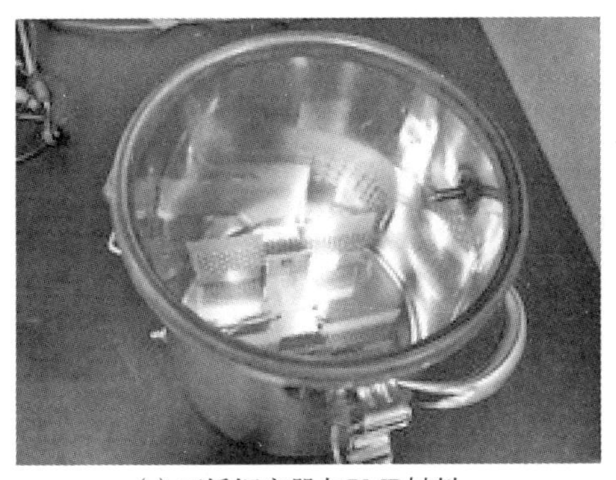
(c) 不锈钢容器与PMP材料

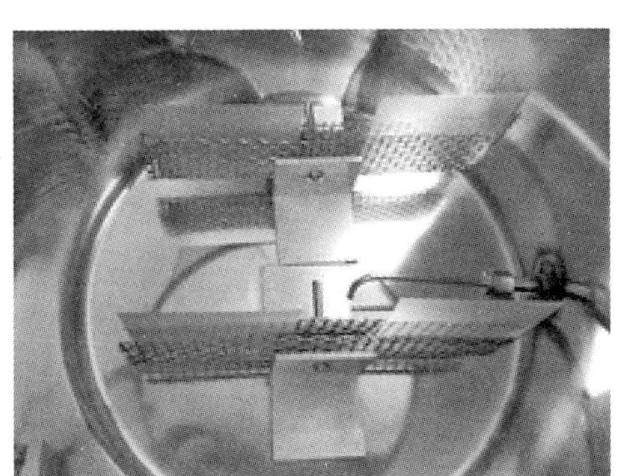
(d) 参考散发材料与支架

图 3-6　Microbalance 法制作 reference material 实验室图(Virginia Tech)

考散发材料与支架。

3.4.2　小尺度环境舱散发测试

将吸附有甲苯(toluene)的参考散发材料发至美国国家标准技术研究所(NIST),由其小尺度环境舱依据 ASTM D5116[230]标准进行散发测试,以此检验建材 VOC 散发模型关键参数估计法的适用性。NIST 的试验过程为:吸附剂采样管采集气相甲苯,由热脱附—气相色谱/质谱分析法(TD-GC/MS)定量分析。环境舱参数和参考散发材料的关键参数见表 3-5:

表 3-5　环境舱参数和参考散发材料的关键参数

参数	V (m^3)	Q ($m^3 \cdot h^{-1}$)	A (m^2)	L (m)	温度 (℃)	相对湿度 (%)	C_0 ($\mu g \cdot m^{-3}$)	D ($m^2 \cdot s^{-1}$)	K (-)
取值	0.051	0.051	7.2×10^{-3}	1.27×10^{-4}	23	15	8.5×10^{-8}	3.2×10^{-14}	535

3.4.3 “单自由度拟合法”的检验

根据 NIST 检测结果，取其小尺度环境舱散发测试在 0 至 72 h 内采样点 12 个，假定其关键参数均未知，且符合可用数据的筛选原则。首先采用关键参数“单自由度拟合法”估计其关键参数。在拟合 C_0 和 D 后，利用 Little(1994)模型，按式(3-15)对关键参数在同一量级下进行相对敏感性分析[134]：

$$I_{P_j} = P_j \frac{\partial y(P)}{\partial P_j} \tag{3-15}$$

式中，P_j 为关键参数，$j=1,2,3$ 分别表示 C_0、D 和 K；J_{P_j} 为各关键参数的相对敏感性，$\mu g \cdot m^{-3}$。

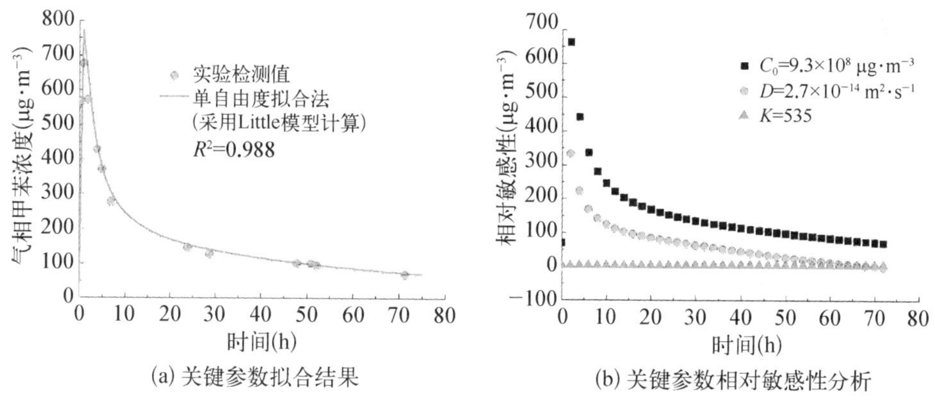

图 3-7　关键参数拟合结果及相对敏感性分析

图 3-7 给出了关键参数拟合结果及相对敏感性分析结果。由图 3-7(a)可知，拟合得到的关键参数用于模型预测与实验值基本吻合。而图 3-7(b)则显示实际上在该情形下，K 相对于 C_0 和 D 极不敏感。实际上，此时已无法通过非线性最小化的方法准确预测 K 值。故仅比较 C_0、D 和 $Fo_m(t_n)$ 的拟合结果。表 3-6 给出了关键参数“单自由度拟合法”计算结果分析。

表 3-6　关键参数“单自由度拟合法”计算结果分析

参　数	C_0	D	K	$Fo_m(t_n)$
真　值	$8.5\times10^8\ \mu g \cdot m^{-3}$	$3.20\times10^{-14} m^2 \cdot s^{-1}$	535(-)	0.51(-)
拟合值	$9.3\times10^8\ \mu g \cdot m^{-3}$	$2.71\times10^{-14} m^2 \cdot s^{-1}$	在 $10^0\sim10^5$ 范围内不敏感	0.43(-)
相对误差	9.4%	-15.3%		15.7%

由表 3-6 可知，本例中采用“单自由度拟合法”，通过 12 个气相 VOC 浓度数据，对关键参数 C_0 和 D 的预测相对误差均小于 20%。由于此情形下 K 相对敏感性极低，故未对 K 的拟合准确性作分析(K 在 $10^0 \sim 10^5$ 范围内均可得到相似的气相 VOC 浓度曲线)。

3.4.4 “快速估计法”的检验

采用“快速估计法”计算得到的关键参数取值范围如表 3-7 所示。

表 3-7 关键参数“快速估计法”计算结果分析

参　数	C_0,μg·m^{-3}	D,m^2·s^{-1}	$Fo_m(t_n)$
估计下限	8.0×10^8	1.26×10^{-14}	0.20
设定真值	8.5×10^8	3.20×10^{-14}	0.51
估计上限	13.2×10^8	4.48×10^{-14}	0.71

由表 3-7 可知，由于本检测数据中包含了浓度最大阶段 ($0 < Fo_m \leqslant 0.01$) 和准稳态散发阶段 ($0.2 < Fo_m \leqslant 2.0$) 的检测数据，故关键参数“快速估计法”可较准确地给出关键参数 C_0 和 D 的取值范围。

3.5 建材 VOC 散发模型关键参数估计方法对双层建材的适用性

两种直流舱建材 VOC 散发模型关键参数“单自由度拟合法”和“快速估计法”均根据单层建材 VOC 散发模型及其特性推导而来，以下以双层建材单面散发(见 2.1.2 节)为例，分析这两种方法对双层建材的适用性。

3.5.1 双层建材单面散发的四类过程

姚远(2011)[216]提出并分析了双层单边散发建材表观关键参数的存在性，即用三个等效的关键参数表征其散发规律。指出若双层建材封装足够长时间(超过 72 h为宜)使建材整体内部 VOC 浓度分布达到稳定状态 ($C_{0,1}/C_{0,2} = K_1/K_2$)，且两层板材特征参数越接近，表观关键参数的存在的有效性范围越大。

实际上双层建材无论散发前内部浓度是否达到平衡，其散发过程大致可分为以下四类：① 上层建材主导散发；② 下层建材主导散发；③ 初始非平衡的互相制约性散发；④ 初始平衡的互相制约性散发。

图 3-8 给出了双层建材四类单面散发过程模拟计算，分别给出如图 3-8(a)上层建材主导散发、如图 3-8(b)下层建材主导散发、如图 3-8(c)初始非平衡，互相制约性散发和如图 3-8(d)初始平衡，互相制约性散发，散发场景设置见表 3-1(见 3.2.2 节，其中表 3-1 的厚度为双层建材的总厚度)，模拟散发长约为两周。由图 3-8 可知，双层建材中各层建材对综合的气相 VOC 浓度均在一定程度上起到互相制约的作用。若某一层建材制约力较小，表现为上层或下层建材主导的散发过程；若两层建材互相制约力均较大，双层气相 VOC 浓度曲线显著不同于任何一层建材单独散发时的情形。

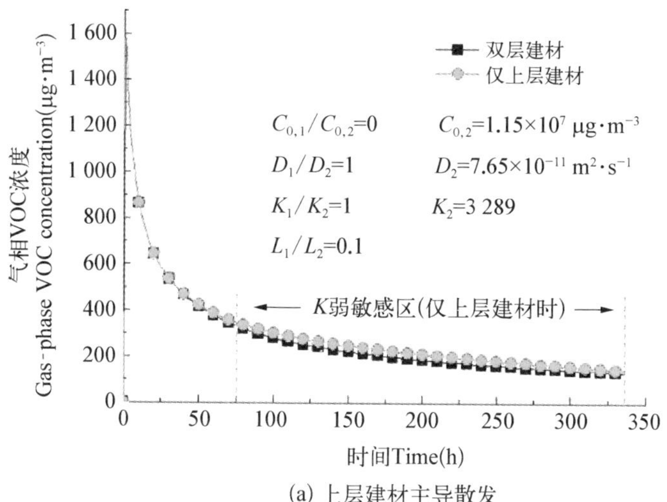

(a) 上层建材主导散发

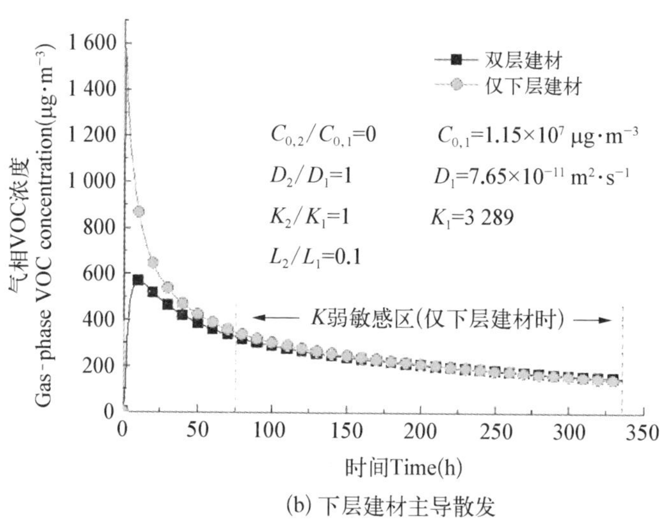

(b) 下层建材主导散发

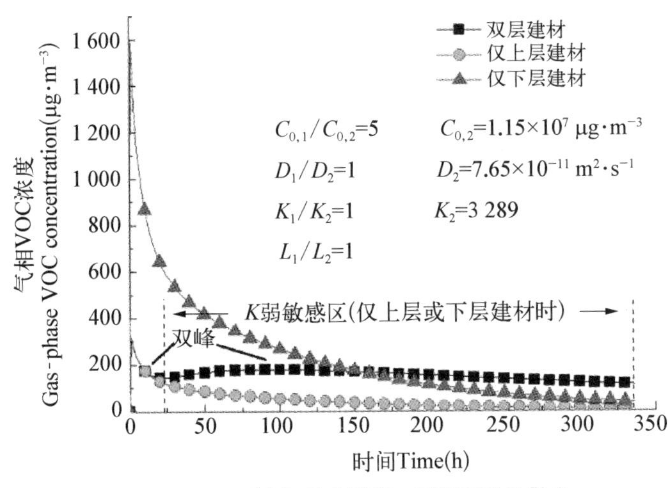

(c) 初始非平衡，互相制约性散发

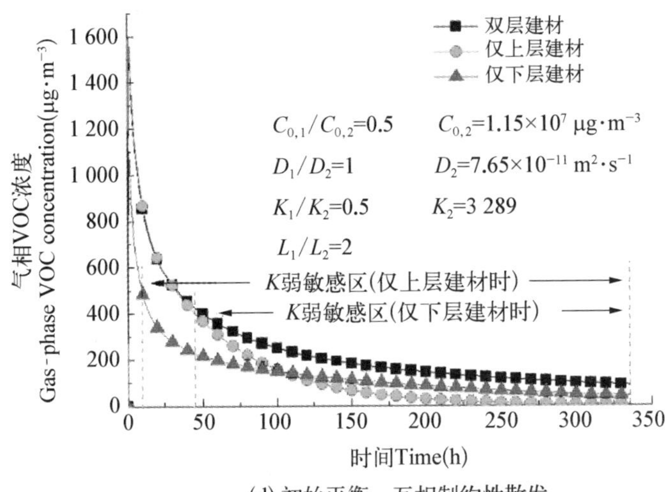

(d) 初始平衡，互相制约性散发

图 3-8 双层建材四类单面散发过程模拟计算

3.5.2 两种建材 VOC 散发模型关键参数估计方法的适用性

下面展开分析双层建材四类散发过程。

1. 上层建材主导散发过程

上层建材主导的散发过程中，下层建材对双层建材散发的气相 VOC 浓度影响较小。双层建材气相 VOC 浓度曲线基本与仅上层建材独立散发时一致。

当双层建材气相 VOC 浓度曲线和仅上层建材独立散发的曲线在 [Fo_m =

0，$Fo_m(t_n)$] 区间内满足 ASTM D5157[224] 标准给出的统计指标(见 2.4 节，表 2-1)时，认为此时符合上层建材主导散发过程，求得的表观关键参数即为上层建材的关键参数。

图 3-9 所示给出了在一基准条件下，各层关键参数之间的关系对上层建材主导散发的存在性检验，每对建材厚度之比条件下均进行随机模拟 Monte-Carlo 法计算 2 000 次。散发场景设置按表 3-1(见 3.2.2 节)，若符合表 2-1(见 2.4 节)中所有条件即认为上层建材主导散发存在。

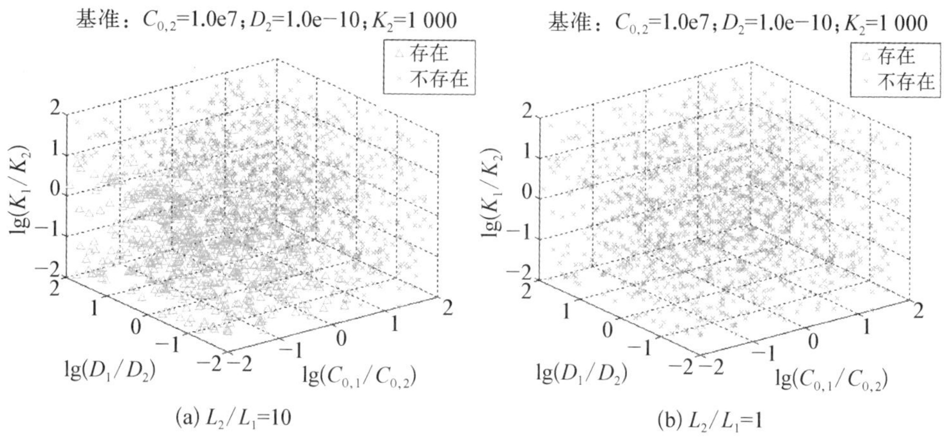

图 3-9　上层建材主导散发的存在性检验

图 3-9 所示的计算是在两层建材初始内部浓度非平衡条件下计算得到，初始平衡条件下的模拟计算结果即为 $\lg(C_{0,1}/C_{0,2}) = \lg(K_1/K_2)$ 平面。由图 3-9可知，在上述基准条件下，上层建材主导散发存在的首要条件是上层建材厚度远大于小层建材，即 $L_2 \gg L_1$，若满足 $L_2 \gg L_1$，则当 $C_{0,2} \geqslant C_{0,1}$、$K_2 \geqslant K_1$ 时，上层建材主导散发的可能性较大。两层建材 D 的比值影响较小。

当上层建材主导散发存在时，若对于表观 Fo_m 数(即 $Fo_{m,equ} = D_{equ}t/L^2$，其中 L 为双层建材总厚度)满足 $t(Fo_{m,equ} = 0.2) < t_n \leqslant t(Fo_{m,equ} = 2.0)$，可使用关键参数“单自由度拟合法”或“快速估计法”计算该双层建材表观关键参数，且表观关键参数接近上层建材的关键参数。同单层建材，若认为 C_0 计算准确，拟合的 D 值将偏小，K 值将偏大。

2. 下层建材主导散发过程

下层建材主导的散发过程中，上层建材对双层建材散发的气相 VOC 浓度影响较小。因在上层建材表面界面处材料相 VOC 与气相 VOC 不存在较大的浓度差，双层建材气相 VOC 浓度曲线除了散发初期外与仅下层建材独立散发时一致。

当双层建材气相 VOC 浓度曲线和仅下层建材独立散发的曲线 K 弱敏感区，即 $[Fo_{\mathrm{m}}=0.2,\ Fo_{\mathrm{m}}(t_n)]$ 区间内满足 ASTM D5157[224] 给出的统计指标（见 2.4 节，表 2-1）时，认为此时符合下层建材主导散发过程，求得的表观关键参数即为下层建材的关键参数。

图 3-10 给出了在一基准条件下，各层关键参数之间的关系对下层建材主导散发的存在性检验。散发场景设置按表 3-1（见 3.2.2 节）。同样，初始平衡条件下的模拟计算结果即为图中 $\lg(C_{0,1}/C_{0,2})=\lg(K_1/K_2)$ 截面。由图 3-10 可知，在上述基准条件下，下层建材主导散发可能存在的条件是 $C_{0,1}\geqslant C_{0,2}$、$D_1\geqslant D_2$、$K_1\geqslant K_2$。此时即便不满足 $L_1\gg L_2$，也可能存在下层建材主导散发。

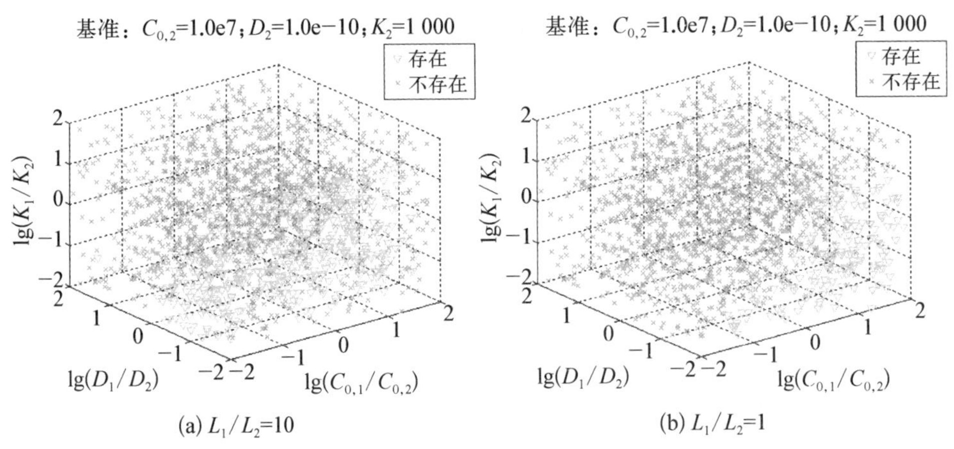

图 3-10　下层建材主导散发的存在性检验

当下层建材主导散发存在时，若对于表观 Fo_{m} 数（即 $Fo_{\mathrm{m,equ}}=D_{\mathrm{equ}}t/L^2$，其中 L 为双层建材总厚度）满足 $t(Fo_{\mathrm{m,equ}}=0.2)<t_n\leqslant t(Fo_{\mathrm{m,equ}}=2.0)$，虽然上层建材起到了“削峰”的作用，但浓度峰值依然发生在散发初始阶段，故关键参数“快速估计法”依然可能，且得到的 $C_{0,\mathrm{equ}}$ 和 D_{equ} 的取值范围与下层建材的 C_0 和 D 范围接近。由于“削峰”，同时造成该双层建材的总散发时间大于仅下层建材独立散发时的总散发时间，所以无论使用关键参数“单自由度拟合法”还是“快速估计法”得到的 $C_{0,\mathrm{equ}}$ 将有可能小于下层建材 C_0，故也小于双层建材的 C_0。D_{equ}

和 K_{equ} 与下层建材 D 和 K 的比较则无法准确估计。

3. 初始非平衡，互相制约性散发

初始非平衡的互相制约性散发的显著特点是下层建材对上层建材的影响通常不在初始时刻即显现，其气相 VOC 浓度曲线中往往存在两个峰值。故此情形下即便将双层建材作为“黑箱”式的单层建材看待，其气相 VOC 浓度曲线也不适合用单层建材 VOC 散发模型来描述，故“单自由度拟合法”和“快速估计法”均不适用。

4. 初始平衡，互相制约性散发

由于在双层建材界面处始终满足 $C_1(L_1, t)/K_1 = C_2(L_1, t)/K_2$ 的条件，故初始平衡的互相制约性散发情形下上层建材下表面浓度变化率和上表面 VOC 散发率均单调下降，气相 VOC 曲线不会出现两个峰值，但与上/下层建材独立

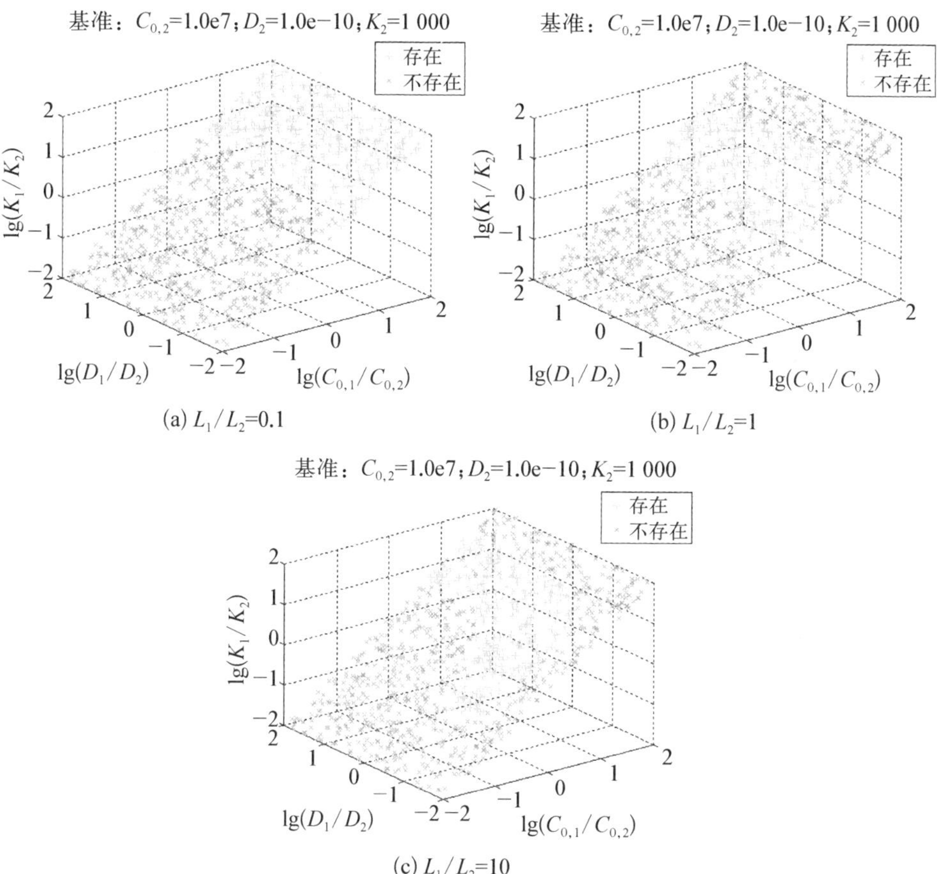

图 3-11　初始平衡，互相制约性散发条件下，“快速估计法”准确估计 $C_{0,equ}$ 的存在性检验

散发时的气相 VOC 曲线均不同。此情形下可通过双层建材气相 VOC 浓度曲线求得表观关键参数。

实际上关键参数“快速估计法”对 C_0 范围估计的准确性是两种建材 VOC 散发模型关键参数估计法的关键，体现在以下几个方面：① 可检验散发情形是否满足 $t(Fo_{m,equ}=0.2)<t_n\leqslant t(Fo_{m,equ}=2.0)$ 的前提；② 为关键参数“单自由度拟合法”提供合理的 $Fo_{m,equ}(t_n)$ 取值范围，即 D_{equ} 取值范围；③ 当初始双层建材内部平衡时，D_{equ} 无法直接通过简易计算得到。$C_{0,equ}$ 可用式(3-16)表示[67]，可检验 C_0“快速估计法”：

$$C_{0,equ}=\frac{C_{0,1}A\cdot L_1+C_{0,2}A\cdot L_2}{A\cdot L_1+A\cdot L_2} \tag{3-16}$$

图 3-11 给出了初始平衡，互相制约性散发条件下，“快速估计法”准确估计 $C_{0,equ}$ 的存在性检验。散发场景设置按表 3-1(见 3.2.2 节)。每对建材厚度之比条件下均进行随机模拟 Monte-Carlo 法计算 1 000 次。由于初始平衡，所有模拟点均在 $\lg\left(\frac{C_{0,1}}{C_{0,2}}\right)=\lg\left(\frac{K_1}{K_2}\right)$ 平面上。

由图 3-11 可知，在上述基准条件下，各层关键参数满足一定的条件(如 $C_{0,1}\geqslant C_{0,2}$ 等)，不同建材厚度比条件下均有可能存在适用 $C_{0,equ}$“快速估计法”。若可准确地估计 $C_{0,equ}$ 取值范围，可进一步估计 D_{equ} 的取值范围，或根据“单自由度拟合法”拟合 D_{equ} 和 K_{equ}。

3.6 本章小结

(1) 基于可用数据的筛选原则，提出了建材 VOC 散发模型关键参数“单自由度拟合法”。若检测的最后一个数据点 t_n 满足 $t(Fo_m=0.2)<t_n\leqslant t(Fo_m=2.0)$，可通过少量的建材 VOC 散发气相浓度检测数据获得建材 VOC 散发模型关键参数 C_0、D、K 的估计值。其中对 C_0 的拟合采用“补点 C_0 插值估计法”，其中插值算法选用 PCHIP。在 K 弱敏感区拟合 D 和全数据段拟合 K 均采用 Levenberg-Marquardt 非线性最小化算法。

该方法的主要缺陷是：① 对 C_0、D 和 K 的拟合计算均为近似值，若认为 C_0 计算准确，在 K 弱敏感区拟合的 D 值也将偏小，K 值将偏大；② 拟合 K 前需对关键参数做相对敏感性分析，若 K 相对于 C_0 和 D 不敏感，则无法通过本方法较准确地预测 K；③ 受测量误差影响较大，对关键参数的计算误差无法评估；④ 拟合过程复杂。

（2）提出了建材 VOC 散发模型关键参数“快速估计法”。假定气相 VOC 浓度峰值和最后的实验检测点发生时刻分别位于浓度最大阶段（$0 < Fo_m \leqslant 0.01$）和准稳态散发阶段（$0.2 < Fo_m \leqslant 2.0$），可通过更少量的建材 VOC 散发气相浓度检测数据给出 C_0 和 D 可能的取值范围。对于“快速估计法”，t_n 位于准稳态散发阶段的条件可不满足。

（3）借助 Virginia Tech 开发的参考散发材料技术，检验了两种建材 VOC 散发模型关键参数估计法，若满足 $t(Fo_m = 0.2) < t_n \leqslant t\ (Fo_m = 2.0)$，两种方法可以对 C_0 和 D 进行有效的估计，K 则受相对敏感性的影响不一定能被较准确地估计。

（4）分析了双层单面散发建材的四类散发过程：① 上层建材主导散发；② 下层建材主导散发；③ 初始非平衡的互相制约性散发；④ 初始平衡的互相制约性散发。使用随机模拟 Monte-Carlo 法对每一类散发过程进行了关键参数估计法的适用性讨论，见表 3－8。

表 3－8　关键参数估计法对双层建材四类单面散发过程的适用性

	“单自由度拟合法”适用性	“快速估计法”适用性
上层建材主导散发	（1）当 $L_2 \gg L_1$，同时满足 $C_{0,2} \geqslant C_{0,1}$、$K_2 \gg K_1$ 时，上层建材主导散发的可能性较大 （2）“单自由度拟合法”计算的双层建材表观关键参数接近上层建材的关键参数 （3）认为 C_0 计算准确，拟合的 D 值将偏小，K 值将偏大	“快速估计法”得到的表观关键参数取值范围接近上层建材的关键参数的取值范围
下层建材主导散发	（1）即便不满足 $L_1 \gg L_2$，若满足 $C_{0,1} \geqslant C_{0,2}$、$D_1 \leqslant D_2$、$K_1 \leqslant K_2$ 时，下层建材主导散发的可能性较大 （2）“单自由度拟合法”可能低估 $C_{0,\mathrm{equ}}$，$C_{0,\mathrm{equ}}$，也可能小于下层建材 C_0。D_{equ} 和 K_{equ} 与下层建材 D 和 K 的比较则无法准确估计	（1）“快速估计法”得到的表观关键参数取值范围接近下层建材的关键参数的取值范围 （2）$C_{0,\mathrm{equ}}$ 将有可能小于下层建材 C_0，也可能小于双层建材实际的 $C_{0,\mathrm{equ}}$
初始非平衡的互相制约性散发	一般不适用	一般不适用

续 表

	“单自由度拟合法”适用性	“快速估计法”适用性
初始平衡的互相制约性散发	各层关键参数满足一定的条件(如 $C_{0,1} \geqslant C_{0,2}$ 等),不同建材厚度比条件下均有可能通过“单自由度拟合法”计算得到较准确的 $C_{0,equ}$ 和 D_{equ}	不同建材厚度比条件下均有可能适用 $C_{0,equ}$“快速估计法”,并可进一步估计 D_{equ} 的取值范围

此外,从“反问题”角度分析:① 若气相 VOC 浓度出现两个峰值,两种建材 VOC 散发模型关键参数估计法均不适用;② 若仅有一峰值但被“削峰”,无论采用“快速估计法”还是“单自由度拟合法”都有可能低估 $C_{0,equ}$;③ 若仅有一个峰值且峰值显著高于准稳态散发阶段的浓度时可采用“快速估计法”或“单自由度拟合法”计算表观关键参数或其取值范围,但受双层建材各层关键参数的比值等因素影响,计算得到的 $C_{0,equ}$ 等表观关键参数并不一定反映建材的真实的关键参数。

第4章 建材 VOC 散发模型关键参数数据库的建立

本章分别采用建材 VOC 散发模型关键参数"单自由度拟合法"和"快速估计法"分析 NRC 数据库，并通过"快速估计法"将 NRC 数据库转换为"建材 VOC 散发模型关键参数(C_0、D)数据库"，为工程预测建材散发特性提供新的途径，也为控制室内建材 VOC 散发的新风量定量化研究提供了新的工具。

本章以第 3 章为基础，并为第 5 章建立基于建材 VOC 散发的新风量计算方法提供基础数据。

4.1 建材 VOC 散发数据库的统计分析与筛选

现有国际建材 VOC 散发数据库为研究建材对室内空气品质的影响提供了工具，但由于数据检测的环境与实际室内环境存在差异，往往不能将检测结果直接套用于实际环境。建材传质散发模型仍是目前最可靠地描述建材散发过程的数学方法，将建材 VOC 散发实验数据转换为建材 VOC 散发传质模型关键参数为建材 VOC 散发数据库应用范围的拓展提供了方法，也为稀释由室内建材散发的 VOC 所需的新风量的定量化研究提供了新的途径。

4.1.1 建材 VOC 散发数据库的检测率分析

选取 SOPHIE[193,211]、PANDORA[192] 和 NRC[22] 三个公开数据库进行散发数据统计及其来源比较，见表 4－1。

使用 VOC 检测率分析表 4－1 中三个数据库，VOC 检测率用式(4－1)表示[231]：

$$DR(x) = \frac{F(x)}{N} \tag{4-1}$$

式中，$DR(x)$为某种 VOC 的检测率，%；$F(x)$为该种 VOC 检测到的频次；N 为总检测建材数量。

表 4－1　建材 VOC 散发数据库散发数据统计及其来源比较

数据库	SOPHIE	PANDORA[a]	NRC
建材数量	108	10	57
VOC 种类	344	122	134
数据量	1 983	213	2 045
建材平均 VOC 检测量	18	21	36
建材国家	法国、芬兰、德国、丹麦、葡萄牙、英国、意大利	美国、芬兰	加拿大
数据来源	环境小室检测	文献汇编	环境小室检测
数据形式	平均散发率	平均散发率、最大散发率等	经验散发模型

注：a 除去包含的 SOPHIE 的部分。

图 4－1 给出三个建材 VOC 散发数据库 VOC 检测率与累积百分位数统计，分别给出如图 4－1(a)所示 SOPHIE 数据库、如图 4－1(b)所示 PANDORA 数据库、如图 4－1(c)所示 NRC 数据库和如图 4－1(d)三个数据库汇总。其中根据化学结构相似性将所有 VOC 分成五类：① 醇类、醚类、酯类，含二元醇和二元醇醚；② 醛类、酮类；③ 脂肪族化合物，含直链、支链及脂环烃；④ 芳香族化合物；⑤ 其他，主要含卤代烃、有机酸、酰胺、硅氧烷、杂环化合物等。

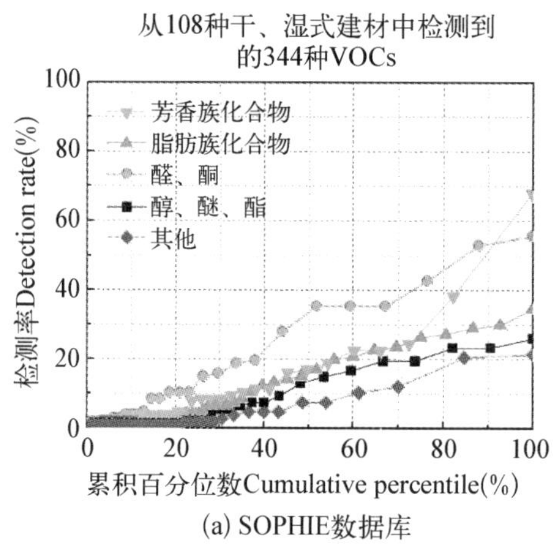

(a) SOPHIE数据库

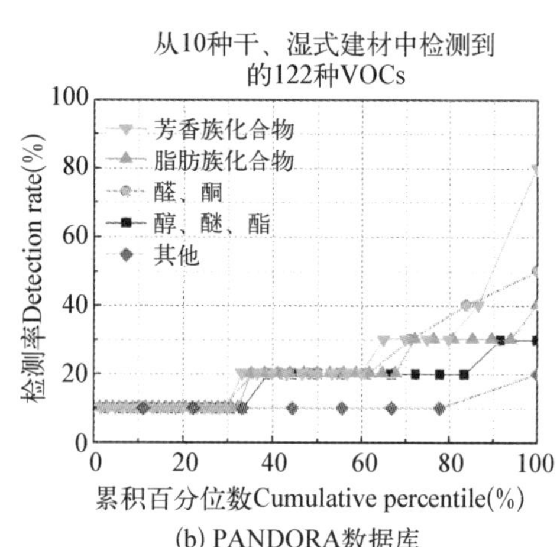

(b) PANDORA数据库

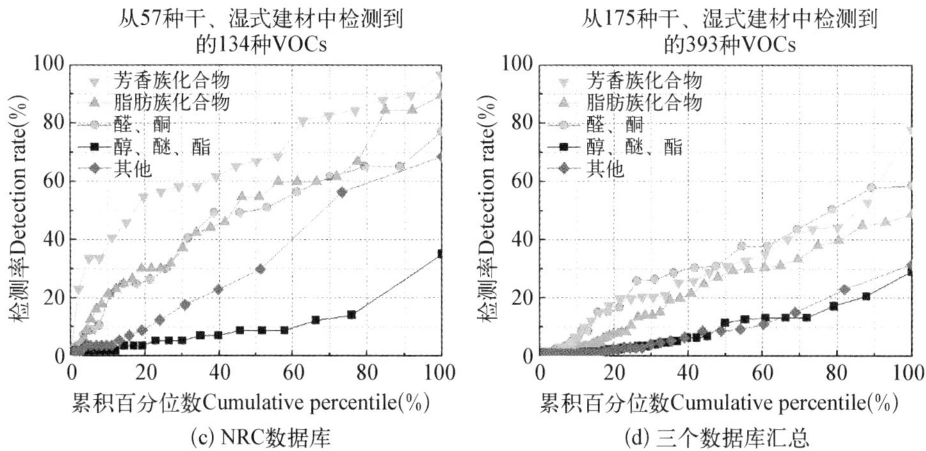

图 4-1　三个建材 VOC 散发数据库 VOC 检测率与累积百分位数统计

如图 4-1 所示，三个数据库共检测到 393 种 VOC 中。其中，芳香族化合物占 20.4%、醛酮类占 13.5%、脂肪族化合物占 31.8%、醇醚酯类占 19.1%。

检测率最高的主要为甲苯、乙苯等苯系物，壬醛、己醛等醛类物质以及部分烷烃。实际上三个数据库中检测率最高的 VOC 均为芳香族、醛酮类和脂肪族化合物(NRC 数据库 VOC 检测率见附录 A)。

三个数据库中检测率最高的 40 种 VOC 如图 4-2 所示。

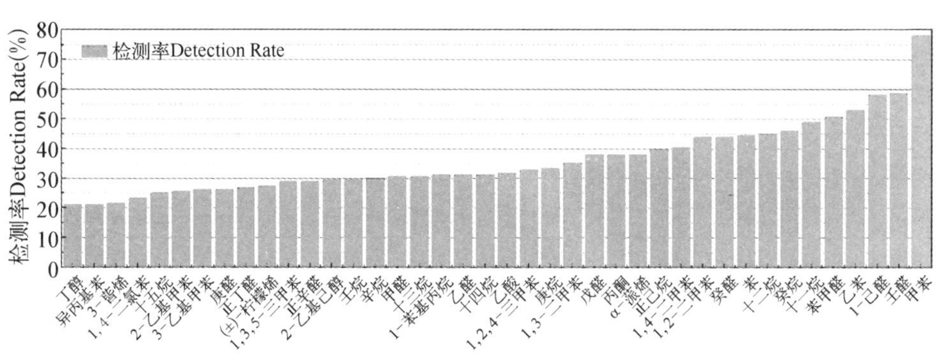

图 4-2　三个数据库中检测率最高的 40 种 VOC

4.1.2　建材 VOC 散发数据库的筛选与转换方法

SOPHIE、PANDORA 和 NRC 三个数据库均包含干式建材和湿式建材散发数据。由表 4-1 可知，在三个数据库中，PANDORA 数据库属于汇编型数据库，数据来源不统一，除去 SOPHIE 数据外的数据也较少。SOPHIE 所包含的建材种类最多，但其和PANDARA数据库一样用单一值（平均值、最大值等）表征建材散发率。由建材散发可知，建材散发通常VOC的过程经历散发初期（峰值期）、过渡期和准稳态期等不同阶段，单一值无法准确描述建材散发VOC的过程。

对外公开的NRC数据库使用了VOC散发经验模型拟合实验数据来描述散发过程，尽管经验模型往往不如传质模型准确，也无法揭示VOC散发的传质机理，但在一定程度上反映了散发的不同阶段特征。同时，NRC数据库的建材种类虽然少于SOPHIE，但其平均建材VOC检测量在三个数据库中最高，比较能反映建材在实际环境中的散发水平。

本研究采用NRC数据库（包含检测的原始数据，即各建材散发过程中的气相VOC散发浓度）作为研究对象，建立建材VOC散发模型关键参数数据库。由于NRC中的干式建材基本经历100～300 h的流通舱散发实验，在相应时间内进行若干次采样，最大采样间隔为24～103 h，采样后通过气相色谱法-质谱联用法（GC/MS）或高效液相色谱法（HPLC）分析得到，且基本均捕捉到散发过程中气相VOC浓度的变化趋势，符合适用于两种建材VOC散发模型关键参数估计方法的可用数据的筛选原则（见3.1.1节），故采用“单自由度拟合法”和“快速估计法”将NRC数据库中干式建材VOC散发数据转换为建材VOC散发模型关键参数，作为研究对新风量敏感的建材VOC散发过程（见1.1.1节）的基础数据。

4.1.3 NRC数据库的建材构成与VOC种类分布

NRC数据库由两部分（两个阶段）组成，CMEIAQ Ⅰ为湿式建材和干式单层建材，CMEIAQ Ⅱ测试建材多为装配建材。

表4-2—表4-4分别给出了NRC数据库中湿式建材、干式单层建材和装配建材的类别、代号与尺寸信息（NRC数据库信息由Dr. Doyun Won提供）。

表4-2 CMEIAQ Ⅰ数据库湿式建材检测信息汇总

代号	建材描述	表面积, m^2	代号	建材描述	表面积, m^2
AD3	黏合剂（防水，可用于湿木）	0.000 70	CK2	嵌缝密封胶（卫浴用，硅树脂）	0.000 04
AD6	黏合剂（内、外饰用，纸板用）	0.000 70	CK5	嵌缝密封胶（门窗用，聚氨酯）	0.000 04
AD10	黏合剂（住宅地板用）	0.014 40	CK9	热塑性封胶	0.000 04

续　表

代号	建　材　描　述	表面积，m^2	代号	建　材　描　述	表面积，m^2
PT5	水性涂料(丙烯酸胶乳)	0.020 00	WS6a	油性木材着色剂(涂于橡木上)	0.01
PT7	水性涂料(丙烯酸胶乳)	0.020 00			
PT8	油性涂料(醇酸树脂)	0.020 00	WS6b	油性木材着色剂(涂于枫木上)	0.01
UR3	油性聚氨酯(内饰用)	0.02	WX2	油性地板蜡	0.02
UR5	油性聚氨酯(内饰用)	0.02	WX4	油性地板蜡	0.02
UR8	油性聚氨酯(内饰用)	0.02	WX6	丙烯酸地板抛光	0.02

表 4-3　CMEIAQ Ⅰ数据库干式单层建材检测信息汇总

代　号	建　材　描　述	表面积×厚度，$m^2 \times m$
ACT1	隔音砖天花板(珍珠岩，商用)	不详
ACT2	隔音砖天花板(乙烯基玻璃纤维)	0.045 0×0.014 6
ACT3	隔音砖天花板(纤维板，住宅用)	不详
CRP1	尼龙地毯(乳胶基，住宅用)	0.020 0×0.074 5
CRP2	尼龙地毯(乳胶基，住宅用)	0.020 0×0.009 3
CRP3	尼龙地毯(乳胶基，住宅用)	不详
CRP4	烯属烃地毯(商用)	0.024 0×0.007 4
CRP5	聚丙烯地毯(商用)	0.045 0×0.006 4
CRP6	尼龙地毯(商用)	0.024 0×0.005 1
GB1	石膏墙板	0.045 0×0.012 7
GB2	石膏墙板	0.045 0×0.015 9
GB3	石膏墙板	0.045 0×0.012 7
MPL1	枫木板	不详
OAK1	红橡木板	0.045 0×0.016 9
OSB1	定向刨花板(华夫刨花板)	0.045 0×0.012 7
OSB2	定向刨花板	0.045 0×0.011 1
OSB3	定向刨花板	0.045 0×0.015 9

续 表

代 号	建 材 描 述	表面积×厚度,$m^2 \times m$
PIN1	松木板	0.045 0×0.050 8
PLY1	胶合板(苯酚甲醛树脂)	0.045 0×0.019 1
PLY2	胶合板	0.045 0×0.015 9
PLY3	胶合板(酚醛树脂)	0.045 0×0.012 7
UP1	垫料(泡沫片)	0.024 0×0.010 4
UP3	垫料(泡沫聚氨酯)	0.024 0×0.010 0
VIN1	乙烯基板(无蜡,住宅用)	0.024 0×0.001 8
VIN2	乙烯基板(商用)	0.024 0×0.003 2
VIN3	乙烯基板(住宅用)	0.024 0×0.001 4

表 4-4 CMEIAQ Ⅱ数据库装配建材检测信息汇总

代 号	建 材 描 述	表面积×厚度,$m^2 \times m$
CRP7	尼龙地毯(乳胶基)	0.020 0×0.006 7
CRP7a	尼龙地毯+黏合剂+混凝土	0.020 0×0.026 8
CT1	台面板(上表面)	0.020 0×0.016 6
CT2	台面板(全表面)	0.057 1×0.016 7
LAM1	复合地板(无胶)+泡沫衬垫	0.020 0×0.006 2
LAM2	复合地板(无磨木浆、无胶)	0.020 0×0.006 2
LAM3	复合地板+泡沫衬垫+定向刨花板	0.020 0×0.006 5
LIN1	油地毡块	0.020 0×0.002 5
LIN2	油地毡块+黏合剂+胶合板	0.020 0×0.090 6
MDF2	中密度板(架子)	0.020 0×0.015 9
VWB1	乙烯基面石膏墙板	0.020 0×0.013 5
OSB4	定向刨花板(舌榫底层地板)	0.020 0×0.011 3
OSB5a	定向刨花板(舌榫底层地板)	0.020 0×0.014 5
OSB5b	定向刨花板(舌榫底层地板)	0.020 0×0.014 5

注:① 除了 CRP7a 和 LIN2 含黏合剂外,其他装配建材均为干式装配建材。
② CRP7 与 LIN1 为干式单层建材,为分别与 CRP7a 与 LIN2 对比仍将其归入装配建材。
③ MDF2、OSB4、OSB5a 和 OSB5b 均可近似认为为单层建材。

本文中装配建材(assembly material,NRC数据库中的表述方式)包含中密度板等复合建材,及(含黏合剂的)多层建材等。

在NRC数据库中,共有134种VOC在57种干、湿式建材中被检测到。各NRC数据库各建材VOC化学分类比例如图4-3所示,图4-3(a)所示为湿式建材、图4-3(b)所示为装配建材和图4-3(c)所示为干式单层建材。

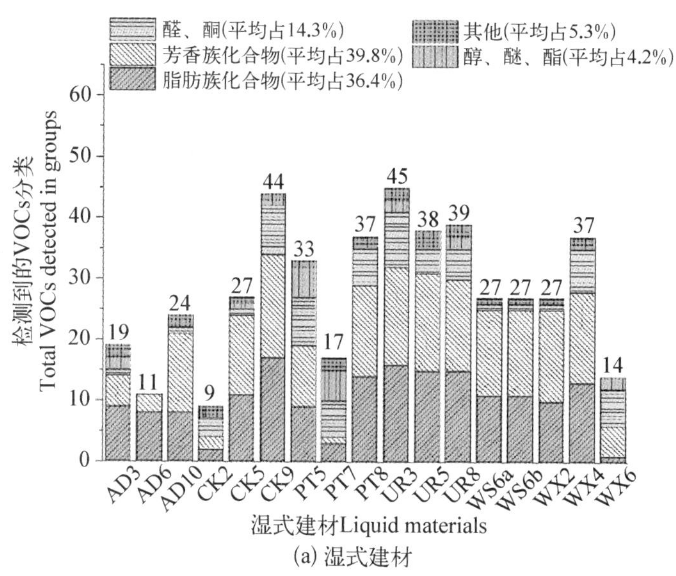

(a) 湿式建材

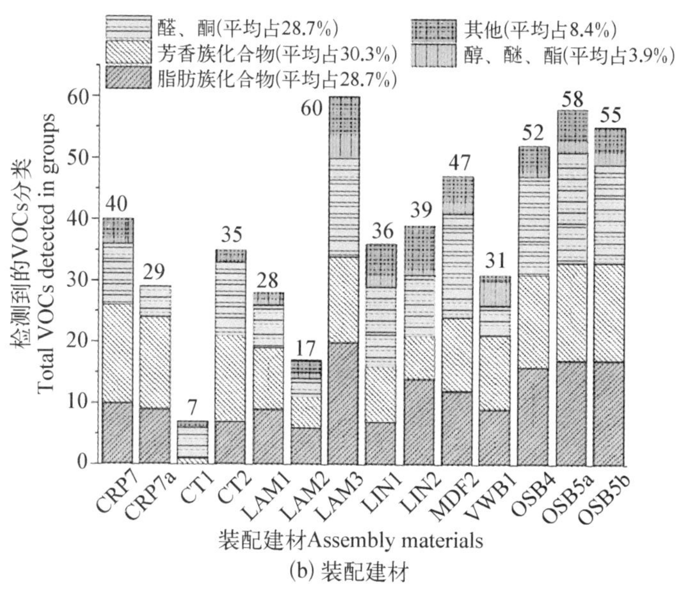

(b) 装配建材

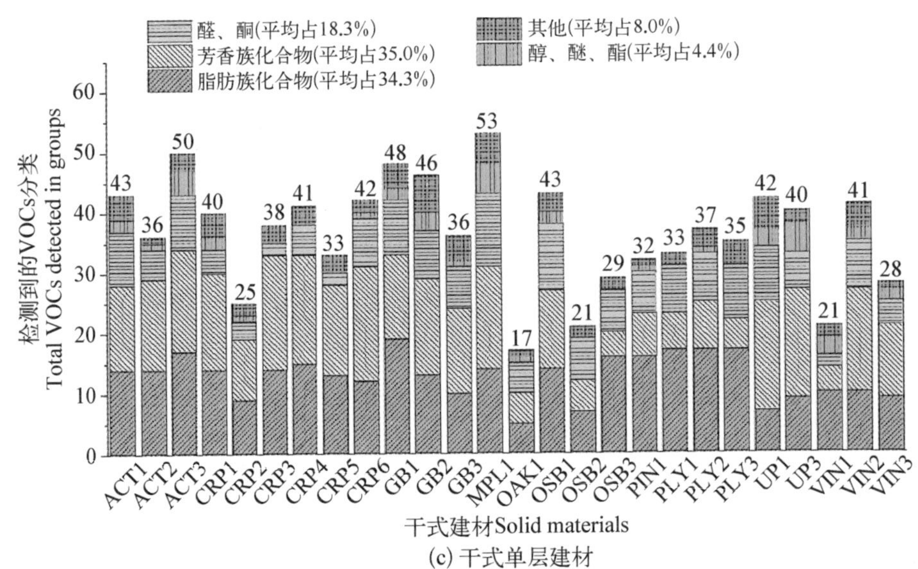

(c) 干式单层建材

图 4-3　NRC 数据库各建材 VOC 化学分类比例

由图 4-3 可知，绝大部分建材近 90%的 VOC 为芳香族、醛酮类和脂肪族化合物。湿式建材、干式单层建材和装配建材的平均检测到的 VOC 种类分别为 28 种、37 种和 38 种。总的来说，尽管每种建材散发的 VOC 不尽相同，但湿式建材检测到的散发的 VOC 种类少于干式建材检测到的散发的 VOC 种类，而干、湿式建材散发 VOC 的化学分类的比例比较接近。

此外，由图 4-3 可得到如下推论：① 对于相似的建材，无论是湿式建材(如 CK2、CK5 和 CK9)，干式单层建材(如 CRP1 至 CRP7 系列)，还是装配建材(LAM1 至 LAM3 系列)，其主要加工原料的不同对其散发的 VOC 也存在较大的影响；② 对于 CT1 和 CT2，改变暴露的表面积，VOC 散发的种类存在的较大差异，说明 CT 材料并非工程意义上的各向同性材料；③ 对于某相同材料的不同部分(如 OSB5a 和 OSB5b)，其散发的 VOC 也不尽相同，即部分材料在测试前内部 VOC 初始浓度(C_0)并非一定均匀。

4.2　基于“单自由度拟合法”拟合建材 VOC 散发模型关键参数

使用建材 VOC 散发模型关键参数“单自由度拟合法”拟合 NRC 数据库中

干式单层建材和装配建材的 C_0 和 D。鉴于 K 的拟合准确性受三个关键参数相对敏感性影响，不对 K 进行敏感性的详细判断，也不对 K 进行拟合。

4.2.1　判断拟合结果的依据

给出两类依据判断拟合结果。

第一类依据基于建材 VOC 散发模型关键参数"单自由度拟合法"的适用条件，即是否满足如下条件：$t(Fo_{\mathrm{m}}=0.2)<t_n\leqslant t(Fo_{\mathrm{m}}=2.0)$。由 3.2.3 节可知，当 $0<Fo_{\mathrm{m}}(t_n)\leqslant 0.2$ 时，"补点 C_0 插值估计法"预测准确性将降低，由于 t_n 仍处于散发过渡期，可能导致高估 C_0，低估 D。此外，当 $Fo_{\mathrm{m}}(t_n)$ 接近 2.0 时，即表征散发接近结束。对于干式建材，散发时间通常可以月至年计(见 1.1.1 节)，对于 100 h 至 300 h 的测试时间而言，散发接近结束的概率较低。故在此处给出另一判断条件，若 $1.0\leqslant Fo_{\mathrm{m}}(t_n)\leqslant 2.0$ 时，认为低估了散发时长，即可能低估了 C_0，高估 D。表 4 - 5 给出了建材 VOC 散发模型关键参数"单自由度拟合法"拟合结果判断条件。

表 4 - 5　建材 VOC 散发模型关键参数"单自由度拟合法"拟合结果判断条件

序　号	判　断　条　件	拟合结果分析
1	$0<Fo_{\mathrm{m}}(t_n)\leqslant 0.2$	可能高估 C_0，低估 D
2	$0.2<Fo_{\mathrm{m}}(t_n)\leqslant 1.0$	拟合的 C_0 和 D 可能与真值较接近
3	$1.0<Fo_{\mathrm{m}}(t_n)\leqslant 2.0$	可能低估 C_0，高估 D

第二类依据为 ASTM D5157[224]标准给出的统计指标(见 2.4 节，表 2 - 1)，即判断拟合后的 Little(1994)模型与实验值的统计意义上的符合程度。由于实验随机误差未知，有 3.2.3 节可知，当随机误差较大时，"补点 C_0 插值估计法"预测准确性降低，进而将导致 D 的预测准确性降低。故仍以第一类条件为主判断拟合结果。

4.2.2　单层建材传质系数 D 的拟合

对单层建材散发的各 VOC 进行了单自由度拟合，本处以 ACT2(见 4.1.3 节)为例，给出 CMEIAQ Ⅰ 单层建材散发的各 VOC 传质系数 D 的拟合结果，如图 4 - 4 所示。其他建材拟合结果见附录 C。由于 GC/MS 分析数据远多于 HPLC 数据，此处统一根据 GC/MS 数据进行拟合。

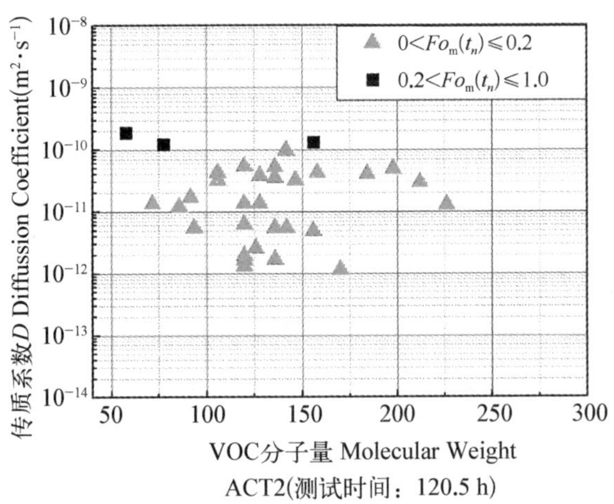

图 4-4　CMEIAQ Ⅰ单层建材散发的各 VOC 传质系数 *D* 的拟合(以 ACT2 为例)

由图 4-4(以及附录 C)可知，22 种单层建材散发 VOC 的传质系数 D 范围各异，但对于同一建材，VOC 的 D 值范围通常在两个量级内。仅有 GB2、OSB2、PLY1 和 VIN3 四种建材测试时间大于 200 h，大部分建材测试时间较短，拟合结果中大部分 VOC 的 $Fo_m(t_n)$ 值小于 0.2，说明：① 有可能对于该种 VOC 散发尚未达到准稳态期(仍处于过渡期)；② 图 4-4 中所有三角点的“单自由度拟合法”结果误差可能较大(可能低估 D)。另外，Cox 等人(2000)[121]、Guo(1999)[122]等曾给出建材散发 VOC 的传质系数 D 值与 VOC 分子量、摩尔体积的关系式。本处由于实验随机误差未知，而“单自由度拟合法”受随机误差影响较大，对于落在 $0.2 < Fo_m(t_n) \leqslant 1.0$ 的拟合结果，VOC 分子量越大，存在 D 值越小的趋势，但该趋势并不明显。

图 4-5 给出了单层建材散发 VOC 传质系数 D 的范围(包含 CPR7 和 LIN1)。本处仅以 $0.2 < Fo_m(t_n) \leqslant 1.0$ 拟合点作为可信范围点，将落入 $0 < Fo_m(t_n) \leqslant 0.2$ 和 $1.0 < Fo_m(t_n) \leqslant 2.0$ 范围内的拟合点作为误差条(error bar)。由图 4-5 可知，对于密度相近的相似建材(如 CRP2、CRP4、CRP5、CRP6 和 CRP7)，传质系数 D 的量级也接近。此外，总体来说，建材密度越大，其散发 VOC 的传质系数 D 的量级可能就越小。但由于仅有少量拟合点落在可信范围内，且实际上这些单层建材并非都是工程意义上的各项同性均质材料，从介观角度大部分建材都可以看成多孔介质材料[75]，仅以密度进行的推论并无较强的理论支撑。

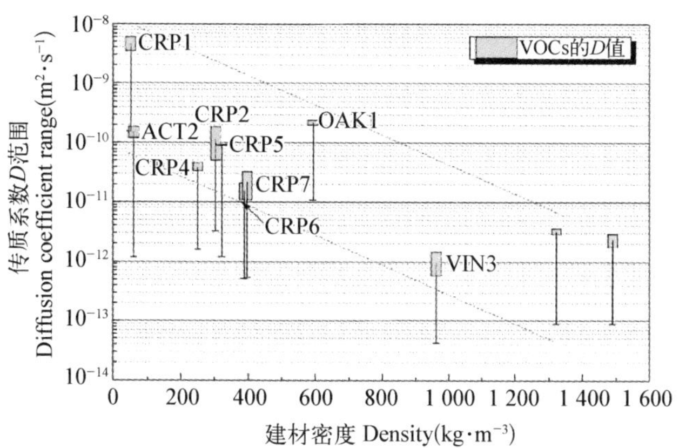

图 4-5　单层建材散发 VOC 传质系数 D 的范围

4.2.3　装配建材表观传质系数 D'的拟合

CMEIAQ Ⅱ装配建材散发的各 VOC 表观传质系数 D'的拟合结果算例如图 4-6 所示。

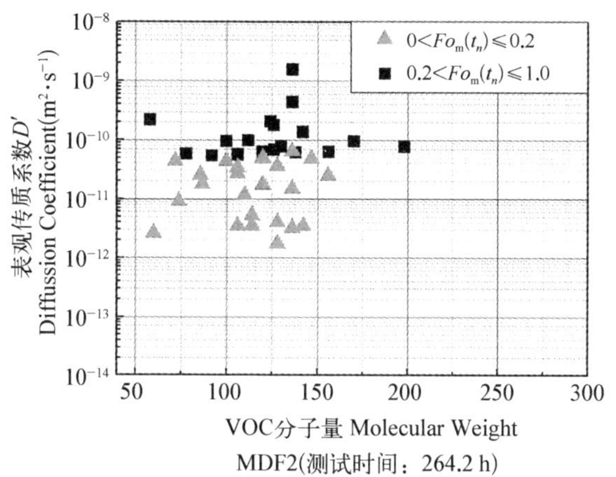

图 4-6　CMEIAQ Ⅱ装配建材散发的各 VOC 表观传质系数 D'的拟合(以 MDF2 为例)

由图 4-6(及附录 C)可知，10 种装配建材(CRP7 和 LIN1 为单层建材与 CRP7a 和 LIN2 作对比)散发 VOC 的(复合建材及多层建材均统称为)表观传质系数 D'范围各异。相比 CMEIAQ Ⅰ阶段的单层建材检测，CEMIAQ Ⅱ阶段对装配建材的检测时间加长，也导致拟合结果中如 OSB4 和 OSB5a 等存在较多的 VOC 的 $Fo_m(t_n)$ 值在可能较准确估计的范围内，但仍存在大量拟合点的 VOC

的 $Fo_m(t_n)$ 值小于 0.2，仍说明有大量 VOC 的散发仍尚未达到准稳态期。此外，装配建材中可近似认为为单层建材的 MDF2、OSB4、OSBa 和 OSB5b 等建材的拟合结果基本反映建材中 VOC 的散发模型关键参数，LAM1 至 LAM3 系列、LIN2 等构造复杂，不能简化为双层建材，无法分析其拟合结果与表观关键参数、各层关键参数之间的关系。

图 4－7 给出了装配建材 VOC 表观传质系数 D' 的范围（含黏合剂的建材不计算黏合剂和基底材料的体积和质量），本处仅以 $0.2 < Fo_m(t_n) \leqslant 1.0$ 拟合点作为可信范围点，将落入 $0 < Fo_m(t_n) \leqslant 0.2$ 和 $1.0 < Fo_m(t_n) \leqslant 2.0$ 的点作为误差条。

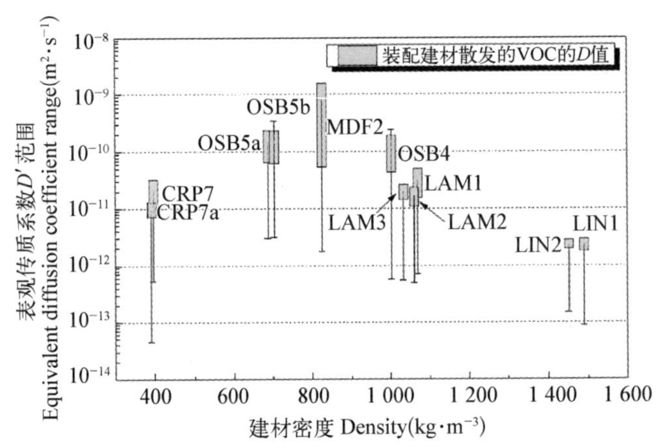

图 4－7　装配建材散发 VOC 表观传质系数 D' 的范围

由图 4－7 可知，同单层建材，对于密度相近的相似建材（如 OSB5a 和 OSB5b，LAM1 至 LAM3 系列等），表观传质系数 D' 的范围也接近。典型的多孔介质材料如 MDF2 的表观传质系数 D' 较密度相近的单层建材和装配建材均较大，即表观传质系数 D' 可能受多孔建材孔隙率等参数影响较大。对于 CRP7 与 CRP7a，加入粘合剂后检测到的散发的 VOC 有所不同，且整体上 CRP7a 的 D' 值范围小于 CRP7。LIN1 和 LIN2 的 D' 值范围差异较小。

4.2.4　建材 TVOC 散发量的估计

给出单层建材和装配建材实验期内 TVOC 散发量估计的拟合和 100 h 的 TVOC 散发量估计，见图 4－8，图 4－8(a)所示为单层建材和图 4－8(b)所示为装配建材。

由图 4－8 可知，对于 NRC 数据库，大部分单层建材和装配建材的 TVOC 在 $10^5 \sim 10^8 \mu g \cdot m^{-3}$ 之间。当测试时间大于 100 h 时，前 100 h 的 TVOC 散发

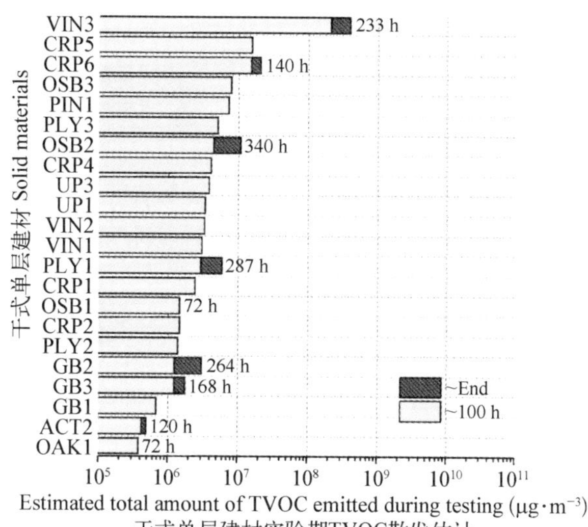

(a) 单层建材

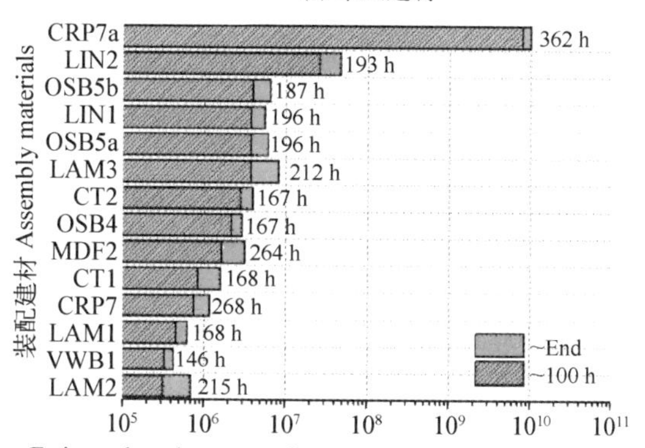

(b) 装配建材

图 4-8　单层建材和装配建材实验期内 TVOC 散发量估计

占到了实验期 TVOC 散发量的 40%～85%。使用黏合剂(和基底)的建材(LIN2 和 CRP7a)相比未使用黏合剂的相应建材可使 TVOC 浓度上升一个至几个量级,特别是 CRP7a,TVOC 浓度达到了 $10^{10}\mu g \cdot m^{-3}$。

图 4-9 给出了使用黏合剂的建材构造对比。

CRP7a 在 CRP7 的底部与混凝土黏合(图 4-9(a))。由于黏合剂未直接暴露于空气中,其 VOC 的主要传质过程不存在湿建材的蒸发过程,仅为向上下两侧扩散。由于混凝土密度(约 2 400 $kg \cdot m^{-3}$)远大于地毯密度(约 400 $kg \cdot m^{-3}$),假定黏合剂中所含 VOC 以向地毯侧传质为主。此时可将黏合剂层近似认为为固体

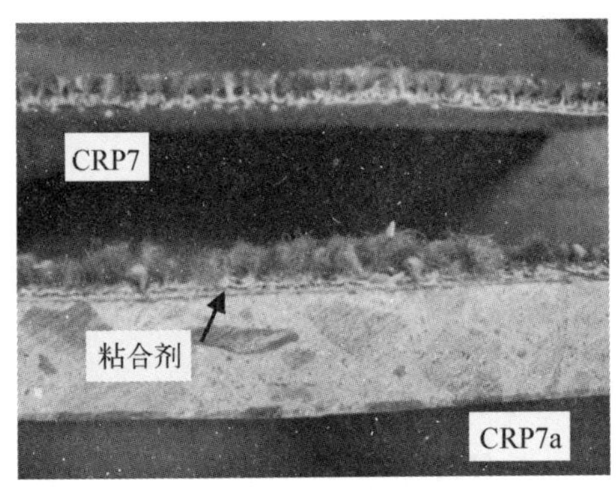

(a) CRP7与CRP7a

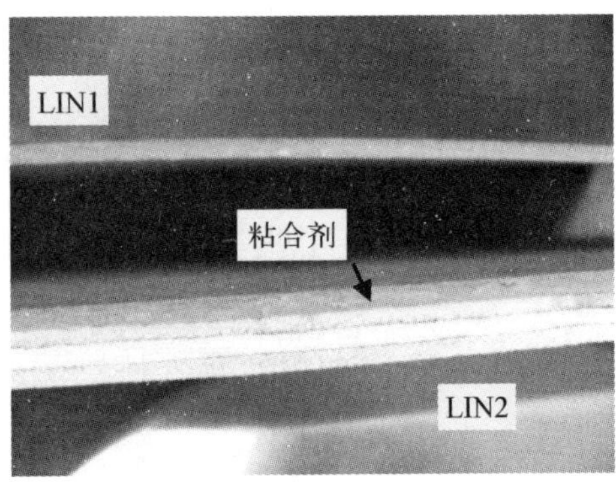

(b) LIN1与LIN2

图 4-9　使用黏合剂的建材构造对比

材料层，若假定混凝土中 VOC 浓度远小于黏合剂中 VOC 浓度，可将 CRP7a 进一步简化为地毯层和黏合剂层组成的双层建材（$L_1 < L_2$、$C_{0,1} \geqslant C_{0,2}$），由 3.5 节分析可知，此时 VOC 的散发过程为初始非平衡的互相制约性散发或下层建材主导散发。对于初始非平衡的互相制约性散发，“单自由度拟合法”其实并不适用；而对于下层建材主导散发，“单自由度拟合法”拟合得到的表观关键参数接近下层建材（即粘合剂层）的关键参数，且可能低估 $C_{0,\mathrm{equ}}$，$C_{0,\mathrm{equ}}$ 也可能小于下层建材 C_0。故无论属于何种散发，“单自由度拟合法”对 CRP7a 的拟合结果都无法准确描述其表观关键参数。

LIN2 则在 LIN1 底部与胶合板（plywood）黏合（图 4-9(b)）。基底材料胶合板为典型多孔材料，其密度（约 600 kg · m^{-3}）小于油地毡块（约 1 400 kg · m^{-3}）的密度，无法将黏合剂简化为单侧散发建材层。且由图 4-8 可知，胶合板（PLY 系列）TVOC 初始浓度与油毡地板（LIN 系列）接近，故可认为 LIN2 为三层建材，其用“单自由度拟合法”拟合的结果与各层建材之间的关系不展开讨论。

4.3　基于“快速估计法”估计建材 VOC 散发模型关键参数

4.3.1　建材 VOC 散发模型关键参数数据库的建立

由“单自由度拟合法”对 NRC 数据库的拟合结果和判断拟合结果的条件可知：① 仅有少数单层建材 VOC 散发数据拟合的 C_0 和 D 可能与真值较接近；

② 部分 VOC 仍有可能未达到准稳态散发阶段；③ 装配建材中的多层建材（如 LAM 系列、LIN2 等）形式复杂，不能简化为双层建材进而分析其拟合结果与表观关键参数、各层关键参数之间的关系；④ 测试过程随机误差未知，也无法判断拟合结果准确性。故“单自由度拟合法”并不适合该数据库中相当数量散发数据的转换。

再采用“快速估计法”（t_n 位于准稳态散发阶段的条件可不满足）对该数据库散发数据进行转换，并对各类单层建材和装配建材中可近似认为为单层的建材的散发模型关键参数 C_0、D 的取值范围进行估计，建立建材 VOC 散发模型关键参数数据库。

以 CRP7 为例，表 4－6 给出了 CRP7 建材检测结果概况中检测到的 36 种 VOC 的检测结果概况和按式（3－7）（见 3.3.1 节）计算的 $Fo_{\mathrm{m}}(t_n)$ 上限。图 4－10 则给出以“快速估计法”建立的建材 VOC 散发模型关键参数数据库（CRP7），分别给出了图 4－10（a）材料相 VOC 初始浓度 C_0 的范围和图 4－10（b）材料相 VOC 传质系数 D 的范围（图 4－10（b））。其中，$Fo_{\mathrm{m}}(t_n)$ 下限按分别按处于准稳态散发期（$0.2 < Fo_{\mathrm{m}}(t_n) \leqslant 2.0$）和过渡期（$0.01 < Fo_{\mathrm{m}}(t_n) \leqslant 0.2$）给出。

表 4－6　CRP7 建材检测结果概况

序号	CAS No.	t_n	t_p	$Fo_{\mathrm{m}}(t_n)$ 上限
1	100－52－7	268.3	5.5	0.49
2	112－31－2	47.9	3.07	0.16
3	66－25－1	96.09	5.5	0.17
4	124－19－6	145.0	5.5	0.26
5	110－62－3	268.3	5.5	0.49
6	98－86－2	145.0	3.07	0.47
7	104－76－7	268.3	145.0	0.02
8	124－18－5	268.3	5.5	0.49
9	112－40－3	145.0	3.07	0.47
10	142－82－5	72.18	3.07	0.24
11	111－84－2	145.0	5.5	0.26
12	111－65－9	96.09	5.5	0.17
13	629－62－9	145.0	5.5	0.26
14	629－59－4	145.0	3.07	0.47

续 表

序号	CAS No.	t_n	t_p	$Fo_m(t_n)$ 上限
15	1120-21-4	268.3	5.5	0.49
16	611-14-3	268.3	5.5	0.49
17	620-14-4	268.3	5.5	0.49
18	622-96-8	268.3	5.5	0.49
19	4994-16-5	268.3	3.07	0.87
20	526-73-8	268.3	5.5	0.49
21	95-63-6	268.3	5.5	0.49
22	95-47-6	220.0	3.07	0.72
23	108-67-8	268.3	3.07	0.87
24	108-38-3	220.0	3.07	0.72
25	106-42-3	220.0	3.07	0.72
26	98-82-8	220.0	5.5	0.40
27	103-65-1	220.0	5.5	0.40
28	100-41-4	220.0	3.07	0.72
29	91-20-3	220.0	3.07	0.72
30	100-42-5	220.0	5.5	0.40
31	108-88-3	268.3	5.5	0.49
32	80-56-8	220.0	3.07	0.72
33	5989-27-5	220.0	5.5	0.40
34	127-18-4	96.1	3.07	0.31
35	541-05-9	268.3	144.98	0.02
36	556-67-2	268.3	5.5	0.49

共转换了NRC数据库中28种建材(其他建材VOC散发模型关键参数数据库见附录B)。单种VOC初始浓度 C_0 的估计量级为 $10^2 \sim 10^8 \mu g \cdot m^{-3}$，传质系数 D 的估计量级为 $10^{-14} \sim 10^{-9} m^2 \cdot s^{-1}$。

图4-10中包含了CRP7建材检测到的36种VOC的 C_0 和 D 的估计范围。

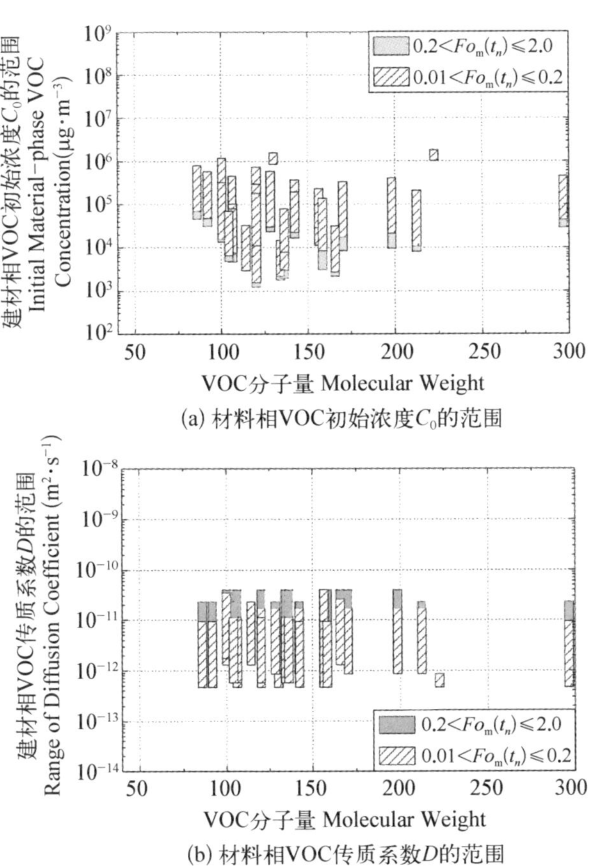

(a) 材料相VOC初始浓度C_0的范围

(b) 材料相VOC传质系数D的范围

图 4-10　建材 VOC 散发模型关键参数数据库(CRP7)

除两种 VOC(2-乙基己醇(CAS No. 104-76-7)),六甲基环三硅氧烷(CAS No. 541-05-9)外,其他大部分 VOC 浓度峰值出现在前 6 h,且检测时间大于 200 h。若认为大部分 VOC 已进入准稳态散发期的可能性较大,通过"快速估计法",可将这些 VOC 的 C_0 和 D 估计在较小的范围内。

4.3.2　建材 TVOC 散发模型表观关键参数的估计

TVOC 即总挥发性有机物,在 NRC 数据库中即指由 GC/MS 检测到的所有挥发性有机物(除碳基化合物外,碳基化合物由 HPLC 检测)的总和[232],NRC 数据库中给出的单种 VOC 的浓度均为大于 TVOC 浓度 1%的 VOC[22]。TVOC 中所含各 VOC 挥发性各异,在建材中有不同的 C_0、D 和 K 值,但通常可表现出宏观的散发特性,可用 TVOC 的散发关键参数 C_0、D 和 K 值来表征[92]。

附录D给出了用“快速估计法”得到的NRC数据库各建材TVOC关键参数（表观参数，即表示TVOC散发整体表现出的C_0和D）取值范围。

4.3.3 建材VOC散发模型关键参数数据库的检验

对于“快速估计法”，由于C_0的上限和下限分别对应D的下限和上限，以CRP7为例，分别检验两对限值组合对气相VOC浓度的预测结果，如图4-11所示为建材VOC散发模型关键参数快速估计的检验（CRP7，36种VOC散发数据）。

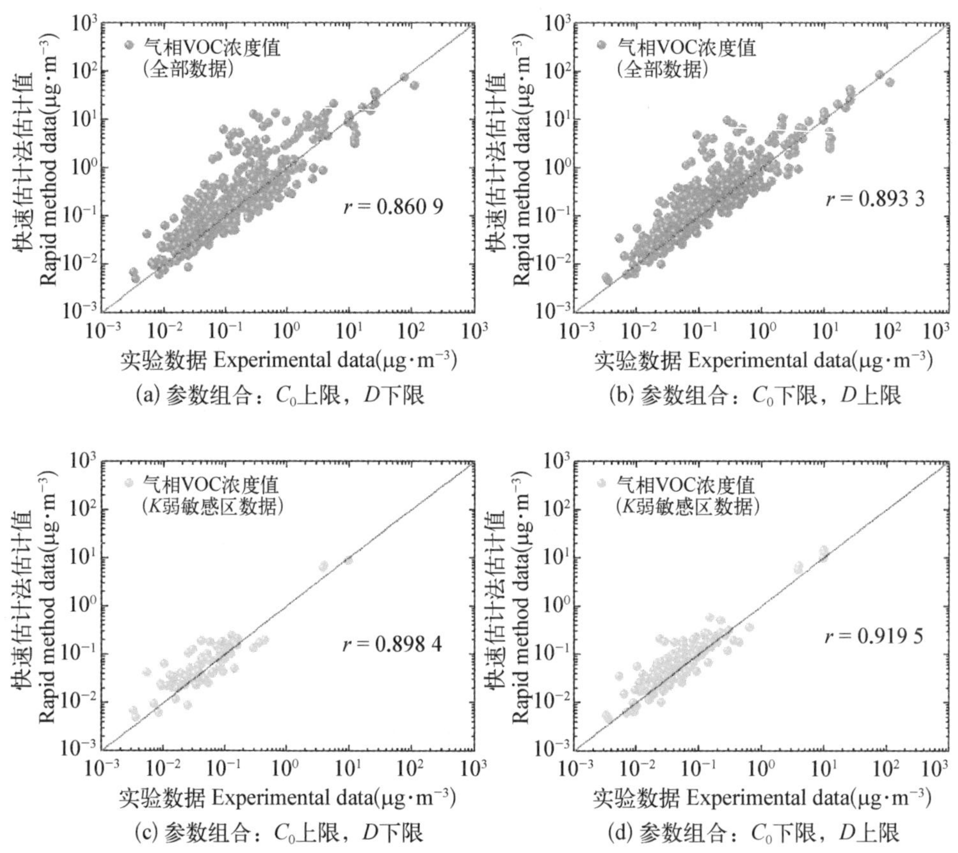

图4-11 建材VOC散发模型关键参数快速估计的检验(CRP7，36种VOC散发数据)

图4-11中“快速估计法”估计值为Little(1994)模型[20]计算，其中每种VOC的C_0和D按上下限值取值，并均取$K=1$。

若VOC浓度峰值和最后的实验检测点发生时刻t_p、t_n($t_p < t_n$)分别位于浓度

最大阶段和准稳态散发阶段(t_n 位于准稳态散发阶段的条件可不满足),“快速估计法”给出的是 C_0 和 D 的取值范围,即 C_0 和 D 的设定真值位于该取值范围内。

由图 4 - 11 可知,即便使用其取值上、下限值计算气相 VOC 浓度,估计值与实验数据在全数据段吻合程度均较好,两种限值组合的相关系数均大于 0.86。95%的估计数据与实验数据的差异在一个数量级内。若仅取 K 弱敏感区数据段计算,100%的估计数据与实验数据的差异在一个数量级内,两种限值组合的相关系数均大于 0.89。说明使用“快速估计法”可以有效对气相 VOC 浓度进行估计。此外,文献中对我国部分建材关键参数的测定与 NRC 数据库关键参数快速估计结果对比见表 4 - 7。

表 4 - 7 中给出了中密度板、刨花板和实木板三类建材在我国的建材 VOC 散发模型关键参数检测结果与 NRC 数据库对应建材快速估计结果,对比的污染物为甲醛、乙醛、丙醛、甲苯和 TVOC。就散发量(C_0)和散发速率(D)而言,我国建材检测数据与 NRC 数据存在差异,且以中密度板为例,几个文献中散发数据差异也较大,但 NRC 数据库中数据并未总体优于或劣于我国建材检测数据。由于 NRC 数据库中 MFD2 对甲醛和丙醛的预测,以及 OSB5a 和 OSB5b 建材对甲醛的预测不满足 $0.2 < Fo_{\mathrm{m}}(t_n) \leqslant 2.0$ 的前提条件,故上述估计结果将高估 C_0 值且低估 D 值,对比国内建材检测也反映了这个结果。未有阴影的三个对比结果显示 D 均在同一量级内,C_0 值则仍存在差异。

4.3.4　建材 VOC 散发模型关键参数数据库的应用

图 4 - 12 给出了在 NRC 数据库 VOC 在 24 种建材中的传质系数 D 的估计范围。所有建材均为单层建材或可近似认为单层建材。

图 4 - 12 相比图 4 - 5 和图 4 - 7 更清晰地给出了 VOC 传质系数 D 在不同建材中的取值范围。尽管并不能总结建材密度与建材中 VOC 传质系数 D 的取值范围的关系,但图 4 - 12 可以提供一种供工程使用的筛选级(screening-level)的应用。图 4 - 12 中大部分建材随着密度的增加,传质系数 D 降低,在同一密度内,建材的中 VOC 的 D 值取值范围约为三个数量级。若没有直接相对应的建材,根据建材密度进行估计。

针对单一 VOC,图 4 - 13 给出了三个数据库中各建材中检测率最高的芳香族化合物(甲苯)(图 4 - 13(a))、醛(壬醛)(图 4 - 13(b))、烷烃(十一烷)(图 4 - 13(c))、萜烯(α -蒎烯)(图 4 - 13(d))等四类典型 VOC 在各建材中的传质系数 D 的估计范围。

表 4-7　我国部分建材关键参数的测定与 NRC 数据库关键参数快速估计结果对比

序号	污染物	我国建材检测数据			NRC 数据库对应建材快速估计结果		
		建　材	$C_0(\mu g \cdot m^{-3})$	$D(m^2 \cdot s^{-1})$	建材 ID	$C_0(\mu g \cdot m^{-3})$	$D(m^2 \cdot s^{-1})$
1	甲醛	中密度板 MDF[227]	4.99×10^6	4.05×10^{-10}	MDF2	$[5.24, 6.17]\times10^8$	$[2.66, 3.17]\times10^{-12}$
2		中密度板 1[67]	1.54×10^7	9.29×10^{-12}			
3		中密度板 1a[67]	1.31×10^7	1.01×10^{-11}			
4		中密度板[141]	2.45×10^7	2.08×10^{-11}			
5		刨花板[67]	2.78×10^7	4.16×10^{-10}	OSB5a	$[2.50, 7.48]\times10^6$	$[0.61, 2.20]\times10^{-11}$
6					OSB5b	$[0.69, 2.44]\times10^7$	$[0.27, 1.22]\times10^{-11}$
7	己醛	中密度板[141]	5.37×10^5	2.03×10^{-10}	MDF2	$[1.92, 6.38]\times10^6$	$[0.53, 2.34]\times10^{-10}$
8	丙醛		8.21×10^4	1.97×10^{-10}		$[0.48, 2.97]\times10^7$	$[0.26, 1.46]\times10^{-11}$
9	甲苯	实木 C[226]	2.25×10^6	4.87×10^{-10}	PINI	$[1.10, 8.46]\times10^5$	$[0.75, 5.82]\times10^{-10}$
10	TVOC	实木 B[226]	9.52×10^6	8.08×10^{-10}	PLY2	$[5.22, 7.98]\times10^6$	$[1.47, 2.30]\times10^{-10}$

注：阴影部分不满足 $0.2 < Fo_m(t_n) \leqslant 2.0$，结果将高估 C_0 值，低估 D 值。

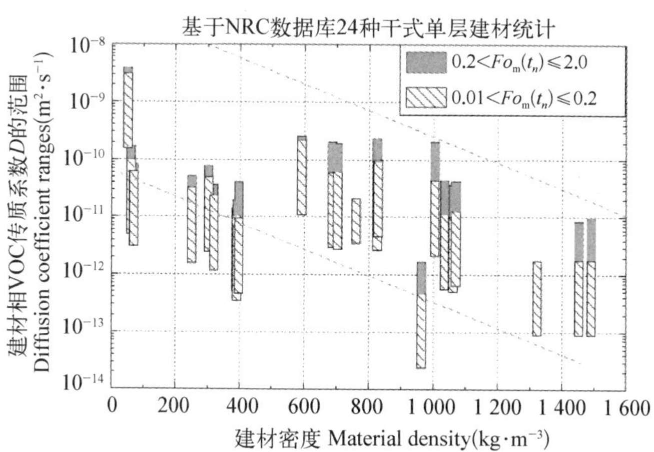

图 4-12　VOC 在 24 种建材中的传质系数 *D* 的估计范围

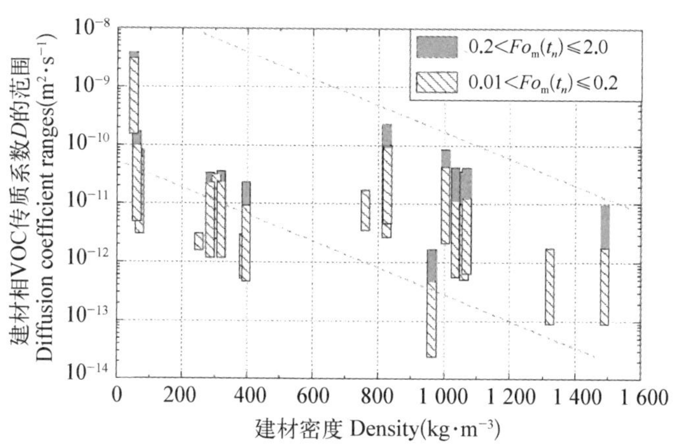

(a) 甲苯(DR=0.78, CAS No.: 108-88-3)

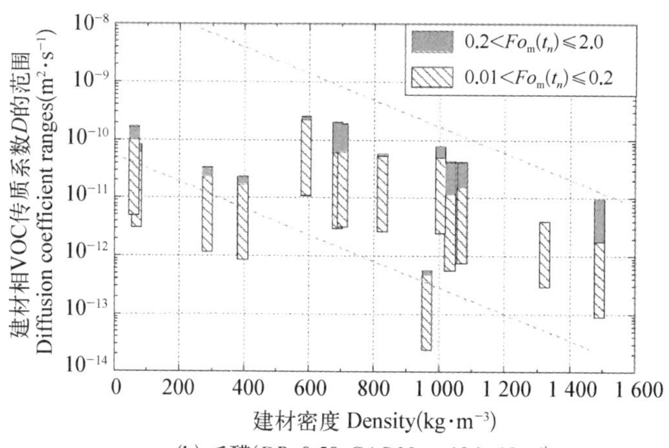

(b) 壬醛(DR=0.58, CAS No.: 124-19-6)

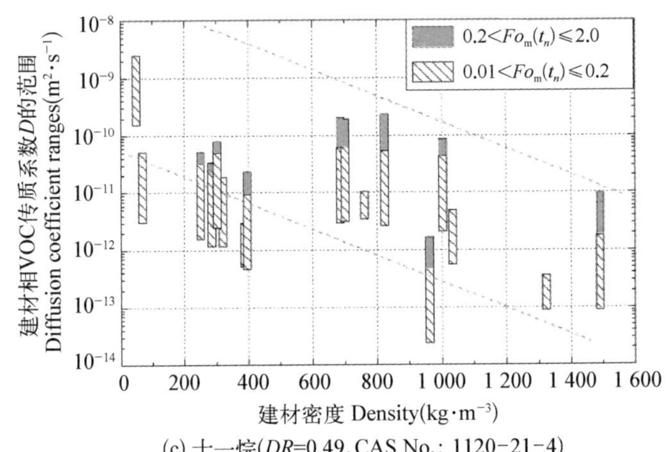

(c) 十一烷(DR=0.49, CAS No.: 1120-21-4)

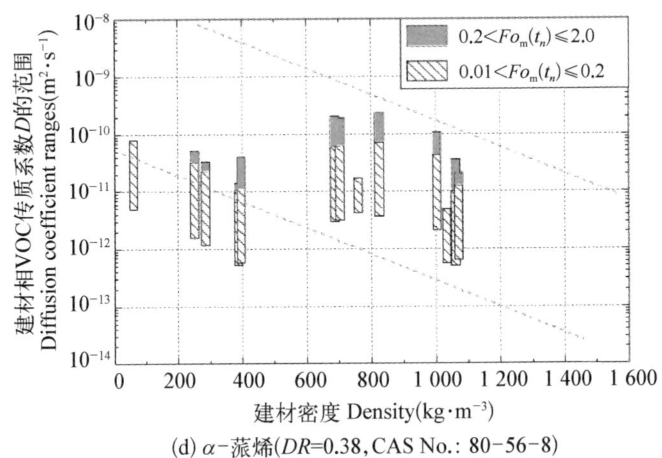

(d) α-蒎烯(DR=0.38, CAS No.: 80-56-8)

图 4-13 典型 VOC 在各建材中的传质系数 D 的估计范围

由图 4-13 可知，与图 4-12 所示趋势相一致，四类不同 VOC 在各类建材中的传质系数 D 的量级均非严格地遵循随建材密度上升而减小的趋势。实际上，此处反映了“快速估计法”的一个缺陷。对于一个建材 VOC 散发测试，由于测试时间一致，同一个采样中可能检测到多种 VOC，若同时有两种 VOC 的峰值出现在同一次检测中，且同时又被最后一次采样检测到，通过“快速估计法”将对该两种 VOC 获得相同的传质系数估计范围。

工程上在不进行散发测试而预测新建材散发特性的一种应用方法是仅检测建材中各 VOC 的 C_0，同时针对检测到的各种 VOC，在建材 VOC 散发模型关键参数数据库中查询得到 D 值的估计范围。若没有直接相对应的建材，根据建材密度做进一步的估计。本文提出的建材 VOC 散发模型关键参数数据库的主要应用在于对人居环境内建材 VOC 散发进行预测，进而分析稀释建材散发气相 VOC 浓度的新风量的设计方法。

4.4 本章小结

(1) 对 SOPHIE、PANDORA 和 NRC 三个建材 VOC 散发数据库进行 VOC 检测率分析。三个数据库共检测到 393 种 VOC 中。其中芳香族化合物占 20.4%、醛酮类占 13.5%、脂肪族化合物占 31.8%、醇醚酯类占 19.1%。三个数据库中检测率最高的 VOC 均为芳香族、醛酮类和脂肪族化合物。检测率最高的 VOC 为甲苯、乙苯等苯系物，壬醛、己醛等醛类物质以及部分烷烃。

(2) 基于如下原因：① 检测数据来源统一，测试环境一致；② 数据库建材 VOC 散发数据符合两种建材 VOC 散发模型关键参数估计法可用数据的筛选原则，选择将 NRC 建材 VOC 散发数据库转换建材 VOC 散发模型关键参数数据库。NRC 数据库包含 57 种干、湿式建材，134 种 VOC。

(3) 采用“单自由度拟合法”将 NRC 数据库中干式单层建材和装配建材 VOC 散发数据转换为建材 VOC 散发模型关键参数(仅拟合 C_0 和 D)，依据两类条件判断拟合结果：① 建材 VOC 散发模型关键参数“单自由度拟合法”的适用条件，即是否满足如下条件：$t(Fo_m=0.2)<t_n\leqslant t\,(Fo_m=2.0)$。当 $0<Fo_m(t_n)\leqslant 0.2$ 时，可能导致高估 C_0，低估 D；此外，若 $1.0<Fo_m(t_n)\leqslant 2.0$ 时，可能低估了 C_0，高估 D；② 第二类条件为 ASTM D5157 标准给出的统计指标。

从拟合结果可知，对于密度相近的相似建材(如 CRP2、CRP4、CRP5、CRP6 和 CRP7，以及 OSB5a 和 OSB5b 等)，传质系数 D(或表观传质系数 D')的量级也接近。拟合结果的主要问题在于：① 仅有少数单层建材 VOC 散发数据拟合的 C_0 和 D 可能与设定真值较接近；② 部分 VOC 仍有可能未达到准稳态散发阶段；③ 装配建材中的多层建材(如 LAM 系列、LIN2、VWB1 等)形式复杂，不能简化为双层建材进而分析其拟合结果与表观关键参数、各层关键参数之间的关系；④ 测试过程随机误差未知，也无法判断拟合结果的准确性。故“单自由度拟合法”并不适合该数据库中相当数量散发数据的转换。

(4) 采用“快速估计法”(t_n 位于准稳态散发阶段的条件可不满足)对 NRC 数据库散发数据进行转换，建立建材 VOC 散发模型关键参数数据库。其中适合用于转换的建材为 ACT2 等 24 种含完整建材尺寸信息单层建材，以及 MDF2、OSB4、OSB5a 和 OSB5b 等可近似认为为单层建材的装配建材。其他建材不合适进行转换的原因如下：① CT1 和 CT2 等材料不可认为为各向同性材料；② LAM 系列材料、LIN2、VWB1 等为形式复杂的多层建材；③ CRP7a 虽可简化为双层建材，但其拟合结果无法准确描述其表观关键参数。

(5) 给出建材 VOC 散发模型关键参数数据库的两种应用：① 工程上可在不进行散发测试的前提下预测新建材散发特性，具体方法是仅检测建材中各 VOC 的 C_0，同时针对检测到的各种 VOC，在建材 VOC 散发模型关键参数数据库中查询得到 D 值的估计范围。若没有直接相对应的建材，根据建材密度做进一步的估计，此应用为通过统计得到筛选级的应用，并无严格的理论支撑；② 作为研究对新风量敏感的干式建材 VOC 散发场景的基础数据。此外，"快速估计法"的缺陷在于对于一个建材 VOC 散发测试，对不同 VOC 可能计算得到相同的传质系数的估计范围。

第5章 人居环境中基于建材 VOC 散发的新风量计算方法

本章基于标准房间建立标准新风场景。将新风场景按全散发周期、非稳态/准稳态两阶段散发场景等给出了新风量的计算方法。同时根据四种独立指标和三种组合指标分析新风场景及其影响因素，并分析了含多层建材、回风和间歇通风等复杂散发场景下新风量计算方法的适用性。

本章以第 4 章为基础，并为第 6、7 章中新风量修正方法提供基础算法。

5.1 人居环境中新风场景的设定与新风量需求分析

借鉴用于在欧美标识体系中使用阈值评估产品是否合格的标准房间(standard room)的概念，建立新风场景，根据 VOC 散发源的组成确定办公建筑和住宅等人居环境的新风量。

5.1.1 新风场景的设定

本章依据 ASHRAE 62.1[14] 中新风量“性能设计法”(IAQ procedure)计算新风量，其基本流程包括：① 确定污染源；② 估计散发率和气相污染物浓度；③ 基于可接受的室内空气品质标准确定新风量。

基于此，定义新风场景由以下四部分组成：① 标准房间(住宅和办公建筑)；② VOC 散发源(NRC 数据库建材)；③ 室内空气品质标准；④ 通风策略(通风形式和新风量)。下面分别对四个方面进行说明。

1. 标准房间的选取

传统的标准房间是欧美标识体系中使用阈值评估产品是否合格的一种基本方法[67]。表1-2(见1.2.2节)给出了现有国际主要标准房间的对比[66-69]，其中《报告》[33,67]中的标准起居室和标准卧室、BIFMA[68]建立的标准私人办公室和标准开放式办公室，共四类标准房间含有(基准)家具承载率数据。基准家具承载率反映了室内家具散发面积和标准房间体积的对应关系。同时，鉴于国内外办公房间环境差异小于住宅房间的环境差异，可参考国外办公建筑标准房间。故选取上述四类房间为新风场景的基本房间场景，且分别作为住宅和办公室的基本场景。其中，沿用上述标准房间的物理尺寸数据，并假定房间平面为正方形。

将承载率按围护结构承载率(LR_e，$m^2 \cdot m^{-3}$)和家具承载率(LR_f，$m^2 \cdot m^{-3}$)两类定义。围护结构承载率指地板、吊顶、墙体可散发面积与房间体积的比值，家具承载率指木质家具可散发面积与房间体积的比值，即[67]

$$LR_e = \frac{\sum A_{e,\,i}}{V} \tag{5-1a}$$

$$LR_f = \frac{\sum A_{f,\,i}}{V} \tag{5-1b}$$

其中，$A_{e,\,i}$、$A_{f,\,i}$ 分别为室内地板、吊顶、墙体可散发面积以及木质家具可散发面积，m^2；V 为房间体积，m^3。

承载率直接反映材料相对空间的散发面积，从而影响新风量。在新风场景中，将围护结构承载率按定值计算，对于家具承载率，将标准房间的家具承载率设为基准。在案例分析时，将《报告》中标准起居室和标准卧室的住宅家具承载率的调查结果范围(约为0.1～1.5 $m^2 \cdot m^{-3}$)作为新风场景家具承载率的取值范围。

表5-1给出了选取标准房间的计算参数。

表5-1　标准房间计算参数

项　　目	标准卧室	标准起居室	标准私人办公室	标准开放式办公室
体积(m^3)	42.9	57.2	65.2	16.3
家具结构承载率，LR_f($m^2 \cdot m^{-3}$)	0.42	0.23	0.38	1.33
围护结构承载率，LR_e($m^2 \cdot m^{-3}$)	1.75	1.62	1.54	2.38

续　表

项　　目	标准卧室	标准起居室	标准私人办公室	标准开放式办公室
地板/天花板面积(m^2)	16.5	22.0	23.8	5.96
墙面积(m^2)	42.2	48.8	53.1	26.8
家具表面积(m^2)	18.0	13.2	24.8	21.7

2. 计算算例与 VOC 散发源

新风场景主要针对新风量敏感的干式建材 VOC 散发场景(见 1.1.1 节),即 VOC 散发源以干式建材为主,建材种类和建材 VOC 散发模型关键参数 C_0 和 D 取自建材 VOC 散发模型关键参数数据库。关键参数中仅有 D 和 K 反映建材散发的物理特性。由于关键参数数据库不包含 K,故本处将数据库中各 VOC 在各类建材中的传质系数 D 作为新风场景中对应建材的传质系数,C_0 则为初始可散发浓度的基准进行考虑。

按建材搭配将新风场景的建材家具分为合成型、实木型和混搭型三类。合成型建材在 NRC 数据库中占主导,其 ID 分别为:ACT2/GB1/GB2/GB3/CRP1/CRP2/CRP4/CRP5/CRP6/CRP7/UP1/UP3/VIN1/VIN3/LIN1/PLY1/PLY2/PLY3/OSB1/OSB2/OSB3/OSB4/OSB5a/OSB5b/MDF2;实木型建材 ID 为:OAK1/PIN1(见 4.1.3 节,表 4-2 至表 4-4)。

基于以下原则进一步选取 13 种建材进行案例分析:

① 选取建材可被看成单层、均质;

② 同一类别建材仅选取一种为代表,除非基于不同用途(如商用或民用,地板材料或家具材料);

③ 须包含各个位置的建材,但当某一室内位置缺乏实木建材时,以合成材料(即便该材料并不常作为该室内位置的建材,如 OAK1 用作天花板材料)代替。

为研究新风场景所需新风量,设计十个算例。表 5-2 给出了新风场景计算算例[233]。

对算例设计补充说明几个问题:

① 假设开放式办公室存在虚拟的围护结构,即将其看成小型办公室[233];

② 为得到能反映普遍散发的建材散发特性与相应的新风量,部分各算例中同一室内位置有多种建材同时存在,各材料按均分相应的散发面积计算;

表 5 - 2　新风场景计算算例[233]

算例	标准房间	建材/家具类别	建材、家具材料选择(编号,NRC 数据库 ID 见 4.1.3 节,表 4 - 3 和表 4 - 4)
1	卧室	混搭型	天花板(ACT2,GB1),地板(CRP1,LIN1,OAK1,OSB4,PIN1,UP1),墙(GB1),家具(MDF2,OAK1,OSB1,PIN1,PLY2)
2	起居室	实木型	天花板(OAK1,PIN1),地板(OAK1,PIN1)墙(OAK1,PIN1),家具(OAK1,PIN1)
3	起居室	合成型	天花板(ACT2,GB1),地板(CRP1,LIN1,OSB4,UP1),墙(GB1),家具(MDF2,OSB1,11)
4	起居室	混搭型	天花板(ACT2,GB1),地板(CRP1,LIN1,OAK1,OSB4,PIN1,UP1),墙(GB1),家具(MDF2,OAK1,OSB1,PIN1,PLY2)
5	私人办公室	混搭型	天花板(-),地板(-),墙(-),家具(MDF2,OAK1,OSB1,PIN1,PLY2)
6	私人办公室	混搭型	天花板(-),地板(CRP6,MDF2,LIN1,OAK1,OSB4,PIN1,VIN2),墙(-),家具(MDF2,OAK1,OSB1,PIN1,PLY2)
7	私人办公室	混搭型	天花板(ACT2,GB1),地板(CRP6,MDF2,LIN1,OAK1,OSB4,PIN1,VIN2),墙(GB1),家具(MDF2,OAK1,OSB1,PIN1,PLY2)
8	开放办公室	混搭型	花板(ACT2,GB1),地板(OAK1,PIN1),墙(GB1),家具(OAK1,PIN1)
9	开放办公室	实木型	天花板(-),地板(OAK1,PIN1),墙(-),家具(OAK1,PIN1)
10	开放办公室	混搭型	天花板(ACT2,GB1),地板(CRP6,MDF2,LIN1,OAK1,OSB4,PIN1,VIN2),墙(GB1),家具(MDF2,OAK1,OSB1,PIN1,PLY2)

③ 由于 NRC 数据库中两阶段(Ⅰ阶段和Ⅱ阶段)均有 GC/MS 测试,但仅第二阶段(Ⅱ)含有 HPLC 测试,故仅部分建材含有醛类物质散发数据。如此通过上述案例预测散发场景可能低估甲醛等醛类物质的散发量。

3. 室内空气品质参考标准

表 1 - 7(见 1.2.5 节)给出了国际主要室内空气目标污染物阈值指标体系的

比较，选取代表性的 GB/T 18883[13]、GBZ 2.1[189]、CRELs[186]、CS 01350[69]、ATSDR[190]、AgBB[50]和 EU－LCI[185]七个限值指标体系作为室内空气品质参考标准计算新风量。

GB/T 18883、CRELs、CS 01350、ATSDR 均含有针对不同 VOC 的独立指标。其中 GB/T 18883 是目前我国室内空气品质标准，规定了 5 种 VOC 和 TVOC 的室内浓度限值。CRELs 和 ATSDR 均提供了较严格的甲醛浓度限值，且两者分别与 NRC 数据库有 24 种和 16 种重合的 VOC，可以评估室内更多种 VOC 独立指标对新风量的影响。而 CS 01350 则代表了典型的含建材 VOC 散发限值的建材检测标准，其限值为 CRELs 对应值的一半（除了甲醛）。

AgBB 和 EU－LCI 为组合指标，尽管 LCI 标准一般用于建材在环境舱中第 3 天或 28 天的浓度限值指标，此处仍将 28 天指标作为针对长期散发的室内空气品质指标之一进行比较。

对于组合指标，欧洲通常将公共卫生标准限值除以 100 作为一般 VOC 的 LCI 值，对于致癌物质，将公共卫生标准除以 1 000 作为 LCI 限值。即对于第 j 种 VOC，其测试浓度与组合指标的比值为 R_j，并要求所有检测到的 VOC 的 R_j 之和（R）不大于 1，即式（5－2）：

$$R_j = \frac{C_j}{LCI_j},\ j = 1,\ 2,\ \cdots,\ m \tag{5-2a}$$

$$R = \sum_{j=1}^{m} R_j \leqslant 1 \tag{5-2b}$$

为与 AgBB 和 EU－LCI 指标进行比较，将我国卫生标准 GBZ 2.1 标准按组合指标思路进行转换，将其限值除以 100 作为 LCI 值。

表 5－3 汇总了七个室内 VOC 限值指标体系的指标选取和新风量计算方法[233]。

表 5－3　室内 VOC 限值指标体系的指标选取和新风量计算方法[233]

标准或标识	指标类别	VOC 指标类别	新风量计算方法
GB/T 18883－2002	独立指标	VOC：1 h 均值，TVOC：8 h 均值	对于某一指标体系，确定基于各个 VOC 限值的新风量，并按最大新风量确定最终新风量
CRELs(2013)		慢性（终身）暴露允许限值（chronic）	
CS 01350(2010)		最高允许浓度（MAC）	
ATSDR(2013)		慢性（一年及以上）暴露允许限值（chronic）	

续　表

标准或标识	指标类别	VOC 指标类别	新风量计算方法
GBZ 2.1－2007	组合指标（LCI 指标）	将公共卫生标准除以 100 或除以 1 000	对于某一 LCI 体系，确定计算 R_j 值和 R 值，并最终确定新风量
AgBB(2012)		按 LCI 指标选取	
EU－LCI(2013)		按 LCI 指标选取	

4. 通风策略

本章不考虑新风品质，以需换气次数（RVR，required ventialtion rate）表征所需新风量水平[233]。即假定住宅和办公建筑均设有新风系统（机械通风）。同时，办公建筑设有回风系统，也可采用间歇通风策略。此外，假定私人办公室和开放办公室的标准人数均为 1 人，对住宅则不确定标准人数。

5.1.2　多建材共存 VOC 散发特性与新风量需求分析

新风场景的 VOC 散发的特点是多源（可能同时存在多汇）。多种单层建材共存相比单一单层建材散发而言，由于共用气相 VOC 浓度和界面分配系数 K 的差异，往往会导致各建材散发率均不同程度的下降；而 K 值高的建材可能成为汇，从而也可能导致加速其他建材的散发[73]。多层建材在室内作为源或汇，其内部各层也可能在不同时段成为源或汇[110]。

对多建材共存的 VOC 散发场景的新风量预测做以下三类工作。

1. （单层）多建材共存的全散发周期场景新风量的确定方法

室内大部分建材仍可认为或近似认为为单层建材，参考建材 VOC 散发模型关键参数数据库，基于特征散发率和散发时间，可确定新风场景中各建材独立散发特性。由于全散发周期中 90％的散发时间（$0.2 < Fo_m \leqslant 2.0$）可近似认为为准稳态散发阶段[160]（见 2.2.2 节），此区间内同时为 K 弱敏感区，可不考虑 K 对建材散发率的影响，也可不考虑不同建材间的源汇效应（source/sink effect）。对各建材特征散发率的叠加可估计建材 VOC 全生命散发周期新风场景并预测理想通风模式下的新风量（不考虑新风品质，空调系统无回风，采用连续通风）。

2. （单层）多建材共存的非稳态/准稳态两阶段散发场景新风量的确定方法

可按 $Fo_m = 2.0$ 将建材散发周期分为两阶段（见 2.2.2 节）。其中，认为 $0.2 < Fo_m \leqslant 2.0$ 区间内单层建材 VOC 散发处于准稳态（同时也为 K 弱敏感

区)，基于建材 VOC 散发模型关键参数数据库，可采用建材长期(long-term)散发模型[92]预测建材在准稳态区的散发特性，进而预测建材准稳态散发所需的新风量。

单层建材在 $0 < Fo_{\mathrm{m}} \leqslant 0.2$ 区间内先后经历散发峰值期和过渡期，在总共约 10%的建材散发非稳态区间内，界面分配系数 K 对建材独立散发气相 VOC 浓度峰值影响显著，当多建材共存时源汇效应也主要发生在此区间内，此区间也可能与湿式建材散发持续时间重合。由于建材 VOC 散发模型关键参数数据库不包含 K，分析多建材共存模型可寻找简化建材非稳态散发阶段室内 VOC 散发场景的计算方法。此区间内新风场景所需新风量高于准稳态散发场景所需新风量。

3. 评估新风量对复杂散发场景的适用性

评估以下三种复杂散发场景下新风量的适用性：

① 多层建材并不都适用建材 VOC 散发模型关键参数数据库，需评估新风量对含多层建材的多源 VOC 散发场景的适用性。

② 当办公建筑空调系统采用回风系统时室内气相 VOC 浓度和新风量将均受到影响。评估回风对 VOC 散发场景和新风量的影响。

③ 当办公建筑和住宅采用间歇通风时，室内 VOC 累积过程不同于连续送风场景，评估新风量计算方法对间歇通风场景的适用性。

5.2　多建材共存全散发周期的新风量计算方法

基于特征散发率、散发时间，给出人居环境全散发周期新风量计算方法——“特征散发率法”。以单层建材为散发源，由于 90%散发时间处于 K 弱敏感区，不考虑 K 对建材散发率的影响，故也不考虑不同建材互相间的源汇效应。

5.2.1　特征散发率的定义

当 $Fo_{\mathrm{m}} = 2.0$ 时，认为建材 VOC 散发基本结束，定义特征时间 $\hat{t}$ 为[23]

$$\hat{t} = \frac{Fo_{\mathrm{m}} L^2}{D} = \frac{2.0 L^2}{D} \tag{5-3}$$

则表征该建材散发水平的特征散发率$\hat{E}$可表示为

$$\hat{E}=\frac{M}{\hat{t}}=\frac{C_0A\cdot L}{\dfrac{2.0L^2}{D}}=\frac{C_0DA}{2.0L} \tag{5-4}$$

式中，M 为建材中 VOC 总质量，μg。

此外，表征单位面积散发水平的特征散发因子$\hat{F}$可表示为

$$\hat{F}=\frac{\dfrac{M}{A}}{\hat{t}}=\frac{C_0L}{\dfrac{2.0L^2}{D}}=\frac{C_0D}{2.0L} \tag{5-5}$$

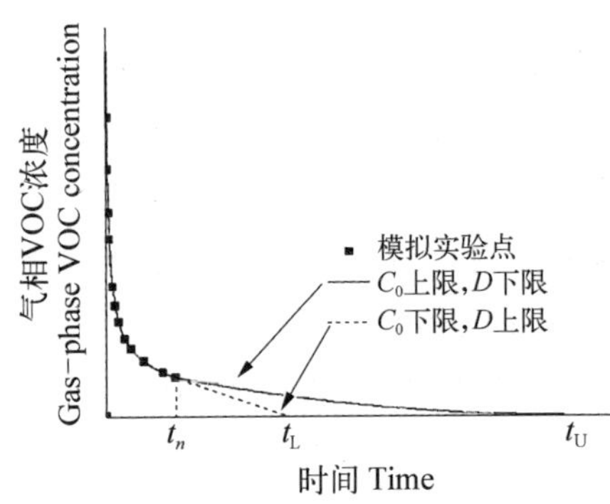

图 5－1　建材 VOC 散发模型关键参数限值范围示意

如图 5－1 给出建材 VOC 散发模型关键参数限值范围示意，关键参数 C_0 和 D 存在限值范围。假定对于某建材 VOC 散发曲线，最后一个采样点为 t_n，使用"快速估计法"得到 C_0 和 D 的下限和上限值分别为 $C_{0,L}$、$C_{0,U}$，D_L、D_U，并令 $C_{0,U}=\alpha C_{0,L}$。令 $C_{0,L}$、$C_{0,U}$对应的"补点 C_0 插值估计法"的补点时刻的下限和上限分别为 t_L、t_U，则 $t_U=\beta t_L$。

由特征散发率定义得

$$\begin{cases}\hat{E}_1=\dfrac{C_{0,L}A\cdot L}{t_L}=\dfrac{C_{0,L}A\cdot L}{\dfrac{Fo_m(t_L)L^2}{D_U}}=\dfrac{C_{0,L}D_UA}{2.0L}=\dfrac{\beta C_{0,U}A\cdot L}{\alpha t_U}\\ \hat{E}_2=\dfrac{C_{0,U}A\cdot L}{t_U}=\dfrac{C_{0,U}D_LA}{2.0L}\end{cases} \tag{5-6}$$

若 $\beta\geqslant\alpha$，有 $\hat{E}_1>\hat{E}_2$，即特征散发率$\hat{E}$的下限和上限分别为 $\dfrac{C_{0,U}D_LA}{2.0L}$ 和 $\dfrac{C_{0,L}D_UA}{2.0L}$，若 $\beta<\alpha$，则特征散发率 $\hat{E}$ 的下限和上限分别为 $\dfrac{C_{0,L}D_UA}{2.0L}$ 和

$\frac{C_{0,\mathrm{U}}D_{\mathrm{L}}A}{2.0L}$。由于材料相中 VOC 和气相 VOC 浓度势差在散发过程中不断降低，t_n 之后气相 VOC 浓度均较低接近零，通常有 $\beta \geqslant \alpha$，即一般可用 $\hat{E}_2$、$\hat{E}_1$ 特征散发率 $\hat{E}$ 的下限和上限。

5.2.2　特征散发率和特征散发时间的应用

以 NRC 数据库中 ACT2 建材(见 4.1.3 节)为例给出干式单层建材中检测到的 35 种 VOC 的特征散发率(特征散发因子)和特征散发时间，见图 5-2。

如图 5-2 中，每个方块代表一种检测到得到 VOC，部分 VOC 以国际纯粹与应用化学联合会（IUPAC，International Union of Pure and Applied Chemistry)命名法标识出。方块的 x 轴误差条和 y 轴误差条分别表征 VOC 的特征散发率(特征散发因子)和特征散发时间的取值区间，方块所在处为算数平均值。为显示清晰，仅以 $0.2 < Fo_{\mathrm{m}}(t_n) \leqslant 2.0$ 假设为条件采用“快速估计法”计算。可见特征散发率的取值区间相对来说远小于特征散发时间的取值区间。即无论 VOC 设定真实散发时间处于何点，其特征散发率基本保持在同一水平上。

对于 ACT2，所有 35 种 VOC 的特征散发率、特征散发因子和特征散发时间的取值范围分别为 $10^{-4} \sim 10^{0}\ \mu\mathrm{g \cdot h^{-1}}$，$10^{-3} \sim 10^{1}\ \mu\mathrm{g \cdot m^{-2} \cdot h^{-1}}$ 和 $10^{3} \sim 10^{4}\ \mathrm{h}$。

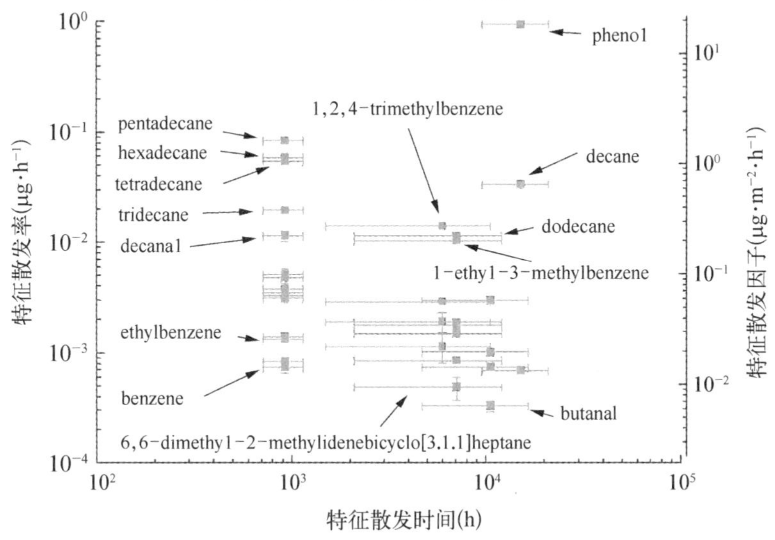

图 5-2　建材(ACT2)中 VOC 特征散发率(特征散发因子)和特征散发时间

此外，也对 NRC 数据库中其他 27 种(共 28 种)单层建材或可近似认为为单层建材的装配建材的特征散发率、特征散发因子和特征散发时间的进行了计算分析，其取值范围分别为 $10^{-5} \sim 10^{1}\ \mu g \cdot h^{-1}$，$10^{-4} \sim 10^{2}\ \mu g \cdot m^{-2} \cdot h^{-1}$ and $10^{3} \sim 10^{5}\ h$。所有 28 种建材的散发面积和厚度范围分别为 $10^{-2}\ m^2$ 和 $10^{-2}\ m$。

特征散发率(特征散发因子)和特征散发时间反映的是针对该建材而言，筛选级 VOC 散发率和持续时间的估计值。图 5-2 中，越靠近右上角，表征该种 VOC 在长期散发的过程中，散发浓度越大，持续散发时间也越长。对于 ACT2 建材，即苯酚(phenol)、癸烷(decane)。同理，越靠近左下角，该 VOC 的长期散发特征为低浓度、相对持续时间短的散发，本例中为苯(benzene)、乙苯(ethylbenzene)等苯系物。

特征散发率和散发时间与建材尺寸紧密相关。即便为相同种类建材，建材厚度与 NRC 数据库中建材不一致，需要重新计算评估。若建材厚度一致，建材散发面积不一致，可用反映单位面积散发率的特征散发因子计算。

5.2.3 多建材共存全散发周期的新风量计算方法

假定新风场景中各建材厚度与 NRC 数据库建材厚度一致，直接采用建材 VOC 散发模型关键参数数据库数据估计 VOC 在建材中的传质系数 D(采用上限，即采用特征散发率的上限(较大值)进行计算)。

对于初始可散发浓度 C_0，则可引入材料初始可散发 VOC 浓度比 $I_{i,j}$、初始 TVOC 浓度比 $I_{TVOC,i}$ 分别表征实际建材与数据库测试建材的 TVOC 浓度比和初始各 VOC 的浓度比，即

$$I_{TVOC,i} = \frac{M'_{TVOC,i}}{M_{TVOC,i}},\ i = 1,\ 2,\ \cdots,\ n \tag{5-7a}$$

$$I_{i,j} = \frac{M'_{i,j}}{M_{i,j}},\ j = 1,\ 2,\ \cdots,\ m \tag{5-7b}$$

式中，$M_{TVOC,i}$ 和 $M'_{TVOC,i}$ 分别为建材 VOC 散发模型关键参数数据库基准建材中初始可检测到的所有 VOC 质量之和，以及实际相同种类或相似建材的初始可散发的 VOC 质量之和，μg；$M_{i,j}$ 和 $M'_{i,j}$ 分别为建材 VOC 散发模型关键参数数据库 i 建材中第 j 种 VOC 的检测初始浓度和实际建材中该种 VOC 的可散发的初始浓度，μg。由于本论文采取 NRC 数据库转换的关键参数数据库计算，初始 TVOC 浓度比 $I_{TVOC,i}$ 与所有 VOC 浓度比 $I_{i,j}$ 均为 1。

在均匀混合条件下，当房间通风量和污染物散发量保持稳定时，气相 VOC 浓度随时间的变化可表示为[234]

$$y(t) = y_0 \exp(-N \cdot t) + \left(\frac{M}{Q} + y_{in}\right)[1 - \exp(-N \cdot t)] \quad (5-8)$$

式中，$y(t)$为 t 时刻室内气相 VOC 浓度，$\mu g \cdot m^{-3}$；M 为污染物散发量，$\mu g \cdot h^{-1}$；Q 为通风量，$m^3 \cdot h^{-1}$；N 为换气次数，h^{-1}；y_{in}为入室 VOC 浓度，$\mu g \cdot m^{-3}$。

当 $t \to \infty$ 时，稳态条件下换气次数可表示为

$$N = \frac{M}{V(y - y_{in})} \quad (5-9)$$

式中，y 为排放口 VOC 浓度，$\mu g \cdot m^{-3}$，计算所需新风量时可按限值指标取值。

故当采用均匀混合通风时，假定实际相同种类或相似建材与建材 VOC 散发模型关键参数数据库基准建材初始 VOC 组成和浓度比一致（$I_{i,j} = I_{TVOC,i}$）。不考虑新风品质（$y_{in} = 0$）和人居环境空调系统回风，若特征散发因子按小时计算，按照特性散发因子法，对于从 i 建材中散发的第 j 种 VOC 的气相浓度可以按下式计算[233]：

$$\hat{y}_{i,j} = \frac{I_{i,j}\hat{F}_{i,j}A_i}{V \cdot N} = 1\,800\,\frac{I_{i,j}C_{0,i,j}D_{i,j}A_i}{V \cdot N \cdot L_i},\ i = 1, 2, \cdots, n;\ j = 1, 2, \cdots, m \quad (5-10)$$

式中，$\hat{y}_{i,j}$为 i 建材中第 j 种 VOC 的气相 VOC 浓度，$\mu g \cdot m^{-3}$；$\hat{F}_{i,j}$为 i 建材中第 j 种 VOC 特征散发因子，$\mu g \cdot m^{-2} \cdot h^{-1}$；$C_{0,i,j}$为 i 建材中第 j 种 VOC 的初始可散发浓度，$\mu g \cdot m^3$；$D_{i,j}$为 i 建材中第 j 种 VOC 的材料相传质系数，$m^2 \cdot s^{-1}$；A_i 为 i 建材可散发面积，m^2；L_i 为 i 建材的厚度，m。

长期散发过程中不考虑 K 的作用[92]，第 j 种 VOC 的气相浓度$\hat{y}_j$ 可叠加[233]：

$$\hat{y}_j = \sum_{i=1}^{n} \hat{y}_{i,j} = \frac{1\,800}{V \cdot N} \sum_{i=1}^{n} \frac{I_{i,j}C_{0,i,j}D_{i,j}A_i}{L_i},\ j = 1, 2, \cdots, m \quad (5-11)$$

对于独立指标，将第 j 种 VOC 的气相浓度范围控制在室内空气品质要求的限制范围内所需的换气次数可按式(5-12)计算：

$$N_j=\frac{\sum_{i=1}^{n}I_{i,j}\hat{F}_{i,j}A_i}{Y_jV}=\frac{1\,800}{Y_jV}\sum_{i=1}^{n}\frac{I_{i,j}C_{0,i,j}D_{i,j}A_i}{L_i},\ j=1,2,\cdots,m \tag{5-12}$$

式中，N_j 为将室内第 j 种 VOC 气相浓度控制在室内空气品质要求的限制范围内所需的换气次数，h^{-1}；Y_j 为第 j 种 VOC 室内空气品质限制，$\mu g \cdot m^{-3}$。

将室内所有污染物浓度均控制在限值范围内所需的换气次数 N 为

$$N=\max\{N_j\}=\max\left\{\frac{1\,800}{Y_jN}\sum_{i=1}^{n}\frac{I_{i,j}C_{0,i,j}D_{i,j}A_i}{L_i},\ j=1,2,\cdots,m\right\} \tag{5-13}$$

对于组合指标（LCI 指标），将式（5-11）代入式（5-2），可得到

$$\begin{aligned}N&\geqslant\frac{1}{V}\sum_{j=1}^{m}\left(\frac{1}{LCI_j}\sum_{i=1}^{n}I_{i,j}\hat{F}_{i,j}A_i\right)\\&=\frac{1\,800}{V}\sum_{j=1}^{m}\left(\frac{1}{LCI_j}\sum_{i=1}^{n}\frac{I_{i,j}C_{0,i,j}D_{i,j}A_i}{L_i}\right)\end{aligned} \tag{5-14}$$

式中，LCI_j 为第 j 种 VOC 的 LCI 值，$\mu g \cdot m^{-3}$。

则最小换气次数 N 可按式（5-15）计算：

$$N=\frac{1\,800}{V}\sum_{j=1}^{m}\left(\frac{1}{LCI_j}\sum_{i=1}^{n}\frac{I_{i,j}C_{0,i,j}D_{i,j}A_i}{L_i}\right) \tag{5-15}$$

5.2.4 多建材共存全散发周期的新风量指标的影响因素

以下依据特征散发率法计算并讨论多建材共存场景的新风量（按将污染物控制在各室内空气品质限值要求下所需的换气次数给出）。

1. 室内气相 VOC 浓度与限值指标

表 5-4 给出了新风场景算例 1 中特征浓度最高 25 种 VOC 及其限值（$\mu g \cdot m^{-3}$）和 TVOC 的特征散发率，及其在六个限值指标体系中的限值，其中我国卫生标准 GBZ 2.1 按原始数据给出（未除以 100）。换气次数按 1 h^{-1} 计算。

主要结论如下：

① 除 TVOC 外，新风场景算例 1 中共检测出 90 种 VOC，VOC 和 TVOC 的特征浓度（将特征散发率转换成室内浓度）量级范围在 $10^{-2}\sim10^{3}\,\mu g \cdot m^{-3}$。对于单种 VOC，α-蒎烯等萜烯类 VOC 特征浓度最高。

表 5－4　新风场景算例 1 中特征浓度最高的 25 种 VOC 及其限值($\mu g \cdot m^{-3}$)

CAS No.	VOC	特征气相浓度	独立指标限制				组合指标限制		
			GB/T 18883	CS 01350	CRELs	ATSDR	GBZ 2.1	AgBB	EU－LCI
79－20－9	乙酸甲酯	0.006					2 000		
79－01－6	三氯乙烯	0.1		300	600	2.2	300		
71－43－2	苯	0.3	110	30	60	9.5	60		
108－88－3	甲苯	1.5	200	150	300	301	500	1 900	2 900
108－95－2	苯酚	4.0		100	200		100	10	
75－07－0	乙醛	6.2		70	140				1 200
50－00－0	甲醛	16.5	100	16	9	10			
79－92－5	莰烯	53.6							
64－19－7	乙酸	62.2					100	500	
80－56－8	α－蒎烯	241.6						1 500	2 500
—	TVOC	539.7	600					1 000	1 000

② 仅有 GB/T 18883、AgBB 和 EU - LCI 包含了对 TVOC 的限值。虽然 AgBB 和 EU - LCI 属于组合指标,但其对 TVOC 的限值属于独立指标范畴。

③ 所有的独立指标都有苯、甲苯和甲醛的限值,且甲苯的几个限值均较接近(150～301 $\mu g \cdot m^{-3}$)。但对于苯和甲醛的限值,GB/T 18883 给出的限值是 ATSDR 提供限值的近 10 倍(9～100 $\mu g \cdot m^{-3}$)。如此也可知采用不同限值指标体系制定的新风量指标也会出现差异。

④ 在总共 90 种 VOC 中,其中 28 种 VOC 没有任何一个限值体系给出了参考限值,如表 5 - 4 中的莰烯。

⑤ 除了甲醛外,表 5 - 4 中,VOC 的特征限值均小于任何一个限值体系给出的参考限值。如此也可推论,对于算例 1 而言,甲醛可作为决定新风量指标的污染物,新风量应大于预设的 1 h^{-1}。

2. 建材/家具类型对新风量的影响

如图 5 - 3 给出了算例 2—算例 4 的新风量计算结果。算例 2—算例 4 以起居室为例,计算不同建材/家具类型对需换气次数的影响(全散发周期)。主要结论如下:

① 承载率对新风量影响显著。在基准家具承载率 LR_f(0.23 $m^2 \cdot m^{-3}$)条件下,算例 2、算例 3 和算例 4 的最高需换气次数(RVR)分别达到 4.3 h^{-1}、1.7 h^{-1} 和 1.0 h^{-1}。若家具承载率升高,所需的换气次数也显著提高。算例 2 最高 RVR 高于算例 3 和算例 4 的原因在于,算例 2 为极端使用实木建材、家具的案例。围护结构全部由松树和橡树组成散发源,导致室内与植物新陈代谢相关的 VOC 出现较高的气相浓度水平,如 α -蒎烯、β -蒎烯、柠檬烯等污染物,进而导致较高的室内 TVOC 浓度。在七个限值指标中,仅有 AgBB 和 EU - LCI 同时对 TVOC 和生物性 VOC 污染物提供限值,故导致了相对较高的 RVR 值。但实际上算例 2 最高 RVR 由 GB/T 18883 的 TVOC 限值决定。当 LR_f 处于基准时,算例 2 的 RVR 值是算例 3 和算例 4 的三至四倍,而算例 3 和算例 4 中有合成类建材、家具。可见以纯实木建材、家具为散发源的室内空气品质并不乐观。

② 对于算例 3,当 LR_f 从 0.23 $m^2 \cdot m^{-3}$ 增加值 1.5 $m^2 \cdot m^{-3}$ 时,最高的 RVR 增加至 10.6 h^{-1}。其原因主要在于场景中存在如中密度板等可以较高散发率散发甲醛的合成材料,而 CRELs、ATSDR 和 CS 01350 限值指标规定了相对严格的室内空气甲醛允许浓度,如此经计算得到了较高的 RVR 值。算例 4 中由于同时存在合成类建材和实木类建材,图 5 - 3(c)中的基于 CRELs、ATSDR 和 CS 01350 的 RVR 值相比图 5 - 3(b)中对应的 RVR 值略有下降。需要说明的是,NRC 数据库未给出实木建材的甲醛浓度测试数据,不代表在实木型场景

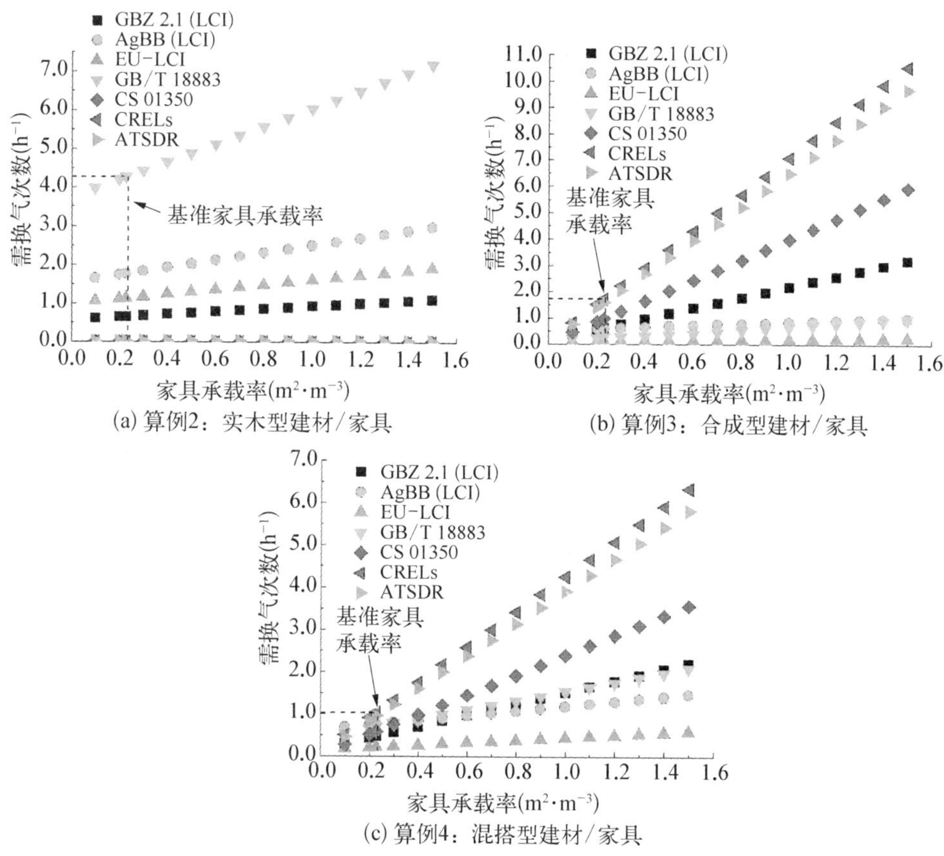

(a) 算例2：实木型建材/家具

(b) 算例3：合成型建材/家具

(c) 算例4：混搭型建材/家具

图 5-3　建材/家具类型对需换气次数的影响(全散发周期)

的室内空气中无甲醛。

③ 总体而言，对于已定的建材类别选择，LR_f 和室内空气品质参考标准的选取对 RVR 值的计算结果均有显著影响。由于 GB/T 18883 相对其他独立指标而言对各 VOC 的限值规定不严格，图 5-3 中由 GB/T 18883 确定的 RVR 值对 LR_f 相对不敏感(较平缓)。而在组合指标中，由于各 VOC 被“加权”处理，基于组合指标计算的新风量相对不易受某些含有极端严格限值的污染物影响，故在模拟计算新风量时组合指标不易受 LR_f 等变量影响，但同时也无法对某些有极端严格限值要求的污染物提供足够的新风量。如尽管甲醛常被作为决定新风量的污染物，但现阶段 AgBB 和 EU-LCI 均未包含甲醛限值。若组合指标中包含甲醛等通常具有严格限值的污染物时，对室内空气品质的保护将更有效。

④ 现阶段 LCI 概念仅在欧洲流行，在发展中国家也应进行类似的工作。对

中国而言，上述计算也表明 GBZ 2.1 可作为中国潜在的组合指标基础数据用以确定室内新风量等研究工作。

3. 室内可散发面积对新风量的影响

对于办公室场景，换气次数同时可用人均新风量 N_P（$m^3 \cdot h^{-1} \cdot$ 人）表示，即

$$N_P = \frac{N \cdot V}{P} \tag{5-16}$$

式中，P 为办公室人员数。

如图 5-4 给出室内可散发面积对需换气次数的影响（全散发周期），分别给出了算例 5—算例 7 的新风量计算结果。

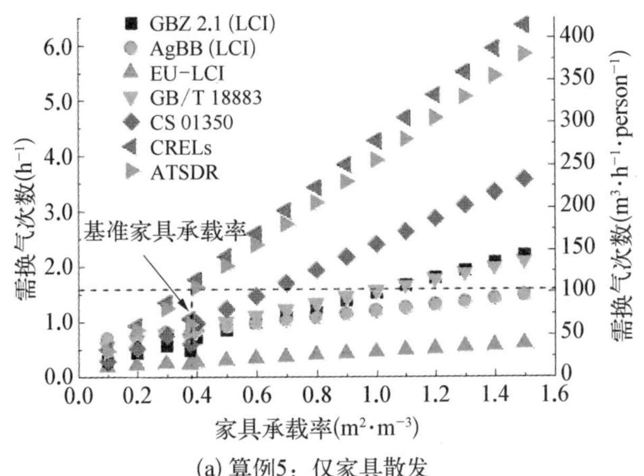

(a) 算例5：仅家具散发

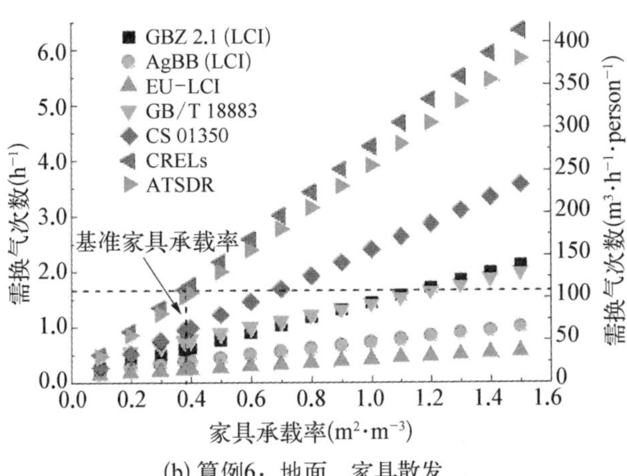

(b) 算例6：地面、家具散发

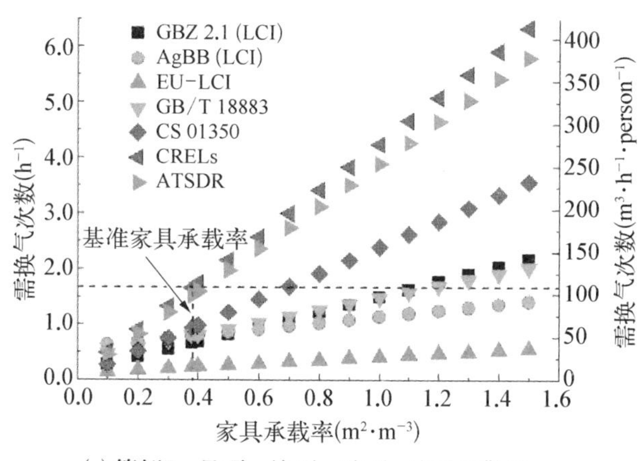

(c) 算例7：吊顶、墙面、地面、家具均散发

图 5-4　室内可散发面积对需换气次数的影响(全散发周期)

算例 5—算例 7 以私人办公室为例，研究室内可散发面积对 RVR 值的影响。主要结论如下：

① 算例 5 中仅含家具散发源，并假定办公室人员数量为 1。当 LR_f 为基准时，最高 RVR 为 1.6 h^{-1}或 103 $m^3 \cdot h^{-1} \cdot$ 人$^{-1}$。见图 1-3(见 1.1.2 节)办公室新风量的发展史可知，RVR 在 7.2 $m^3 \cdot h^{-1} \cdot$ 人$^{-1}$至 51 $m^3 \cdot h^{-1} \cdot$ 人$^{-1}$，现有办公室人均新风量为 30 $m^3 \cdot h^{-1} \cdot$ 人$^{-1}$[12]。尽管承载率较低，但 CRELs 和 ATSDR 参考标准中严格的甲醛限值导致了较高的新风量。若采用 GB/T 18883 为室内空气品质标准，则新风量计算结果约为 30 $m^3 \cdot h^{-1} \cdot$ 人$^{-1}$。

② 算例 6 相比算例 5 多了一个甲醛散发源(地板)，但在基准 LR_f 时，最高 RVR 为 1.7 h^{-1}，与算例 5 相近。即家具主导了算例 5 和算例 6 中的 RVR 值，算例 7 也有相似的结果。算例 7 在算例 5—算例 7 中，算例 7 散发源面积最大，但天花板和墙的建材并不大量散发甲醛，故新风量仍以地板和家具散发的甲醛来确定，故算例 7 的结果和算例 6 类似。对比算例 5 和算例 7 可以发现，增加散发源面积并不一定增加需换气次数，此时对新风量指标起决定性作用的是建材的选择和 VOC 散发的种类及其限值。图 5-5 进一步给出了建材家具种类的选择对需换气次数的影响(全散发周期)。

图 5-5 中假定在算例 5 中仅含有单一的建材，且 LR_f 处于基准时的 RVR 值。可见，就室内 RVR 而言，选择实木类建材并不一定比合成类材料为好。当室内建材为橡木(OAK1)、定向刨花板(OSB1)和胶合板(PLY2)时，室内所需换气次数均小于 0.5 h^{-1}，但当室内建材为松木(PIN1)或中密度板(MDF2)时，

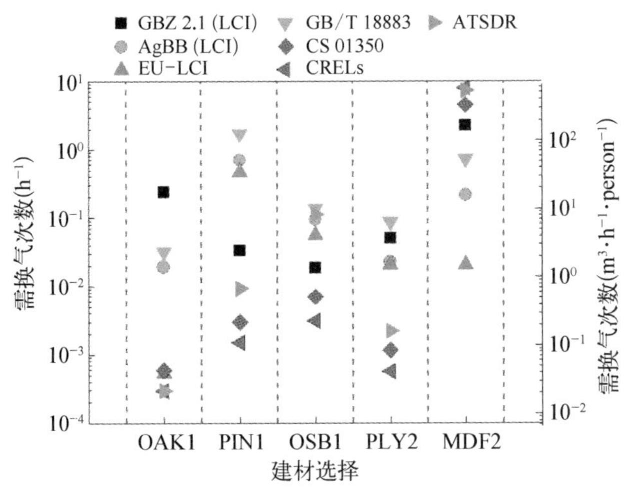

图 5-5　建材家具种类的选择对需换气次数的影响(全散发周期)

RVR 计算所得为 1.7 h^{-1} 和 7.9 h^{-1}，大于由橡木等计算得到的 RVR 小于 0.5 h^{-1}，其决定性污染物分别为 TVOC 和甲醛。

4. 确定新风量的主导 VOC/TVOC 的比较

除了组合指标，在各类独立指标下确定的 RVR 值一般均最终仅受单一 VOC/TVOC 的浓度影响。以算例 8—算例 10 为例，给出不同算例中最终确定四项独立指标下 RVR 的 VOC/TVOC，三类组合指标中 R_j 值最高的 VOC 也一并给出，见表 5-5。

表 5-5　算例 8～算例 10 中确定 RVR 的主导 VOC/TVOC

参考指标	算例 8	算例 9	算例 10
GBZ 2.1(LCI)	乙酸	乙酸	乙酸
AgBB(LCI)	α-蒎烯	α-蒎烯	苯酚
EU-LCI	α-蒎烯	α-蒎烯	α-蒎烯
GB/T 18883	总挥发性有机物	总挥发性有机物	总挥发性有机物
CS 01350	苯酚	苯	甲醛
CRELs	苯酚	苯	甲醛
ATSDR	三氯乙烯	苯	甲醛

由表 5-5 可知，共有 6 种 VOC 和 TVOC 在算例 8—算例 10 中最终决定了 RVR 的取值。由于 CRELs 和 ATSDR 有相对严格的甲醛限值，且算例 8—算例

10 中存在合成材料，故甲醛成为决定性 VOC。当实木建材主导室内散发源时，新风量决定性 VOC 出现较大变化。在组合指标中，算例 8—算例 10 中 R_j 值最高的 VOC 也不尽相同，其中乙酸和 α-蒎烯在其他四个独立指标中均无限值。

可见在实际工程设计中，仅以一种或几种污染物确定新风量并不一定能够室内空气品质要求。当更多的污染物用于确定新风量指标时，在实践过程中也存在困难。首先，室内建材的多样性导致的散发 VOC 种类的多样性；其次，许多可在室内以高散发率散发的 VOC 并没有相关标准给出限值；再次，现阶段也没有统一或唯一的室内气相污染物浓度限值标准。

5. 材料初始 TVOC 浓度比 $I_{TVOC,i}$ 对新风量的影响

材料初始 VOC 浓度比 $I_{i,j}$、材料初始 TVOC 浓度比 $I_{TVOC,i}$ 表征实际建材与 NRC 数据库建材的初始浓度差异。假定实际建材与其对应的数据库建材各 VOC 浓度比一致，以算例 10 给出 $I_{TVOC,i}$ 对 RVR 值的影响，结果见表 5-6。

表 5-6 不同 $I_{TVOC,i}$ 下的所需新风量(算例 10)(h^{-1})

算 例	$I_{TVOC,i}$	GBZ 2.1	AgBB	EU-LCI	GB/T 18883	CS 01350	CRELs	ATSDR
算例 10，共 89 种 VOC	0.1	0.20	0.14	0.05	0.19	0.32	0.56	0.52
	0.5	0.98	0.67	0.27	0.94	1.58	2.81	2.58
	1	1.95	1.35	0.54	1.87	3.17	5.63	5.16
	2	3.91	2.70	1.07	3.75	6.33	11.25	10.32
	5	9.78	6.77	2.68	9.36	15.83	28.13	25.80

由于在此设定下，由式(5-13)可知，$I_{TVOC,i}$ 与所需新风量呈线性关系，若实际建材初始 TVOC 含量仅为数据库建材的 50%或 10%，满足所有指标要求的换气次数可以控制在 2.8 h^{-1} 或 0.1 h^{-1} 以内，但若实际建材 TVOC 含量为数据库建材的两倍，则对于算例 10，需换气次数至少应为 1.1 h^{-1}，满足最高 RVR 要求的 CRELs 指标的换气次数达到 11.3 h^{-1}。

需要指出的是，部分极性 VOC(如甲醛)被证明在建材中吸附量大于脱附散发量[75,235](见 6.1 节)，即初始可散发浓度并不等于使用实验手段直接检测建材中所包含的 VOC 质量。NRC 数据库数据来源于气体采样，GC/MS 或 HPLC 分析，基本可认为采用“快速估计法”得到的初始浓度即为初始可散发浓度。

以甲醛为例，NRC 数据库中密度板(NRC ID：MDF2)和 Xiong 等人[75]测得我国某中密度板厂商生产的初始可散发浓度分别约为 $10^8\ \mu g \cdot m^{-3}$ 和 $10^7\ \mu g \cdot m^{-3}$，

同时该种我国中密度板采用穿孔萃取法初始甲醛总浓度约为 $10^8\mu g\cdot m^{-3}$。对于中密度板等人造板，目前我国规范《室内装饰装修材料人造板及其制品甲醛释放量》(GB 18580)[236]仍推荐采用穿孔萃取法检测建材所含甲醛总浓度，实际上并不适用于估计建材散发特性。

6. 建材厚度对新风量的影响

由式(5-5)可知，建材厚度与特征散发因子成反比。建材厚度增加一倍，RVR 则减半。但实际上这并不代表建材厚度越厚对室内人员健康越有利，由式(5-3)可知，特征散发时间与建材厚度平方成正比，建材厚度增加一倍，散发时间变为四倍。尽管浓度并不一定超过现有限值标准的规定，但长期低浓度 VOC 暴露已被证明对人体有害[48,237-238]。

此外还有部分未有限值的 VOC(其在室内存在时间过短、暂无法检测或对人体的毒理学研究结果还尚不明确原因)，同样不能单独通过增加建材厚度的方法确保室内人员健康。

7. 用我国建材检测标准对 NRC 数据库数据进行模拟检测

基于我国当前市场常见建材建立我国建材 VOC 散发模型关键参数数据库则可进行专门针对我国的新风场景确定需换气次数(新风量)，不过目前仍缺乏可有效评估我国常用建材建材初始可散发浓度的直接数据。

我国各类建材检测标准基本基于固相 VOC 浓度检测或气候室散发测试给出。根据我国建材检测标准对 NRC 数据库建材初始可散发浓度水平进行间接比较。以下给出部分模拟检测结果。

对 NRC 数据库中人造板建材(LAM1、LAM2、LAM3，见 4.1.3 节)，按照《室内装饰装修材料人造板及其制品甲醛释放量》(GB 18580)[236]气候箱检测过程，取 7 天后最后两个采样浓度均值作为检测样品，将已散发部分的结果见表 5-7。

表 5-7 根据《室内装饰装修材料人造板及其制品甲醛释放量》(GB 18580)[236]模拟检测 NRC 数据库中人造板材料($\mu g\cdot m^{-3}$)

建材 ID	甲醛限值	甲醛检测值	检测结果
LAM1	120	14.5	合格
LAM2		4.5	合格
LAM3		0.5	合格

对地毯(ID：CRP1～CRP7)、地毯垫料(ID：UP1、UP3)，按《室内装饰装修材料地毯、地毯衬垫及地毯胶粘剂有害物质释放限量》(GB 18587)[239]模拟检测前 24 h 散发过程，检测结果见表 5－8 和表 5－9。

表 5－8　根据《室内装饰装修材料地毯、地毯衬垫及地毯胶粘剂有害物质释放限量》(GB 18587)[239]模拟检测 NRC 数据库中地毯材料($\mu g \cdot m^{-3} \cdot h^{-1}$)

检测项目	TVOC	甲　醛	苯乙烯	4-苯基环乙烯	结　果
限值要求	A 级：500/ B 级：600	A 级：50/ B 级：50	A 级：400/ B 级：500	A 级：50/ B 级：50	
CRP1	3 354.9	—	1 150.3	0	未通过
CRP2	271.1	—	1.0	0	A
CRP4	364.7	—	9.4	0	A
CRP5	1 413.1	—	4.9	0	未通过
CRP6	1 008.0	—	1.5	0	未通过
CRP7	97.1	16.0	1.9	0.4	A

注："—"表示 NRC 数据库未对该建材进行甲醛散发浓度检测。

表 5－9　根据《室内装饰装修材料地毯、地毯衬垫及地毯胶粘剂有害物质释放限量》(GB 18587)[239]模拟检测 NRC 数据库中地毯垫料材料($\mu g \cdot m^{-3} \cdot h^{-1}$)

检测项目	TVOC	甲　醛	丁基羟基甲苯	4-苯基环乙烯	结　果
限值要求	A 级：1 000/ B 级：1 200	A 级：50/ B 级：50	A 级：30/ B 级：30	A 级：50/ B 级：50	
UP1	723.5	—	0	2.3	A
UP3	625.6	—	0	2.8	A

注："—"表示 NRC 数据库未对该建材进行甲醛散发浓度检测。

由表 5－7—表 5－9 可知，被检测的 11 种建材中 8 种建材通过了模拟检测，且通过检测的建材均获得了较理想的检测结果。尽管我国并没有相关标准可将 NRC 数据库中所有建材进行虚拟的检测，但同 4.3.3 节中讨论的类似，基本可反映出我国现有建材中 VOC 初始可散发浓度水平并没有完全优于 NRC 数据库中采用的建材，本节利用 NRC 数据库计算的新风场景算例仍具有参考价值。

5.3 多建材共存非稳态/准稳态两阶段散发的新风量计算方法

给出人居环境非稳态/准稳态两阶段新风量计算方法——“两阶段散发率法”。

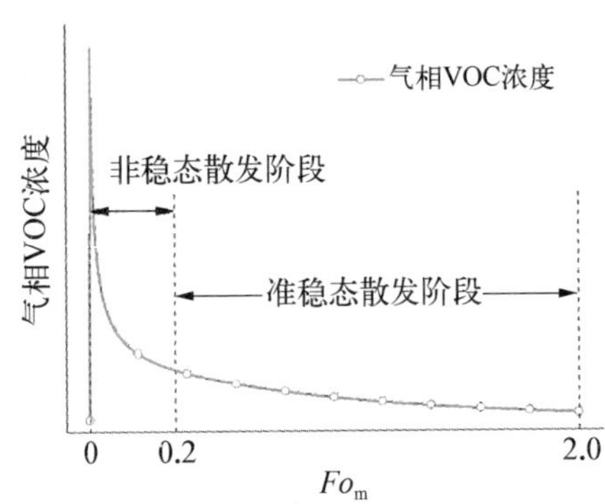

图 5-6 建材散发非稳态阶段与准稳态散发阶段

图 5-6 给出了建材散发非稳态阶段与准稳态散发阶段，当 $0.2 < Fo_m \leqslant 2.0$ 时，建材散发进入准稳态期，将单层建材的峰值区和过渡区 ($0 < Fo_m \leqslant 0.2$) 定义为非稳态散发区。两阶段划分示意图见图 5-6。

在单层多建材非稳态散发过程中，尤其在散发初期不同建材间存在源汇效应，气相 VOC 浓度往往不能采用叠加法直接计算，也不能忽略界面分配系数 K 对不同建材散发的影响。给出非稳态散发主导建材的确定方法，并基于主导建材预测人居环境新风场景所需的新风量。

同时基于建材 VOC 长期散发模型，给出人居环境建材 VOC 散发场景的新风量计算方法。由于长期散发通常处于 K 弱敏感区，不考虑 K 对建材散发率的影响和不同建材互相间的源汇效应，按叠加法给出新风场景所需的新风量。

5.3.1 多建材共存非稳态散发阶段主导建材的分析与确定

多建材共存情形下，在散发初期不同建材间易发生源汇效应。Deng 等人(2008)[73]通过多源汇共存模型(见 2.1.3 节)研究了汇效应产生的条件，指出对于某 VOC，① 当各建材中 C_0 一致时或较接近时，某一建材成为源还是汇主要受界面分配系数 K 而非传质系数 D 的影响；② 由于共享室内气相 VOC 浓度，各个建材的散发率均会受到不同程度的抑制，反观气相 VOC 浓度则主要受传质系数最大的建材的散发率主导(最为接近)，其浓度小于不同建材独立散发的浓度叠加。

当各建材中 C_0 差异较大时(一个数量级及以上)，同样可通过多源汇共存模型进行分析(见 2.1.3 节)。

假定室内共有三种建材(M1/M2/M3)可散发某 VOC，其初始可散发浓度、传质系数和界面分配系数分别为 $C_{0,i}$、D_i，K_i，$i=1$，2，3。以 Yang(1999)实验场景[92]为例设计模拟散发场景算例，见表 5－10。所有四个算例中 M1 的初始可散发浓度均大于 M2 和 M3 的初始可散发浓度。

表 5－10　多源汇共存场景算例

算例	$C_{0,i}$(μg·m^{-3})			D_i(m^2·s^{-1})			K_i(-)		
	$C_{0,1}$	$C_{0,2}$	$C_{0,3}$	D_1	D_2	D_3	K_1	K_2	K_3
A	1.15×10^7	1.15×10^6	1.15×10^6	7.65×10^{-10}	7.65×10^{-11}	7.65×10^{-11}	32 890	328.9	3 289
B	1.15×10^7	1.15×10^6	1.15×10^6	7.65×10^{-11}	7.65×10^{-10}	7.65×10^{-11}	3 289	3 289	3 289
C	1.15×10^7	1.15×10^6	1.15×10^6	7.65×10^{-11}	7.65×10^{-10}	7.65×10^{-11}	32 890	328.9	3 289
D	1.15×10^7	1.15×10^6	1.15×10^6	7.65×10^{-12}	7.65×10^{-11}	7.65×10^{-10}	32 890	328.9	3 289

图 5－7 给出了多源汇共存场景算例 A 的计算结果，分别给出了(图 5－7(a))气相 VOC 浓度比较(图 5－7(a))和(图 5－7(b))建材表的无量纲散发率比较(图 5－7(b))。算例 A 中，$C_{0,1}>C_{0,2}=C_{0,3}$，且 $D_1>D_2=D_3$，尽管 $K_2<K_3<K_1$，共存散发的气相 VOC 浓度基本仍以 M1 为主导，其浓度小于不同建材独立散发的浓度叠加。由于 $K_2<K_3<K_1$，M1 建材在初始一瞬间起汇效应，但很快即由转变为源，其无量纲散发率在初始散发后期即大于 M2 和 M3 建

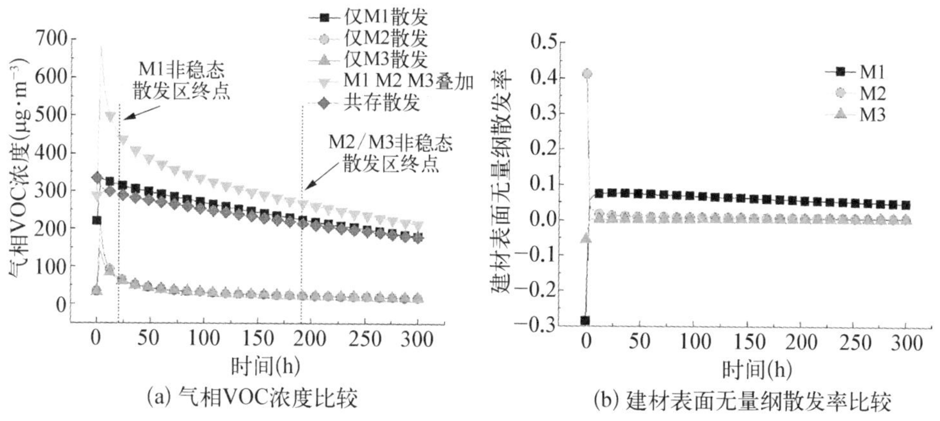

图 5－7　多源汇共存场景算例 A 的计算结果

材。M2 和 M3 全过程散发过程接近，由于 $K_2 < K_3$，M2 全程为源，而 M3 初始一瞬间为汇，但随即转变为源。

图 5－8 给出了多源汇共存场景算例 B 的计算结果，分别给出了(图 5－8(a))气相 VOC 浓度比较(图 5－8(a))和(图 5－8(b))建材表面无量纲散发率比较(图 5－8(b))。由于 $C_{0,1} > C_{0,2} = C_{0,3}$，$K_1 = K_2 = K_3$，尽管 $D_1 < D_2 = D_3$，共存散发的气相 VOC 浓度基本仍以 M1 为主导。M1 建材全程作为源，而 M2 和 M3 在初始一瞬间发生汇效应，随即三个建材全部作为源散发 VOC。

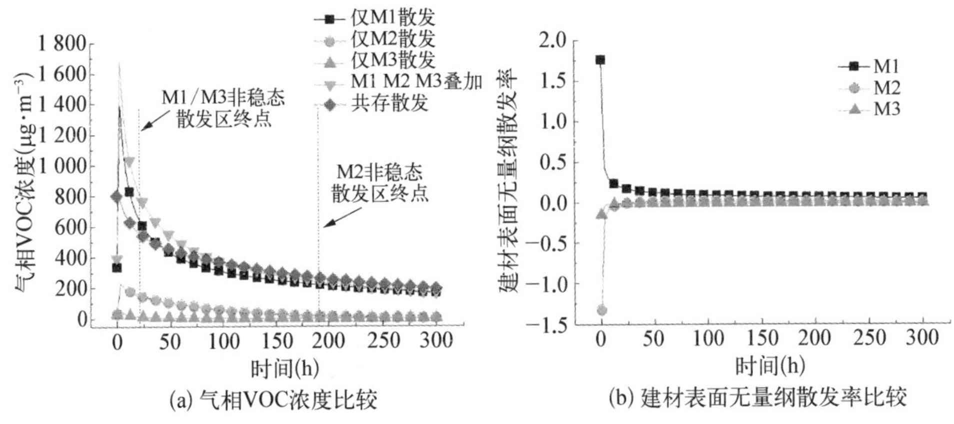

(a) 气相VOC浓度比较　　(b) 建材表面无量纲散发率比较

图 5－8　多源汇共存场景算例 B 的计算结果

图 5－9 给出了多源汇共存场景算例 C 的计算结果分别给出了(图 5－9(a))气相 VOC 浓度比较(图 5－9(a))和(图 5－9(b))建材表面无量纲散发率比较(图 5－9(b))。算例 C 在算例 B 基础上使 $K_2 < K_3 < K_1$，M2 建材由于有较大

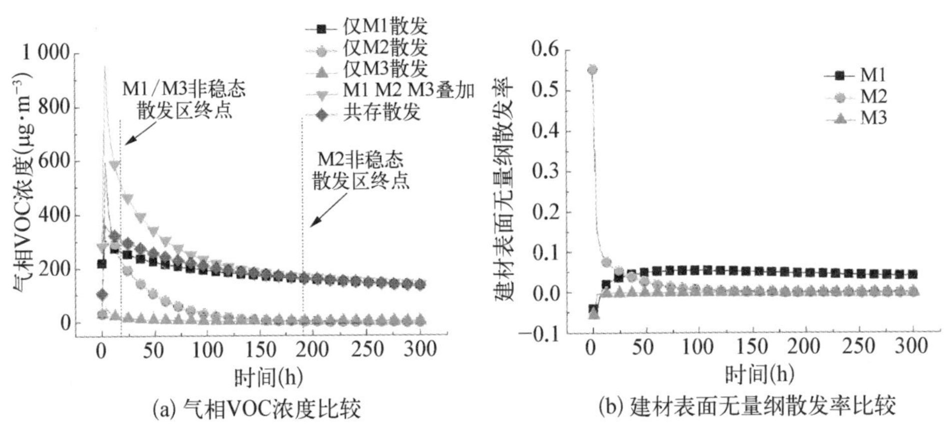

(a) 气相VOC浓度比较　　(b) 建材表面无量纲散发率比较

图 5－9　多源汇共存场景算例 C 的计算结果

的传质系数和较小的界面分配系数，在 M1 建材非稳态散发区主导散发，但继而由于初始可散发浓度小于 M1 ($C_{0,1} > C_{0,2}$)，其气相 VOC 浓度下降较快。纵观前 300 h 散发，实际上，共存散发的气相 VOC 浓度仍以 M1 建材为主导。尽管 M2 全程为源，M1 在初始阶段为汇后随即转为源，但在约 25 h 后 M1 建材无量纲散发率大于 M2 和 M3 建材的无量纲散发率。

图 5 - 10 给出了多源汇共存场景算例 D 的计算结果，分别给出了(图 5 - 10(a))气相 VOC 浓度比较(图 5 - 10(a))和(图 5 - 10(b))建材表面无量纲散发率比较(图 5 - 10(b))。算例 D 中，$C_{0,1} > C_{0,2} > C_{0,3}$，且 $D_1 < D_2 < D_3$，同时 $K_2 < K_3 < K_1$。实际上在该传质系数和界面分配系数组合下 M1 建材散发在三种建材中最为不利。但纵观前 300 h(M1 非稳态散发区为前 1 836 h)，M1 建材仍作为主导散发建材。从无量纲散发率角度看，M1 建材散发全程均为源，三种建材在初始后期散发率较接近，传质系数和界面分配系数弥补了 M2 和 M3 建材在初始可散发浓度上较少这个因素上造成的影响。

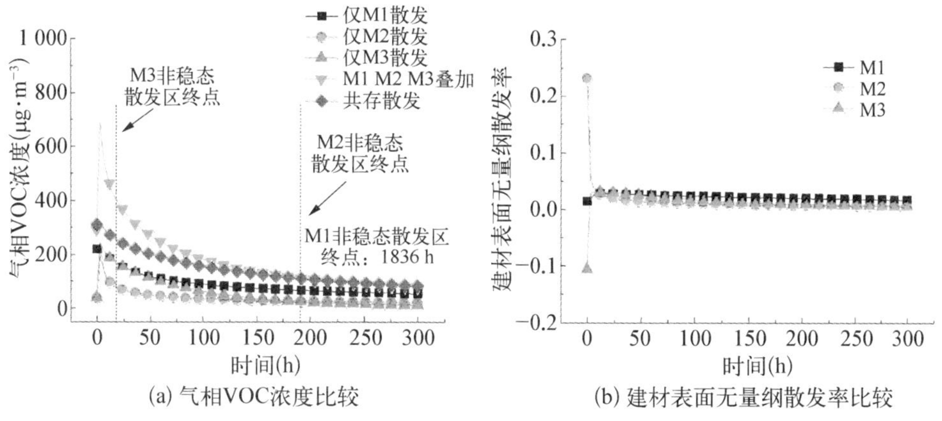

(a) 气相VOC浓度比较　　(b) 建材表面无量纲散发率比较

图 5 - 10　多源汇共存场景算例 D 的计算结果

综上，在多建材共存的环境下，某 VOC 的气相浓度一般可认为以初始可散发浓度最高的建材的散发为主导，当有多种建材均含有相近初始浓度时，以传质系数较大的一种建材的散发为主导。换言之，当建材在单独散发时在其非稳态散发区存在最高的平均散发率的建材将在多建材共存时主导散发。

5.3.2　多建材共存非稳态散发阶段的新风量的计算方法

在多建材共存的场景中，散发初期室内气相 VOC 浓度由主导散发的建材决定。主导建材即各个建材在单独散发时，在其非稳态散发区存平均散发率最高的建材。采用主导建材在其非稳态散发区平均散发率作为该 VOC 在多建材共存场景非稳态散发区的估计值，对于第 j 种 VOC，有[233]

$$E'_j = \max\left\{\frac{3\,600 I_{i,j} Q}{t'_{i,j}}\int_0^{t(Fo_m=0.2)} y_{\exp,i,j}(t)\mathrm{d}(t),\ i=1,2,\cdots,n\right\},\quad j=1,2,\cdots,m \tag{5-17}$$

式中，E'_j 为多建材共存时第 j 种 VOC 在非稳态散发区间的近似散发率，$\mu g \cdot h^{-1}$；$y_{\exp,i,j}$ 为当 i 建材独立散发时，第 j 种 VOC 的气相 VOC 浓度，$\mu g \cdot m^{-3}$；$t'_{i,j}$ 为 i 建材中第 j 种 VOC 的非稳态时间，按下式计算：

$$t'_{i,j} = \frac{Fo_m L_i^2}{D_{i,j}} = \frac{0.2 L_i^2}{D_{i,j}},\ i=1,2,\cdots,n;\ j=1,2,\cdots,m \tag{5-18}$$

令 $G_{i,j} = \int_0^{t(Fo_m=0.2)} y_{\exp,i,j}(t)\mathrm{d}(t)$ 非稳态阶段第 j 种 VOC 的气相 VOC 浓度可表示为

$$y'_j = \frac{E'_j}{V \cdot N} = \frac{18\,000Q}{V \cdot N}\max\left\{\frac{I_{i,j}D_{i,j}G_{i,j}}{L_i^2},\ i=1,2,\cdots,n\right\},\quad j=1,2,\cdots,m \tag{5-19}$$

将室内 VOC 浓度控制在独立限值或 LCI 限值范围内的需换气次数 N 可分别表示为

$$N = \max\left\{\frac{18\,000Q}{Y_j V}\max\left\{\frac{I_{i,j}D_{i,j}G_{i,j}}{L_i^2},\ i=1,2,\cdots,n\right\},\ j=1,2,\cdots,m\right\} \tag{5-20}$$

$$N = \frac{18\,000Q}{V}\sum_{j=1}^{m}\frac{1}{LCI_j}\max\left\{\frac{I_{i,j}D_{i,j}G_{i,j}}{L_i^2},\ i=1,2,\cdots,n\right\} \tag{5-21}$$

如此可直接根据建材独立散发实验气相 VOC 浓度预测多建材共存散发率和 RVR 值。尽管“快速估计法”只可得到初始可散发浓度 C_0 和传质系数 D，不能获得界面分配系数 K。但由于并不需要 K，此处可直接利用 NRC 数据库独立建材 VOC 散发数据进行预测。同样假定新风场景中建材厚度与 NRC 数据库一致，且满足 $I_{i,j}=1$。

图 5-11 给出了表 5-4 中特征散发浓度最高的单项 VOC——α-蒎烯在 23

种不同建材中独立散发时非稳态阶段的平均散发因子及散发时间。由于建材在不同场景中表面积改变，故按平均散发因子进行比较。x 误差条和 y 误差条分别代表使用“快速估计法”得到的平均散发因子及散发时间，方块所在处为算数平均值。其中散发时间仅取实验测试时间。

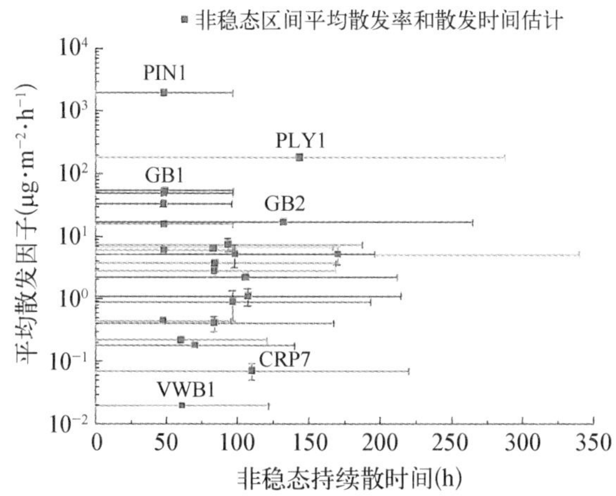

图 5 - 11　α-蒎烯在 23 种不同建材中独立散发时非稳态阶段的平均散发因子及散发时间

5.3.3　多建材共存准稳态散发阶段的新风量的计算方法

准稳态散发阶段可采用建材 VOC 长期散发模型预测 VOC 散发特性。Yang(1999)[92]和 Li(2013)[215]给出了两种建材 VOC 长期(long-term)散发模型。Li(2013)模型[215]表达式仍与 K 相关，Yang(1999)[92]则认为 K 对长期散发无影响，并假设 $K=1$。模型表达式为

$$\frac{M''_{i,j}[Fo_{\mathrm{m}}(t)]}{M_{i,j}}=1-\sum_{a=0}^{\infty}\frac{2}{(a+0.5)^2\pi^2}\cdot\exp[-(a+0.5)^2\pi^2 Fo_{\mathrm{m}}(t)] \tag{5-22}$$

式中，$M''_{i,j}[Fo_{\mathrm{m}}(t)]$ 为 i 建材中第 j 种 VOC 在 t 时刻内散发的总质量，μg；$M_{i,j}$ 为 i 建材中第 j 种 VOC 的初始可散发质量，μg。

时间 t_1 和 t_2 间的平均散发因子可以表示为

$$E''_{i,j}=\frac{3\,600(M_2-M_1)}{(t_2-t_1)} \tag{5-23}$$

式中，$E''_{i,j}$ 为时间 t_1 和 t_2 间的平均散发因子，$\mu g \cdot m^{-2} \cdot h^{-1}$；$M_1$ 和 M_2 为 t_1 和 t_2 时刻已散发的 VOC 质量，μg。

由于 M 和 $Fo_m(t)$ 分别与 C_0 和 D 相关，通过“快速估计法”(基于建材 VOC 散发模型关键参数数据库)可预测长期散发。

式(5-5)由 $K=1$ 推导而来，在 K 弱敏感区进行比较更为恰当，此区间(即 $0.2 < Fo_m \leqslant 2.0$) 的平均散发率 $E''_{i,j}$ 和散发因子 $F''_{i,j}$ 可表示为

$$E''_{i,j}=\frac{3\,600[M''_{i,j}(2.0)-M''_{i,j}(0.2)]}{\hat{t}_{i,j}-t'_{i,j}} \tag{5-24}$$

$$F''_{i,j}=\frac{E''_{i,j}}{A_i} \tag{5-25}$$

图 5-12 和图 5-13 给出了建材(以 ACT2 为例，见 4.1.3 节)VOC 准稳态散发区平均散发率(平均散发因子)和平均散发时间(参数组合：C_0 下限，D 上限)。如图 5-12 和如图 5-13 中 x 轴误差条表示该 VOC 的散发持续时间的范围，方块所在处为算术平均值。各 VOC 在准稳态区平均散发率(平均散发因子)基本一致，同时也与采用特征散发率的图 5-2(见 5.2.2 节)基本一致(各 VOC 的特征散发率和准稳态区平均散发率处于相同量级)。由于图 5-13 采用了 D 下限计算，平均散发时间较图 5-12 采用 D 上限为长。

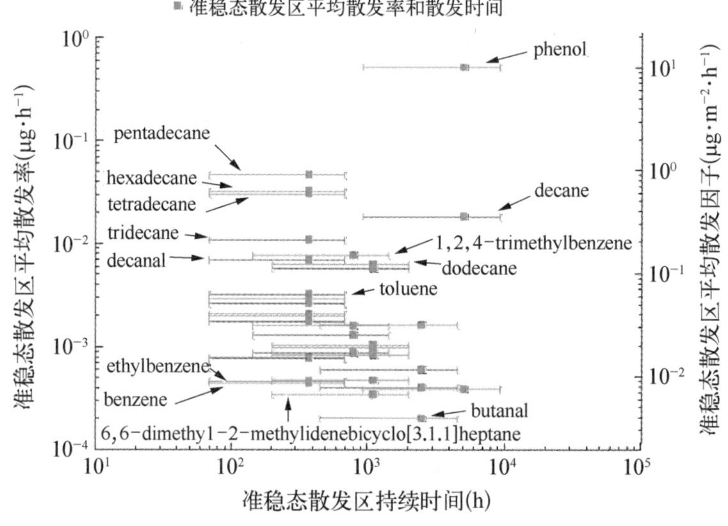

图 5-12 建材(ACT2)VOC 准稳态散发区平均散发率(平均散发因子)和平均散发时间(参数组合：C_0 下限，D 上限)

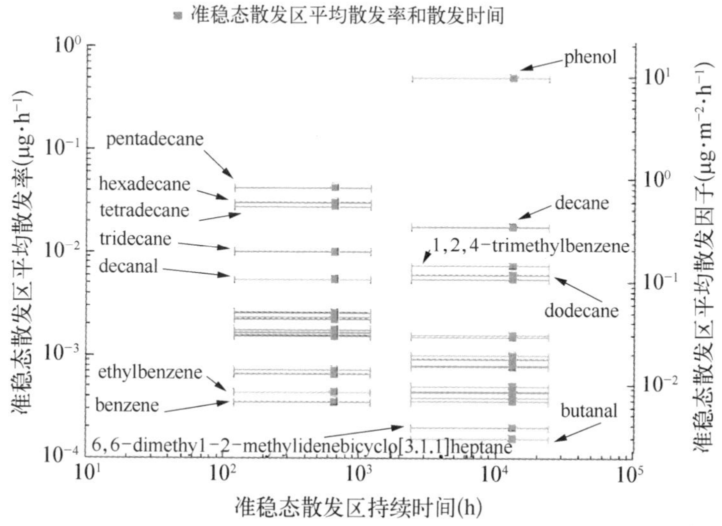

图 5-13　建材(ACT2)VOC 准稳态散发区平均散发率(平均散发因子)和平均散发时间(参数组合：C_0 上限，D 下限)

对于新风场景确定新风量水平，VOC 散发率水平的重要性大于散发时长，故可认为特征散发率和准稳态区平均散发率两种估计建材 VOC 准稳态(长期)散发特性的方法均可使用。根据式(5-26)和式(5-27)确定基于独立指标和组合指标的需换气次数：

$$N=\max\left\{\frac{2\,000}{Y_jV}\sum_{i=1}^{n}\frac{I_{i,j}D_{i,j}[M''_{i,j}(2.0)-M''_{i,j}(0.2)]}{L_i^2},\ j=1,2,\cdots,m\right\} \tag{5-26}$$

$$N=\frac{2\,000}{V}\sum_{j=1}^{m}\left\{\frac{1}{LCI_j}\sum_{i=1}^{n}\frac{I_{i,j}D_{i,j}[M''_{i,j}(2.0)-M''_{i,j}(0.2)]}{L_i^2}\right\} \tag{5-27}$$

5.3.4　多建材共存非稳态/准稳态两阶段的新风量指标的影响因素

分别在非稳态和准稳态散发阶段重新计算表 5-2(见 5.1.1 节)中算例 2—算例 4，给出不同散发阶段中建材/家具类型对需换气次数的影响，见图 5-14。本节讨论两阶段散发率法计算的新风量与特征散发率法计算得到的新风量之间的差异。

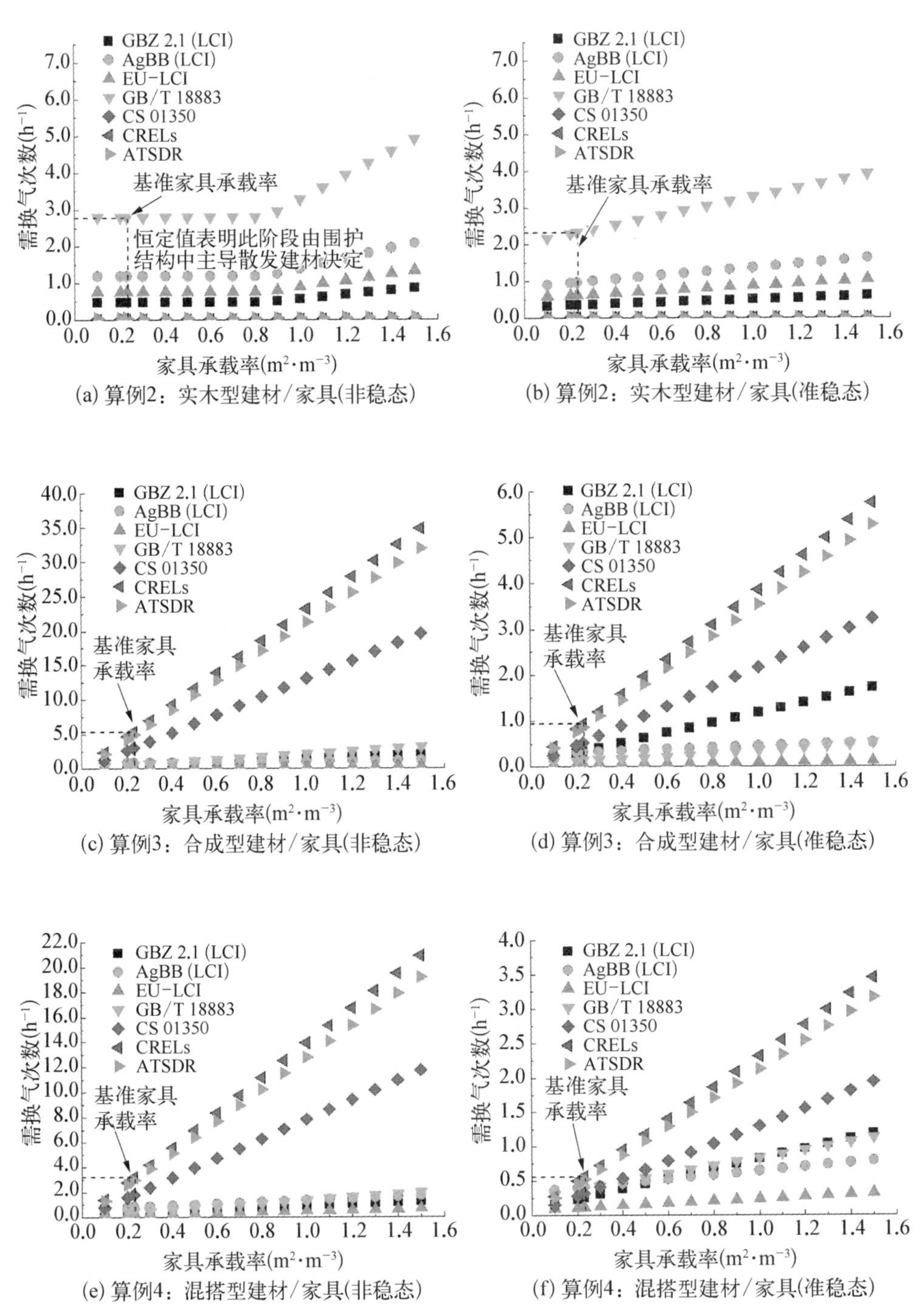

(a) 算例2：实木型建材/家具(非稳态)

(b) 算例2：实木型建材/家具(准稳态)

(c) 算例3：合成型建材/家具(非稳态)

(d) 算例3：合成型建材/家具(准稳态)

(e) 算例4：混搭型建材/家具(非稳态)

(f) 算例4：混搭型建材/家具(准稳态)

图 5-14　建材/家具类型对需换气次数的影响

由图 5－14 可知，非稳态和准稳态两个阶段 RVR 值差异显著：

① 无论采用独立指标还是组合指标，非稳态阶段 RVR 值均高于准稳态散发阶段的 RVR 值。在基准家具承载率（0.23 $m^2 \cdot m^{-3}$）条件下，非稳态阶段和准稳态阶段最高 RVR 分别为 2.8～5.3 h^{-1} 和 0.6～2.3 h^{-1}。

② 建材/家具类型不同对两个散发阶段具有显著影响，当家具承载率为 1.5 $m^2 \cdot m^{-3}$ 时实木型家具和合成型家具的室内最高 RVR 分别达到 4.9 h^{-1} 和 34.8 h^{-1}。

在非稳态和准稳态散发阶段重新计算表 5－2 中算例 5～算例 7，给出不同散发阶段中室内可散发面积对 RVR 的影响，见图 5－15。主要结论如下：

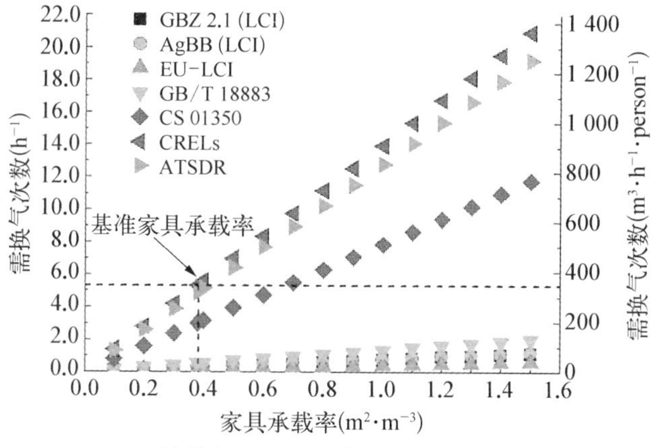

(a) 算例5：仅家具散发(非稳态)

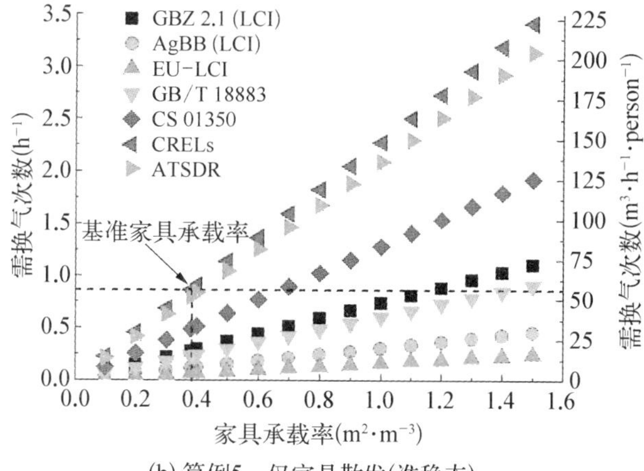

(b) 算例5：仅家具散发(准稳态)

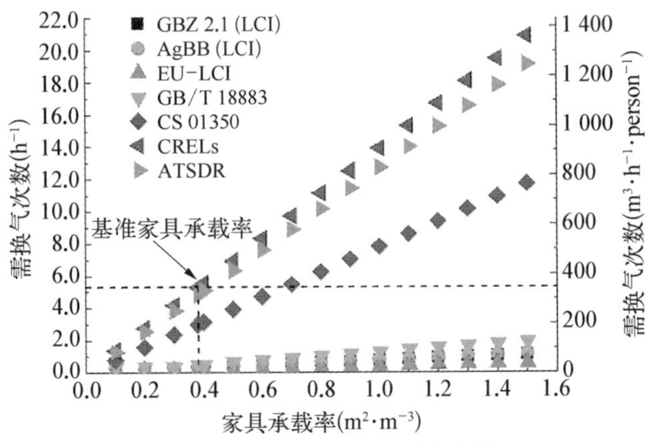

(c) 算例6：地面、家具散发(非稳态)

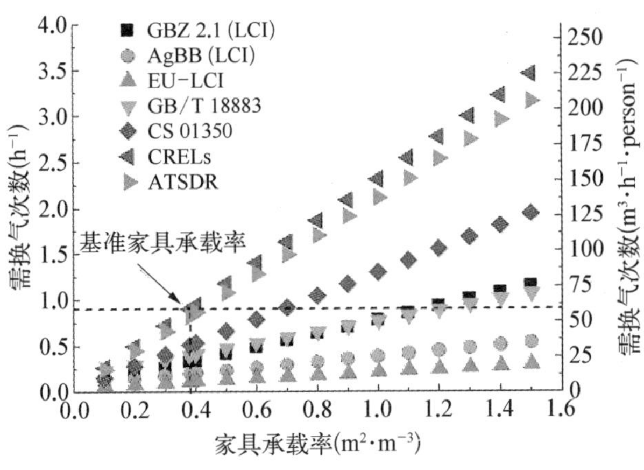

(d) 算例6：地面、家具散发(准稳态)

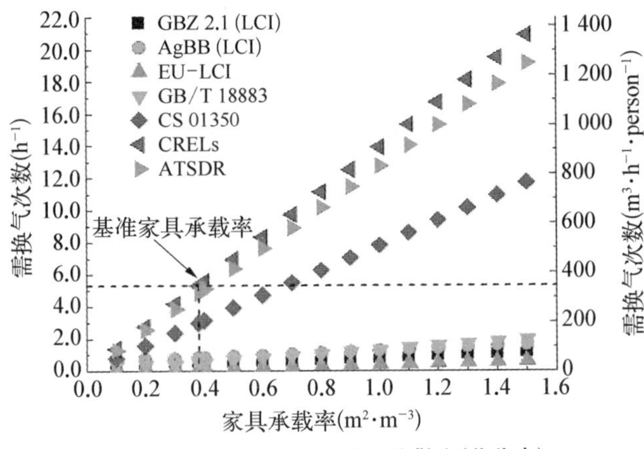

(e) 算例7：顶、墙、地、家具均散发(非稳态)

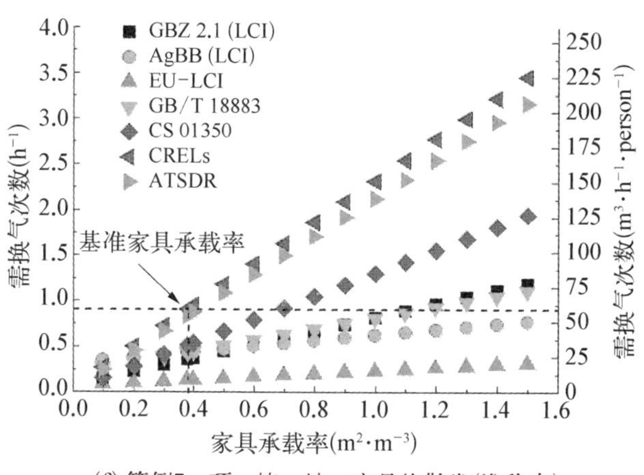

(f) 算例7：顶、墙、地、家具均散发(准稳态)

图 5－15　室内可散发面积对需换气次数的影响

① 非稳态和准稳态两个阶段 RVR 差异显著。在三例中，在基准家具承载率(0.38 $m^2 \cdot m^{-3}$)条件下，非稳态阶段 RVR 是准稳态阶段 RVR 值的近六倍。

② 其他结论与采用特征散发率法计算得到的新风量指标的结论基本一致。

5.3.5　多建材共存非稳态/准稳态两阶段的持续时间的估计

图 5－16 给出了表 5－2(见 5.1.1 节)中 10 个算例在非稳态/准稳态两阶段散发的持续时间估计。

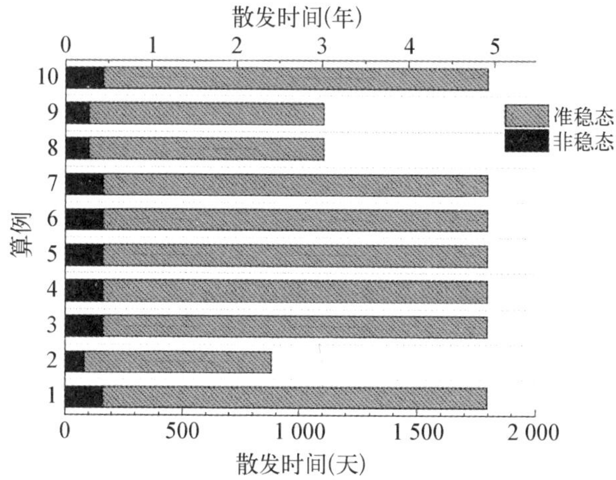

图 5－16　10 个算例非稳态/准稳态两阶段散发持续时间估计

由图 5－16 可知，在 10 个算例中非稳态散发阶段持续约 80～160 天，准稳态散发阶段持续时间约为 2.5～5 年。

5.3.6 人居环境新风场景的阶梯型新风量指标

图 5－17 给出了基于非稳态/准稳态两阶段散发新风场景得到的人居环境新风场景阶梯型新风量与基于全散发周期计算得到的新风量进行对比（算例 1、4、7、10，并令 LR_f 为基准值，其中假设开放办公室有完全的围护结构，即模拟小型办公室场景）。四类人居环境均按各算例中无回风最高需换气次数或人均新风量给出。

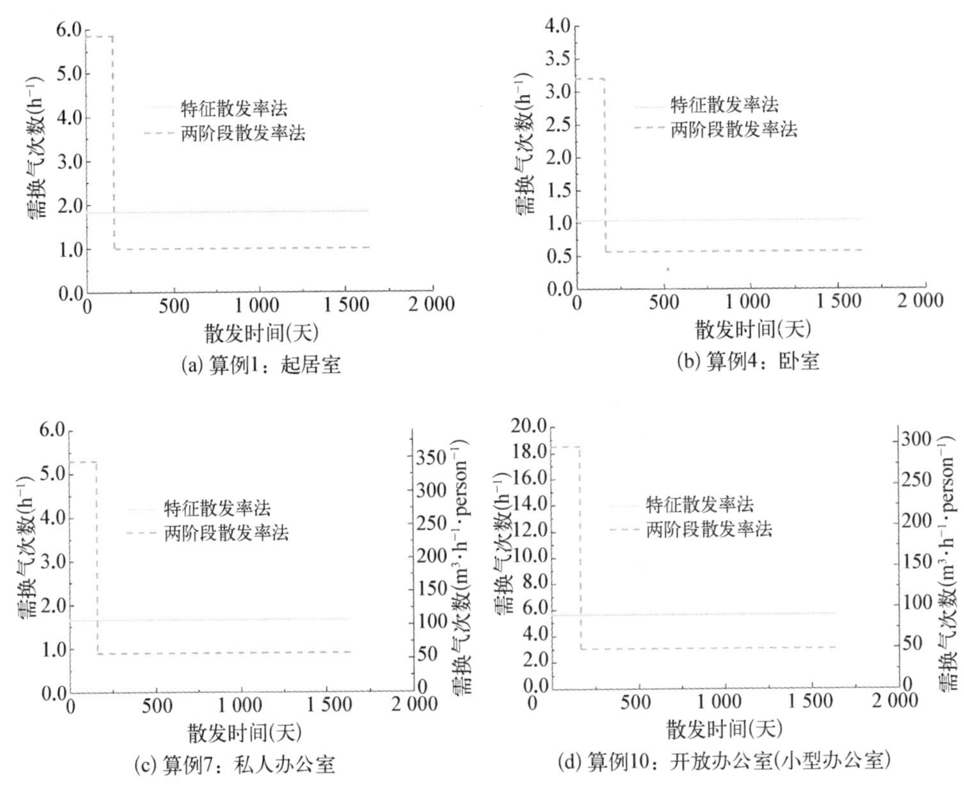

图 5－17　人居环境新风场景阶梯型新风量

由图 5－17 可见，基于全散发周期计算的新风量介于非稳态散发阶段新风量和准稳态散发阶段新风量之间。全散发周期新风量尽管考虑建材特征散发率，但在非稳态散发阶段远不够室内所需新风量，在准稳态散发阶段又高于所需新风量，考虑到约 90％的散发时间为准稳态散发，在该阶段全散发周期新风量约为准稳态散发阶段新风量的两倍，可预见在准稳态散发阶段采用准稳态散发新风量产生的经济效益（节能）将十分可观。

基于特征散发率得到的起居室、卧室、私人办公室和开放办公室（小型办公室）的需换气次数分别为 1.8 h^{-1}、1.0 h^{-1}、1.7 h^{-1}（108 $m^3 \cdot h^{-1} \cdot$ 人$^{-1}$）和 5.6 h^{-1}（92 $m^3 \cdot h^{-1} \cdot$ 人$^{-1}$）。而若仅考虑准稳态散发阶段，起居室、卧室、私人办公室和开放办公室（小型办公室）的需换气次数分别为 1.0 h^{-1}、0.6 h^{-1}、0.9 h^{-1}（59 $m^3 \cdot h^{-1} \cdot$ 人$^{-1}$）和 3.1 h^{-1}（51 $m^3 \cdot h^{-1} \cdot$ 人$^{-1}$）。尽管非稳态阶段的 RVR 值均较高，对于新建建筑而言，室内人员可避免在此期间（通常小于三个月至半年）进入室内从而增加机械通风能耗和人员健康的风险。对于无法避免滞空房间的情况，可辅助采用吸附式净化设备等以降低新风系统所造成的能耗。

此外，图 5-17 也反映了两种新风量计算方法的优缺点。即特征散发率法简单易行，但将会在大部分时间内高估室内 VOC 浓度。而两阶段散发率法至少需要计算准稳态散发阶段的起始时间和室内 VOC 浓度，但其所得新风量（准稳态散发阶段）仅约为特征散发率法的一半。

5.4　人居环境多建材共存复杂散发场景的新风量修正方法

评估三种复杂散发场景下全散发周期新风量计算方法和非稳态/准稳态两阶段新风量计算方法的适用性和修正方法。

5.4.1　多建材共存的新风量计算方法对多层建材的适用性分析

以双层建材为例（三层建材可认为为双层建材和单层建材的组合，依此类推），由 3.5.1 节分析可知，双层建材无论散发前内部浓度是否达到平衡，其散发过程大致可分为以下四类：① 上层建材主导散发；② 下层建材主导散发；③ 初始非平衡的互相制约性散发；④ 初始平衡的互相制约性散发。

当为上层建材主导散发时，下层建材基本不影响上层建材独立散发时特性，建材整体仍表现为上层建材的散发特性，即可考虑为单层建材。若上层建材关键参数未知，可使用“快速估计法”或其他方法获得。本章讨论的以单层建材推导多建材共存环境下 VOC 散发场景的新风量计算方法将仍适用。

当为下层建材主导散发时，双层建材气相 VOC 浓度曲线除了散发初期外与仅下层建材独立散发时一致，建材整体仍表位为下层建材的散发特性，也可考虑为单层建材。若上/下层建材 VOC 散发模型关键参数未知，“快速估计法”可能低估初始可散发浓度，则全散发周期 VOC 散发场景新风量的计算方法和准稳态散发阶段新风量的计算方法结果可能低估实际所需。若不为主导散发建材，非稳态散发阶段新风量应不受影响；若为主导散发建材，新风量也应不受影响。

当为初始非平衡的互相制约性散发时，下层建材对上层建材的影响通常不在初始时刻即显现，其气相 VOC 浓度曲线中往往可能存在两个峰值。相比下层建材独立散发，上/下层建材互相起到制约的作用，“快速估计法”也并不适用。若已知上/下层建材 VOC 散发模型关键参数，对于全散发周期散发场景或准稳态散发场景，两层建材间的 K_1 和 K_2 不再重要，两种新风量估计法仍适用。此外由于上/下层建材散发互相制约，在多建材共存环境下成为主导建材的可能性较小，非稳态散发阶段新风量应不受影响。

当为初始平衡的互相制约性散发时，在双层建材界面处始终满足如下条件：$\frac{C_1(L_1,\ t)}{K_1}=\frac{C_2(L_1,\ t)}{K_2}$，其气相浓度曲线仅存在一个峰值，同时不同于上/下层建材各自独立散发时的气相浓度曲线。若上/下层建材 VOC 散发模型关键参数未知，由于存在“快速估计法”适用条件，本章讨论的新风量估计法适用性与“快速估计法”适用性对应。若上/下层建材 VOC 散发模型关键参数已知，针对长期散发的全散发周期散发场景或准稳态散发场景新风量计算方法均适用。在非稳态散发阶段，无论是否为主导散发建材，非稳态散发阶段的新风量计算方法均适用。

表 5 - 11 汇总了多建材共存散发场景新风量的计算方法对多层建材的适用性分析。

表 5 - 11　多建材共存散发场景新风量的计算方法对多层建材的适用性分析

散 发 类 别	全散发周期散发场景	非稳态/准稳态两阶段散发场景
上层建材主导散发	适用	适用
下层建材主导散发	可能低估实际所需	可能低估准稳态阶段实际所需
初始非平衡的互相制约性散发	若已知上/下层建材 VOC 散发模型关键参数则适用	若已知上/下层建材 VOC 散发模型关键参数则适用
初始平衡的互相制约性散发	若已知上/下层建材 VOC 散发模型关键参数则适用	若已知上/下层建材 VOC 散发模型关键参数则适用

5.4.2　采用回风系统的新风场景的新风量修正方法

1. 非稳态散发阶段

采用回风系统的办公建筑新风场景，不考虑回风系统的源汇效应，入室回风中所含VOC直接影响室内气相VOC浓度，间接影响建材VOC散发率。

考虑回风的室内气相VOC控制方程可用差分方程表示：

$$V\frac{\mathrm{d}y(t)}{\mathrm{d}t}=A\dot{m}-(1-\eta)Q'\cdot y(t) \tag{5-28}$$

式中，Q'为回风模式下的通风量，$\mathrm{m^3\cdot s^{-1}}$；η为空调系统回风率，%。

采用Xu和Zhang(2003)[74]模型(见2.1.1节)计算建材主导建材散发条件下气相VOC浓度，将式(2-6)、式(2-7)和式(5-28)联立，可得到在η回风比条件下主导散发建材散发的气相VOC浓度。给出回风模式下室内气相VOC浓度算例，见图5-18，散发场景设置同表3-1(见3.2.2节)。

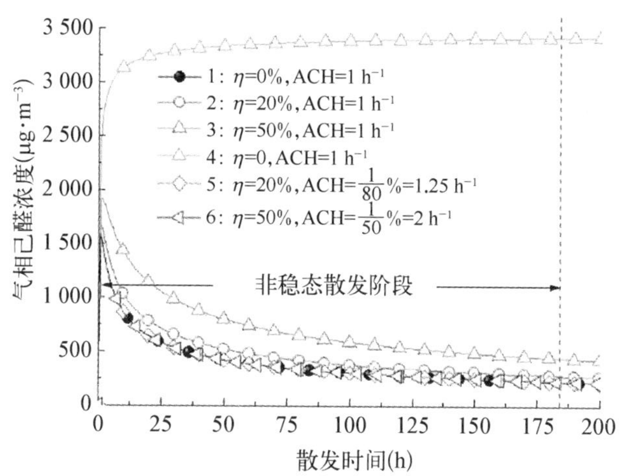

图5-18　回风模式下室内气相VOC浓度算例

由图5-18可知，回风对室内气相VOC浓度影响显著。由于回风部分VOC的浓度在每次循环中不断累积，故20%回风条件和50%回风条件下气相VOC浓度大于无回风条件下的气相VOC浓度。若回风比例过大，气相VOC浓度上升速率大于通风稀释速率，气相VOC浓度将在短时间内达到饱和值，满足：

$$K\cdot y(t)=C_{\mathrm{s}}(t) \tag{5-29}$$

式中，$C_s(t)$ 为建材表面 VOC 浓度，$\mu g \cdot m^{-3}$。

此时需换气次数可提高以保持与无回风模式下气相 VOC 浓度一致，即使式(5-28)与式(2-17)等价，即

$$Q = (1-\eta)Q' \tag{5-30}$$

有 $\frac{Q'}{Q} = \frac{1}{(1-\eta)}$。故可将需换气次数同样提高至无回风模式下的 $\frac{1}{(1-\eta)}$ 倍。图 5-18 中的算例 5、算例 6 已给出验证。而对于独立指标和组合指标，新风量可分别按式(5-31)和式(5-32)计算：

$$N = \frac{18\,000Q}{(1-\eta)V}\max\left\{\frac{1}{Y_j}\max\left\{\frac{I_{i,j}D_{i,j}G_{i,j}}{L_i^2},\ i=1,\ 2,\ \cdots,\ n\right\},\ j=1,\ 2,\ \cdots,\ m\right\} \tag{5-31}$$

$$N = \frac{18\,000Q}{(1-\eta)V}\sum_{j=1}^{m}\frac{1}{LCI_j}\max\left\{\frac{I_{i,j}D_{i,j}C_{i,j}}{L_i^2},\ i=1,\ 2,\ \cdots,\ n\right\} \tag{5-32}$$

2. 全散发周期或准稳态散发阶段

对于全散发周期或准稳态散发阶段，由于可忽略界面分配系数 K，对回风中所含的 VOC 可按叠加法计算新风量。新风量修正法可参照非稳态阶段新风量修正法计算，即

$$N_r = \frac{N}{1-\eta} \tag{5-33}$$

式中，N_r 为考虑回风系统的换气次数，h^{-1}。

5.4.3 采用间歇通风的新风场景的新风量修正方法

办公建筑可采用间歇通风以减少空调系统开启时间[240-241]，办公建筑和住宅也可利用夜间通风等间歇通风技术降低室内温度[242-243]。当室内不连续通风时，气相 VOC 浓度变化规律也出现周期性变化，若通风时间段内换气次数不变，换气次数 N 可表示为

$$N=\begin{cases}\dfrac{Q}{V}, & t\in \text{通风区间}\\ 0, & t\in \text{非通风区间}\end{cases} \tag{5-34}$$

联立式(2-6)、式(2-7)和式(5-34)，可求解间歇通风条件下室内气相 VOC 浓度随时间的变化。图 5-19 给出了间歇通风模式下室内气相 VOC 浓度算例，散发场景设置同表 3-1(见 3.2.2 节)。

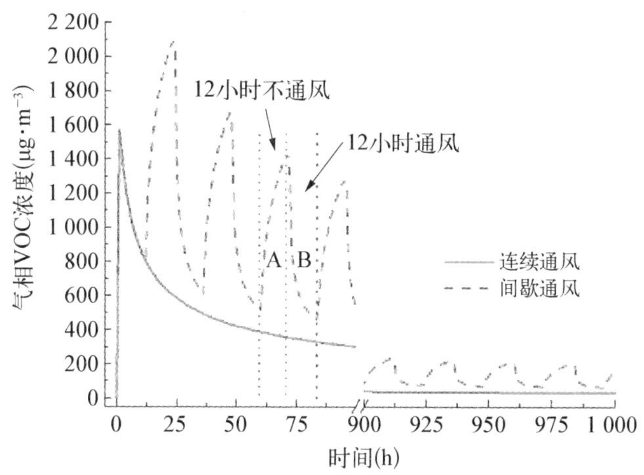

图 5-19　间歇通风模式下室内气相 VOC 浓度算例

图 5-19 中，间歇通风以 24 h 为周期，在连续通风 12 h(如区间 B)后连续不通风 12 h(如区间 A)。通风区间的气相浓度将高于对应时间连续通风的气相浓度。在不通风区间内气相 VOC 浓度迅速累积，当不通风时间足够长时，气相 VOC 浓度将达到饱和。

认为间歇通风中不通风区间(如区间 A)无新风量需求(无人员)，仅关注通风区间(如区间 B)内的气相 VOC 浓度以及新风量水平。每个通风区间内的平均 VOC 浓度可近似表示为

$$y_{B,i}=\frac{E_{AB,i}(t_{A,i}+t_{B,i})}{Q\cdot t_{B,i}} \tag{5-35}$$

式中，$y_{B,i}$ 为第 i 个通风区间内平均 VOC 浓度，$\mu g\cdot m^{-3}$；$E_{AB,i}$ 为第 i 个周期(包含一个通风区间和一个不通风区间)的平均散发率，$\mu g\cdot h^{-1}$；$t_{B,i}$ 和 $t_{A,i}$ 分别为通风区间和不通风区间时间，h。

以下三种间歇通风模式下(表 5-12)新风量的修正方法。在每个周期内，

间歇通风模式下平均 VOC 浓度 $y_{B,i}$ 与连续通风平均 VOC 浓度的近似比值为定值：

$$U=\frac{\left[\frac{E_{AB,i}\cdot(0+24)}{Q\cdot 24}\right]}{\left(\frac{E_{AB,i}\cdot 24}{Q\cdot t_{B,i}}\right)}=\frac{t_{B,i}}{24} \tag{5-36}$$

式中，U 为连续通风与间歇通风模式下各周期内平均 VOC 浓度的近似比值。

图 5-20 给出了表 5-12 中三种间歇通风模式与连续通风模式的比较。可见在三种间歇通风模式下采用近似比值$\frac{1}{U}$的连续通风气相 VOC 浓度与间歇通

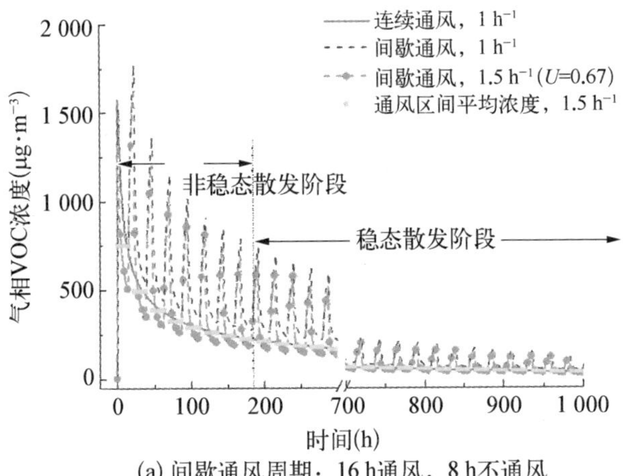

(a) 间歇通风周期：16 h通风，8 h不通风

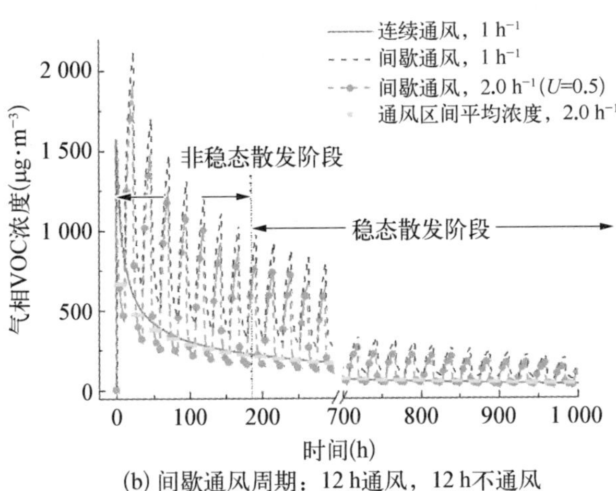

(b) 间歇通风周期：12 h通风，12 h不通风

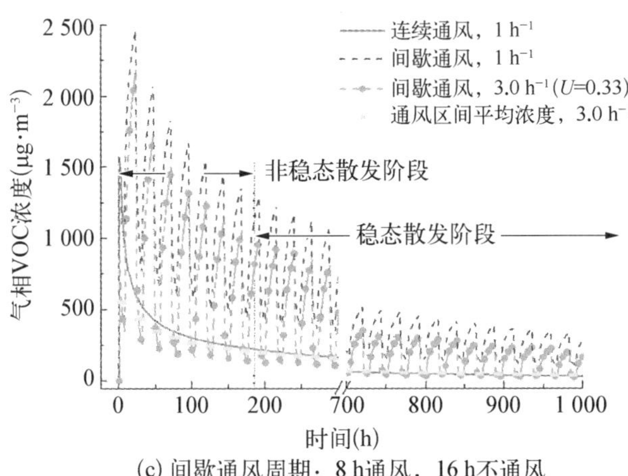

(c) 间歇通风周期：8 h通风，16 h不通风

图 5－20　回风模式下室内气相 VOC 浓度算例

风通风区间平均 VOC 浓度较接近，特别当 $0.2 < Fo_m \leqslant 2.0$（进入准稳态散发区）后可用近似比值 $\frac{1}{U}$ 的连续通风气相 VOC 浓度预测通风区间平均 VOC 浓度。

表 5－12 中汇总了三种间歇通风模式下，人员在室内的时间为 8～16 h，基本代表了一般情况下人员在办公建筑和住宅内的停留时间，基于此进一步对新风量计算方法进行修正。

表 5－12　几种住宅及办公建筑通风模式

序号	周期，h	通风区间（$t_{B,i}$），h	不通风区间（$t_{A,i}$），h	U	备　注
1	24	24	0	1.00	连续通风
2		16	8	0.67	间歇通风
3		12	12	0.50	
4		8	16	0.33	

ASHRAE Standard 62.2[64]给出了住宅间歇通风的通风量近似计算方法：

$$Q_f = \frac{Q_r}{(\varepsilon \cdot f)} \tag{5-37}$$

式中，Q_f 为通风模式下通风量，$m^3 \cdot h^{-1}$；Q_r 为新风量要求，$m^3 \cdot h^{-1}$；ε 为通风效率；f 为一个周期内通风时间与总时间的比值。

上述分析验证了采用间歇通风模式时，通风区间 VOC 平均浓度可用类似方法计算，即当采用间歇通风模式时，采用近似比值估计通风区间内 VOC 平均浓度：

$$y_{\mathrm{B}}(t)=\frac{y(t)}{U} \tag{5-38}$$

式中，$y_{\mathrm{B}}(t)$为间歇通风模式中通风区间内气相 VOC 平均浓度，$\mu g \cdot m^{-3}$；$y(t)$在相同场景下采用连续通风模式的气相 VOC 浓度，$\mu g \cdot m^{-3}$。

由于在准稳态散发区近似比值法预测通风区间内气相 VOC 平均浓度较为接近实际值，以准稳态散发阶段需换气次数计算方法为例给出新风量的修正方法。采用独立指标和组合指标的需换气次数分别按式(5-39)和式(5-40)计算：

$$N=\frac{2\,000}{U \cdot V}\max\left\{\frac{1}{Y_j}\sum_{i=1}^{n}\frac{I_{i,j}D_{i,j}[M''_{i,j}(2.0)-M''_{i,j}(0.2)]}{L_i^2},\ j=1,2,\cdots,m\right\} \tag{5-39}$$

$$N=\frac{2\,000}{U \cdot V}\sum_{j=1}^{m}\left\{\frac{1}{LCI_j}\sum_{i=1}^{n}\frac{I_{i,j}D_{i,j}[M''_{i,j}(2.0)-M''_{i,j}(0.2)]}{L_i^2}\right\} \tag{5-40}$$

算例不再赘述。

5.5 人居环境新风量计算方法的适用性和工程应用方法分析

分析人居环境新风量计算方法的误差来源及其适用性。由于暂时无法准确量化基于 NRC 数据库预测我国人居空间新风量需求带来的不确定性，探讨了基于本文提出的新风量计算方法用于工程实践的一般方法。

5.5.1 人居环境新风量计算方法的误差来源与适用性分析

本文给出的新风量计算的主要误差至少包含以下四个方面：

① NRC 数据库本身的测试误差[202]。首先，NRC 数据库中的建材无法代表

市场上所有的建材种类，特别与我国建材的制造使用现状存在不可估计的差距，而且我国建材领域存在新建材实用化速度快，标准制定滞后等因素。其次，即便在同一种材料，NRC 数据库的测试数据也存在不确定性。Magee 等人(2003)[202]指出测试样品间的不确定性甚至大于测试本身的不确定性。要使得基于建材 VOC 散发数据库得到的新风量可靠，应先在适应我国国情的基础上，探索建立符合反映现有建材制造和使用水平的我国建材 VOC 散发数据库的模式。

② 建材 VOC 散发模型关键参数“快速估计法”对关键参数 C_0 和 D 的估计误差。Ye 等人(2014)[23]对本部分进行了验证。由于关键参数估计法对 C_0 和 D 提供的是一种筛选级(screening-level)的估计，进而导致无论采用特征散发率法还是两阶段散发率法计算得到的新风量均为筛选级的估计值。实际上特征散发率法本质上会导致高估建材家具准稳态散发阶段的气相 VOC 浓度，进而高估由建材 VOC 散发确定的新风量。但这并不代表新风量一定被高估。因为室内除了建材外还有人员、设备、常用消耗品等其他散发源。本文提供的新风量计算方法对建材主导散发源的场景可用，当建材不再成为主要散发源后，得到的新风量值仍需与基于其他散发源确定的新风量进行对比分析。

③ 新风量估计法中的误差。非稳态阶段用主导建材估计总体散发率，以及对非稳态与准稳态时间划分本身也为筛选级的估计。在非稳态阶段，不同建材的源汇效应影响新风量的计算结果。在准稳态阶段，源汇效应对新风量计算结果影响降低，因即便存在汇的建材，可散发部分的 VOC 终将散发至室内空气中去。如需在非稳态阶段确定较准确的新风量，可直接使用多建材共存散发传质模型[73]计算，但其过程将变得复杂。

④ 忽略室内新风物理(非均匀性)、化学效应(化学反应等)带来的误差。特别是室内时刻存在各种化学反应，导致室内时变的 VOC 浓度较难准确预测。但从新风量长期潜在需求而言，大部分决定新风量的 VOC_s 均以反应物的形式参与室内化学反应，而非生成物。即室内可能的新风量长期潜在需求是降低的(见 7.3.2 节)。如此，基于本文计算方法得到的新风量总体偏安全。

由于多建材共存的复杂性，目前还无法准确量化每一部分带来的误差。但从工程应用角度出发，本章提供了两种基于建材散发 VOC 的新风量计算方法，着眼于对室内环境的适用性而非精确性。工程中可应用本章提供的新风量计算方法对室内环境进行筛选级的新风量估算。

实际上，采用建材标识体系中的组合指标确定新风量本身也值得后续研究。

此外，采用 NRC 数据库预测我国建材 VOC 散发水平的适用性在 4.3.3 节、5.2.4 节等处进行了分别的探讨。

5.5.2 基于 LCI 指标的人居环境 VOCs 优先控制目标

本文 7.3.1 节根据独立指标和组合指标计算统计了决定新风量的 VOCs。为兼顾独立指标，该方法没有完全突出各 VOCs 在确定新风量过程中的权重。本节给出基于 LCI 指标的人居环境 VOCs 优先（源头）控制目标的筛选方法。

为给出单一建材中各 VOC 对确定新风量的权重，将单一建材至于室内环境中，则基于 LCI 指标可得到稀释第 i 建材散发的各个 VOC 所需的新风量指标为

$$N_i = \frac{1}{V}\sum_{j=1}^{m}\frac{\hat{F}_{i,j}A_i}{LCI_j} = \frac{1}{V}\sum_{j=1}^{m}\frac{\hat{E}_{i,j}}{LCI_j},\ i = 1,\ 2,\ \cdots,\ n \tag{5-41}$$

式中，N_i 为基于 LCI 指标的稀释第 i 建材散发的各 VOC 所需的需换气次数，h^{-1}。

将式(5－41)代入式(5－2a)，式(5－2a)可变化为

$$R_{i,j} = \frac{\hat{E}_{i,j}}{LCI_j N_i V},\ i = 1,\ 2,\ \cdots,\ n;\ j = 1,\ 2,\ \cdots,\ m \tag{5-42}$$

式中，$R_{i,j}$ 为 i 建材中第 j 种 VOC 的气相 VOC 浓度与其对应的 LCI 指标的比值。

单个 $R_{i,j}$ 在确定 N_i 过程中的权重为

$$P_{i,j} = \frac{R_{i,j}}{\sum_{j=1}^{m}R_{i,j}},\ i = 1,\ 2,\ \cdots,\ n;\ j = 1,\ 2,\ \cdots,\ m \tag{5-43}$$

式中，$P_{i,j}$ 为 i 建材中第 j 种 VOC 在确定 i 建材所需的新风量 N_i 中所占的比重。

则第 j 种 VOC 在确定所有建材各自的新风量中所占的平均比重为

$$W_j = \frac{\sum_{i=1}^{n}P_{i,j}}{n},\ j = 1,\ 2,\ \cdots,\ m \tag{5-44}$$

式中，W_j 为第 j 种 VOC 在根据各个建材确定的新风量中所占的比重的平均值。

令 $M=\{W_{j=a_1}, W_{j=a_2}, \cdots, W_{j=a_{m-1}}, W_{j=a_m}\}$，其中有 $W_{j=a_1} \geqslant W_{j=a_2} \geqslant \cdots \geqslant W_{j=a_{m-1}} \geqslant W_{j=a_m}$，$a_m$ 为序列。

定义平均新风量贡献率 $R_{VR}(k)$：

$$R_{VR}(k)=\frac{\sum_{j=a_1}^{k} w_j}{\sum_{j=1}^{m} w_j} \geqslant \text{临界值} \tag{5-45}$$

式中，a_1 和 k 是某优先控制目标中第一个和最后一个 VOC 的序列；$R_{VR}(k)$以累积百分率的形式表征采用平均贡献率最大的前 k 种 VOC_s得到的新风量与采用全部可能的 VOC_s计算新风量的比值。如此，设定某一临界值，即可从基于 LCI 指标计算室内所需新风量的角度求得所有 VOC 种类中对确定新风量贡献率最大的若干种 VOC_s，即优先控制目标。

以 AgBB 和 EU－LCI 两种 LCI 指标为例计算获取优先控制目标，采用 NRC 数据库中的 28 种建材作为建材 VOC 散发基础数据，28 种建材总共散发了 101 种 VOC_s。临界值分别定为 50%，80%和 90%，计算结果见图 5－21。

由图 5－21 可见，对 AgBB：$R_{VR}(5)=0.54>50\%$，$R_{VR}(12)=0.82>80\%$，$R_{VR}(17)=0.91>90\%$；对 EU－LCI：$R_{VR}(7)=0.56$，$R_{VR}(13)=0.81$，$R_{VR}(18)=0.91$。

以 AgBB 为例，$R_{VR}(5)=0.54$ 意味着，在 28 种建材单一使用的工况中，平均而言采用 5 种 VOC_s确定的所需新风量是采用所有 50 种 VOC_s（既从建材中散发，又有 AgBB 限值指标）确定的所需新风量的 54%；以此类推，$R_{VR}(17)=0.91$ 即代表采用 17 种 VOC_s计算得到的所需新风量与采用所有可能的 VOC 计算得到的所需新风量相比达到 91%的平均接近程度。

表 5－13 进一步按优先等级给出 VOC_s优先控制目标（按优先等级分类汇总），其中 VOC_s按在 AgBB 或 EU－LCI 指标体系中对新风量的贡献率的倒序排列，并分别按临界值 50%，80%和 90%分类。

由表 5－13 结合图 5－21 可知，选择 5～7 种 VOC_s（等级为Ⅰ）预测室内新风量，平均得到的结果将为采用所有可能的 VOC_s计算得到的新风量结果的 50%以上；选择 12～13 种 VOC_s（等级为Ⅰ＋Ⅱ）预测室内新风量，得到的结果将有 80%以上的接近程度；而选择 17～18 种 VOC_s（等级为Ⅰ＋Ⅱ＋Ⅲ）预测室内新风量，得到的结果的平均接近程度将达到 90%以上。

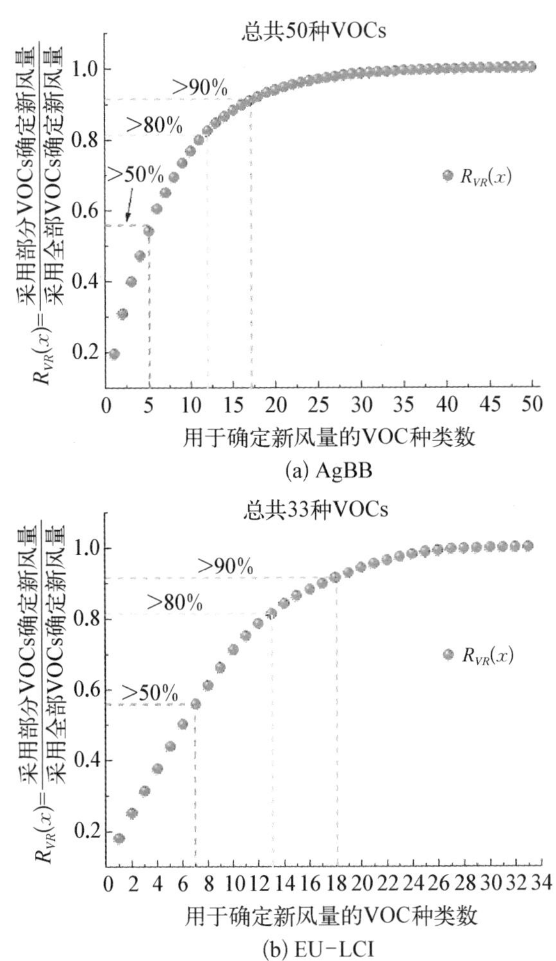

图 5-21 基于 AgBB 和 EU-LCI 两种 LCI 指标计算 VOC_s 优先控制目标

表 5-13 VOC_s 优先控制目标(按优先等级分类汇总)

排序	优先等级	AgBB(总共 176 种 LCIs)[50]		EU-LCI(未来将有 177 种 LCIs)[185]	
		CAS No.	中文名	CAS No.	中文名
1	Ⅰ	91-20-3	萘	66-25-1	1-己醛
2		66-25-1	1-己醛	100-42-5	苯乙烯
3		64-19-7	乙酸	112-31-2	癸醛
4		100-52-7	苯甲醛	110-62-3	戊醛
5		108-95-2	苯酚	6846-50-0	2,2,4-三甲基戊二醇二异丁酸酯

续　表

排序	优先等级	AgBB(总共 176 种 LCIs)[50]		EU－LCI(未来将有 177 种 LCIs)[185]	
		CAS No.	中文名	CAS No.	中文名
6	Ⅰ			80－56－8	α－蒎烯
7				124－19－6	壬醛
8	Ⅱ	80－56－8	α－蒎烯	106－46－7	1,4－二氯苯
9		104－76－7	2－乙基己醇	127－91－3	β－蒎烯
10		4994－16－5	4－苯基环己烯	108－38－3	1,3－二甲苯
11		2548－87－0	反－2－辛烯醛	75－07－0	乙醛
12		127－91－3	β－蒎烯	106－42－3	1,4－二甲苯
13		111－15－9	乙二醇乙醚醋酸酯	108－21－4	乙酸异丙酯
14		18829－55－5	2－庚烯醛		
15	Ⅲ	110－54－3	正己烷	123－72－8	正丁醛
16		138－86－3	(±)－柠檬烯	95－63－6	1,2,4－三甲基苯
17		110－62－3	戊醛	98－86－2	甲基苯基酮
18		124－19－6	壬醛	99－87－6	4－异丙基甲苯
19		112－31－2	癸醛	124－13－0	正辛醛

换句话说，对于 NRC 数据库中的建材而言(总共散发 101 种 VOC_s)，相对关注 LCI 指标体系中约 170 余种(由 28 种建材散发的 VOC_s 为 33～50 种)目标 VOC_s，仅采用其中 10%的 VOC_s 预测室内新风量即可达到平均 90%以上的准确程度(接近采用全部可能的 VOC_s 计算新风量)，见图 5－22。如此也反映出筛

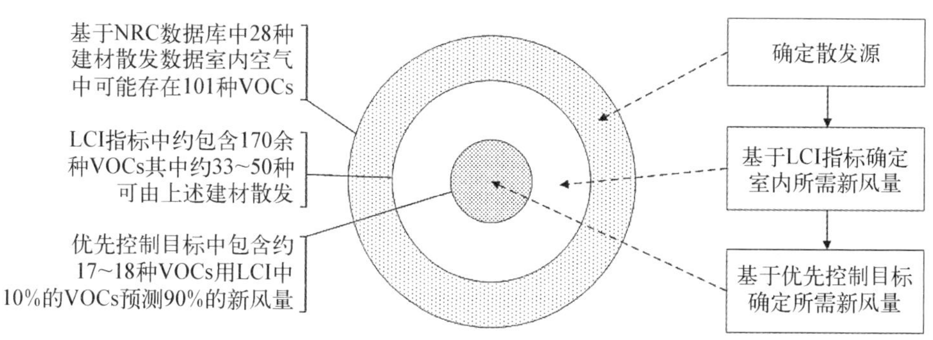

图 5－22　基于 LCI 指标确定 VOC_s 优先控制目标的过程

选 VOC_s优先控制目标的作用。当然，从健康等角度出发，对建材散发的 VOC 进行源头控制的种类越多越好，特别是对人体健康影响比较大的污染物。但从经济角度出发，优先控制部分重点 VOC_s可能具有更有效的实践价值。

对基于不同 LC 指标获得的优先控制目标上 VOC_s的比较分析不再展开。

5.5.3 人居环境新风量计算方法用于工程实践的一般应用方法

单一建材在室内的新风量需求可由式(5-41)计算。以两种建材(编号为 1 和 2)在室内共存的场景分析新风量的计算方法，式(5-41)变换为

$$N_{1+2}=\frac{1}{V}\sum_{j=1}^{m}\frac{\hat{F}_{1,j}A_1+\hat{F}_{2,j}A_2}{LCI_j}$$
$$=\frac{1}{V}\left(\sum_{j=1}^{m}\frac{\hat{E}_{1,j}}{LCI_j}+\sum_{j=1}^{m}\frac{\hat{E}_{2,j}}{LCI_j}\right)=N_1+N_2 \tag{5-46}$$

式中，N_{1+2}为建材 1 和建材 2 共存时所需的新风量，h^{-1}；$\hat{F}_{1,j}$和$\hat{F}_{2,j}$分别为建材 1 和建材 2 中第 j 种 VOC 的特征散发因子(若在某建材中不散发，则特征散发因子为 0)，$\mu g\cdot m^{-2}\cdot h^{-1}$；$A_1$ 和 A_2 分别为建材 1 和建材 2 的散发面积，m^2；$\hat{E}_{1,j}$和$\hat{E}_{2,j}$分别为建材 1 和建材 2 中第 j 种 VOC 的特征散发率，$\mu g\cdot h^{-1}$；N_1 和 N_2 分别为建材 1 和建材 2 独立散发时室内所需的新风量，h^{-1}。

由式(5-46)类推，采用特征散发率法和 LCI 指标计算室内多建材共存时的所需新风量，可分别计算单一建材独立散发时的所需新风量，再进行叠加。进一步讲，工程上可量化每种建材在装载率为 1 $m^2\cdot m^{-3}$ $\left(\frac{A_i}{V}=1\right)$ 条件下的所需新风量值，并以此为该种建材的标准所需新风量。在实践中，针对某一室内环境的建材使用情况对每种建材的标准新风量进行装载率修正，将修正后的各个建材的标准新风量叠加即得到该房间最终所需的新风量 N，即

$$N=\sum_{j=1}^{m}\left(\frac{\frac{A'_i}{A_i}}{\frac{V'}{V}}\cdot\frac{\hat{F}_{i,j}A_i}{LCI_jV}\right)=\frac{1}{V'}\sum_{j=1}^{m}A'_i\bar{N}_i \tag{5-47}$$

式中，V'为实际房间体积，m^{-3}；$\bar{N}_i$ 为 i 建材的标准所需新风量，h^{-1}；A'_i为室内 i 建材的实际散发面积，m^2。

图 5-23 给出了 NRC 数据库中 28 种建材的标准所需新风量，按 AgBB 和

EU－LCI 两种指标下的 VOC_s 优先控制目标计算(优先等级Ⅰ＋Ⅱ＋Ⅲ)，正误差条为按所有可能的 VOC_s 计算得到的所需新风量，负误差条为按优先等级Ⅰ计算得到的所需新风量。不同建材的标准所需新风量相差约 5 个数据量，故纵坐标按对数坐标给出。不同建材间的标准所需新风量的差异不再分析，NRC ID 参加 4.1.3 节。

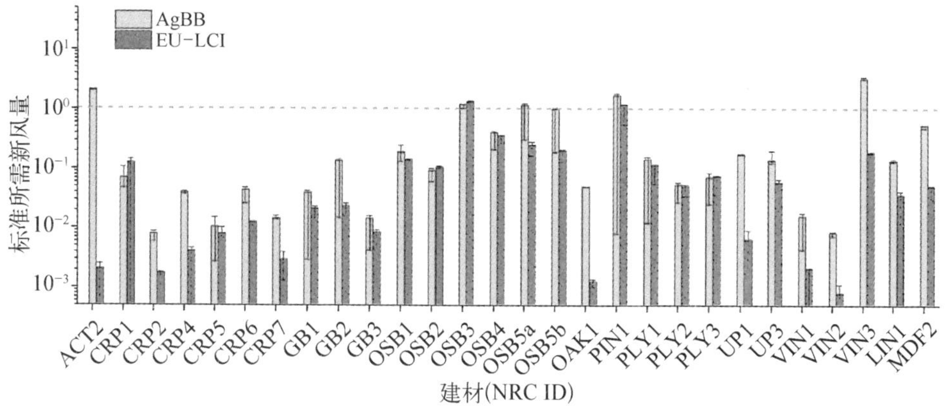

图 5－23　NRC 数据库中 28 种建材的标准所需新风量

图 5－23 是基于国际建材散发数据库计算得到的结果。但将新风量计算方法一般化后，一旦探索出适应我国国情的建材 VOC 散发数据库的发展模式，且待数据库具备一定规模，即可采用该一般化方法确定符合我国国情的新风量指标。

5.6　本章小结

(1) 基于标准房间的概念建立标准新风场景。定义新风场景由：① 标准房间(办公建筑：私人和开放办公室；住宅：起居室和卧室)；② VOC 散发源(NRC 数据库中的建材)；③ 室内空气品质标准；④ 通风策略等四部分组成。

对多建材共存 VOC 散发场景，做了以下三个方面的工作：① (单层)多建材共存的全散发周期场景的新风量计算方法；② (单层)多建材共存的非稳态/准稳态两阶段散发场景的新风量计算方法；③ 评估新风量对含多层建材、回风和间歇通风等复杂散发场景的适用性。

(2) 对全散发周期场景，此场景下，90％的散发时间 ($0.2 < Fo_m \leqslant 2.0$) 可

近似认为为准稳态散发阶段，不考虑 K 对建材散发率的影响，也可不考虑不同建材间的源汇效应。建立特征散发率和特征散发时间，得到各建材特征散发率可叠加用于计算多建材共存全散发周期的新风量，并给出计算方法。其中新风量按需换气次数形式给出（不考虑新风品质）。此外，选取 GB/T 18883、GBZ 2.1、CRELs、CS 01350、ATSDR、AgBB 和 EU - LCI 七个限值指标体系进行计算比较。GB/T 18883、CRELs、CS 01350、ATSDR 均含有针对不同 VOC 的独立指标。AgBB 和 EU - LCI 为组合指标，同时将 GBZ 2.1 作为组合指标进行计算。分别给出独立指标和组合指标的新风量计算方法。

对多建材共存的非稳态/准稳态两阶段散发场景，认为 $0.2 < Fo_{\mathrm{m}} \leqslant 2.0$ 区间内单层建材 VOC 散发处于准稳态，采用建材长期（long-term）散发模型预测建材在准稳态区的散发特性，进而预测建材准稳态散发的新风量。在非稳态阶段分析并确定主导散发建材，采用该建材在其独立散发的非稳态散发区平均散发率作为该 VOC 在多建材共存场景非稳态散发区散发浓度的近似值，并基于此确定新风量。同样分别按独立指标和组合指标给出新风量计算方法。

以双层建材为例分析了含多层建材新风场景下新风量计算方法的适用性，四类散发类型基本都在一定程度上适用于本文提出的新风量计算方法。此外，给出了含回风、间歇通风的新风量修正方法。

(3) 根据全散发周期、非稳态/准稳态两阶段散发两类新风量的计算方法分析了四个典型新风场景的新风量及其影响因素。多建材共存散发场景新风量及其计算方法汇总见表 5 - 14。

(4) 对新风场景的新风量计算可知，新风量受室内空气品质参考标准影响显著。总体而言，组合指标相对室内承载率等变量而言较不敏感。对于独立指标，决定新风量的污染物不唯一也不恒定，即实际工程中的新风量应至少基于多种 VOC 的室内限值来确定。现阶段国际上还没有统一公认的指标体系可被采纳。新风量同样受建材选择、散发源面积等因素影响。实木类建材和合成类建材均会造成室内较高的所需新风量。此外，用两阶段散发率法计算室内新风量时，其准稳态阶段新风量可仅约为按特征散发率法计算得到的新风量的一半。

(5) 分析了人居环境新风量计算方法的误差来源与适用性，给出了基于 LCI 指标的 VOC_s 优先控制目标和新风量计算方法用于工程实践的一般应用方法。

表 5－14　多建材共存散发场景的新风量及其计算方法汇总

<table>
<tr><th colspan="2" rowspan="2">项　　目</th><th colspan="4">新　风　场　景</th></tr>
<tr><th>起居室</th><th>卧　室</th><th>私人办公室</th><th>开放办公室</th></tr>
<tr><td colspan="2">房间体积(m^3)</td><td>57.2</td><td>42.9</td><td>65.2</td><td>16.3</td></tr>
<tr><td colspan="2">家具承载率($m^2 \cdot m^{-3}$)</td><td>0.23</td><td>0.42</td><td>0.38</td><td>1.33</td></tr>
<tr><td colspan="2">吊顶、墙面、地板承载率($m^2 \cdot m^{-3}$)</td><td>1.62</td><td>1.75</td><td>1.34</td><td>2.37</td></tr>
<tr><td colspan="2">室内人员数(人)</td><td>—</td><td>—</td><td>1</td><td>1</td></tr>
<tr><td rowspan="2">全散发周期新风量计算方法</td><td>独立指标</td><td colspan="4">$N = \frac{1\,800}{(1-\eta)UV}\max\left\{\frac{1}{Y_j}\sum_{i=1}^{n}\frac{I_{i,j}C_{0,i,j}D_{i,j}A_i}{L_i},\ j=1,2,\cdots,m\right\}$</td></tr>
<tr><td>组合指标</td><td colspan="4">$N = \frac{1\,800}{(1-\eta)UV}\sum_{j=1}^{m}\left(\frac{1}{LCI_j}\sum_{i=1}^{n}\frac{I_{i,j}C_{0,i,j}D_{i,j}A_i}{L_i}\right)$</td></tr>
<tr><td rowspan="2">非稳态散发阶段新风量计算方法</td><td>独立指标</td><td colspan="4">$N = \frac{18\,000Q}{(1-\eta)UV}\max\left\{\frac{1}{Y_j}\max\left\{\frac{I_{i,j}D_{i,j}G_{i,j}}{L_i^2},\ i=1,2,\cdots,n\right\},\ j=1,2,\cdots,m\right\}$</td></tr>
<tr><td>组合指标</td><td colspan="4">$N = \frac{18\,000Q}{(1-\eta)UV}\sum_{j=1}^{m}\frac{1}{LCI_j}\max\left\{\frac{I_{i,j}D_{i,j}G_{i,j}}{L_i^2},\ i=1,2,\cdots,n\right\}$</td></tr>
<tr><td rowspan="2">准稳态散发阶段新风量计算方法</td><td>独立指标</td><td colspan="4">$N = \frac{2\,000}{(1-\eta)UV}\max\left\{\frac{1}{Y_j}\sum_{i=1}^{n}\frac{I_{i,j}D_{i,j}[M''_{i,j}(2.0)-M''_{i,j}(0.2)]}{L_i^2},\ j=1,2,\cdots,m\right\}$</td></tr>
<tr><td>组合指标</td><td colspan="4">$N = \frac{2\,000}{(1-\eta)UV}\sum_{j=1}^{m}\left\{\frac{1}{LCI_j}\sum_{n=1}^{m}\frac{I_{i,j}D_{i,j}[M''_{i,j}(2.0)-M''_{i,j}(0.2)]}{L_i^2}\right\}$</td></tr>
</table>

续 表

项目		新风场景			
		起居室	卧室	私人办公室	开放办公室
无回风，采用连续通风条件下最高换气次数(h^{-1})或人均新风量($m^3\cdot h^{-1}\cdot$人)	全散发周期	1.83	1.04	1.66(人均：108.2)	5.63(人均：91.8)
	非稳态	5.85	3.20	5.29(人均：344.9)	18.52(人均：301.9)
	准稳态	1.00	0.57	0.90(人均：56.0)	3.06(人均：49.9)
散发持续时间(天)	全散发周期	1 632.8	1 632.8	1 632.8	1 632.8
	非稳态	163.3	163.3	163.3	163.3
	准稳态	1 469.5	1 469.5	1 469.5	1 469.5
新风量决定性 VOC_s		甲醛，苯酚，苯，乙酸，α-蒎烯，三氯乙烯，TVOC 等(见 7.3.1 节)			
新风量影响因素	建材家具类型	通常合成建材甲醛可散发浓度较高，甲醛通常主导需换气次数的确定；实木建材中萜烯类VOC可散发浓度较高，也易导需换气次数的确定			
	可散发面积	可散发面积与需换气次数一般成正比			
	VOC浓度比	与需换气次数成正比，实际建材VOC浓度越高，新风场景所需换气次数越大			
	建材厚度	建材厚度与特征散发率成反比，与特征散发时间的平方成正比			
	指标类别	不同指标涵盖的VOC种类的浓度指标的不同，对需换气次数计算影响较大。独立指标中CRELs和ATSDR对甲醛等主导VOC的浓度有较严格的限制。通常来讲，组合指标对VOC的涵盖较为全面，受建材/家具类型、家具承载率等因素影响相对较小			

第6章 建材中甲醛初始可散发浓度与新风量的修正方法

甲醛在建材中的初始可散发浓度通常小于其初始浓度，理解和合理估计甲醛在建材中的初始可散发浓度将为人居环境的新风量设计计算提供帮助。本章研究了甲醛在聚合物的部分可逆吸附特性，分析了温湿度对建材散发、吸附特性的影响，并进一步分析其对新风量的影响。

本章相对独立，就甲醛的初始可散发浓度问题展开研究。部分研究结论(新风量的修正方法)以第 5 章研究结果为基础。

6.1 甲醛在聚合物中的吸附、散发特性

建材 VOC 初始可散发浓度是指在一定温度下，外界环境浓度为零时建材能够散发的 VOC 总量[75]。对于已报道的大部分建材中散发的 VOC，可认为初始材料相 VOC 浓度即为初始可散发浓度[78,115,244]。

甲醛近来被广泛报道其初始可散发浓度小于初始材料相浓度[75,79,139,245]。如采用《室内装饰装修材料人造板及其制品甲醛释放量》(GB 18580)[236]对人造板和饰面人造板推荐的穿孔萃取法测定甲醛含量将远大于其在室温下可散发的浓度。使用穿孔萃取法测定结果计算材料初始可散发 VOC 浓度比 $I_{i,j}$ (见 5.2.3 节)可能将高估室内所需新风量。尽管甲醛通常在室内存在时间仅为数小时[246]，但诸多人造建材中仍能以月、年计散发甲醛，是室内最受关注的化学污染物之一[247]，研究甲醛在建材中初始可散发浓度对新风量研究十分关键。

6.1.1 基质材料选取

甲醛分子是化学性质不稳定的极性分子，常温下以气体存在[45,248]。研究甲醛吸附、散发特性的基质(substrate)材料需符合如下条件：① 材料稳定，不与甲醛发生反应；② 为研究传质过程，材料应为理想的各项同性材料，甲醛在材料中的传质过程应符合 Fick 第二定律；③ 本实验采取称重法测定甲醛吸附、散发量，故材料本身不应包含挥发性的成分。同时为使吸附、散发量可测，甲醛在材料中应有较大的溶解度(solubility)，即甲醛与材料的界面分配系数 K 要足够大。

在上述条件下，通常选取人造聚合物基体(polymeric matrix)作为基质材料。Cox(2010)等人[78]选取 PMP(polymethylpentene，聚甲基戊烯)和 PC(polycarbonate，聚碳酸酯)研究甲苯吸附、散发特性，证明人造聚合物基体可以作为理想的 VOC 传质基质材料。Hennebert(1988)[249]研究了甲醛气体在 14 种聚合物材料中的溶解性和传质特性，尽管未研究甲醛在聚合物中的传质过程本身，但证明甲醛不与以下八种聚合物发生反应：① 增塑或未增塑的 PVC(poly vinyl chloride)；② 聚氯乙烯；③ HDPE(high density polyethylene，高密度聚乙烯)；④ PP(polypropylene，聚丙烯)；⑤ PS(polystyrene，聚苯乙烯)；⑥ PMMA(poly methyl methacrylate，聚甲基丙烯酸甲酯)；⑦ POM(polyoxymethylene，聚甲醛)和⑧ PC。其中增塑 PVC 含塑化剂，未增塑 PVC 具有较低的甲醛溶解度和较低的传质系数。POM 本身为甲醛聚合受热易热解聚[250]。LDPE(low density polyethylene，低密度聚乙烯)相比 HDPE 多孔性(prosity)更显著，可能增强甲醛的溶解度和传质特性，故选取以下五种聚合物作为研究甲醛吸附、散发特性的聚合物基质材料：① PC；② LDPE；③ PMMA；④ PP和⑤ PS。图 6-1 给出了五种聚合物基质材料化学结构式。

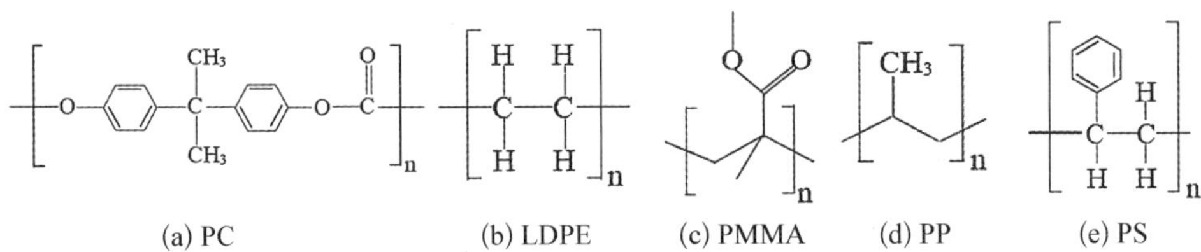

图 6-1 选取的五种聚合物基质材料化学结构式

6.1.2 实验系统与实验过程

采用 Microbalance(微天平称重法)测试甲醛在聚合物基质材料中的吸附、

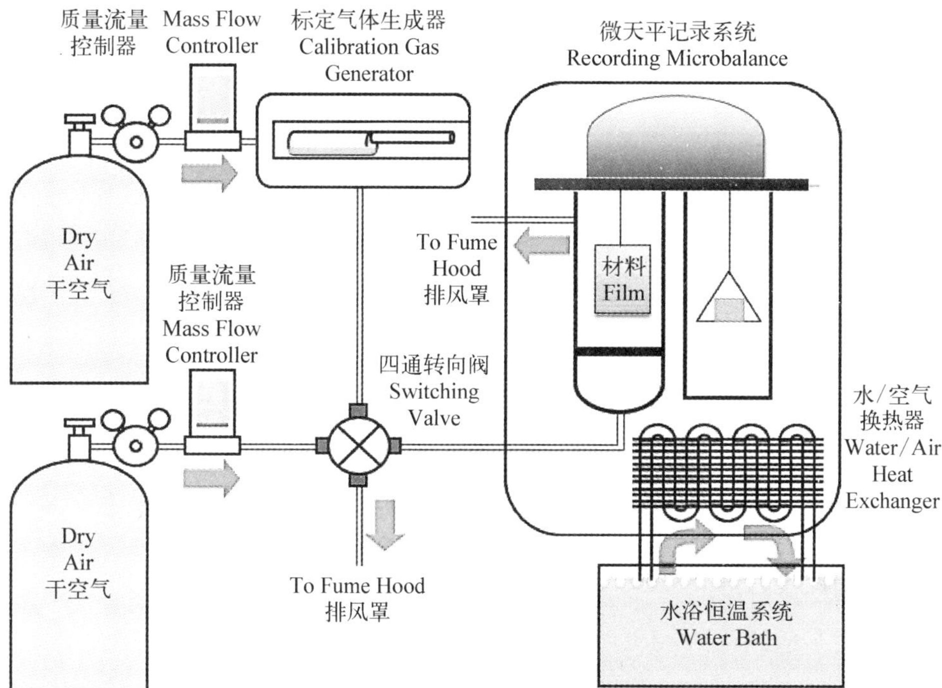

图 6－2　Microbalance 实验系统示意图

散发特性。Microbalance 实验系统示意图如图 6－2 所示。

Microbalance 法(微天平称重法)测试甲醛在吸附、散发特性与制作甲苯参考散发材料(reference material)类似(见 3.4.1 节)。在带有标定气体生成器的恒温箱(Dynacalibrator Model 190, VICI Metronics Inc., Santa Clara, CA, USA)中加热(95℃)装有固体多聚甲醛(PFA, paraformaldehyde, 97%纯度, Alfa Aesar, Ward Hill, MA, USA)的扩散管[79,228],多聚甲醛热解聚成单体气体分子[251]。流速保持相对恒定(Q=250 mL·min^{-1})的相对湿度为零的洁净空气(UN1002, Airgas Inc., Radnor, PA, USA)通过质量流量控制器(Model FC－280S, Tylan General, Carson, CA, USA)和扩散管(标定气体生成器),并形成一定浓度的甲醛气体,其浓度可按式(3－13)(见 3.4.1 节)分母部分计算得到。

微天平(可读精度 0.1 μg)所在环境小舱由水浴恒温系统保持温度恒定在 25±0.1℃。截面尺寸为 3.6 cm×3.6 cm(厚度视材料而定)的聚合物悬挂在微天平一侧的玻璃容器(体积为 560 mL,换气次数为 26.8 h^{-1})中,其质量变化由微天平连续监测。微天平环境小舱外配保温材料(Reflectix 48－in Reflective

Insulation)，同时遮光(见 3.4.1 节，图 3－6(a))避免甲醛被光催化[176]。每次实验先对聚合物通入洁净空气若干天，直至其质量不再降低后，通过四通转向阀使含甲醛气体在 250 mL · min^{-1} 的流速下流经聚合物，聚合物吸附甲醛的过程由微天平实时记录。待测得聚合物质量不再上升后，再次调节四通转向阀使洁净空气再次流经聚合物。此时，由于入流空气气相甲醛浓度为零，材料中可散发的甲醛会再次散发。微天平实时记录质量变化，直至质量不再下降认为散发过程结束。

除上述仪器设备外，实验过程中采用数据采集模块(National Instruments Corporation, USA)实时采集质量流量控制器(MFC)流量(信号输出模块：NI 9263，信号输入模块：NI 9219)；微天平环境舱室内温度、实验室环境温度(信号输入模块：NI 9217，温度计：Omega，RTD－2－F3102－96－T－B)和气压数据(信号输入模块：NI 9219，气压计：Omegadyne Inc. PX309－015A5V)。输入输出模块由 LabView(版本：8.2)控制程序完成。图 6－3 所示为 LabView 控制程序。

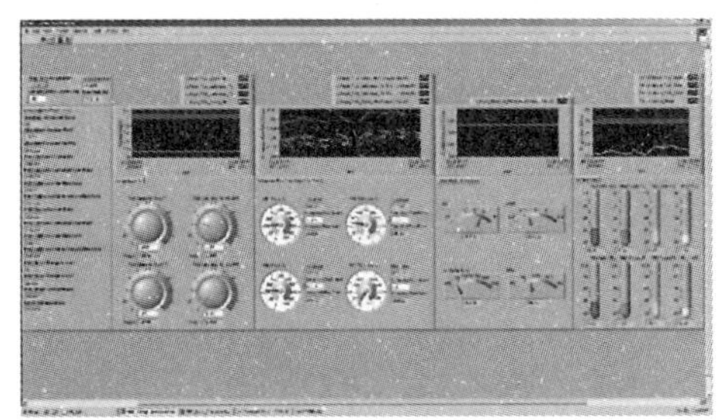

(a) LabView控制界面

(b) LabView后台控制程序

图 6－3　LabView 控制程序

6.1.3　恒定气相甲醛浓度的检验

多聚甲醛化学结构式如图 6－4(a)所示，通常其聚合单元数为 8～100，以 4 单元多聚甲醛为例，其热解聚过程如图 6－4(b)所示。

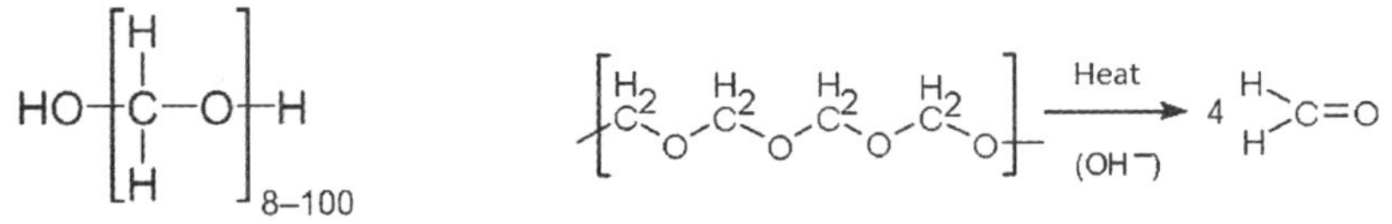

(a) 多聚甲醛化学结构式

(b) 多聚甲醛热解聚过程

图 6－4　多聚甲醛化学结构式及其解聚过程[251]

扩散管已被证明可以在高温下线性散发 VOC[79, 228]。图 6－5 给出了扩散管多聚甲醛热解聚线性散发的检验。在实验期间内，可近似认为扩散管质量的减少即为期间内生成甲醛的质量。由图 6－5(b)可知，三次热解聚实验甲醛生成量均满足线性要求(即气相浓度近似恒定)。减少称量次数为减少对散发率的影响。

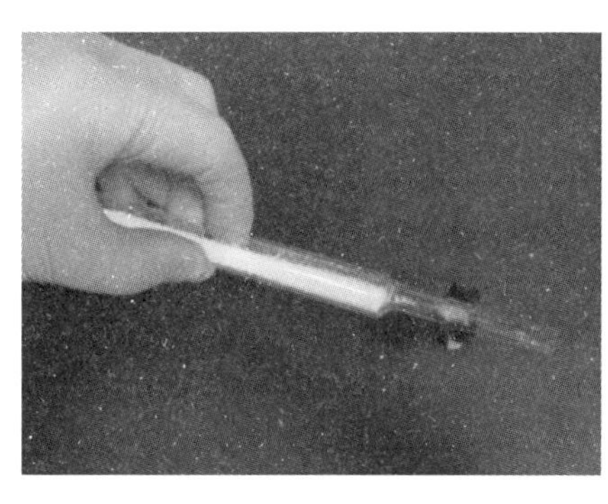

(a) 装有多聚甲醛的扩散管

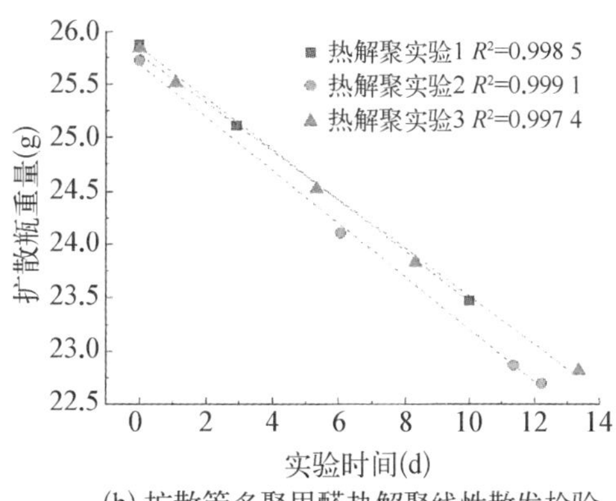

(b) 扩散管多聚甲醛热解聚线性散发检验

图 6－5　扩散管多聚甲醛热解聚线性散发检验

由图 6－5(b)根据式(3－13)分母可计算气相甲醛浓度。Liu 等人(2013)[79]比较了采用 NIOSH 3500 标准[252]测得的气相甲醛浓度与计算浓度的差异，结果显示计算浓度基本与实际测量等效，故本处采用计算浓度而不再测量气相甲醛浓度。

6.1.4　甲醛在聚合物中的吸附、散发实验

对 PC、LDPE、PMMA、PP 和 PS 五种聚合物进行甲醛吸附、散发实验。Hennebert(1988)[249]的实验结论预示了，相对而言 PC 溶解度较大且传质系数较小，而 PS、PMMA、PP 和 HDPE 具有较小的溶解度和较大的传质系数。

实验结果如图 6－6—图 6－10[253]所示。吸附散发过程传质系数由 Fick 模型(见 3.4.1 节，式(3－14))结合 Levenberg-Marquardt 非线性最小化算法(见 2.3.3 节)拟合。

本实验中为检验 LDPE 的溶解度和传质系数是否与 HDPE 一致，吸附、散发实验重复两次。另实验证明 PMMA 溶解度和传质系数均较小，微天平测量不稳定性增大，故未重复进行 PMMA 实验。此外，PC 重复实验三次，PP 和 PS 均重复实验两次。其中 PC、PP 进行同一片材料的重复吸附、散发实验。所有实验在 25℃，相对湿度 0%环境下进行。部分实验操作员为 Xiaomin Zhao(Virginia Tech)。

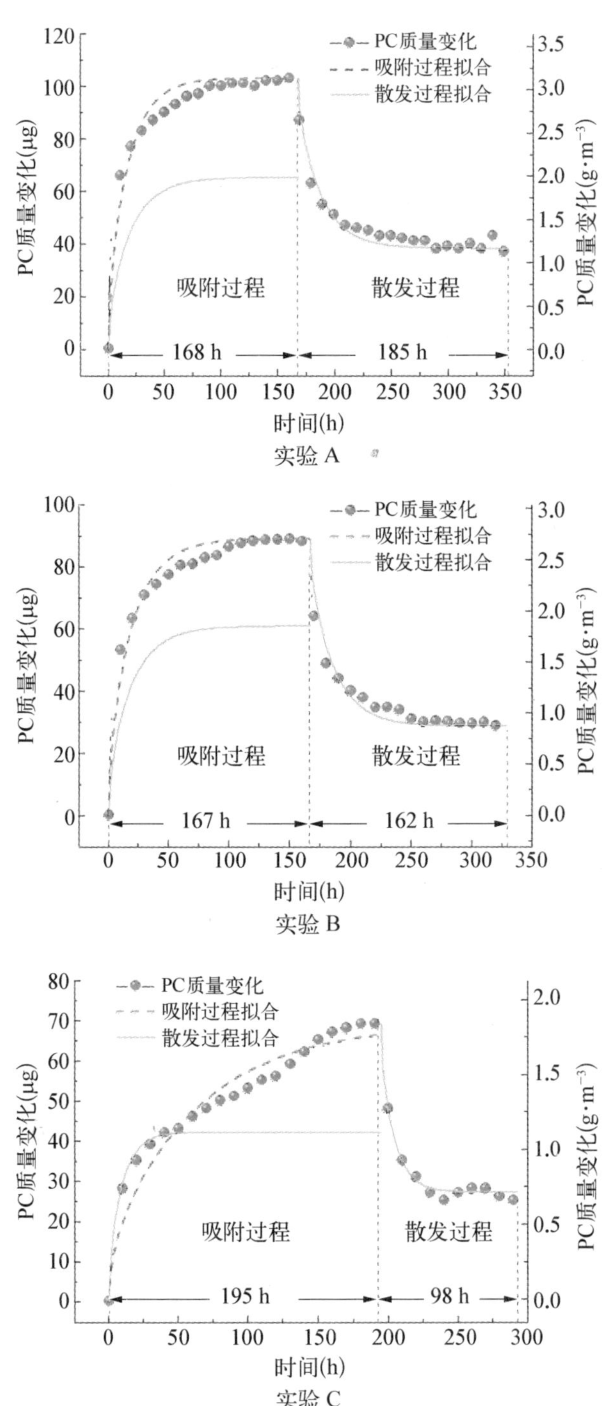

图 6-6　甲醛/聚碳酸酯(PC)吸附、散发实验

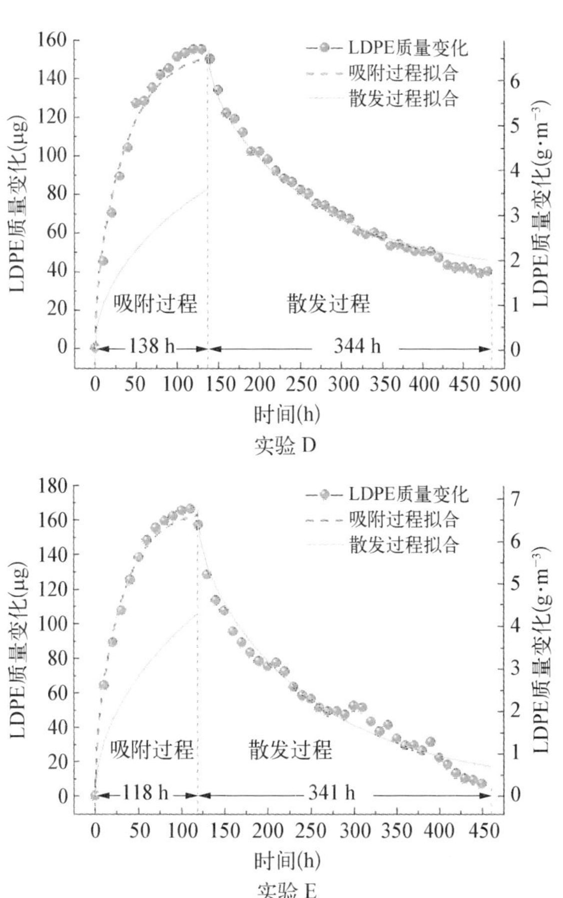

图 6-7　甲醛/低密度聚乙烯(LDPE)吸附、散发实验

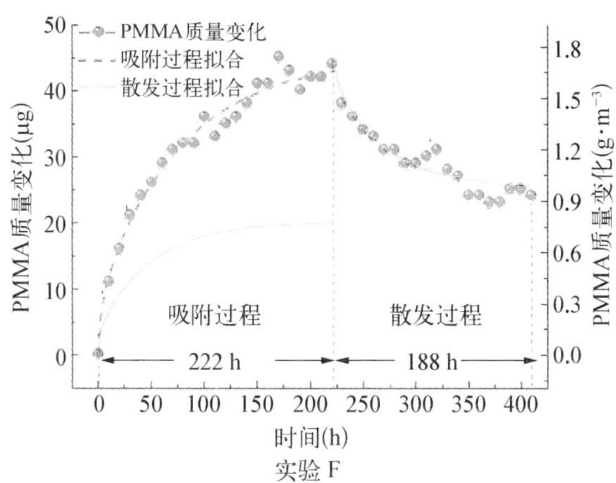

图 6-8　甲醛/聚甲基丙烯酸甲酯(PMMA)吸附、散发实验

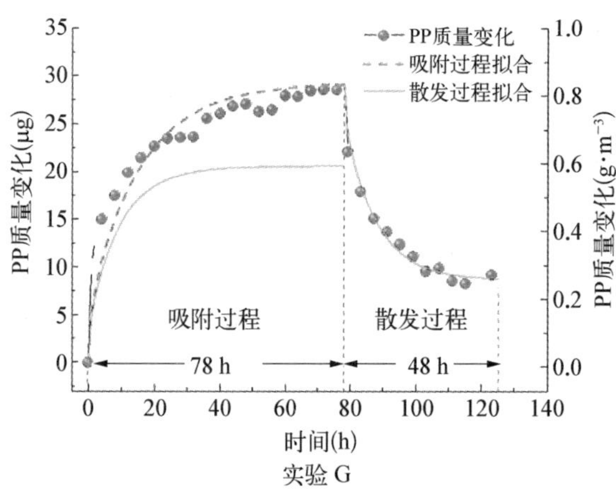

图 6-9　甲醛/聚丙烯(PP)吸附、散发实验

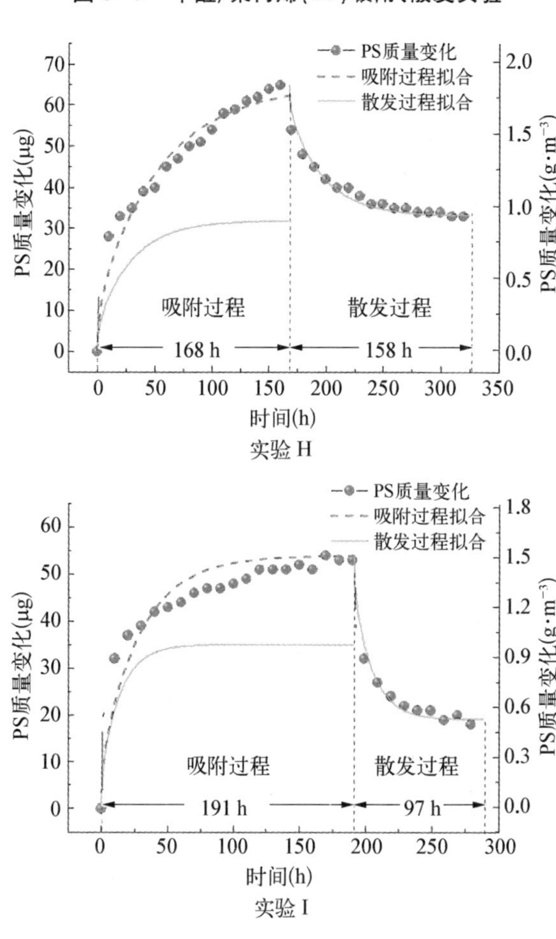

图 6-10　甲醛/聚苯乙烯(PS)吸附、散发实验

由甲醛/聚合物吸附、散发实验(图 6－6—图 6－10)可知：

① 甲醛在 PC、LDPE、PMMA、PP 和 PS 等五种聚合物中吸附过程中进入聚合物的质量均大于在散发过程中从聚合物散发的质量。即在一定温度下，甲醛在上述五种聚合物中的吸附过程均为部分可逆吸附。

② 在五种聚合物中，相对而言 PC 和 PS 对甲醛气体具有较大的溶解度和传质系数，PP 具有较小的溶解度和较大的传质系数，LDPE 具有较大的溶解度和较小的传质系数，而甲醛对 PMMA 的溶解度和传质系数均较小。

③ 对吸附和散发过程的拟合可知，散发过程更符合 Fick 传质特性，由于部分可逆，吸附过程的 Fick 传质模式拟合(见 3.4.1 节，式(3－14))结果与散发过程差异较大。每次实验时间都较长，在 Fick 模型拟合时，根据每小时微天平对聚合物称重平均值判断吸附或散发过程是否达到平衡。即当首次出现某小时聚合物质量与最后一小时聚合物质量一致时，认为吸附过程或散发过程结束。

④ PC 的不同实验样片的可逆率较为接近。由实验曲线可知，两次 LDPE 实验吸附过程并未达到稳定，第二次 PS 实验散发过程也未结束，故 LDPE 和 PS 可逆率出现较大差异。

表 6－1 给出了甲醛/聚合物吸附、散发实验的汇总。

表 6－1　甲醛/聚合物吸附、散发实验的汇总

序号	聚合物	厚度 cm	气相甲醛浓度 y_{in} $g \cdot m^{-3}$	吸附量 $\mu g \cdot m^{-3}$	散发量 $\mu g \cdot m^{-3}$	可逆率* %	散发过程 D $m^2 \cdot s^{-1}$	文献[249]中 D $m^2 \cdot s^{-1}$
A	PC	0.025 4	0.62	313	197	62.9	9.42×10^{-14}	1.6×10^{-13}
B	PC	0.025 4	0.64	270	184	68.1	9.45×10^{-14}	
C	PC	0.025 4	0.79	210	128	61.0	1.89×10^{-13}	
D	LDPE	0.019 0	0.62	598	451	75.4	8.40×10^{-15}	—
E	LDPE	0.019 0	0.65	640	617	96.4	8.13×10^{-15}	
F	PMMA	0.020 0	0.69	139	62.0	44.6	2.74×10^{-14}	2.5×10^{-13}
G	PP	0.027 0	0.70	83.7	58.9	70.4	2.06×10^{-13}	4.2×10^{-13}
H	PS	0.025 4	0.73	264	130	49.2	3.35×10^{-14}	7.3×10^{-13}
I	PS	0.025 4	0.74	219	142	64.8	8.14×10^{-14}	

注：*：可逆率＝散发率/吸附量×100%。

图 6－6—图 6－10 中，虚线和实线分别是为吸附和散发过程的拟合。在吸

附过程中同时显示散发过程拟合曲线以显示部分可逆吸附的现象。每个实验散发阶段的传质系数已列入表 6-1 中，同时给出 Hennebert(1988)[249]通过萃取实验获得的传质系数以作对比。可知，对于 PC、PMMA 和 PS，通过微天平法测得的传质系数小于通过萃取法获得的传质系数。除了测试误差外，另一可能的原因是 Hennebert(1988)[249]实验中水进入聚合物中引起的塑化作用强化了传质速率[254]。

6.1.5 对聚合物表面形成多聚甲醛的假设与检验

由图 6-6—图 6-10 可知，在一定温度下，甲醛在 PC 等聚合物中的吸附过程均部分可逆。有文献[255]报道，甲醛可在聚合物表面重新聚合且保持甲醛的主要结构。晶状聚合物也可在有离子引发剂的环境里由气相甲醛聚合形成[256-257]。Liu 等人(2013)[79]也提出甲醛在聚合物表面线性形成多聚甲醛的假设，认为甲醛在聚合物上不可逆的质量增加来自多聚甲醛。

为检验该假设，利用微天平实验平台(见 3.4.1 节，图 3-6)对两片 5 cm×5 cm×0.025 cm 的 PC 材料进行甲醛吸附实验，甲醛吸附量为 140 μg。吸附甲醛的 PC 材料与甲醛未暴露的 PC 材料，通过相同的铝箔包装，由美国国家标准技术研究所(NIST)进行傅里叶变换衰减全反射红外光谱(ATR-FTIR, attenuated total reflectance Fourier transform infrared spectroscopy)测试。分别对 PC 表面多聚甲醛的检测(ATR-FTIR)，检测结果见图 6-11(背景吸光度光谱已扣除)。

两片 PC 材料上下各两表面的 ATR-FTIR 实验均一致出现四个峰值(a：~1 768 cm^{-1}，b：~1 222 cm^{-1}，c：~1 178 cm^{-1}，d：~1 159 cm^{-1})。认为

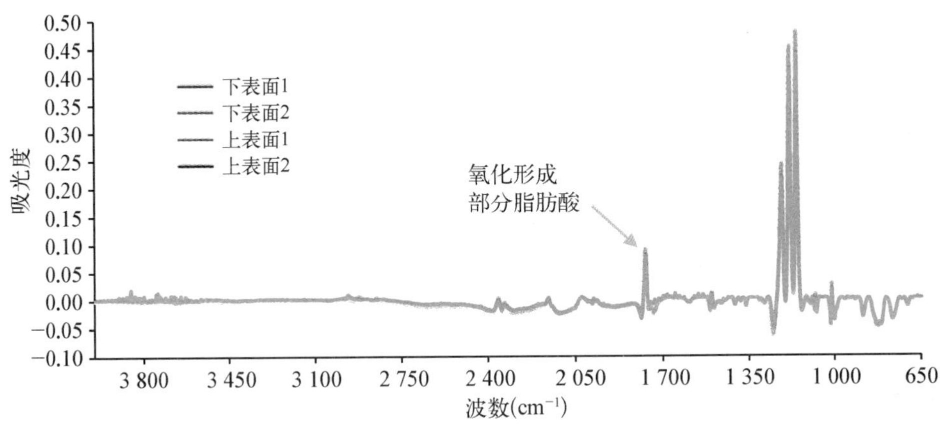

图 6-11 对 PC 表面多聚甲醛的检测(ATR-FTIR)

PC 材料表面可能检测到的物质为聚碳酸酯、多聚甲醛，两种物质化学官能团对应的红外频率峰值与对应化学功能团[255,258-259]见表 6－2。由表 6－2 可知，ATR－FTIR 检测到的峰值应为 PC 材料本身，ATR－FTIR 没有在 PC 材料表面检测到多聚甲醛。

表 6－2　红外频率峰值与对应化学功能团[255,258-259]

物　质	波数(cm^{-1})	对应官能团
聚碳酸酯	1 785	C＝O 伸缩振动
	1 250	C—O—C 伸缩振动
多聚甲醛	2 923，2 983	C—H 伸缩振动
	1 383	CH_2 变形

尽管没有在 PC 材料表面检测到多聚甲醛，但 ATR－FTIR 检测到 PC 材料表面形成了部分脂肪酸(1 734 cm^{-1})，表明用空气做载气时 PC 表面存在氧化反应。为检验氧化反应的程度，采用 N_2 为载气对甲醛在 PC 材料上的吸附、散发特性进行实验，结果见图 6－12。

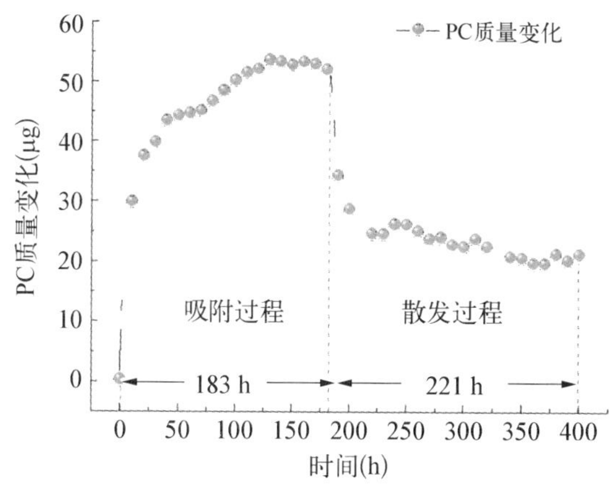

图 6－12　甲醛/聚碳酸酯(PC)吸附、散发实验(N_2 为载气)

由图 6－12 可知，当采用 N_2 为载气，甲醛在聚碳酸酯材料中的吸附过程仍为部分可逆。即便当采用空气作为载气进行甲醛吸附散发实验时存在氧化反应，氧化反应也不是造成甲醛在聚合物中部分可逆吸附的主要原因。此外，对以 N_2 为载气的 PC 材料(一片经甲醛暴露，一片未经甲醛暴露)同样采取 ATR－FTIR 测试，结果显示两者无检测差异。

6.1.6 甲醛在聚合物中进行"等比部分可逆"吸附的假设与检验

熊建银(2010)[75]根据多孔介质非均匀吸附理论推导了 VOC 在建材中可散发部分的比例和温度 T、能量分布非均匀性的特征参数 E_m(反映材料- VOC 对的物理化学性质)等参数间的显性数学关系。

多孔材料的非均匀性,通常用其能量的非均匀性来表征,能量非均匀性产生的原因与吸附剂的物理化学性质有关。对于 VOC(吸附质)在(吸附剂)上的吸附,不同吸附位具有不同的能量 ε_a,其数量分布可以用能量概率密度分布函数 $F_p(\varepsilon)$ 来描述。于吸附质分子而言,该吸附质分子可脱附的条件为(忽略甲醛气体动量分布)[75]

$$\varepsilon_a \leqslant \varepsilon_k \tag{6-1}$$

式中,ε_k 是分子动能,对于理想气体,$\varepsilon_k = 3k_B\dfrac{T}{2}$,其中,$k_B$ 为 Boltzmann 常数。由于吸附质分子处于吸附剂表面所形成的势场中,其平均动能将有所偏离,引入修正系数 w,此时吸附质分子的平均动能为 $\varepsilon_k = 3wk_B\dfrac{T}{2}$,记为 WT。

定义 VOC 初始可散发含量占该 VOC 总含量的比例为 θ,借助能量概率密度分布函数归一性条件 $\left(\int_0^\infty F_p(\varepsilon_a)\mathrm{d}\varepsilon_a = 1\right)$,以及吸附位上的等温吸附律(对于建材中 VOC 或甲醛而言,其压力相对于饱和压力足够低,采用 Henry 吸附模型),推导得到[75]

$$\theta = 1 - \exp\left(\frac{W}{k_B} - \frac{W}{E_m}T\right) \tag{6-2}$$

式中,E_m 是描述能量分布非均匀性的特征参数,反映建材- VOC 对的物理化学性质,T 为环境温度。

Huang 等人(2014)[245]则基于统计物理学,忽略化学反应和能量分布非均匀性,引入甲醛气体动量分布函数 $F_m(\varepsilon)$,认为某个甲醛分析可脱附的条件为甲醛分子动量大于某个临界值 ε_0,即式(6-3)。该临界值与材料- VOC 对的熟悉有关,进而拟合得到类似的可散发比例与温度和材料- VOC 对的物理化学性质参数间的关系式。

$$\varepsilon_k > \varepsilon_0 \tag{6-3}$$

式中,ε_0 是甲醛分子可脱附的临界值。

对于如聚合物等多孔介质，其材料上不同吸附位通常具有不同的吸附能[260]，若同时考虑甲醛气体动量分布 $F_{\mathrm{m}}(\varepsilon)$ 和材料能量分布 $F_{\mathrm{p}}(\varepsilon)$ 时，对于吸附质分子而言，该吸附质分子可脱附的条件可表示为

$$(\varepsilon_k - \varepsilon_a) > \varepsilon_0 \tag{6-4}$$

式中，ε_a 是该吸附位的吸附能。

可推导得到在一定温度下 θ 的表达式：

$$\theta = 1 - \int_0^{\varepsilon_0} [F_{\mathrm{m}}(\varepsilon) - F_{\mathrm{p}}(\varepsilon)] \mathrm{d}\varepsilon \tag{6-5}$$

进而可推导得到与 Huang 等人(2014)[245]关系式类似的初始可散发浓度比例 θ 与温度 T 的关系式，见式(6-6)：

$$\ln(\theta \cdot T) = -\frac{A_1}{T} + A_2 \tag{6-6}$$

式中，A_1 和 A_2 均为常数，反映材料- VOC 对的物理化学性质，且与温度 T 无关。

由式(6-6)可知，建材中 VOC 初始可散发浓度的比例受温度、材料- VOC 对的物理化学性质影响，而与建材中 VOC 浓度本身无关。由估算可知，聚碳酸酯重复单元(repeat units)数量为吸附甲醛分子数量的近 10^3 倍。尽管重复单元数并不代表可吸附位，在吸附过程中仍可认为 $F_{\mathrm{p}}(\varepsilon)$ 的变化可忽略，同时，$F_{\mathrm{m}}(\varepsilon)$ 不变。

故若假定吸附位均匀分布且足够数量，在一定温度下甲醛在初始无 VOC 的 PC 等聚合物中的吸附过程中，吸附达到饱和状态及之前的任意时刻，有

$$M_{\mathrm{irre}}(t) = (1-\theta) M_{\mathrm{sorp}}(t) \tag{6-7}$$

式中，$M_{\mathrm{irre}}(t)$和 $M_{\mathrm{sorp}}(t)$分别是 t 时刻聚合物中的不可逆吸附的甲醛质量和吸附的总甲醛质量，μg。

式(6-7)表示在一定温度下，甲醛在聚合物中等比部分可逆吸附。即每吸附质量 1 的甲醛，其中 $1-\theta$ 的质量的甲醛为不可逆吸附，在散发的过程中仅能散发质量为 θ 的甲醛。式(6-7)同时反映了当吸附过程达到平衡后，在该状态(气相甲醛浓度 y_{in}、温度 T)下，可逆吸附和不可逆吸附同时达到饱和，即可逆吸附与不可逆吸附具有相同的传质系数 D。由于可逆吸附部分满足 Fick 定律，其散发阶段的传质系数与吸附阶段一致，故也说明甲醛的不可逆吸附过程与散发(可逆吸附)过程具有相同的传质系数 D。

θ 可通过一个完整的吸附、散发过程确定，即

$$\theta = \frac{M_{\text{desorp}}}{M_{\text{sorp}}} \tag{6-8}$$

式中，M_{sorp} 和 M_{desorp} 分别为甲醛在聚合物中吸附达到饱和状态时吸附的总质量以及在散发过程结束后散发的总质量，μg。当吸附达到饱和，散发也完成时有 $M_{\text{sorp}} = (1+\theta) \cdot K_{\text{d}} \cdot y_{\text{in}}$，$M_{\text{desorp}} = K_{\text{d}} \cdot y_{\text{in}}$，其中 K_{d} 为散发阶段界面分配系数；y_{in} 为气相甲醛浓度。

若甲醛在聚合物中吸附和散发均充分完成，则由式(6－7)和式(6－8)可知

$$M_{\text{irre}}(t) + M_{\text{re}}(t) = M_{\text{sorp}}(t) \tag{6-9a}$$

即

$$(1-\theta)M_{\text{sorp}}(t) + M_{\text{desorp}}(t) = M_{\text{sorp}}(t) \tag{6-9b}$$

式中，$M_{\text{re}}(t)$ 是 t 时刻聚合物中的可逆吸附的甲醛质量，μg；$M_{\text{desorp}}(t)$ 是在相同的 t 时刻内聚合物散发的甲醛质量，μg。$M_{\text{re}}(t) = M_{\text{desorp}}(t)$。

表 6－1 中实验 A 与实验 B 的吸附、散发阶段均较充分，对上述等比、部分可逆吸附的推论进行检验，见图 6－13。

由图 6－13 可知，在吸附、散发阶段均较充分的条件下，不可逆吸附质量与对应时刻散发质量的叠加与总吸附质量一致。验证了甲醛在聚碳酸酯(PC)中的吸附过程可以用等比部分可逆吸附来描述。

此外，等比吸附理论也可用于判断吸附、散发实验是否充分。

若吸附过程不充分(未达到饱和状态)而散发过程充分，则有

$$\theta' = \frac{M_{\text{desorp}}}{M'_{\text{sorp}}} > \frac{M_{\text{desorp}}}{M_{\text{sorp}}} = \theta \tag{6-10}$$

式中，M'_{sorp} 是未充分吸附过程中聚合物吸附的甲醛质量，有 $M'_{\text{sorp}} < M_{\text{sorp}}$，$\mu$g；$\theta'$ 是未充分吸附条件下预测的可散发甲醛比例。

在此条件下，预测不可逆吸附质量 $M'_{\text{irre}} < (1-\theta')M'_{\text{sorp}} < (1-\theta)M_{\text{sorp}}$，有

$$M'_{\text{irre}}(t) + M_{\text{desopt}}(t) = M'_{\text{sorp}}(t) \tag{6-11}$$

表 6－1 中实验 D 和实验 E 的吸附时间远小于散发时间，吸附过程未充分。对其进行等比部分可逆吸附分析，见图 6－14。

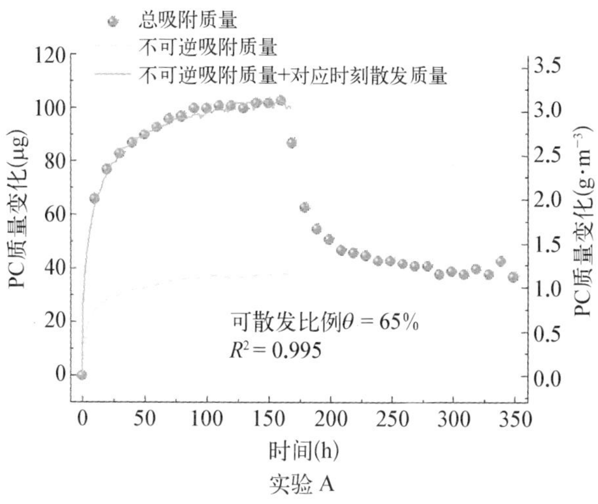

实验 A

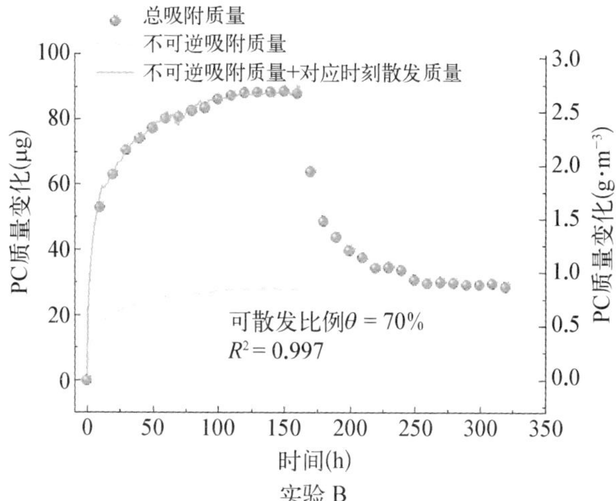

实验 B

图 6-13 甲醛/聚碳酸酯(PC)等比部分可逆吸附的检验

当吸附未充分完成时,不可逆吸附质量与对应时刻散发质量的叠加将小于总吸附质量,如图 6-14 所示两次甲醛/LDPE 吸附、散发实验皆验证了这一预测结果。特别是 LDPE 实验(2),直接计算吸附和散发总量其可散发比率高达 95%,但实际上散发时间接近于吸附时间的三倍,不可逆吸附部分被低估。

若散发过程不充分而吸附过程充分,则有

$$\theta'' = \frac{M'_{\mathrm{desorp}}}{M_{\mathrm{sorp}}} < \frac{M_{\mathrm{desorp}}}{M_{\mathrm{sorp}}} = \theta \tag{6-12}$$

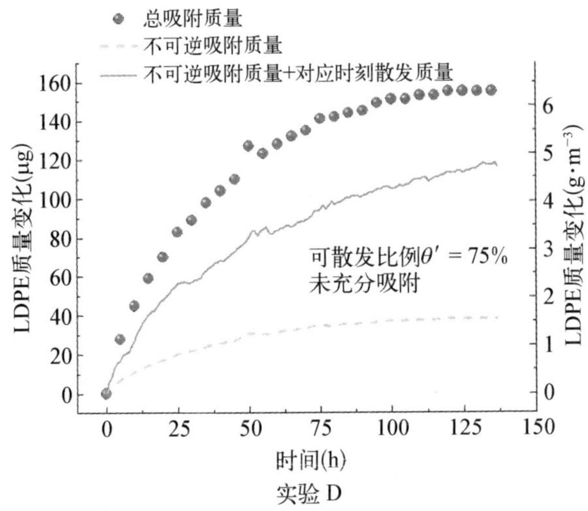

实验 D

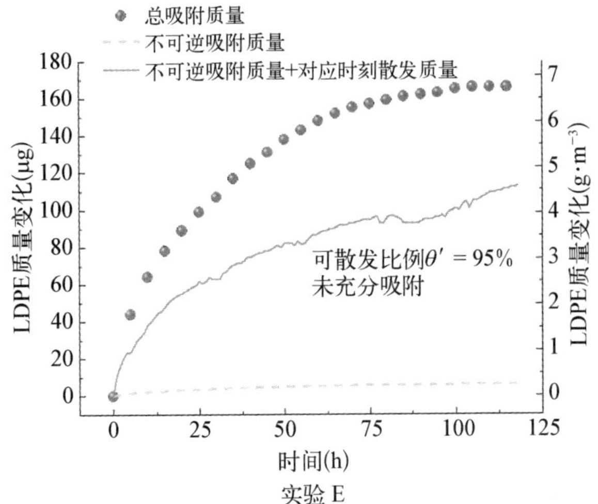

实验 E

图 6-14 甲醛/低密度聚乙烯(LDPE)实验吸附阶段未充分完成的检验

式中，M'_{desorp} 是未充分散发过程中聚合物散发的甲醛质量，有 $M'_{desorp} < M_{desorp}$，μg；θ''是未充分散发条件下预测的可散发甲醛比例。

此条件下，预测不可逆吸附质量 $M'_{irre} < (1-\theta'')M_{sorp} > (1-\theta)M_{sorp}$，有

$$M'_{irre}(t) + M'_{desorp}(t) = M_{sopt}(t) \tag{6-13}$$

表 6-1 中实验 C、G、I 的散发时间均远小于吸附时间，实验 F 和实验 H 的散发时间略小于吸附时间，采用等比部分可逆吸附计算验证了上述实验散发过程均不充分，如图 6-15—图 6-18 所示。

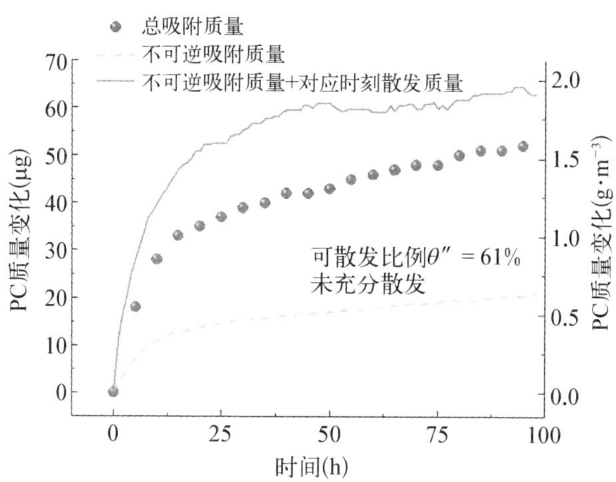

图 6-15　甲醛/聚碳酸酯(PC)实验(实验 C)散发阶段未充分完成的检验

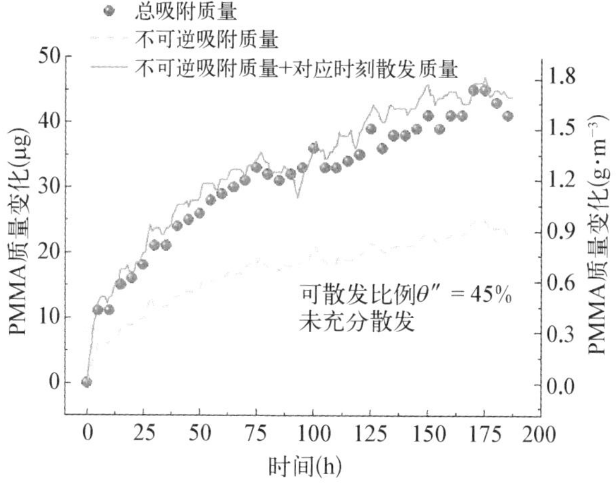

图 6-16　甲醛/聚甲基丙烯酸甲酯(PMMA)实验(实验 F)散发阶段未充分完成的检验

当散发未充分完成时，采用等比部分可逆吸附检验时，不可逆吸附质量与对应时刻散发质量的叠加将大于总吸附质量，图 6-15—图 6-18 所示均验证了该关系式。

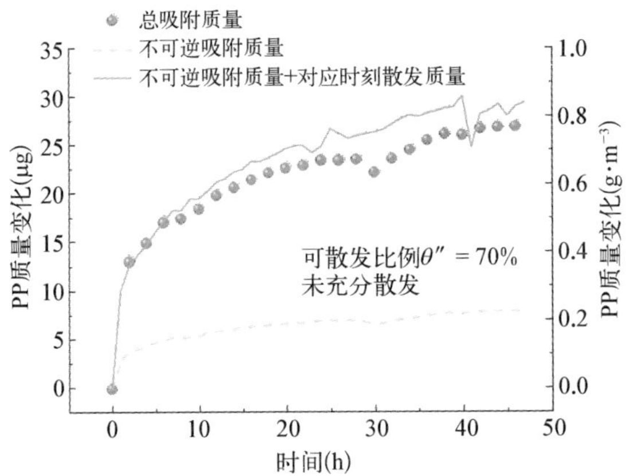

图 6-17　甲醛/聚丙烯(PP)实验(实验 G)散发阶段未充分完成的检验

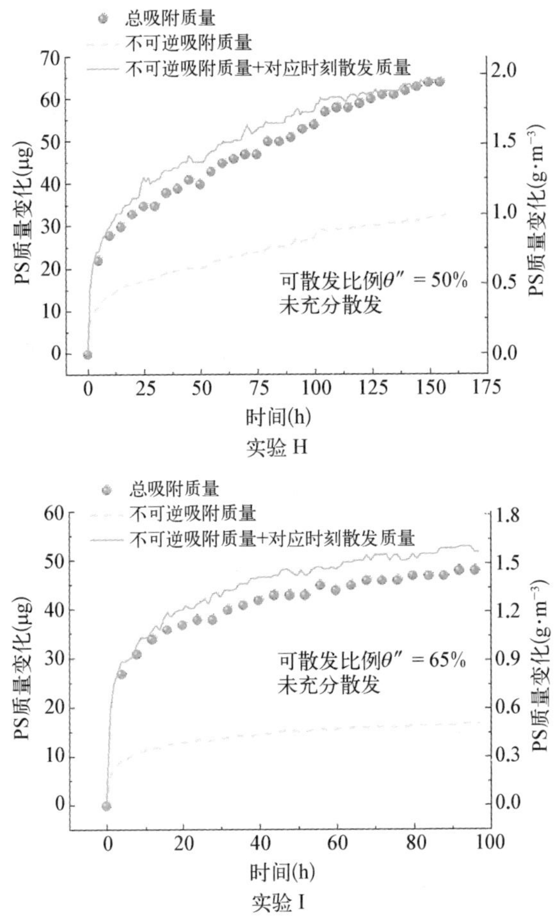

图 6-18　甲醛/聚苯乙烯(PS)实验散发阶段未充分完成的检验

需要指出的是，实际吸附和散发过程可能均不充分，如实验 F 和实验 H 吸附和散发时间较接近，检验显示相对而言散发更不充分。对比实验 H 和实验 I 可知实验 I 吸附并不充分，检验结果显示同样散发更不充分。

6.1.7　甲醛在聚合物中物理吸附与化学吸附共存的假设与检验

化学吸附也可作为部分可逆吸附的原因之一，即甲醛可能与聚合物的端基(end group)发生反应。此时，可逆吸附部分也解释为物理吸附以及基质扩散(matrix diffusion)[261-262]。由于化学吸附可逆反应需要的热通常远远大于物理吸附进行脱附需要的热，在相同温度下，化学反应通常不可逆，而物理吸附通常可逆。

采用萃取荧光法(extraction/fluorimetry method)对预测含有甲醛的聚合物薄片进行测试，采用两组对比实验，其实验载气分别空气和 N_2。本测试在 Virginia Tech 完成，由 Dr. Charles E. Frazier 和 Mr. Cole Burch 协助。测试过程如下：

① 在 50 mL 螺帽试验瓶中装入 20 mL 蒸馏水(HPLC 级别)，将试验材料(尺寸为：3.6 cm×3.6 cm×0.025 cm)加入试验瓶。同时准备对照组，即在相同的试验瓶中加入相同体积的蒸馏水，但不加入试验材料；

② 将试验瓶口旋紧密闭后浸入沸水中 60 min，然后经过自来水冷却后使其自然平衡至室温；

③ 从试验瓶中取出试验材料后用 10 mL 蒸馏水冲洗，冲洗后的溶液也进入试验瓶中；

④ 试验材料装入新试验品密闭后放入冰箱冷冻，等待下一轮萃取。每一片试验材料均经过三至四轮萃取，流程同上。当含甲醛的溶液中甲醛浓度低于检测溶度(荧光校正曲线的最低点)时试验结束；

⑤ 对照组试验瓶则仅进行一轮加热；

⑥ 对于试验瓶和对照瓶，各自取 4 mL 溶液并转移至 10 mL 的螺帽试验瓶，采用荧光分光计法(510 nm)检测乙酰丙酮以确定原试验材料上的甲醛含量。

萃取荧光法检验聚合物中甲醛含量测试图片如图 6-19 所示。

萃取荧光法实验结果见表 6-3。

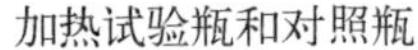
加热试验瓶和对照瓶

加载试验瓶溶液至荧光分光计中

图 6－19　萃取荧光法检验聚合物中甲醛含量

表 6－3　萃取荧光法实验结果

实验编号	聚合物	吸附实验载气	材料状态	微天平法测得的甲醛吸附质量，μg	甲醛萃取比例
1	聚碳酸酯（PC）	空气	经过吸附	70	70%
2			经过吸附、散发	12	29%
3		N_2	经过吸附	58	76%
4			经过吸附、散发	21	12%

由萃取荧光法结果可知，对于吸附后的试验材料，约 70%的甲醛被萃取出来。产生的误差主要为几部分：① 微天平法本身的测试误差；② 从微天平中取出试验薄片装入试验瓶的过程中，试验薄片在空气中暴露导致部分甲醛散发至空气中。这一结果基本符合物理吸附可逆的假设。另外，以空气为载气的薄片萃取甲醛的质量比例小于 N_2 载气的薄片，一种可能为以空气为载气的聚合物薄片的部分质量增加来自聚合物表面的氧化反应。

值得注意的是经过吸附、散发过程后的试验薄片，仍有约 12%和 29%的甲醛被萃取出来。理论上薄片在经过吸附和散发过程后，其中物理吸附部分的甲醛已经散发完毕，留在薄片内的甲醛应在化学反应后以其他形式存在于聚合物中。实验结果表明部分化学反应过程在较高的温度（沸水环境）下可逆。受实验条件限制，未进一步对具体的化学反应种类进行研究。

总体上，萃取荧光法验证了甲醛在聚合物中的吸附过程包含物理吸附和化学吸附，且部分化学吸附过程在更高温度下可逆。

6.1.8　甲醛在聚合物中的再吸附与再散发过程

实际室内环境中建材间的“源汇效应”会引发建材对某种 VOC 的再吸附和再散发。为模拟建材再吸附和再散发现象，进行甲醛/PC，甲醛/PP 再吸附和再散发实验，重复吸附和散发实验均在同一片 PC 或 PP 实验材料上进行。

甲醛/聚合物再吸附、再散发实验汇总见表 6 - 4。

表 6 - 4　甲醛/聚合物再吸附、再散发实验汇总

实验	序号	聚合物	内容	气相甲醛浓度 y_{in} $g \cdot m^{-3}$	散发过程 D $m^2 \cdot s^{-1}$	散发过程 K (-)	吸附量 $\mu g \cdot m^{-3}$	散发量 $\mu g \cdot m^{-3}$	可逆率 θ
J	B - 1	PC	第一轮	0.64	9.42×10^{-14}	287	270	184	68.1%
	B - 2	PC	第二轮	0.74	9.45×10^{-14}	300	272	222	74.9%*
	B - 3	PC	第三轮	0.74	8.99×10^{-14}	292	252	216	78.3%*
K	G - 1	PP	第一轮	0.70	2.06×10^{-13}	84	83.7	58.9	70.4%
	G - 2	PP	第二轮	0.70	2.42×10^{-13}	88	67.2	61.4	79.7%*

注：非第一轮实验的可逆率计算按：总散发量/总吸附量×100 计算。

表 6 - 4 中，可逆率随着在同片材料上进行重复实验次数的增加而增加。按非均匀吸附理论分析，可推论在温度不变的情况下，每一轮实验中满足吸附质分子可脱附的条件的吸附位均可被再次吸附，重复实验中散发过程的 D 和 K 均较接近。可能的原因是不可脱附的吸附位则逐渐被占用，而当占用到一定程度时，$F_p(\varepsilon)$ 的变化不可再被忽略，则式(6 - 7)将不再成立。此外，化学吸附位有限也可能解释上述原因。

甲醛在聚合物上的重复吸附、散发实验值得进一步研究。

实验结果见图 6 - 20 和图 6 - 21。

6.1.9　甲苯在聚合物中的可逆吸附实验

除甲醛外，大部分 VOC 被认为在建材中的可逆吸附。研究表明，通过微天平实验平台实验，正丁醇、苯酚、正癸烷、正十二烷、正十四烷、正十五烷等均被验证可在乙烯基地板(vinyl flooring)中可逆吸附[115]。

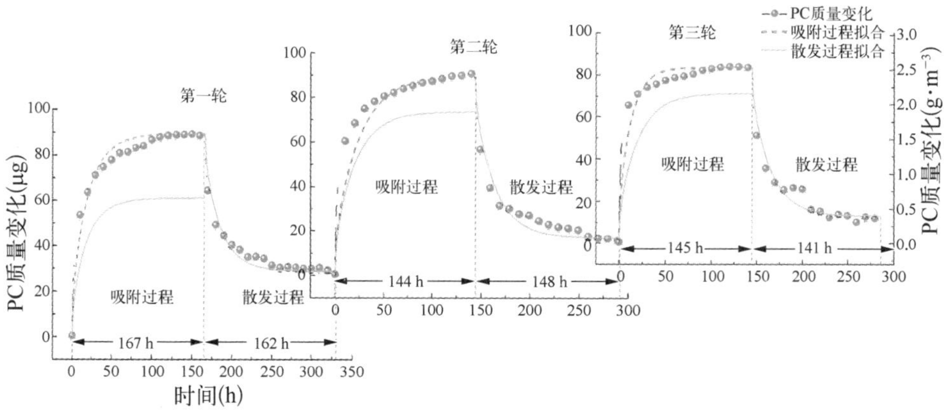

图 6-20　甲醛/聚碳酸酯(PC)再吸附、再散发实验(实验 J)

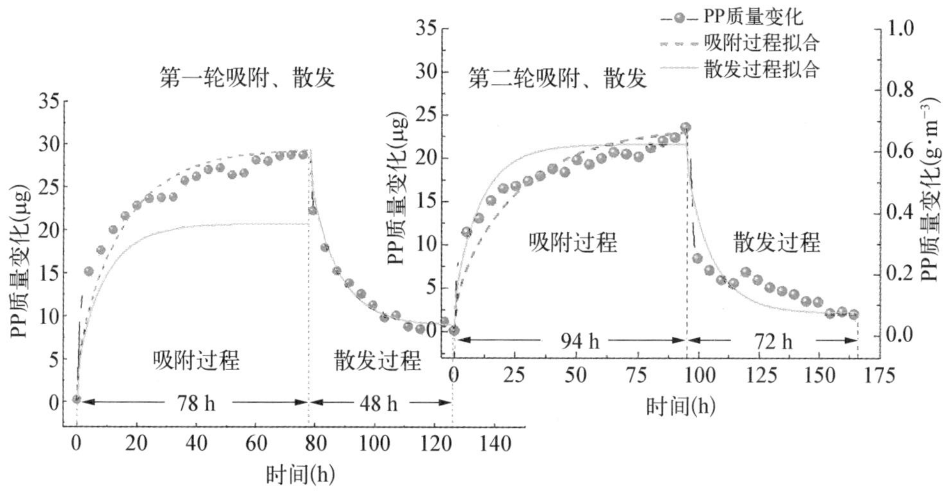

图 6-21　甲醛/聚丙烯(PP)再吸附、再散发实验(实验 K)

图 6-22 分析了甲苯在 23℃(图 6-22(a))和 30℃(图 6-22(b))环境温度下载聚甲基戊烯(PMP)中的吸附、散发实验[228]。

图中吸附过程曲线与散发过程曲线基本吻合,可认为甲苯在 PMP 中可逆。Deng 等人(2009)[263]给出了不同温度下多孔材料传质系数的关系式:

$$D = B_1 T^{1.25} \exp\left(-\frac{B_2}{T}\right) \tag{6-14}$$

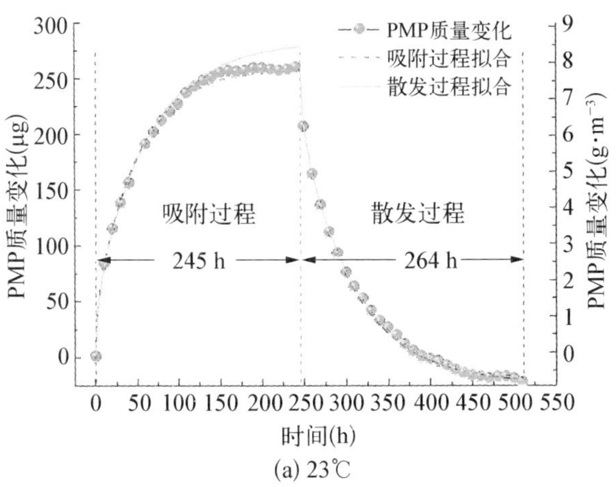

(a) 23℃

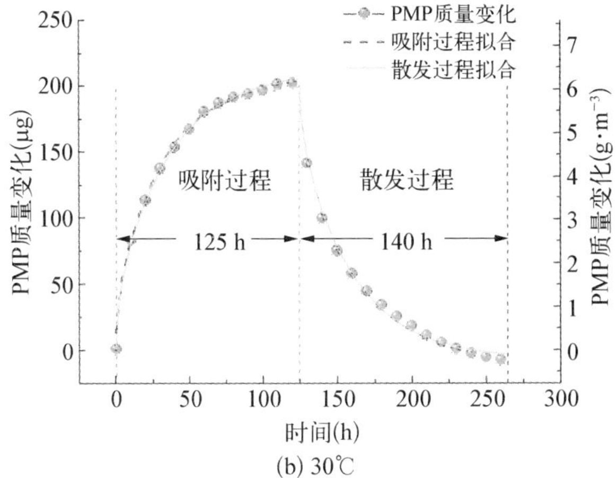

(b) 30℃

图 6-22　甲苯/聚甲基戊烯(PMP)吸附、散发实验

式中，B_1 和 B_2 为材料-VOC 对的常数，可拟合实验数据得到。对于 PMP-甲苯对，拟合得到 $B_1 = 9.65 \times 10^{-6}\ \mathrm{m^2 \cdot s^{-1} \cdot K^{-1.25}}$，$B_2 = 7\,875\ \mathrm{K}$。

6.1.10　甲醛在实木材料中吸附、散发的初步实验

为探索气相甲醛对室内非人造材料的吸附、散发特性，对实木样片进行甲醛吸附、散发的初步实验。实木样片为 Virginia Pine 树种，经切割其厚度约为 3.5×10^{-4} m～5.1×10^{-4} m，使用打孔器将实木样片切割至截面尺寸为 3.6 cm×3.6 cm 的实验样片进行甲醛吸附、散发实验，见图 6-23。测试平台和过程同甲醛/聚合物测试。

结果显示，甲醛/实木吸附、散发测试与甲醛/聚合物吸附、散发实验的结果差异较大(图 6－24)。两次实验中，在甲醛吸附阶段均出现了骤升和骤降，峰值质量差分别达到 3.5 mg 和 1.6 mg。与之对比，甲醛在基本相同尺寸的聚合物中，最大吸附量也仅为 0.17 mg。吸附实验前均进行了一定时间的干空气清洁过程，但由于实木含有较多的水分且可能通过树脂反应生成甲醛/VOC 等(吸附实验前 12 h 内实木样片质量(含水分)减少分别为 $4.7\times10^{2}\mu g\cdot m^{-2}\cdot h^{-1}$ 和 $8.7\times10^{3}\mu g\cdot m^{-2}\cdot h^{-1}$)。吸附过程中质量骤升主要应为甲醛由气相向材料相进行传质，而在吸附过程中出现的骤降可能是由化学反应产物的散发所导致。

(a) Virginia Pine实木样片　　(b) 用于甲醛吸附、散发实验的样片

图 6－23　用于甲醛/实木吸附、散发实验的实木样片

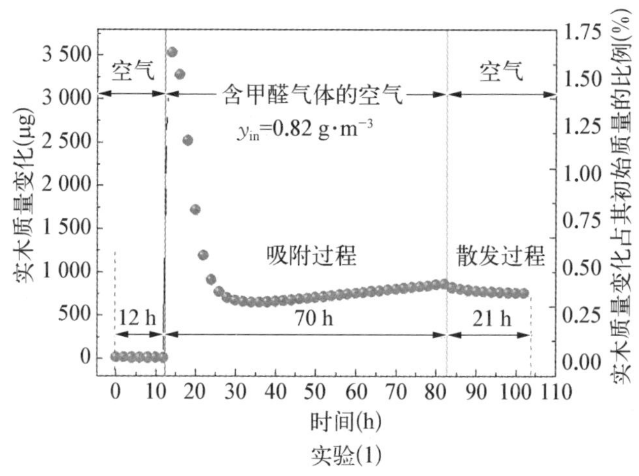

实验(1)

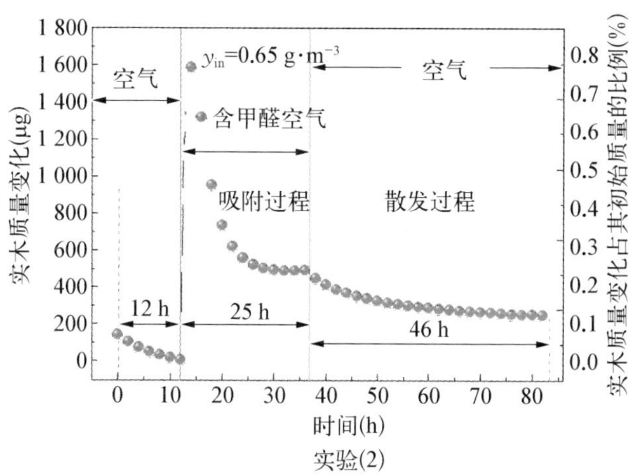

图 6-24　甲醛/实木吸附、散发实验结果

称重法无法对吸附、散发过程中化学反应进行进一步分析。若确为化学反应，其对室内新风量的影响在于，即便当实木建材甲醛/VOC 散发量已相对较低，由其他建材散发的甲醛通过汇效应仍能影响实木建材，其化学反应产物的散发量与甲醛的吸附量可为同一量级。

6.2　温湿度对建材甲醛/VOC 散发的影响与新风量的修正方法

温湿度均已有文献报道对建材甲醛/VOC 散发产生不同程度的影响[85,264-265]，故也将影响室内新风量。本节对温湿度对新风量的影响方式和程度进行分析。

6.2.1　温度对甲醛初始可散发浓度的影响

由式(6-2)可知，建材中 VOC 初始可散发浓度的比例受温度、材料- VOC 对的物理化学性质影响。在甲醛/聚碳酸酯(PC)吸附、散发实验后(实验 J)对其进行升温实验，将悬挂聚碳酸酯实验样片的环境小舱温度先后升至 29.5℃和 37.6℃。在每次升温后，待聚碳酸酯样片质量变化达到稳定后，将环境小舱温度降回原温度 24.3℃，并认为此时不同温度下微天平读取一致，升温实验结果见图 6-25。

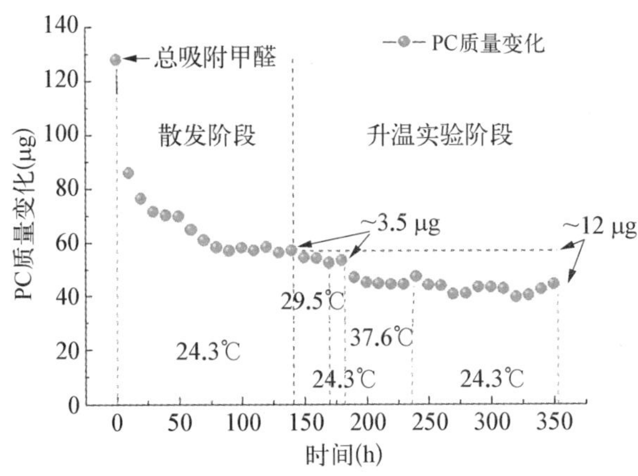

图 6-25　甲醛/聚碳酸酯(PC)升温实验

由图 6-25 可知，由于在相同温度下的部分可逆吸附，散发过程结束后部分甲醛并未散发。在温度分别升至 29.5℃和 37.6℃后，聚碳酸酯样片分别有约 3.5 μg 和 12 μg 的质量减少，认为部分甲醛再次得以散发。根据化学吸附理论推论，则部分化学反应在更高温度下可逆。若非均匀吸附和统计物理学理论成立，由此也可进一步对其进行推论：由于温度升高，分子的平均动能增大，原本在低温下不可脱附的吸附质分子在高温时转变成可脱附分子。

不同温度下可散发甲醛比例见图 6-26。为进行对比，图 6-26 给出了加入了熊建银(2010)[75]的甲醛/中密度板升温散发实验结果。

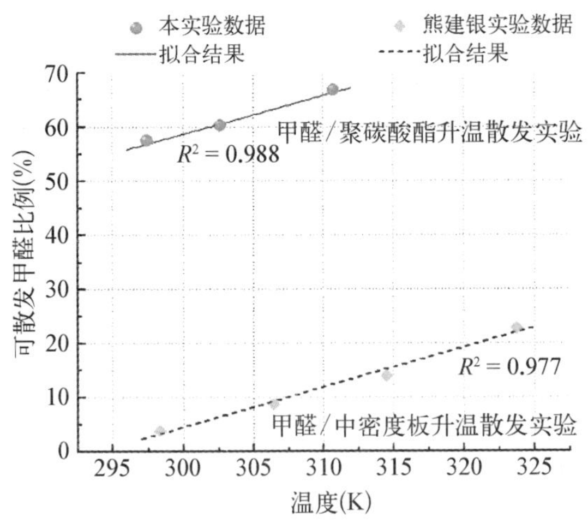

图 6-26　不同温度下可散发甲醛比例

由图 6－26 可知，由升温实验可知，甲醛在聚碳酸酯中可散发浓度同甲醛在中密度板中可散发浓度一样受温度影响，温度升高可提高甲醛在聚碳酸酯或中密度板中的可散发浓度。在图 6－26 中，两个独立的升温散发实验中甲醛可散发浓度随温度变化拟合曲线的斜率接近，但截距差异较大。换句话说，在一般夏季人居环境室内温度（25℃～40℃）范围内，甲醛在聚碳酸酯或中密度板中的可散发浓度均存在约 10%的差异，但甲醛在聚碳酸酯中的可散发浓度远高于其在中密度板中的可散发浓度，40℃时甲醛在聚碳酸酯和中密度板中的可散发浓度分别为 25℃的约 120%和 200%。若基于非均匀吸附理论，反映甲醛在材料中的可散发浓度同样受表征材料－VOC 对的物理化学性质的 W 和 E_m 的影响。一般在相同温度、相同 VOC/材料对条件下，E_m 越大可散发浓度将越低。

表 6－5 给出了本实验三种温度对下，根据式（6－2）对表征能量分布非均匀性特征参数 E_m 的拟合，三种温度下的 E_m 计算结果均较接近，拟合结果与实验数据计算值的误差小于 8.3%。进一步说明甲醛在聚合物（PC）中的吸附实验支持多孔介质非均匀吸附理论。甲醛在聚合物中可散发部分的比例可用温度 T、能量分布非均匀性的特征参数 E_m 等参数表示。此外，甲醛/中密度板实验中拟合得到的 E_m 高于甲醛/聚碳酸酯实验中的 E_m，即甲醛在聚碳酸酯中的可散发浓度高于甲醛在中密度板中的可散发浓度。由于化学吸附已被验证，而吸附实验支持非均匀吸附理论，推测化学吸附的过程在可逆比例的表现上与非均匀吸附理论接近。

表 6－5　甲醛/聚碳酸酯（PC）及甲醛/中密度板升温实验 E_m 值拟合

序　号	材　　料	温度 T	E_m，kJ · mol^{-1}
1	聚碳酸酯（PC）	24.3℃和 29.5℃	1.91
2		24.3℃和 37.6℃	2.09
3		29.5℃和 37.6℃	2.17
4		（24.3℃～29.5℃）拟合	2.07
5	中密度板	（25.2℃～50.6℃）拟合	2.45[75]

6.2.2　温度对建材甲醛/VOC 散发、吸附特性的影响

温度不仅影响甲醛/VOC 在建材中的传质系数 D 和界面分配系数 K[85,228,263]，也影响甲醛的初始可散发浓度 C_0。升温将加速建材中甲醛/VOC 的

散发，同时提高甲醛的可散发浓度。

Xiong 等人(2013)[160]从无量纲散发率出发，考虑温度变化对甲醛初始可散发浓度和传质系数的影响，推导甲醛在准稳态散发阶段散发因子与温度的关联式：

$$\ln \frac{EF_c(T)}{T^{0.25}} = A_1 - \frac{A_2}{T} \tag{6-15}$$

式中，$EF_c(T)$ 为温度 T 下甲醛在准稳态散发阶段的散发因子，$\mu g \cdot m^{-2} \cdot h^{-1}$；$A_1$ 和 A_2 为针对某建材的常数，$\log(\mu g \cdot m^{-2} \cdot h^{-1} \cdot K^{-1})$、$\log(\mu g \cdot m^{-2} \cdot h^{-1} \cdot K^{-1})^{1/K}$。

文献中对温度与散发因子关联式常数 A_1、A_2、B_1 和 B_2 的拟合的汇总见表 6-6。

NRC 数据库中大部分建材散发测试均在 25℃(298 K)、相对湿度 50%条件下进行，以 25℃为基准定义建材在 T 温度下准稳态散发阶段无量纲散发因子 X_1：

$$X_1 = \frac{EF_c(T)}{EF_c(298)} = \frac{T^{0.25} \cdot \exp\left(A_1 - \dfrac{A_2}{T}\right)}{(298)^{0.25} \cdot \exp\left(A_1 - \dfrac{A_2}{298}\right)} = \left(\frac{T}{298}\right)^{0.25} \cdot \exp\left(\frac{A_2}{298} - \frac{A_2}{T}\right) \tag{6-16}$$

对于一般 VOC，温度变化仅影响传质系数 D 和界面分配系数 K。由于建材 VOC 特征散发因子和准稳态散发阶段散发模型均与 K 无关，借助 Deng 等人(2009)[263]推导的温度与传质系数的关联式式(6-14)，可得到不同温度下建材 VOC 特征散发因子：

$$\hat{F} = \frac{C_0 \cdot D(T)}{2L} = \frac{C_0}{2L} B_1 T^{1.25} \exp\left(-\frac{B_2}{T}\right) \tag{6-17}$$

同理，无量纲特征散发因子 X_2 可表示为

$$X_2 = \frac{\hat{F}(T)}{\hat{F}(298)} = \left(\frac{T}{298}\right)^{1.25} \cdot \exp\left(\frac{B_2}{298} - \frac{B_2}{T}\right) \tag{6-18}$$

此外，不同温度下准稳态散发阶段时间 t_1 和 t_2 间的平均散发因子则可表示为

表 6-6　文献中对温度与散发因子关联式常数 A_1、A_2、B_1 和 B_2 的拟合的汇总

序号	文　献	材　料	VOC	A_1	A_2	B_1	B_2	散发测试环境
1	Xiong 等人(2013)[160]	中密度板	甲醛	38.8	1.06×10^4	—	—	约 20℃～50℃；$RH=50\%$
2	Parthasarathy 等人(2011)[266]	长条座椅		25.1	6.45×10^3	—	—	15℃～35℃；$RH=50\%$
3		橱柜		28.9	7.52×10^3	—	—	
4		壁橱		26.0	6.74×10^3	—	—	
5		底层地板		34.3	8.97×10^3	—	—	
6		长条座椅		28.4	7.20×10^3	—	—	15℃～35℃；$RH=80\%$
7		橱柜		38.4	1.01×10^4	—	—	
8		壁橱		30.1	7.73×10^3	—	—	
9		底层地板		40.8	1.07×10^4	—	—	
10	Lin 等人(2009)[267]	木地板	甲苯	35.3	7.73×10^3	—	—	15℃～30℃；$RH=80\%$
11			醋酸正丁酯	44.1	1.16×10^4	—	—	
12			乙苯	27.9	7.61×10^3	—	—	
13			二甲苯	17.0	4.54×10^3	—	—	
14	Deng 等人(2009)[263] Zhang 等人(2007)[85]	刨花板	甲醛	—	—	1.00×10^{-5}	6 509	18℃～40℃；$RH=60\%$
15		乙烯基地板		—	—	1.00×10^{-10}	4 109	
16		中密度板		—	—	6.00×10^{-3}	8 032	
17		高密度板		—	—	3.00×10^{-8}	5 302	
18	本文	PMP 参考散发材料	甲苯	—	—	9.65×10^{-6}	7 875	10℃～30℃；$RH=0\%$
19	Xiong 等人(2013)[160] Wei 等人(2013)[81]	LIFE 参考散发材料		43.1	7.56×10^3	—	—	10℃～30℃；$RH=33\%$
20				56.4	1.16×10^4	—	—	10℃～30℃；$RH=50\%$

$$\frac{M_t}{M_\infty}=1-\sum_{n=0}^{\infty}\frac{2}{(n+0.5)^2\pi^2}\cdot \exp\left[-(n+0.5)^2\pi^2\frac{B_1T^{1.25}t}{L^2}\exp\left(-\frac{B_2}{T}\right)\right] \tag{6-19a}$$

$$EF_{12}=\frac{3\,600(M_2-M_1)}{A(t_2-t_1)} \tag{6-19b}$$

准稳态散发阶段无量纲平均散发因子 X_3 为

$$X_3=\frac{M_2(t)-M_1(t)}{M_2(298)-M_1(298)} \tag{6-20}$$

可见，对于无量纲散发因子的计算仅需要 A_2 和 B_2。以 X_1 和 X_2 为例给出无量纲散发因子的计算结果。

图 6-27(a)给出了基于式(6-16)计算的准稳态散发阶段无量纲散发因子 X_1 随温度的变化关系，选取表 6-6 中在 50%相对湿度条件下的拟合参数做算例(对应表 6-6 的序号标于图例中)，给出各算例在各自实验温度区间内的无量纲散发因子 X_1，同时以 25℃为基准。尽管式(6-15)是基于甲醛散发数据导出，Xiong 等人(2013)[160]通过分析指出该式同样适用于其他 VOC。故认为式(6-16)同样适用于其他 VOC。

由图 6-27(a)可知，在相同的温度区间(20℃～30℃)内，无量纲散发因子均随温度显著变化。中密度板无量纲散发因子变化最大为[0.5, 3.2]，在 40℃可达到 5.6，即准稳态散发阶段的预计散发量为 25℃的 5.6 倍。长条座椅变化最小为[0.7, 1.4]。

图 6-27(b)给出了关联式常数 A_2 对准稳态散发阶段无量纲散发因子 X_1 的影响。可见，当 A_2 大于 4 000 $\log(\mu g\cdot m^{-2}\cdot h^{-1}\cdot K^{-1})^{1/K}$时，室内温度达到 40℃时无量纲散发因子均大于 2，即在该温度下，上述建材的准稳态散发率均将大于在 25℃时的两倍。同理，室内温度为 10℃时，无量纲散发因子均小于 0.5，即此时上述建材的准稳态散发率将小于其 25℃时的一半以下。对于表 6-6 中 A_2 取值范围[4×10^3, 1.1×10^4] $\log(\mu g\cdot m^{-2}\cdot h^{-1}\cdot K^{-1})^{1/K}$，可认为 40℃为准稳态散发阶段无量纲散发因子翻倍温度，10℃为准稳态散发阶段无量纲散发因子减半温度。不过，由于办公场景中温度通常保持恒定，温度对建材散发率的影响一般可不予考虑。

同理，可基于式(6-18)计算的无量纲特征散发因子 X_2 随温度的变化关系。

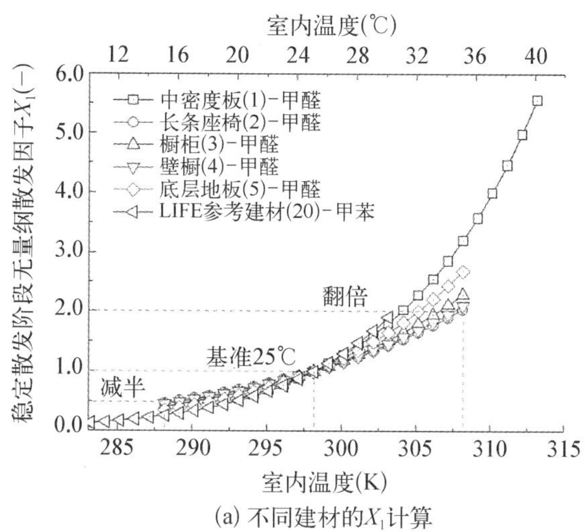

(a) 不同建材的X_1计算

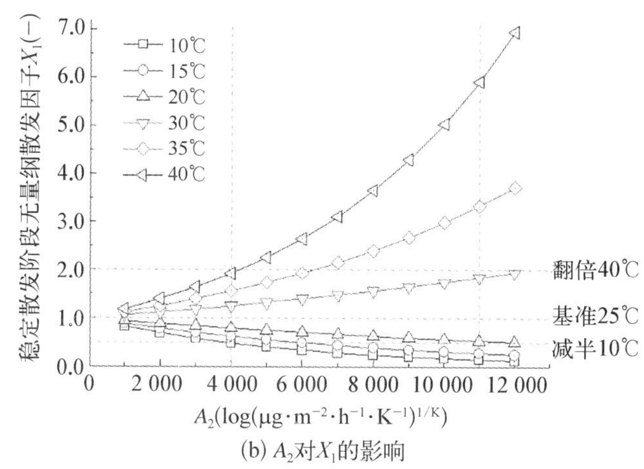

(b) A_2对X_1的影响

图 6-27　准稳态散发阶段无量纲散发因子 X_1

由于式(6-18)实际仅包含传质系数 D 与温度的关联式,不适用于甲醛散发的预测,表 6-6 中仅序号(14)符合要求。由于式(6-14)仅需常数 B_2,由表 6-6 可预测 B_2 的量级范围约为$[4\times10^3,\ 9\times10^3]$K,故给出关联式常数 B_2 对无量纲特征散发因子 X_2 随温度的变化关系,同样以 25℃为基准,见图 6-28。

由图 6-28 可知,无量纲特征散发因子同样随温度显著变化。当室内温度为 10℃和 40℃时,在 B_2 的取值范围$[4\times10^3,\ 9\times10^3]$K 内,无量纲特征散发因子分别可达到 25℃时的 0.2 和 4.5。此外,当室内温度为 40℃和 10℃时,在该 B_2 取值范围内可分别保证无量纲特征散发因子小于 2 和大于 0.5,故可认为在

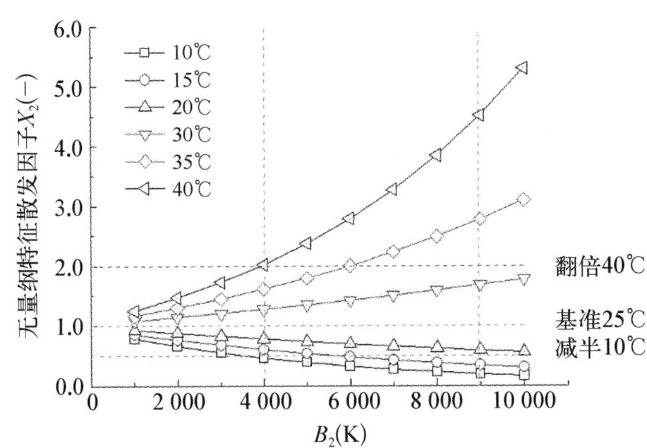

图 6-28 关联式常数 B_2 对无量纲特征散发因子 X_2 的影响

该 B_2 取值范围内 40℃为无量纲特征散发因子翻倍温度，10℃为无量纲特征散发因子减半温度。

此外，由于传质系数与特征传质时间成反比关系，故也可认为在该 B_2 取值范围内 40℃和 10℃分别为无量纲特征散发时间减半温度和翻倍温度。

对于大部分建材，通常认为 VOC 的传质符合 Fick 第二定律，VOC 散发和吸附可看成同一传质过程，也可认为温度对建材 VOC 吸附特性的影响与其对其散发特性的影响类似。Deng 等人(2009)[263]推导的温度与传质系数的关联式(式(6-14))适用与 VOC 的散发和吸附过程。

需要指出的是，由甲醛/聚合物吸附、散发实验，若认为非均匀吸附理论或化学吸附理论成立，则在一定温度下建材内不可逆吸附的吸附位(或化学吸附位)有限。当甲醛向已含有未散发尽甲醛的建材进行吸附时，仅有其可逆吸附部分甲醛符合 Fick 第二定律，不可逆吸附部分甲醛的吸附量将小于吸附前不含有甲醛的建材吸附时的吸附量。

6.2.3 湿度对建材甲醛/VOC 散发、吸附特性的影响

湿度对建材甲醛/VOC 散发特性的影响机理一直是研究难点。部分研究结果汇总见表 6-7。

由表 6-7 可知，相对湿度对不同材料- VOC 对的散发、吸附过程存在不同影响。就传质模型关键参数而言，现有研究表明相对湿度对不同材料- VOC 对传质系数 D 影响较小，对界面分配系数 K 则存在不同影响。

表 6-7 文献中对湿度与建材甲醛/VOC 散发、吸附的影响的汇总

序号	文献	材料	甲醛/VOC	相对湿度	实验	湿度影响*
1	Andersen 等人(1975)[272]	纸板	甲醛	30%～70%	散发	气相浓度：正
2	Wolkoff(1988)[264]	地毯	2-乙基己醇，4-苯基-1-环己烯	0,50%	散发	气相浓度：先正后负
3	Wolkoff(1988)[264]	PVC 地板	2-乙基己醇，苯酚	0,50%	散发	气相浓度：无(1 d 后)
4	Wolkoff(1988)[264]	密封剂	正己烷	0,50%	散发	气相浓度：无
5	Wolkoff(1988)[264]	密封剂	二甲基辛醇	0,50%	散发	气相浓度：先负后正
6	Wolkoff(1988)[264]	墙面涂料	1,2-丙二醇	0,50%	散发	气相浓度：正
7	Fang 等人(1999)[265]	地毯，PVC 地板，密封剂	多种 VOC (TVOC)	30%,50%,70%	散发	气相浓度：无
8	Fang 等人(1999)[265]	地板清漆，墙面涂料	多种 VOC (TVOC)	30%,50%,70%	散发	气相浓度：正
9	Lin 等人(2009)[267]	木地板	多种 VOC	50%,80%	散发	气相浓度、散发率：正
10	曹连英等人(2010)[273]	刨花板	TVOC	30%～75%	散发	气相浓度：正
11	Parthasarathy 等人(2011)[266]	过渡安置房建材	甲醛	50%,85%	散发	散发率：正
12	Liu 等人(2013)[228]	聚甲基戊烯	甲苯	15%,47%,50%,70%	散发	气相浓度：无
13	Jorgensen 等人(1993)[274]	地毯、木书架	α-蒎烯、甲苯	20%～50%	吸附(含双舱法)	吸附强度：无
14	Kirchner 等人(1996)[275]	墙面材料	乙二醇单丁醚	0,40%	吸附(含双舱法)	吸附强度：正
15	Kirchner 等人(1996)[275]	石膏板	乙二醇单丁醚	15%～91%	吸附(含双舱法)	吸附强度：负
16	Corsi 等人(1999)[276]	石膏板等 6 种材料	8 种 VOC	0,40%,80%	吸附(含双舱法)	吸附强度：负/无
17	Huang 等人(2006)[268]	吊顶瓷砖	甲醇	0,35%,70%	吸附(含双舱法)	K：负
18	Huang 等人(2006)[268]	吊顶瓷砖	其他 4 种 VOC	0,35%,70%	吸附(含双舱法)	K：无
19	Farajollahi 等人(2009)[277]	吊顶瓷砖	5 种 VOC	0,20%,40%	吸附(含双舱法)	D：无
20	Yang 等人(2010)[269]	地毯、吊顶瓷砖	6 种 VOC	25%,50%,80%	吸附(含双舱法)	气相浓度、D、K：无
21	Xu 和 Zhang(2011)[270]	硅酸钙	甲醛	25%,50%,80%	吸附(含双舱法)	D：无；K：无/正
22	Xu 和 Zhang(2011)[270]	硅酸钙	甲苯	25%,50%,80%	吸附(含双舱法)	D：无；K：负

注：*：正代表增加相对湿度将增强散发或吸附，负代表增加相对湿度将减弱散发或吸附，无代表影响不显著。

现有研究对相对湿度影响材料-VOC对的散发、吸附过程的机理解释基本从多孔材料理论出发，指出若建材内水分的增加，则存在以下几种可能[268-271]：

① 水分与VOC对多孔建材内未饱和的活性位(可分为亲水性、疏水性两类)存在竞争，VOC一般可吸附在任意的活性位，而水分子则更容易吸附于亲水性活性位，如此竞争过程可能改变界面分配系数 K，被水分子占据的空隙也会不同程度地影响传质系数。此外，若多孔建材比表面积足够大，气相VOC浓度足够低，当可吸附的活性位足够多时该影响可忽略不计；

② 部分甲醛/VOC等溶解于水中，在散发过程中降低可散发VOC浓度，在吸附过程中则会相对强化吸附过程；

③ 高相对湿度环境下，建材水分蒸发过程(吸热)减弱，从而更容易VOC的散发。

综上可知，湿度对建材甲醛/VOC散发特性的影响目前尚无定论。

6.2.4 温湿度对室内新风量的影响与修正方法

由前文可知，温度不仅影响甲醛/VOC在建材中的传质系数 D 和界面分配系数 K，也影响甲醛的初始可散发浓度 C_0。通过对准稳态散发阶段无量纲散发因子 X_1 和无量纲特征散发因子 X_2 的计算比较可知，40℃为准稳态散发阶段无量纲散发因子 X_1 和无量纲特征散发因子 X_2 翻倍温度，10℃为准稳态散发阶段无量纲散发因子 X_1 和无量纲特征散发因子 X_2 减半温度。同时40℃也为无量纲特征散发时间减半温度，10℃为无量纲特征散发时间翻倍温度。

相对湿度同样对材料-VOC散发、吸附过程存在不同程度影响。在建材VOC散发模型关键参数中，决定建材长期散发水平和新风量的主要为初始可散发浓度 C_0 和传质系数 D。由于相对湿度对 C_0 影响尚不明确，且已有的部分研究表明相对湿度对 D 影响较小。本节不考虑相对湿度对新风量的影响。

由新风量的确定过程可知，若不考虑新风品质和新风效应，新风量一般取决于某一场景中某种特定的VOC，如甲醛等。不同VOC限值指标体系对VOC具有不同的限值要求，不同温度条件下决定新风量的VOC可能发生改变，无量纲散发因子不与新风量成固定比例。当温度变化导致无量纲散发因子不为1时新风量水平需重新计算分析。

对于全散发周期场景，基于无量纲特征散发因子 X_2 修正VOC特征散发率，独立指标和组合指标下需换气次数计算方法分别为(以办公建筑为例，住宅

则令回风率 $\eta = 0$，下同）

$$N = \frac{1\,800X_2U}{(1-\eta)V}\max\left\{\frac{1}{Y_j}\sum_{i=1}^{n}\frac{I_{i,j}C_{0,i,j}D_{i,j}A_i}{L_i},\ j=1,2,\cdots,m\right\} \tag{6-21a}$$

$$N = \frac{1\,800X_2U}{(1-\eta)V}\sum_{j=1}^{m}\left(\frac{1}{LCI_j}\sum_{i=1}^{n}\frac{I_{i,j}C_{0,i,j}D_{i,j}A_i}{L_i}\right) \tag{6-21b}$$

在非稳态/准稳态两阶段散发场景中，基于准稳态散发阶段无量纲散发因子 X_1 修正 VOC 准稳态阶段散发率，独立指标和组合指标下需换气次数分别为

$$N = \frac{2\,000X_1U}{(1-\eta)V}\max\left\{\frac{1}{Y_j}\sum_{i=1}^{n}\frac{I_{i,j}D_{i,j}[M''_{i,j}(2.0)-M''_{i,j}(0.2)]}{L_i^2},\ j=1,2,\cdots,m\right\} \tag{6-22a}$$

$$N = \frac{2\,000X_1U}{(1-\eta)V}\sum_{j=1}^{m}\left\{\frac{1}{LCI_j}\sum_{i=1}^{n}\frac{I_{i,j}D_{i,j}[M''_{i,j}(2.0)-M''_{i,j}(0.2)]}{L_i^2}\right\} \tag{6-22b}$$

对于非稳态散发阶段，室内气相 VOC 浓度由当建材在单独散发时在其非稳态散发区存在最高平均散发率的建材主导(见 5.3.1 节)。现有研究尚未完整给出温湿度对建材散发甲醛/VOC 的 C_0、D、K 的影响机理及关联式，当温湿度改变时主导散发建材的散发特性可能发生改变并可能不再主导散发过程。实际上新风量的确定主要依据的应是以年计的长期散发污染源的散发特性，而非稳态散发阶段通常仅以月计。本文不再给出温湿度对非稳态散发阶段新风量的影响。

同样基于标准房间，选取 GB/T 18883、GBZ 2.1、CRELs、CS 01350、ATSDR、AgBB 和 EU‑LCI 七个限值指标体系计算新风量。《民用建筑供暖通风与空气调节设计规范》(GB 50736)[15]给出了人居环境室内空气设计参数[15]，见表 6‑8。无论供暖还是舒适性空调，室内设计温度范围约为 18℃～28℃。为涵盖非供暖和非舒适性空调工作下的室内环境，将室内温度研究范围扩大为 10℃～40℃。

温度对新风场景影响的算例汇总见表 6‑9，算例 1 中温度关联式常数取为其范围的均值。

表 6-8　人居环境室内空气设计参数[15]

方　式	类　　别	温度,℃	相对湿度,%	风速,m·s^{-1}
供　暖	严寒和寒冷地区	18～24	—	—
	夏热冬冷地区	16～22	—	—
舒适性空调供热工况	Ⅰ级	22～24	≥30	≤0.20
	Ⅱ级	18～22	—	≤0.20
舒适性空调供冷工况	Ⅰ级	24～26	40～60	≤0.25
	Ⅱ级	26～28	≤70	≤0.30

表 6-9　温度对新风场景影响的算例汇总

算例	标准房间	建材/家具类别	可散发的建材/家具	LR_e, LR_f ($m^2 \cdot m^{-3}$)	A_2, B_2 ($\times 10^3$)
1	起居室	混搭型(NRC 所有建材)	顶、墙面、地面、家具	1.75, 0.23	7.5, 6.5
2	私人办公室	混搭型(NRC 所有建材)	顶、墙面、地面、家具	1.55, 0.38	[4, 11], [4, 9]
3	私人办公室	混搭型(NRC 所有建材)	顶、墙面、地面、家具	1.55, 0.38	7.5, 6.5

在 10℃～40℃温度范围内计算算例 1 的新风量,分别按全散发周期和准稳态散发阶段需换气次数给出,见图 6-29。可知,温度对室内新风量影响显著,

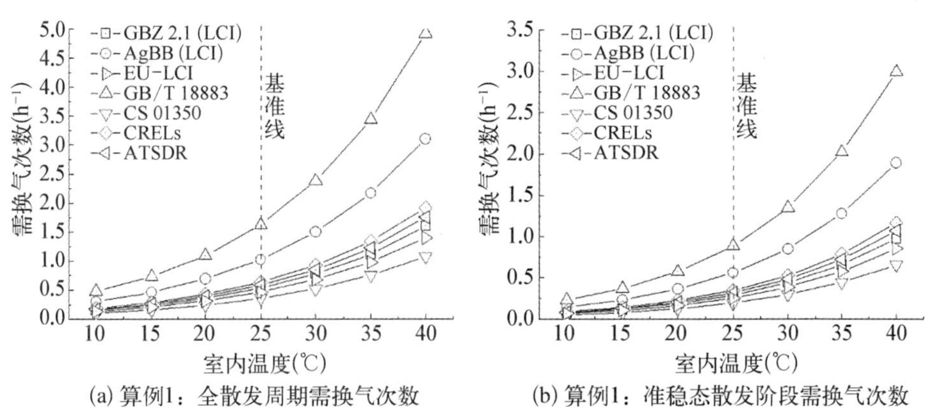

(a) 算例1：全散发周期需换气次数　(b) 算例1：准稳态散发阶段需换气次数

图 6-29　温度对有不同类型建材的房间室内新风量的影响

两类七种限值指标基本均呈指数式增长，与无量纲散发因子随温度的变化关系一致。由于所有建材 VOC 散发随温度的关联式常数均取为均值，在计算温度范围内并不改变决定新风量的 VOC 种类，算例 1 最大新风量与基准的比值见表 6－10。实际上各建材关联式常数各异，有可能导致决定新风量的 VOC 种类发生改变。此外，在此场景设定中，当温度为 35℃和 15℃时所需新风量分别翻倍和减半。

表 6－10　算例 1 最大新风量与基准的比值

新风量计算方法	全散发周期需换气次数	准稳态散发阶段需换气次数
最大新风量与基准的比值	[0.30，3.02]	[0.26，3.37]

关联式常数 A_2 和 B_2 温度关联式常数对新风量的影响见图 6－30。在式

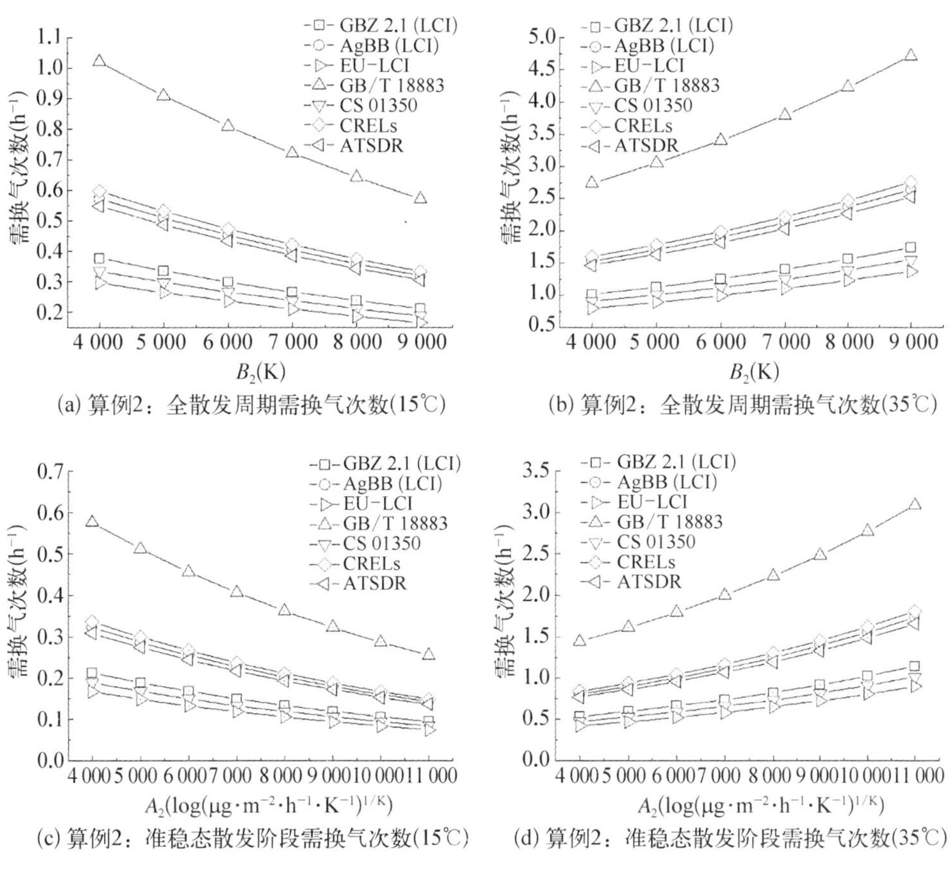

(a) 算例2：全散发周期需换气次数(15℃)

(b) 算例2：全散发周期需换气次数(35℃)

(c) 算例2：准稳态散发阶段需换气次数(15℃)

(d) 算例2：准稳态散发阶段需换气次数(35℃)

图 6－30　温度关联式常数对新风量的影响

(6 - 16)和式(6 - 18)中,在某一温度下,无量纲散发因子是关联式常数的增函数。当温度大于基准温度 25℃时,无量纲散发因子随 A_2 和 B_2 的提高而提高,当温度小于基准温度 25℃时,无量纲散发因子随 A_2 和 B_2 的提高而减少。对新风场景中所有 VOC 的关联式常数统一取值时,新风量随关联式常数的变化规律同无量纲散发因子变化温度一致。

需要再次指出的是,实际环境中各建材散发 VOC 的关联式常数并不统一。但在不改变决定新风量的 VOC 种类的前提下,温度大于基准温度 25℃时,A_2 和 B_2 越小所需新风量越小;温度小于 25℃时,A_2 和 B_2 越大所需新风量越小。

图 6 - 31 给出温度对散发时间的影响(算例 3)。纵坐标为对数坐标。可见,尽管降低室内温度可以降低所需新风量,但也将建材 VOC 的增加散发时间。当室内温度为 10℃时,算例 3 的预测特征散发时间长达约 22 年。

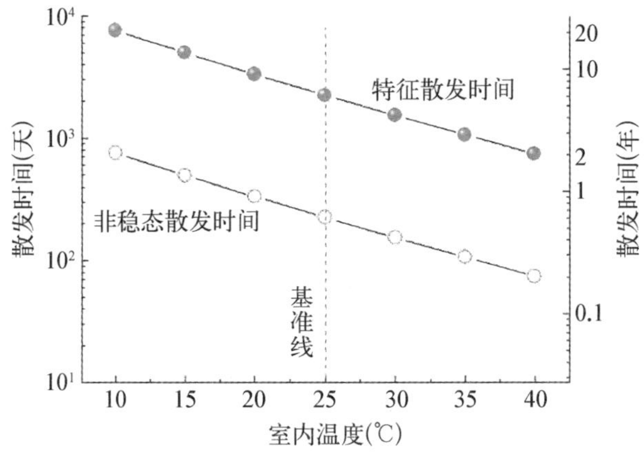

图 6 - 31　温度对散发时间的影响(算例 3)

6.3　本 章 小 结

(1) 选取 PC、LDPE、PMMA、PP 和 PS 等五种聚合物,利用微天平实验平台研究甲醛/VOC 在聚合物中的吸附、散发特性。利用傅里叶变换衰减全反射红外光谱(ATR - FTIR)技术检验了经甲醛暴露的聚合物表面未形成多聚甲醛(paraformaldehyde),验证了吸附量大于散发量的原因是甲醛在该温度下的部分可逆吸附。基于多孔介质非均匀吸附理论和统计物理学,假定吸附位均匀分布且数量足够时,甲醛在聚合物中的吸附过程为等比部分可逆传质,实验数据支持该假设。通过萃取荧光法(extraction/fluorimetry)验证了甲醛在聚合物中的吸附过程包含物理吸附和化学吸附,且部分化学吸附在更高温度下可逆。由于实验数据支持非均匀吸附理论,推测化学吸附在可逆比例等表现上与非均匀吸附理论接近。

(2) 基于温度对准稳态散发阶段散发率和传质系数的关联式,分析了温度对建材甲醛/VOC 散发、吸附特性的影响。同时分析了关联式常数对无量纲散发因子的影响,表明可认为 40℃为准稳态散发阶段无量纲散发因子 X_1 和无量纲特征散发因子 X_2 翻倍温度,10℃为准稳态散发阶段无量纲散发因子 X_1 和无量纲特征散发因子 X_2 减半温度。同时 40℃也为无量纲特征散发时间减半温度,10℃为无量纲特征散发时间翻倍温度。对于办公场景,由于温度通常保持恒定,温度对建材散发率的影响一般可不予考虑。此外,给出了基于准稳态散发阶段无量纲散发因子和无量纲特征散发因子修正的室内新风量计算方法。

第7章 基于新风物理和化学效应的新风量修正方法

新风效应是指引入室内的室外气流在室内的扩散特性以及引起的污染物迁移(物理输运)和转化(化学反应)。本章基于新风物理效应及其评价指标,通过CFD数值计算对(准)稳态和非稳态新风量物理指标及其计算方法进行了分析,探讨了非均匀环境对所需新风量的影响及其影响程度。此外,对基于化学效应的新风量计算方法进行了校核分析。

本章是对第5章新风量计算方法的补充,提供了新风在非均匀环境下的设计和修正方法。

7.1 新风物理效应的稳态评价方法

分析新风物理效应实际上是分析非均匀环境下室内空气参数的分布和转化规律。现有国际对非均匀环境的通风指标的影响从稳态环境研究向非稳态环境研究发展。尽管人居环境中温湿度场、浓度场等均存在时变,建材VOC的散发过程在后90%的时间内均可认为为准稳态散发,长期稳态指标更符合新风量指标的尺度要求。由于室内污染物浓度一般不高,流场会影响浓度场而浓度场不影响流场[157],实际上对空气的评价指标均适用于对污染物的评价。此外,工程上可根据非稳态指标对非稳态散发区做新风指标对室内空气品质的影响和评价,而对准稳态散发区间采用稳态指标进行评价。本节给出稳态新风量的修正方法。

7.1.1 现有新风物理效应的稳态评价方法

表1-5(见1.2.4节)给出了适用于通风(新风)引起的室内环境变化的评价

指标，其中空气龄、换气效率、通风效率、排污效率等均可用于稳态描述室内空气的非均匀性。上述评价指标均可通过实验方法或数值计算获得。

以空气龄和换气效率为例，空气龄可以采用脉冲法、上升法和下降法测得，其中脉冲法得到空气龄的计算由下式给出[278-279]：

$$\tau_p = \frac{\int_0^{\infty} \tau C_p(\tau) d\tau}{\frac{m}{Q}} \tag{7-1}$$

式中，τ_p 是指 p 点（任意某点）所有微团的空气龄的平均值，s；C_p 是 p 点示踪气体的浓度，$kg \cdot m^{-3}$；Q 为室内送风量，m^3；m 为脉冲法释放的示踪气体的质量，μg。

可通过数值计算空气龄，空气龄的输运方程采用直角坐标张量形式表示如下[279]：

$$\frac{\partial}{\partial t}(\rho \tau_p) + \frac{\partial}{\partial x_j}(\rho \mu_j \tau_p) = \frac{\partial}{\partial x_j}\left(\Gamma_\tau \frac{\partial \tau_p}{\partial x_j}\right) + \rho \tag{7-2}$$

式中，ρ 是空气密度，$kg \cdot m^{-3}$；μ_j 为 j 方向速度，$m \cdot s^{-1}$，可取 1，2，3，分别代表三个空间坐标；Γ_τ 为扩散系数，$m^2 \cdot s^{-1}$。

入口边界条件：$\tau_p = 0$ 或其他给定值；出口边界条件：$\frac{\partial \tau_p}{\partial x_j} = 0$。

空气龄的分布是换气效率进行计算的基础，换气效率可表示为

$$\eta_a = \frac{\tau_n}{2\,\bar{\tau}_p} \times 100\% \tag{7-3}$$

式中，τ_n 为房间名义时间常数，s，$\tau_n = \frac{V}{Q}$，其中 V 为房间体积，m^3；$\bar{\tau}_p$ 为房间空气龄的平均值，s，数值计算中可按体平均给出：

$$\bar{\tau}_p = \frac{\int_V \tau_p dv}{V} = \frac{\sum \tau_{p,i} V_i}{V} \tag{7-4}$$

式中，$\tau_{p,i}$ 是空间第 i 部分空气龄，s；V_i 是空间内第 i 部分体积，m^3。

其他采用的新风物理效应稳态评价指标[144,146,278-280]见表 7-1。

表 7-1 中，C_{out} 和 C_{in} 分别为污染物在房间送风口和排风口的浓度，$\mu g \cdot m^{-3}$；$C_{e,i}$ 是空间第 i 部分污染物浓度，$\mu g \cdot m^{-3}$；$\dot{m}$ 是污染源散发率，$\mu g \cdot s^{-1}$。

表 7-1　新风物理效应稳态评价指标[144,146,278-280]

编号	指　标	符号	数 值 计 算 法	式编号
1	空气龄	τ_p	$\frac{\partial}{\partial t}(\rho\tau_p)+\frac{\partial}{\partial x_j}(\rho\mu_j\tau_p)=\frac{\partial}{\partial x_j}\left(\Gamma_\tau\frac{\partial\tau_p}{\partial x_j}\right)+\rho$	(7-5)
2	换气效率	η_a	$\eta_a=\frac{V^2}{2Q\sum\tau_{p,i}V_i}\times 100\%$	(7-6)
3	整体通风效率	ε_v	$\varepsilon_V=\frac{C_{out}-C_{in}}{\left[\frac{\sum C_{e,i}V_i}{V}-C_{in}\right]}\times 100\%$	(7-7)
4	排污效率	ε_c	$\varepsilon_c=\frac{\dot{m}\cdot V}{Q\sum C_{c,i}V_i}\times 100\%$	(7-8)

7.1.2　呼吸区污染物浓度分布与新风量的修正方法

ASHRAE 对新风量设计原则与理念值得借鉴。ASHRAE Standard 62.1[14]对设计室内新风的规定与其他国家相比有理念的不同，除了给出了叠加法确定分别用于稀释建材散发等污染和人员污染的新风量外，还将新风量的适用范围缩小至人员呼吸区，即室内地面以上 75～1 800 mm，距离墙壁或固定空调设备 600 mm 以上的区域[14]。室内所需送风量按下式给出：

$$V_{oz}=\frac{V_{bz}}{E_z} \tag{7-9}$$

式中，V_{oz}为室内送风量，$m^3\cdot s^{-1}$；V_{bz}为呼吸区所需新风量，$m^3\cdot s^{-1}$；E_z为空气分布有效性系数，按表 7-2 取值。

表 7-2　空气分布有效性系数 E_z 取值表[14]

项　目	E_z	项　目	E_z
顶部送冷风(低于室内温度)	1.0	顶部送热风(高于室内温度 8℃及以上)，顶部回风	0.8
地板送热风(高于室内温度)，地板回风	1.0	在排风或回风处的相对面进行送风	0.8
顶部送热风(高于室内温度 8℃以下)，顶部回风。在地面以上 1.4 m 范围内送风射流能达到或达不到 0.8 m/s	1.0/0.8	在排风或回风处附近进行送风	0.5
		地板送热风(高于室内温度)，地板回风	1.0

续　表

项　　目	E_z	项　　目	E_z
地板送热风(高于室内温度),顶部回风	0.7	地板送冷风(低于室内温度),顶部回风。形成低速均匀的置换通风,在地面以上 1.4 m 处垂直风速不大于 0.25 m/s	1.2
地板送冷风(低于室内温度),顶部回风。在地面以上 1.4 m 处垂直风速大于 0.25 m/s	1.0		

由表 7－2 可知,空气分布有效性系数 E_z 出发点是考虑空气分布,从工程应用角度保证新风到达呼吸区。由于通风方式的限值,部分场景中到达呼吸区的新风空气龄偏大,该系数在一定程度上忽视到达呼吸区的空气品质。

空气分布有效性系数对设计带来的启示是需对室内不同通风方式产生的不同的气流组织进行空气分布评价,并对房间送风量进行修正。在第 5 章的新风量计算方法中,均假定室内污染物均匀分布,该假设在实际大多数场景中几乎不可能存在,故借助空气分布的思路建立新的呼吸区污染物分布系数 ε_{bz},即

$$\varepsilon_{bz} = \frac{\dfrac{\dot{m}}{(V \cdot N)}}{\dfrac{\sum C_{bz,j} V_j}{V_{zone}}} \tag{7-10}$$

式中,$C_{bz,j}$ 是呼吸区第 j 部分污染物浓度,$\mu g \cdot m^{-3}$;V_j 是呼吸区内第 j 部分体积,m^3;V_{zone} 是呼吸区总体积,m^3。其中 $\dfrac{\dot{m}}{(V \cdot N)}$ 为理论室内 VOC 平均浓度 $\bar{C}$。

则呼吸区新风量应调整为

$$V'_{bz} = \frac{V_{bz}}{\varepsilon_{bz}} \tag{7-11}$$

式中,V_{bz} 是考虑了呼吸区污染物分布系数的呼吸区新风量,$m^3 \cdot h^{-1}$;V_{bz} 是原本为呼吸区提供的新风量,$m^3 \cdot h^{-1}$。

以下给出基于 CFD 方法和呼吸区污染物分布系数的概念修正新风量的具体步骤。

7.1.3　数值计算对象与气流组织设计

从理论上讲,空间的几何尺寸和维度的不同会使计算结果发生变化。二维

模型常用于研究典型因素对空气分布特性的影响。本文则采用三维模型以研究呼吸区与整体房间空气分布特性的关系。以标准私人办公室[68]为例，房间尺寸为 4.8 m×4.8 m×2.8 m，假定风口(vent)尺寸均为 1 000 mm×400 mm，风口的可能的位置如图 7－1 所示，其中呼吸区(breathe zone)也已标出。此外，地面、天花板和墙体(A 墙、B 墙和 C 墙，B 墙对面与 B 墙为对称面，故不重复计算)均为可能的 VOC 的散发源(source)。家具的散发效应等效为墙体和地面等的散发。地面中心点为坐标原点。

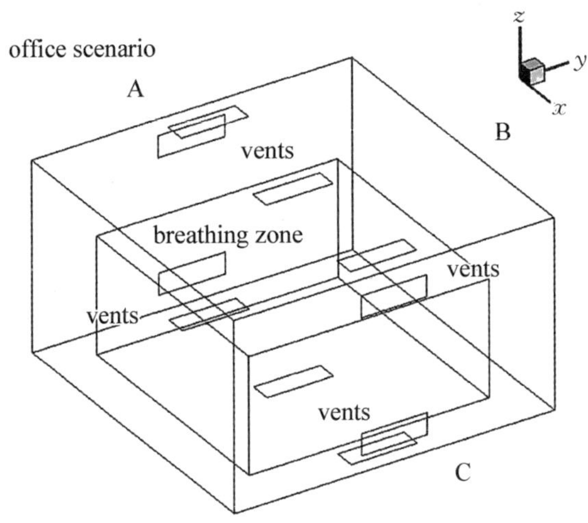

图 7－1　标准私人办公室 CFD 计算模型

设计八种典型通风方式，如图 7－2 所示(以 Y 轴侧视图表示)。

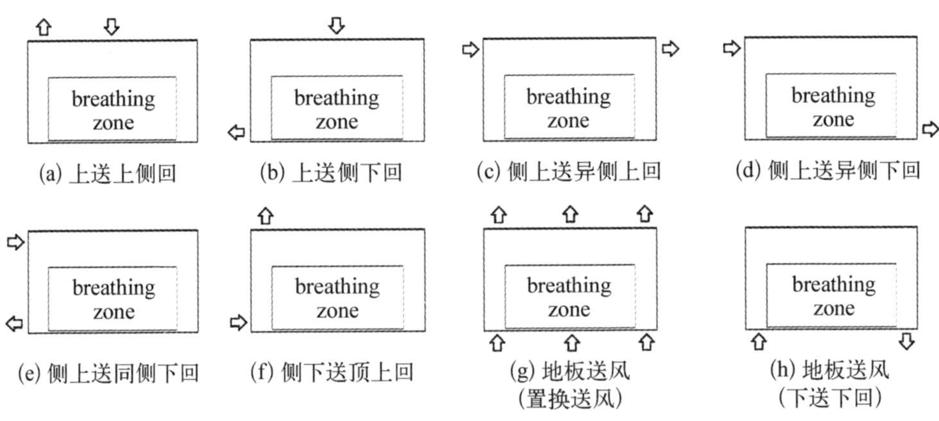

图 7－2　八种典型通风方式

7.1.4　室内空气环境模拟的 CFD 方法

1. 六点基本假设

在数值计算中，作如下六点假设[65]：

① 认为室内空气为不可压缩流体，即忽略体积变化对计算结果带来的影响；

② 认为室内空气为连续介质，即服从连续性方程；

③ Soret 和 Dufour 效应可以忽略，即温度（浓度）的变化对浓度（温度）场不产生影响；

④ 空气的所有热物理性参数均视为常数，在保证质量守恒的基础上采用密度随温度和组分浓度变化的 Boussinesq 假设；

⑤ 为比较呼吸区与整个房间污染物浓度的关系，忽略人体局部微环境（即人体呼吸和人体周围自然对流形成的热羽流）对污染物浓度场影响；

⑥ 仅考虑建材 VOC 稳态散发阶段特性，计算中 VOC 均为恒定散发。

2. 网格尺寸独立性检验

由于忽略呼吸和热羽流影响，网格并不需要非常细小的尺寸[65]。以上送上侧回式通风方式（图 7 - 2(a)）检验三种网格尺寸（0.05 m、0.10 m 和 0.20 m）的计算结果，网格均为结构化网格，房间换气次数为 1 h^{-1}。模型计算采用相同计算设置（包括壁面处理、物性参数、边界条件、松弛因子、初始条件等），其网格独立性检验与尺寸比选见表 7 - 3。综合考虑保证计算精度和减少计算成本，选择 0.10 m 作为网格尺度。此外，部分场景下选择自适应网格，壁面 $y+$ 值一般均<5，此时采用线性应力-应变关系式计算[281]。

表 7 - 3　网格独立性检验与尺寸比选

算例	网格尺寸	网格数量	质量守恒	平均空气龄 τ_P	以算例 2 为基准的计算时长
1	0.05 m	516 096	守恒	3 331.3 s	～10 倍
2	0.10 m	64 512	守恒	3 330.5 s	1
3	0.20 m	8 064	不守恒	—	～0.1 倍

3. 边界类型与数值计算

由于认为空气不可压缩，其密度恒定，即质量流量可以由速度条件确定，故选择速度入口作为送风边界。同时不采用散流器送风、格栅送风、孔板送风等复杂送风模式以简化模型和计算。若无特殊说明，均为等温送风边界。为模拟 VOC 长期散发可以采用定值，故选择质量入口。对于排风边界，选择压力出口。

湍流模型选用两方程 RNG $k-\varepsilon$ 模型。速度压力耦合采用 SIMPLE 算法结合标准壁面函数，动量、湍流动能、耗散率离散、能量方程均采用 QUICK 格式[65]，压力项采用二阶离散格式。空气龄采用 UDS 方程计算，其他评价指标均编制 UDF 程序进行计算。

4. 基准实验

本文以三维模型研究多种简化通风模型污染物分布特性。Sakamoto 和 Matsuo(1980)[282]对边长为 2 m 的立方体房间中的三维等温流动实验为基准实验。

模拟方法与基准实验结果的对比如图 7－3 所示，Sakamoto 和 Matsuo 验证了采用 $k-\varepsilon$ 模型可以有效预测室内空气流动，见图 7－3(b)和图 7－3(c)。图 7－3(a)所示为采用本文模拟方法进行相同模拟过程的结果。其中等值线为 yz 平面速度与送风速度的比值。本文方法模拟结果与基准实验基本吻合。

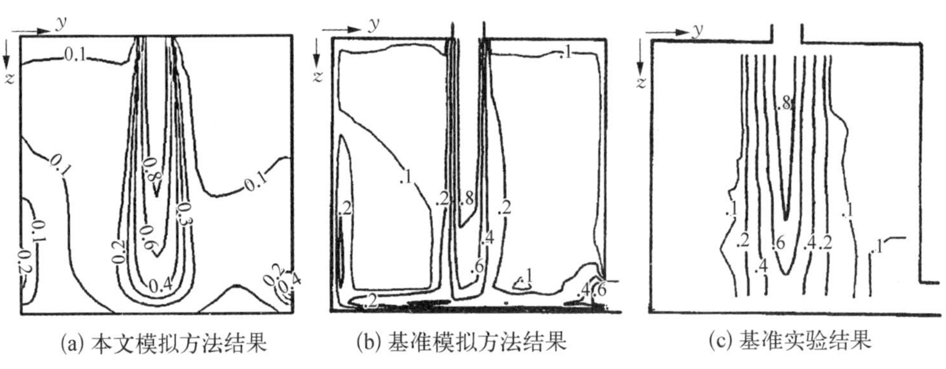

(a) 本文模拟方法结果　(b) 基准模拟方法结果　(c) 基准实验结果

图 7－3　模拟方法与基准实验结果的对比

7.1.5　检验 VOC 浓度对流场的无关性

建材在室内散发 VOC 的特征散发率约为 $10^{-3}\sim10^{1}\,\mu g\cdot m^{-2}\cdot h^{-1}$(见 5.2.2 节)，即计算模型的散发源(地面、墙体或天花板)约可认为为 $10^{-5}\sim10^{-1}\,\mu g\cdot s^{-1}$。新风以约 $10^{7}\,\mu g\cdot s^{-1}$(换气次数为 1 h^{-1})的流量进入室内，正是由于 VOC 低浓度散发，导致了室内建材散发的 VOC 浓度场受室内流场影响但并不会改变流场的现象。

采用 CFD 技术模拟建材散发源以 $10^{-6}\sim10^{9}\,\mu g\cdot s^{-1}$散发时的室内流场，检

验采用 CFD 技术同样可以获得 VOC 浓度对流场的无关特性。以等温上送上侧回通风方式图 7 - 2(a)为例，选定甲苯(为一种新风量决定性 VOC，见 7.3.1 节)为散发物并以地面为散发源，室内换气次数为 1 h^{-1}，无回风。图 7 - 4 给出了四种散发率条件下室内对称面($Y=0$)流场和甲苯浓度场($\mu g \cdot m^{-3}$)的比较。

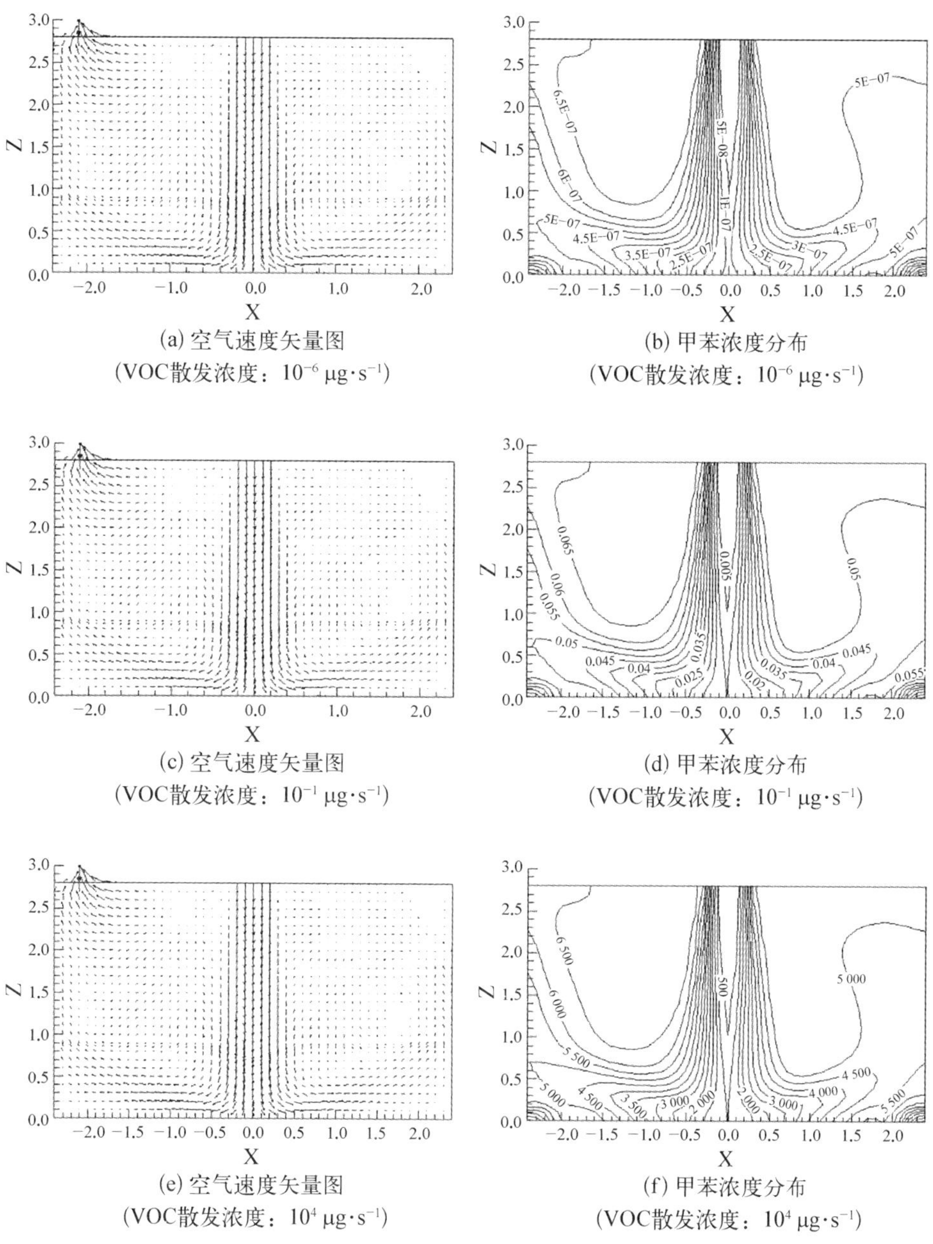

(a) 空气速度矢量图
(VOC散发浓度：10^{-6} $\mu g \cdot s^{-1}$)

(b) 甲苯浓度分布
(VOC散发浓度：10^{-6} $\mu g \cdot s^{-1}$)

(c) 空气速度矢量图
(VOC散发浓度：10^{-1} $\mu g \cdot s^{-1}$)

(d) 甲苯浓度分布
(VOC散发浓度：10^{-1} $\mu g \cdot s^{-1}$)

(e) 空气速度矢量图
(VOC散发浓度：10^{4} $\mu g \cdot s^{-1}$)

(f) 甲苯浓度分布
(VOC散发浓度：10^{4} $\mu g \cdot s^{-1}$)

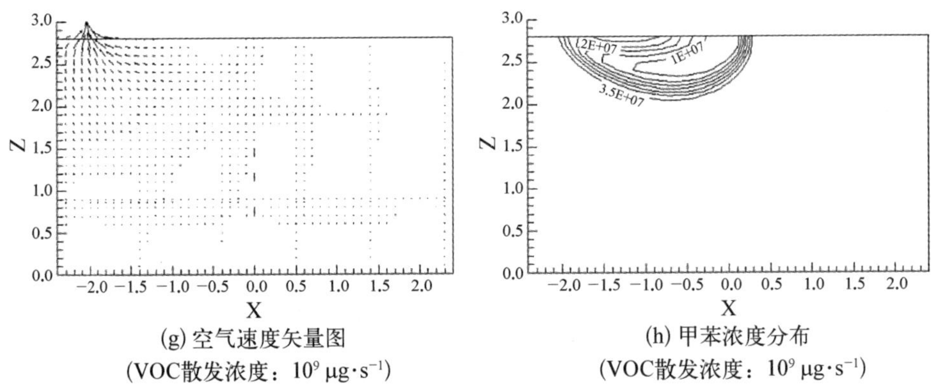

(g) 空气速度矢量图
(VOC散发浓度：10^9 μg·s^{-1})

(h) 甲苯浓度分布
(VOC散发浓度：10^9 μg·s^{-1})

图 7-4　四种散发率条件下室内对称面(Y=0)的流场和甲苯浓度场(μg·m^{-3})

当 VOC 散发量≪通风量时，VOC 的散发不改变流场。当甲苯散发率在 10^{-6}、10^{-1}、10^4 μg·s^{-1}时，室内对称面(Y=0)空气速度矢量和甲苯浓度分布规律基本一致。仅当 VOC 散发量(甲苯散发率在 10^9 μg·s^{-1})≫通风量时，VOC 的散发才会对流场产生影响。

表 7-4 给出稳态场景下 VOC 低散发量级对室内场无影响的检验，进一步验证了在 VOC 低浓度散发的室内环境中，CFD 技术同样可以实现 VOC 浓度对流场的无关性检验，即可用一种浓度下污染物的分布特性，来代表不同浓度 VOC 条件下室内污染物分布特性。

表 7-4　稳态场景下 VOC 低散发量级对室内流场无影响的检验

VOC 散发率，μg·s^{-1}	质量守恒	平均空气龄 $\overline{\tau}_P$,S	换气效率 ε_a	通风效率 ε_v	排污效率 ε_c
10^{-6}	是	3 277.0	54.9%	94.9%	1.5%
10^{-1}	是	3 277.4	54.9%	94.9%	1.5%
10^2	是	3 277.0	54.9%	94.8%	1.5%
10^4	是	3 278.1	54.9%	94.8%	1.5%
10^6	是	3 343.3	53.8%	94.6%	1.5%
10^8	是	3 856.9	46.7%	92.8%	1.6%
10^9	是	5 133.1	35.1%	93.8%	23.1%

7.1.6　呼吸区污染物分布系数的计算

为研究通风方式对呼吸区污染物分布的影响，给出典型通风方式下室内对称面(Y＝0)空气龄和污染物浓度分布。图 7－5 所示为 1 h^{-1} 换气次数(无回风)的空气龄分布图。

在图 7－5 中，八种通风方式下空气龄分布各异，其中平均空气龄较小的通风方式是图 7－5(a)、图 7－5(e)、图 7－5(f)、图 7－5(h)等混合通风方式，平均空气龄较大的通风方式是形成短路的图 7－5(c)所示的通风方式和置换通风(与其他其中通风方式仅有一个出风口不同，置换通风有三个出风口)。

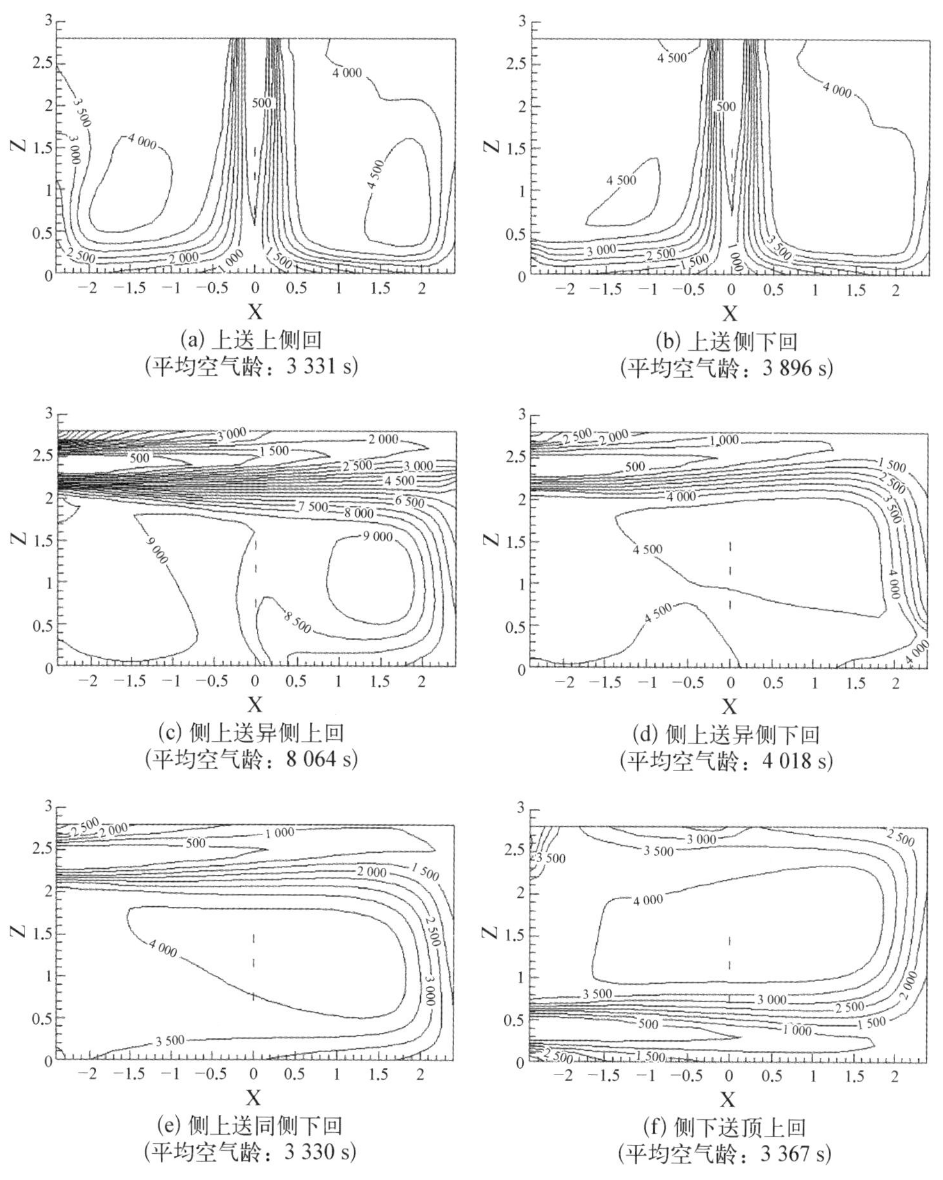

(a) 上送上侧回
(平均空气龄：3 331 s)

(b) 上送侧下回
(平均空气龄：3 896 s)

(c) 侧上送异侧上回
(平均空气龄：8 064 s)

(d) 侧上送异侧下回
(平均空气龄：4 018 s)

(e) 侧上送同侧下回
(平均空气龄：3 330 s)

(f) 侧下送顶上回
(平均空气龄：3 367 s)

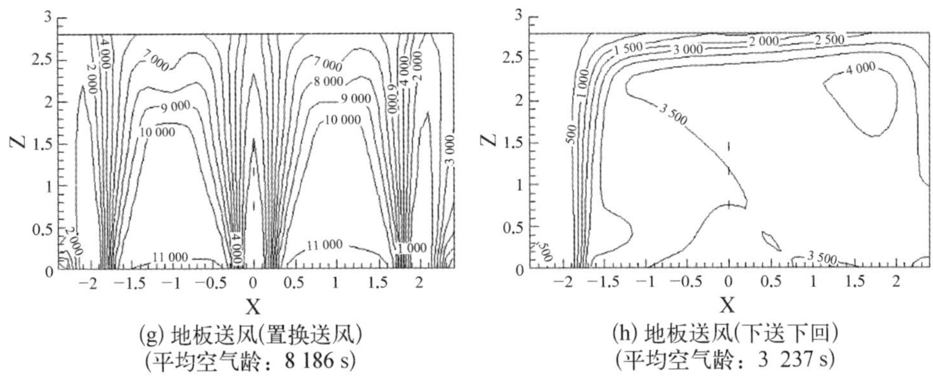

(g) 地板送风(置换送风)
(平均空气龄：8 186 s)

(h) 地板送风(下送下回)
(平均空气龄：3 237 s)

图 7-5　八种典型通风方式下空气龄分布(单位：s)

图 7-6—图 7-8 给出了污染物浓度分布图。假定散发率为 $10^{-1}\ \mu g \cdot s^{-1}$，以甲苯为散发物，室内换气次数为 $1\ h^{-1}$。

其中，图 7-6 所示以地面为散发源，验证了在新风量计算方法中考虑污染物分布的必要性，八种通风中甲苯浓度分布差异较大。图 7-6 也显示了流场分布对 VOC 平均浓度的影响，在图 7-6 中，平均空气龄最大的两种通风方式(图 7-6(c)和图 7-6(g))中室内甲苯平均浓度最大，特别是呼吸区中的甲苯浓度。

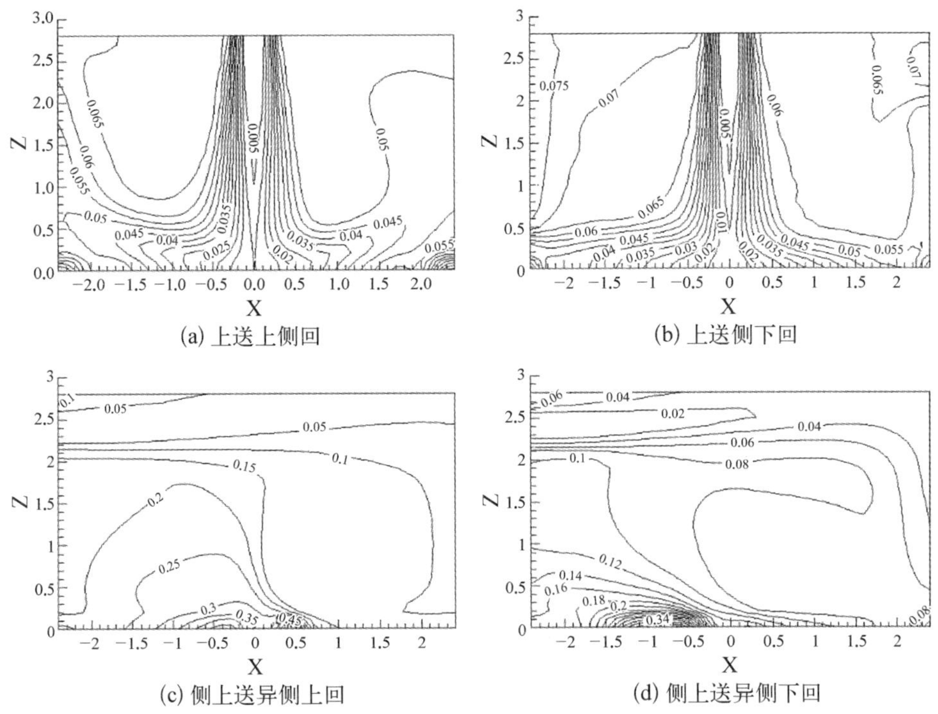

(a) 上送上侧回

(b) 上送侧下回

(c) 侧上送异侧上回

(d) 侧上送异侧下回

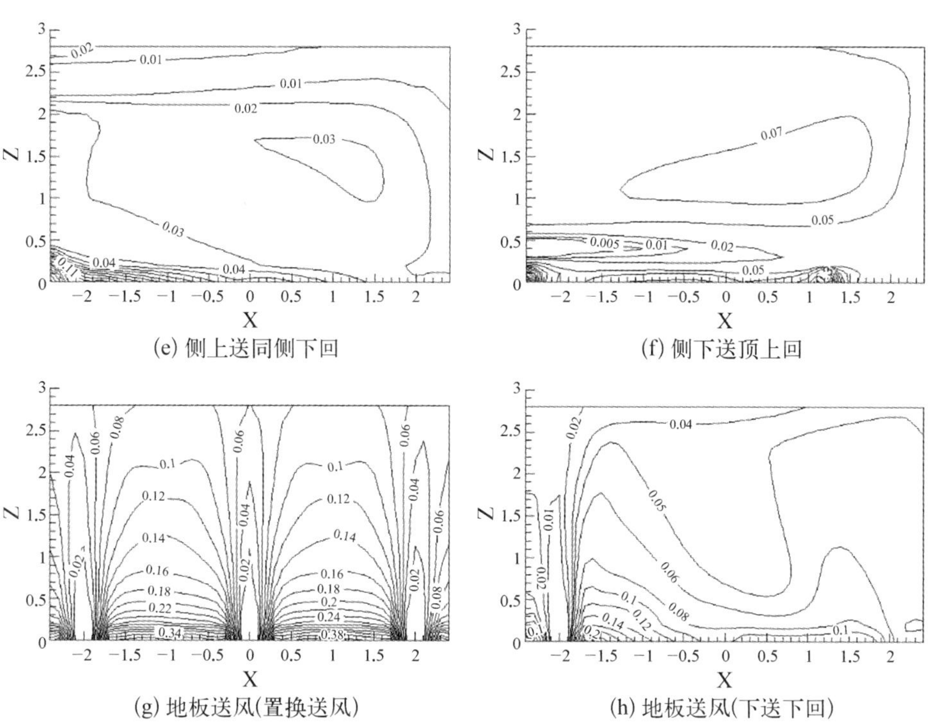

(e) 侧上送同侧下回　(f) 侧下送顶上回

(g) 地板送风(置换送风)　(h) 地板送风(下送下回)

图 7－6　八种典型通风方式下污染物浓度($\mu g \cdot m^{-3}$)分布(地面为散发源)

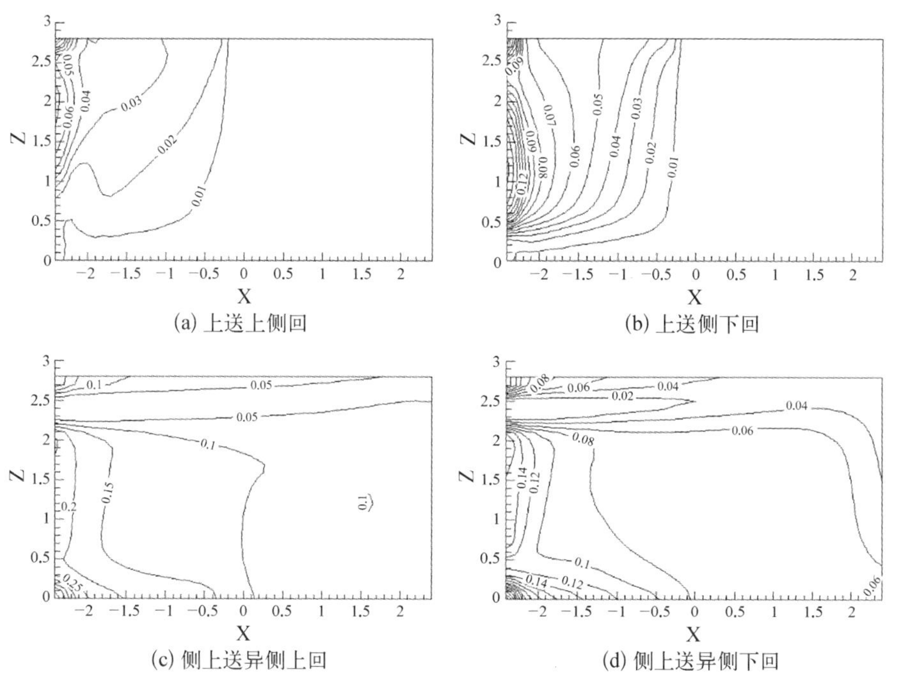

(a) 上送上侧回　(b) 上送侧下回

(c) 侧上送异侧上回　(d) 侧上送异侧下回

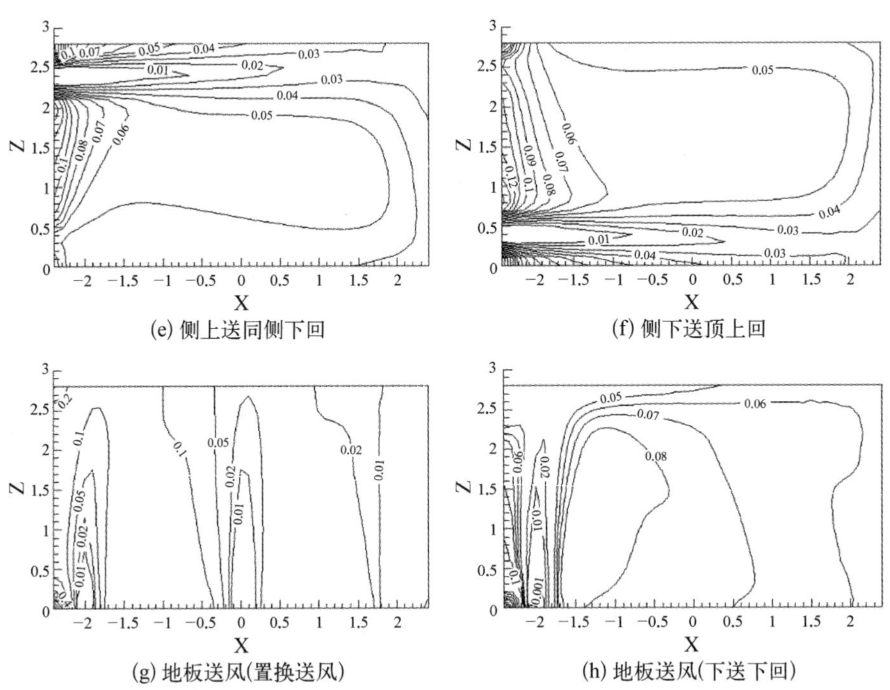

(e) 侧上送同侧下回　(f) 侧下送顶上回

(g) 地板送风(置换送风)　(h) 地板送风(下送下回)

图 7-7　八种典型通风方式下污染物浓度($\mu g \cdot m^{-3}$)分布(A 墙为散发源)

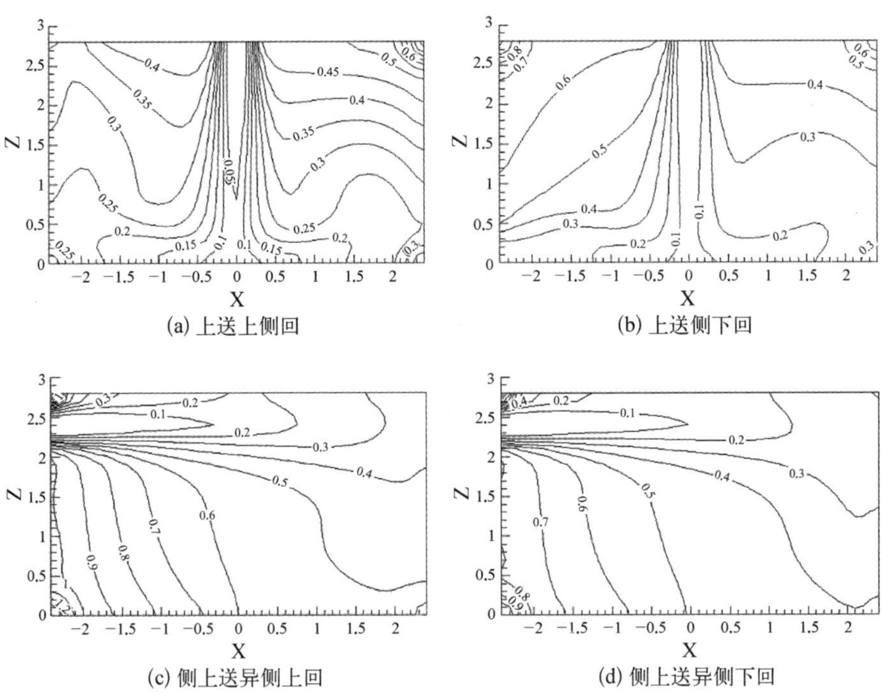

(a) 上送上侧回　(b) 上送侧下回

(c) 侧上送异侧上回　(d) 侧上送异侧下回

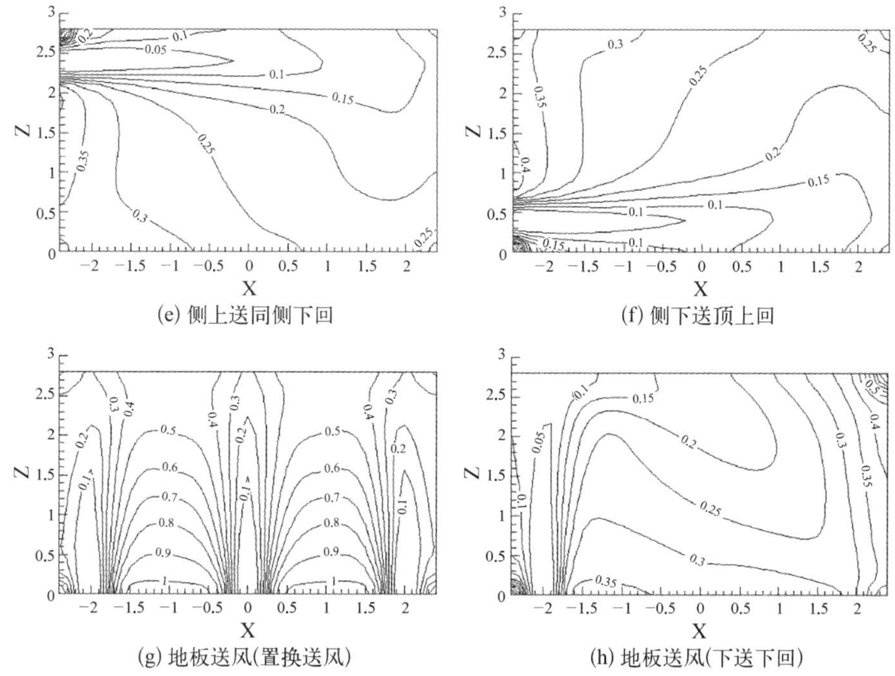

(e) 侧上送同侧下回　　(f) 侧下送顶上回

(g) 地板送风(置换送风)　　(h) 地板送风(下送下回)

图 7-8　八种典型通风方式下污染物浓度($\mu g \cdot m^{-3}$)分布(地面、天花板和四面墙均为散发源)

图 7-7 所示以 A 墙为污染物散发源。由图 7-7 可知，当散发源靠近排风口时(图 7-7(a)和图 7-7(b)所示通风方式)，室内甲苯浓度偏低，反之则偏高(图 7-7(c)和图 7-7(h)所示通风方式)。

图 7-8 中，地面、天花板和四面墙均为散发源，此时，六面围护结构的散发率权重一致，尽管模拟计算为稳态工况，但八种通风方式的室内平均浓度仍与理论计算值存在不同程度的差异。

图 7-6 和图 7-8 反映出通风方式和污染物散发源位置对室内污染物分布均存在不同程度的影响，表 7-5 总结了影响程度并给出了各场景下的污染物分布系数。

从通风方式角度看，上送上侧回(图 7-8(a))、上送侧下回(图 7-8(b))、侧上送同侧下回(图 7-8(e))、侧下送顶上回(图 7-8(f))、地板送风(下送下回)(图 7-8(h))等通风方式污染物分布系数 ε_{bz} 一般大于 1，即呼吸区污染物平均浓度通常小于理论计算的稳态室内平均浓度。而侧上送异侧上回(图 7-8(c))、侧上送异侧下回(图 7-8(d))和地板送风(置换送风)(图 7-8(g))污染物分布系数 ε_{bz} 一般小于 1，即呼吸区污染物平均浓度通常大于理论计算的稳态室内平均浓度。

表 7-5 不同通风方式和散发源组合场景下呼吸区污染物分布系数的计算(稳态工况)

编号	通风方式	项目	散发源					
			地面	天花板	A墙	B墙	C墙	全部
a	breathing zone	理论室内平均浓度,$\mu g \cdot m^{-3}$			5.58			33.48
		模拟室内平均浓度,$\mu g \cdot m^{-3}$	5.83	5.37	1.19	7.73	7.86	32.73
		模拟呼吸区平均浓度,$\mu g \cdot m^{-3}$	5.57	5.24	0.69	8.11	7.67	24.42
		模拟呼吸区污染物分布系数	1.00	1.06	8.13	0.69	0.73	1.37
b	breathing zone	理论室内平均浓度,$\mu g \cdot m^{-3}$			5.58			33.48
		模拟室内平均浓度,$\mu g \cdot m^{-3}$	5.80	5.55	2.82	8.27	8.30	36.44
		模拟呼吸区平均浓度,$\mu g \cdot m^{-3}$	5.39	5.26	2.57	8.56	8.13	26.89
		模拟呼吸区污染物分布系数	1.04	1.06	2.17	0.65	0.69	1.25
c	breathing zone	理论室内平均浓度,$\mu g \cdot m^{-3}$			5.58			33.48
		模拟室内平均浓度,$\mu g \cdot m^{-3}$	12.33	8.76	11.40	14.05	12.94	64.88
		模拟呼吸区平均浓度,$\mu g \cdot m^{-3}$	13.34	8.48	10.11	15.13	14.17	60.83
		模拟呼吸区污染物分布系数	0.42	0.66	0.55	0.37	0.39	0.55
d	breathing zone	理论室内平均浓度,$\mu g \cdot m^{-3}$			5.58			33.48
		模拟室内平均浓度,$\mu g \cdot m^{-3}$	7.76	6.75	7.65	6.59	5.25	47.76
		模拟呼吸区平均浓度,$\mu g \cdot m^{-3}$	7,90	6.83	7.31	7.71	5.52	46.28
		模拟呼吸区污染物分布系数	0.71	0.82	0.76	0.72	1.01	0.72

续　表

编号	通风方式	项　目	散发源					
			地面	天花板	A 墙	B 墙	C 墙	全部
e	breathing zone	理论室内平均浓度,$\mu g \cdot m^{-3}$			5.58			33.48
		模拟室内平均浓度,$\mu g \cdot m^{-3}$	3.24	6.30	5.63	6.43	5.05	27.72
		模拟呼吸区平均浓度,$\mu g \cdot m^{-3}$	2.97	6.22	5.11	6.78	4.96	25.59
		模拟呼吸区污染物分布系数	1.88	0.90	1.09	0.82	1.13	1.31
f	breathing zone	理论室内平均浓度,$\mu g \cdot m^{-3}$			5.58			33.48
		模拟室内平均浓度,$\mu g \cdot m^{-3}$	6.60	3.01	5.97	6.35	5.10	28.11
		模拟呼吸区平均浓度,$\mu g \cdot m^{-3}$	6.69	2.54	5.82	6.46	4.40	23.71
		模拟呼吸区污染物分布系数	0.83	2.19	0.96	0.86	1.27	1.41
g	breathing zone	理论室内平均浓度,$\mu g \cdot m^{-3}$			5.58			33.48
		模拟室内平均浓度,$\mu g \cdot m^{-3}$	9.78	13.58	10.28	13.30	9.97	72.66
		模拟呼吸区平均浓度,$\mu g \cdot m^{-3}$	10.31	13.49	8.68	13.81	8.26	70.51
		模拟呼吸区污染物分布系数	0.54	0.41	0.64	0.40	0.68	0.47
h	breathing zone	理论室内平均浓度,$\mu g \cdot m^{-3}$			5.58			33.48
		模拟室内平均浓度,$\mu g \cdot m^{-3}$	4.14	4.72	7.30	5.48	2.45	29.27
		模拟呼吸区平均浓度,$\mu g \cdot m^{-3}$	4.43	3.81	7.37	4.85	2.10	27.17
		模拟呼吸区污染物分布系数	1.26	1.46	0.76	1.15	2.66	1.23

从散发源角度看，总体而言，对于单一的散发源，呼吸区污染物分布系数受排风口位置影响显著。即散发源靠近排风口，室内污染物浓度则偏低，从而分布系数较大，反之亦然。当围护结构全部为散发源时，排风口位置影响弱化，而整体气流组织决定污染物浓度分布特性。需要指出的是，表 7－5 中围护结构全部为散发源的算例中各个面散发率一致，当各个面散发不一致时，散发率相对最大的面可能将主导污染物浓度分布特性。

按稳态方法计算新风量后，应根据通风方式和污染源位置，确定污染物浓度分布系数，进而对理论稳态新风量进行修正。

7.1.7 基于呼吸区污染物分布系数修正新风量的验证

当确定呼吸区污染物分布系数 ε_{bz}后，室内新风量可按式(7－11)进行修正。表 7－5 给出了表 7－6 中各工况修正的新风量(按换气次数给出)以及重新模拟计算得到的呼吸区污染物平均浓度。呼吸区平均浓度修正误差按式(7－12)计算：

$$\eta_{bz}=\frac{C'_{bz}-\bar{C}}{\bar{C}} \tag{7-12}$$

式中，η_{bz}为呼吸区平均浓度修正误差；C'_{bz}为修正新风量后重新模拟计算得到的呼吸区污染物平均浓度，$\mu g \cdot m^{-3}$；$\bar{C}$为理论室内平均浓度，$\mu g \cdot m^{-3}$。

修正新风量的意义在于，理论计算是为保证室内污染物保持在某浓度下，而修正的新风量可使得在新的新风量条件下，室内呼吸区污染物平均浓度保持在该浓度水平下。

在表 7－5 中，约 90％的通风方式和散发源组合场景中，呼吸区平均浓度修正误差 η_{bz}小于±15％。特别是侧上送异侧下回(图 7－8(d))、侧上送同侧下回(图 7－8(e))和侧下送顶上回(图 7－8(f))等三种侧送通风方式下，尽管污染物散发源的位置不同，污染物在室内混合均较均匀，没有过大或过小的修正换气次数，也使得在修正新风量后，呼吸区平均污染物浓度基本可以用修正新风量前的室内理论平均污染物浓度来预测。反观出现呼吸区平均浓度修正误差最大的两种通风方式和散发源组合：① 上送侧下回与 A 墙；② 地板送风(下送下回)与 C 墙，均满足一个特点：污染源紧靠排风口，即一定比例的污染物在散发之后未能在室内得到较充分的混合即被排走(污染物年龄[152]较短)。当污染物散发速率一致时，提高换气次数极有可能提高该比例。故污染源紧靠排风口时，修正新风

表 7-6　不同通风方式和散发源组合场景下呼吸区污染物分布系数的检验(稳态工况)

编号	通风方式	项　目	散发源					
			地面	天花板	A 墙	B 墙	C 墙	全部
a	breathing zone	1 h^{-1} 理论室内平均浓度，$\mu g \cdot m^{-3}$			5.58			33.48
		修正的换气次数，h^{-1}	1.00	0.94	0.12	1.45	1.37	0.73
		修正的呼吸区平均浓度，$\mu g \cdot m^{-3}$	5.57	5.58	6.39	4.30	5.28	33.39
		呼吸区平均浓度修正误差，%	−0.19	−0.02	14.51	−22.90	−5.39	−0.27
b	breathing zone	1 h^{-1} 理论室内平均浓度，$\mu g \cdot m^{-3}$			5.58			33.48
		修正的换气次数，h^{-1}	0.97	0.94	0.46	1.53	1.46	0.8
		修正的呼吸区平均浓度，$\mu g \cdot m^{-3}$	5.59	5.58	2.73	5.61	5.26	33.66
		呼吸区平均浓度修正误差，%	0.19	0.04	−51.08	0.62	−5.69	0.52
c	breathing zone	1 h^{-1} 理论室内平均浓度，$\mu g \cdot m^{-3}$			5.58			33.48
		修正的换气次数，h^{-1}	2.39	1.52	1.81	2.71	2.54	1.82
		修正的呼吸区平均浓度，$\mu g \cdot m^{-3}$	5.55	6.13	6.13	6.72	5.99	35.72
		呼吸区平均浓度修正误差，%	−0.55	9.78	9.93	20.41	7.33	6.69
d	breathing zone	1 h^{-1} 理论室内平均浓度，$\mu g \cdot m^{-3}$			5.58			33.48
		修正的换气次数，h^{-1}	1.42	1.22	1.31	1.38	0.99	1.38
		修正的呼吸区平均浓度，$\mu g \cdot m^{-3}$	5.77	5.61	5.60	5.73	5.57	33.94
		呼吸区平均浓度修正误差，%	3.47	0.53	0.40	2.72	−0.10	1.36

续 表

编号	通风方式	项目	散发源					
			地面	天花板	A墙	B墙	C墙	全部
e	breathing zone	1 h^{-1}理论室内平均浓度,$\mu g \cdot m^{-3}$			5.58			33.48
		修正的换气次数,h^{-1}	0.52	1.12	0.92	1.21	0.89	0.76
		修正的呼吸区平均浓度,$\mu g \cdot m^{-3}$	4.87	5.58	5.51	5.64	5.53	33.86
		呼吸区平均浓度修正误差,%	−12.80	0.00	−1.23	1.02	−0.82	1.13
f	breathing zone	1 h^{-1}理论室内平均浓度,$\mu g \cdot m^{-3}$			5.58			33.48
		修正的换气次数,h^{-1}	1.2	0.46	1.04	1.16	0.79	0.71
		修正的呼吸区平均浓度,$\mu g \cdot m^{-3}$	5.61	4.95	5.59	5.51	5.43	33.28
		呼吸区平均浓度修正误差,%	0.61	−11.22	0.25	−1.21	−2.76	−0.62
g	breathing zone	1 h^{-1}理论室内平均浓度,$\mu g \cdot m^{-3}$			5.58			33.48
		修正的换气次数,h^{-1}	1.85	2.42	1.55	2.47	1.55	2.11
		修正的呼吸区平均浓度,$\mu g \cdot m^{-3}$	6.13	6.85	6.31	6.11	6.31	38.06
		呼吸区平均浓度修正误差,%	9.92	22.82	13.01	9.46	13.01	13.68
h	breathing zone	1 h^{-1}理论室内平均浓度,$\mu g \cdot m^{-3}$			5.58			33.48
		修正的换气次数,h^{-1}	0.79	0.68	1.32	0.87	0.38	0.81
		修正的呼吸区平均浓度,$\mu g \cdot m^{-3}$	5.38	5.63	5.58	5.23	3.51	33.39
		呼吸区平均浓度修正误差,%	−3.56	0.81	−0.09	−6.34	−37.13	−0.26

量往往无法较好得使得室内呼吸区污染物平均浓度保持在新风量修正前的理论计算水平，因为不同比例的污染物未参与室内混合。而当围护结构全部为散发源时，该特点相对被弱化，η_{bz}值又保持在相对较低的水平。

需要指出的是，表 7－5 和表 7－6 仅适用于无回风稳态场景下的新风量的设计。

7.1.8　回风场景呼吸区污染物分布系数

当室内设有回风系统时，室内送风口也成为 VOC 污染源（忽略回风系统的源汇效应）。若认为建材 VOC 散发率为常数时，由于可稀释 VOC 的新风量比例仅为 $1-\eta$，工程应用中室内 VOC 稳态平均浓度理论值可按式(7－13)计算：

$$\bar{C}'=\frac{\dot{m}}{(1-\eta)V\cdot Q} \tag{7-13}$$

式中，η 为回风量占送风量的比例，%。

选取三种等温通风方式和散发源的典型组合，分别满足呼吸区污染物分布系数 $\varepsilon_{bz}\approx 1$、$\varepsilon_{bz}<1$ 和 $\varepsilon_{bz}>1$，研究回风比例对 ε_{bz} 的影响，见表 7－7—表 7－9。

表 7－7　回风对呼吸区污染物分布系数的影响
（上送上侧回，地面散发甲苯，1 h^{-1}）

回风比例，%	0	10	20	30	40	50	60	70	80	90
理论室内平均浓度，$\mu g\cdot m^{-3}$	5.58	6.20	6.98	7.97	9.30	11.16	13.95	18.60	27.90	55.80
模拟室内平均浓度，$\mu g\cdot m^{-3}$	5.83	6.44	7.33	8.21	9.48	11.42	14.20	18.71	28.04	55.95
模拟呼吸区平均浓度，$\mu g\cdot m^{-3}$	5.57	6.18	7.05	7.99	9.22	11.18	13.93	18.42	27.75	55.65
模拟呼吸区污染物分布系数	1.00	1.00	0.99	1.00	1.01	1.00	1.00	1.01	1.01	1.00
模拟室内平均全程空气龄，h	0.92	0.99	1.12	1.38	1.55	1.86	2.41	3.19	4.83	9.90
模拟送风口平均全程空气龄，h	0	0.11	0.25	0.42	0.66	0.99	1.48	2.31	3.96	8.93

表 7－8　回风对呼吸区污染物分布系数的影响
（侧下送顶上回，B 墙散发甲苯，1 h^{-1}）

回风比例，%	0	10	20	30	40	50	60	70	80	90
理论室内平均浓度，$\mu g \cdot m^{-3}$	5.58	6.20	6.98	7.97	9.30	11.16	13.95	18.60	27.90	55.80
模拟室内平均浓度，$\mu g \cdot m^{-3}$	6.35	6.97	7.75	8.75	10.07	11.93	14.72	19.34	28.22	55.62
模拟呼吸区平均浓度，$\mu g \cdot m^{-3}$	6.46	7.09	7.86	8.86	10.19	12.04	14.84	19.46	28.32	55.71
模拟呼吸区污染物分布系数	0.86	0.88	0.89	0.90	0.91	0.93	0.94	0.96	0.99	1.00
模拟室内平均全程空气龄，h	0.95	1.06	1.19	1.35	1.57	1.87	2.30	2.98	4.23	7.25
模拟送风口平均全程空气龄，h	0	0.11	0.24	0.40	0.62	0.92	1.35	2.04	3.29	6.31

表 7－9　回风对呼吸区污染物分布系数的影响
（上送侧下回，围护结构均散发甲苯，1 h^{-1}）

回风比例，%	0	10	20	30	40	50	60	70	80	90
理论室内平均浓度，$\mu g \cdot m^{-3}$	33.48	37.20	41.85	47.83	55.80	66.96	83.70	111.60	167.40	334.80
模拟室内平均浓度，$\mu g \cdot m^{-3}$	36.44	40.16	44.82	50.80	58.78	69.94	86.67	114.60	170.42	337.82
模拟呼吸区平均浓度，$\mu g \cdot m^{-3}$	26.89	30.61	35.27	41.24	49.21	60.37	77.09	105.01	160.81	328.15
模拟呼吸区污染物分布系数	1.25	1.22	1.19	1.16	1.13	1.11	1.09	1.06	1.04	1.02
模拟室内平均全程空气龄，h	1.00	1.11	1.25	1.43	1.67	2.00	2.50	3.34	5.01	10.04
模拟送风口平均全程空气龄，h	0	0.11	0.25	0.43	0.67	1.00	1.51	2.34	4.02	9.04

由表 7－7—表 7－9 可知，由于提高回风比例势必降低新风量占送风量的比例，无论呼吸区污染物平均浓度接近室内理论平均浓度（$\varepsilon_{bz} \approx 1$）、大于室内理

论平均浓度（$\varepsilon_{bz} < 1$）或小于室内理论平均浓度（$\varepsilon_{bz} > 1$），在提高回风比例后呼吸区污染物分布系数均逐步接近 1，也反映出当新风量比例下降时，室内污染物浓度逐步趋于一致(理论室内平均浓度)。如此可推得，当新风量占送风量比例较小时，可不再考虑呼吸区污染物浓度与室内平均浓度的不一致性。

7.2　新风物理效应的非稳态评价方法

对新风对室内污染物作用过程的非稳态评价，可为设计新风系统的提前或延迟开启时间[234]提供理论依据。本节给出新风物理效应的非稳态评价方法。

7.2.1　污染源可及性和全程空气龄

可采用污染源可及性[155]等指标评价有限时间内通风方式和污染源位置对排污能力的影响。污染源可及性的定义为按式(7－14)计算：对于单一排风口，采用非稳态条件下新风对污染物散发的物理作用，即[155]

$$A_{c}^{n_c p}(\tau) = \frac{\int_0^{\tau} C^{p}(t)\,dt}{C_e \tau} \tag{7-14}$$

式中，$A_{c}^{n_c p}(\tau)$ 为在时段 τ 内第 n_c 个污染源在任意 p 点的可及性，无量纲；$C^{p}(t)$ 为在时刻 t 内点 p 处的污染物浓度，$\mu g \cdot m^{-3}$；τ 为持续送风时间，s；C_e 为稳态排风口的平衡浓度，即可认为为理论室内平均浓度，$C_e = \dfrac{\dot{m}}{V \cdot Q}$。

采用 CFD 方法求解污染气体浓度随时间的变化量并计算污染源可及性。当含有多个排风口时，污染源可及性按多风口的均值按式(7－15)计算，即

$$\bar{A}_{c}^{n_c p}(\tau) = \frac{\sum_{i=1}^{n}\left[\int_0^{\tau} C_i^{p}(t)\,dt\right]}{n C_e \tau} \tag{7-15}$$

式中，$\bar{A}_{c}^{n_c p}(\tau)$ 为多风口污染源可及性均值，无量纲；C_i^{p} 为第 i 个排风口污染物浓度，$\mu g \cdot m^{-3}$；n 为排风口数量。

此外，其中认为排风口污染源可及性达到稳定的条件为 $A_{c}^{n_c p}$ 小时增量小于 1%，按式(7－16)计算，即

$$\theta_{c}^{n_{c}p}(\tau)=\frac{A_{c}^{n_{c}p}(\tau+\Delta\tau)-A_{c}^{n_{c}p}(\tau)}{A_{c}^{n_{c}p}(\tau)}\leqslant 0.01 \tag{7-16}$$

式中，$\theta_{c}^{n_{c}p}$为排风口污染源可及性达到稳定的条件；$\Delta\tau$ 为间隔时间，$\Delta\tau=1$ h。

当室内空气存在回风时，送风口中室外空气的空气龄仍认为为 0，回风部分空气的空气龄不再为 0，即应采用全程空气龄概念[153]重新评价室内空气龄分布，假定仅有一对送排风口，且送风口和排风口空气龄分布均匀，在回风系统中空气龄也不再增加，则在送风口任意时刻 t 按式(7-17)计算，即

$$\tau_{s}^{t+\Delta t}=\eta\cdot\tau_{e}^{t}+(1-\eta)\tau_{s}^{t} \tag{7-17}$$

式中，τ_s 和 τ_e 为送风口和排风口评价空气龄，s；上标 t 和 Δt 分别代表为 t 时刻和 Δt 时间间隔，s。

7.2.2 等温通风的非稳态时间尺度与通风系统提前开启时间

室内空气环境模拟的 CFD 方法同 7.1.4 节，并对非稳态模拟时间步长进行检验。表 7-10 以上送侧上回式通风方式为例给出检验结果，分别取等温送风 1.0 h、2.0 h、4.0 h、8.0 h 等典型时刻排风口的污染源可及性(在较大时间步长的算例中适当增加了迭代次数)，以及送风 8.0 h 的计算耗时进行比较。若以 30 s时间步长的算例为基准，典型时刻污染源可及性误差大于 5.0%时以阴影标出。综合考虑各典型时刻污染源可及性误差异和耗时，选取 300 s 作为计算时间步长。

表 7-10 非稳态模拟时间步长的检验

编号	时间步长	排风口污染源可及性				实际耗时
		1.0 h	2.0 h	4.0 h	8.0 h	
1	30 s	0.307	0.553	0.740	0.868	~16.5 h
2	60 s	0.295	0.541	0.742	0.867	~6.0 h
3	300 s	0.295	0.540	0.740	0.867	~2.1 h
4	600 s	0.292	0.522	0.729	0.861	~1.5 h
5	1 200 s	0.354	0.544	0.722	0.851	~0.8 h
6	1 800 s	0.405	0.583	0.772	0.872	~0.5 h

图 7-9 给出了不同散发源情景下排风口污染源可及性 $A_{c}^{n_{c}p}$ 及达到稳定的

时间，每段曲线最后一个点的时刻即为 $A_c^{n_c p}$ 达到稳定状态的耗时。除散发边界，初始空间各点污染物浓度均为 0。换气次数为 1 h^{-1}。

当污染源可及性达到稳定时，可认为室内污染物浓度分布达到稳定状态。

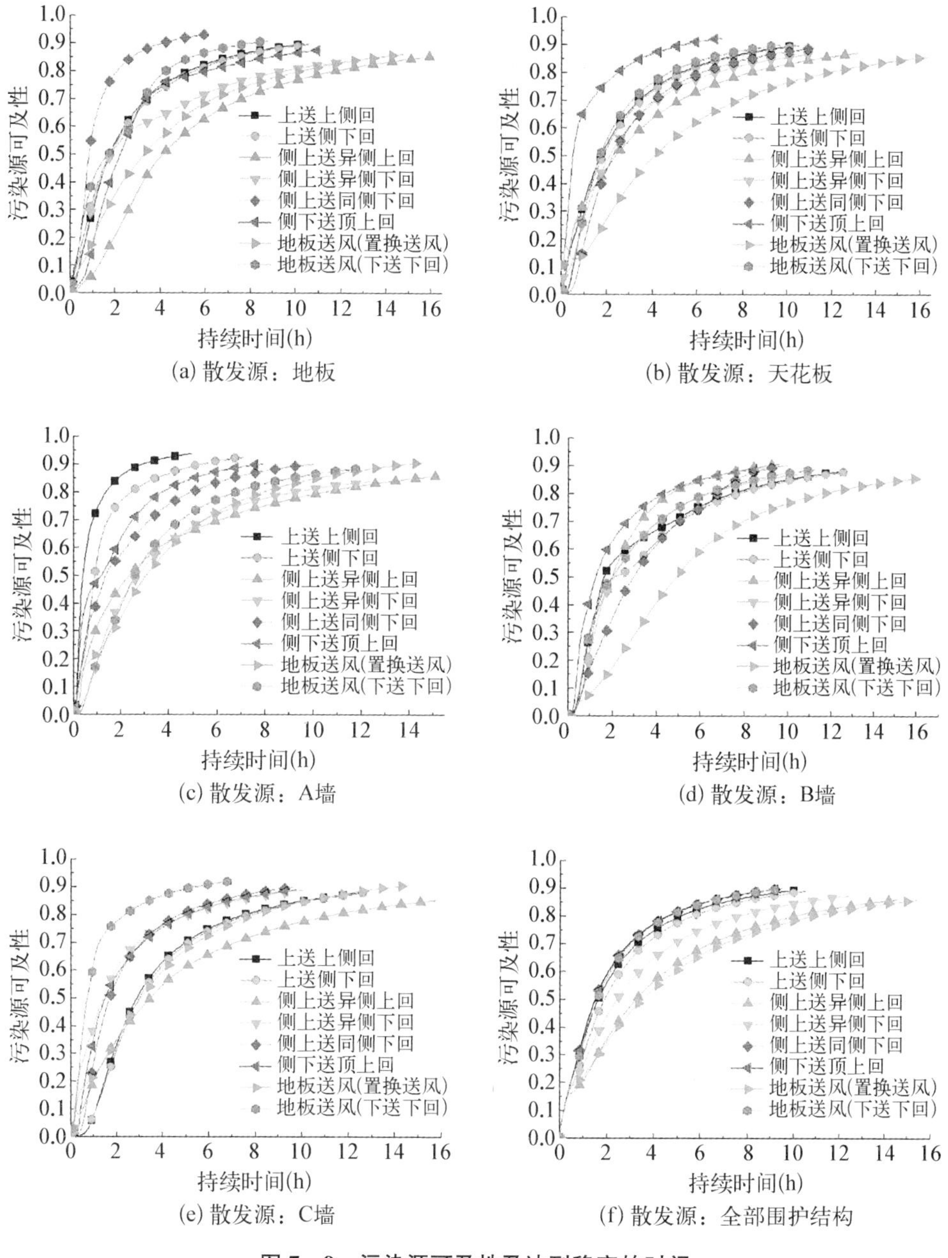

(a) 散发源：地板　(b) 散发源：天花板

(c) 散发源：A墙　(d) 散发源：B墙

(e) 散发源：C墙　(f) 散发源：全部围护结构

图 7－9　污染源可及性及达到稳定的时间

由图 7－9 可知，总体而言，在换气次数为 1 h^{-1}条件下，不同通风方式下污染源可及性达到稳定的时间约为 5～16 h。散发源位置不同也将导致不同通风方式下空间内污染物浓度分布达到稳定的时间(即达到稳态时刻的平均浓度所需的时间)不同，一般而言，排风口靠近污染源的混合通风方式耗时较短，容易引起气流短路的通风方式则耗时较长。如当地板为污染源时，八种通风方式中，侧上送同侧下回的方式排风口污染物浓度最先达到平衡，而送排风方式相对污染源位置形成短路的侧上送异侧上回方式的排风口污染物浓度最慢达到平衡。

需要指出的是，图 7－9 中各算例在初始时刻房间内污染物浓度为 0。若办公建筑采用间歇通风方式，通风系统开启之前室内污染物浓度已存在分布。由于低浓度 VOC 的分布主要依赖于气流组织，浓度差驱动势较小，在通风系统不开启的时间中除了空间中已经分布的污染物，新产生的 VOC 将很可能主要聚集在污染源附近。

由于零时刻不易确定，污染源可及性稳定条件亦不易达到。当室内污染物浓度初始不为 0 时，采用呼吸区污染物平均浓度作为判断室内污染物浓度分布达到稳态的指标。

停滞通风时间和换气次数对呼吸区污染物平均浓度达到稳定时间的影响如图 7－10 所示，图 7－10(a)以地板为污染源为例，给出了当室内经历无机械送风 4～12 h 后再进行通风(换气次数为 1 h^{-1})条件下呼吸区污染物平均浓度达到稳定所需的时间(t_{bz})。当地板为污染源时，侧上送异侧上回和地板送风(置换送风)两种送风方式存在气流短路，在相同时间内污染源可及性相比其他六种通风方式为小。在图 7－10(a)中，除了该两种通风方式外，其他六种通风方式 t_{bz}与

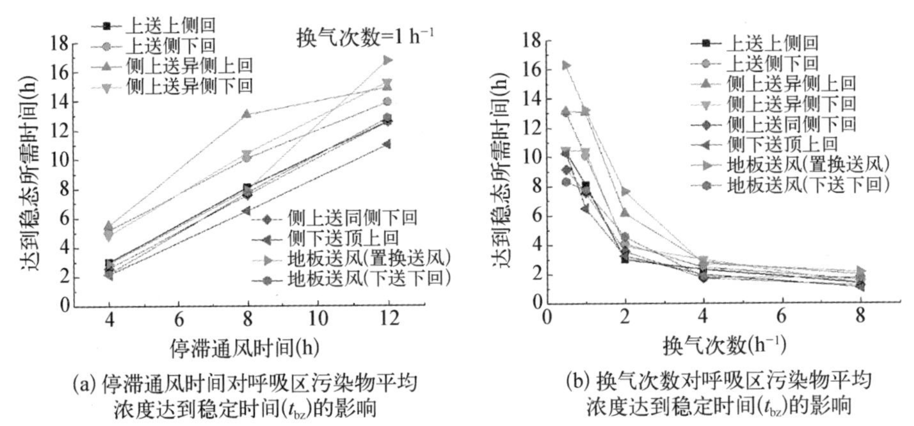

(a) 停滞通风时间对呼吸区污染物平均浓度达到稳定时间(t_{bz})的影响

(b) 换气次数对呼吸区污染物平均浓度达到稳定时间(t_{bz})的影响

图 7－10　停滞通风时间和换气次数对呼吸区污染物平均浓度达到稳定时间的影响

停滞通风时间基本呈线性变化。

图 7-10(b)给出了当停滞通风时间为 8 h 时，不同换气次数对 t_{bz} 的影响。由图 7-10(b)可知，换气次数对 t_{bz} 影响显著。当换气次数为 0.5 h^{-1}，八种通风方式下 t_{bz} 约为 8～16 h，提高换气次数 t_{bz} 差异逐步减小，换气次数为 4 h^{-1}、8 h^{-1} 时，t_{bz} 的范围分别约为 2～4 h，1～2 h。

图 7-10 对基于室内建材 VOC 散发污染物的通风系统的提前开启时间进行了探讨。当办公建筑(或含新风系统的住宅)采用间歇通风时，在停滞通风后重新开启通风系统使室内污染物浓度分布达到稳定需要一定的时间。停滞通风阶段污染物浓度将主要在散发源附近累积。当散发源靠近呼吸区时，在通风系统使室内污染物浓度分布达到稳定前，呼吸区污染物平均浓度将高于稳态值(理论值/ε_{bz})，对呼吸区人员安全造成不利影响。为保证室内人员健康，通风系统需要一段提前开启时间。当地板为主要散发源时，换气次数在 4 h^{-1}，提前开启时间约为 2～4 h。

7.2.3　不等温通风的非稳态时间尺度与空调系统提前开启时间

对于温度控制要求较高且采取间歇运行空调系统策略的办公建筑，存在提前开启空调系统的需求，即存在加热或冷却房间所需的提前开启时间。本节给出空调(加热或冷却房间)环境下基于污染物浓度分布的提前开启时间的确定方法。

模拟房间夏季和冬季工况，房间设置同如图 7-1 所示并假定 B 墙为外墙，不考虑临室传热(认为其他五面围护结构为绝热条件)。模拟方法参照文献[283](经实验验证)，辐射模型为离散坐标(discrete ordinate, DO)模型，其他参数见表 7-11。关于送风温差，《民用建筑供暖通风与空气调节设计规范》(GB 50736)[15]推荐的舒适性空调送风温差为 5～10℃，本文为研究更大温差下不等温空调环境非稳态时间尺度，以 10℃和 15℃为送风温差。

表 7-11　不等温空调环境模拟参数设置

项目	围护结构				室内外参数		
工况	密度	定压比热容	导热系数	外墙对流换热系数	初始室温	送风温差	室外温度
单位	$kg \cdot m^{-3}$	$kJ \cdot kg^{-1} \cdot K^{-1}$	$W \cdot m^{-2} \cdot K^{-1}$	$W \cdot m^{-2} \cdot K^{-1}$	℃	℃	℃
夏季	1 500	1.05	0.7	18.6	10	10，15	5
冬季				23.0	30		35

图 7 - 11 给出了夏季工况和冬季工况空调环境室内平均温度达到稳定所需的时间(t_T,即达到稳态时刻的平均温度所需的时间)。其中,为与呼吸区污染物平均浓度达到稳定所需时间进行对比,给出对应换气次数条件下八种通风形式 t_{bz}的均值,误差条为 t_{bz}的最大值和最小值。由图 7 - 11 可见,无论夏季工况还是冬季工况,无论送风为 10℃温差还是 15℃温差,当换气次数小于 4 h^{-1}时,任意通风形式均有 $t_T < t_{bz}$;当换气次数大于 4 h^{-1}时,t_T 和 t_{bz}没有出现一致的大小关系,但二者接近,均位于 1～3 h 之间。

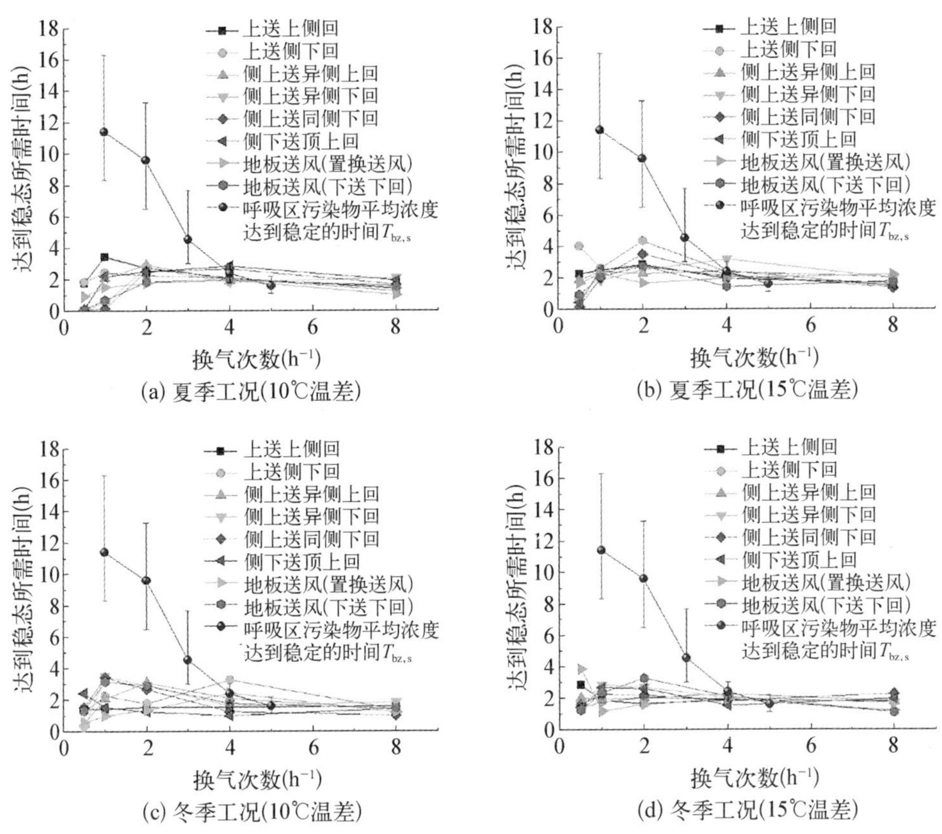

图 7 - 11 夏季工况和冬夏季空调环境非稳态时间尺度

图 7 - 11 实际探讨了空调房间的提前开启时间。在典型办公建筑场景下,若不考虑呼吸区污染物浓度分布,通常间歇运行空调系统的办公建筑可以通过提前开启空调使室内温度在人员进入前达到预定温度,提高室内舒适性。但是在不高的换气次数(<4 h^{-1})下存在 $t_T < t_{bz}$,即提前开启时间应由污染物浓度达到稳定的时间来决定,如此可保证在人员进入室内前呼吸区污染物平均浓度

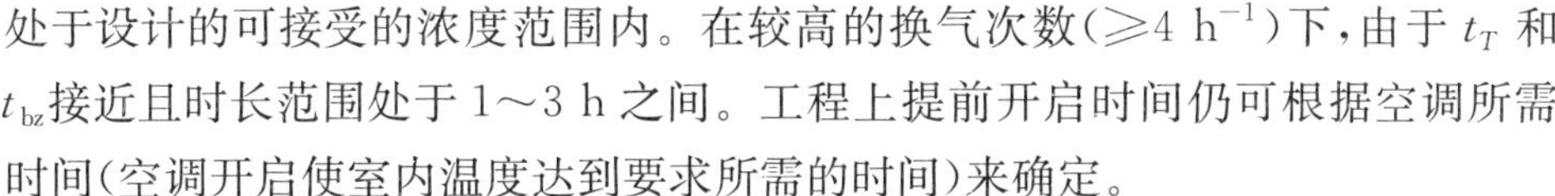

处于设计的可接受的浓度范围内。在较高的换气次数（$\geqslant 4\ h^{-1}$）下，由于 t_T 和 t_{bz}接近且时长范围处于 1～3 h 之间。工程上提前开启时间仍可根据空调所需时间（空调开启使室内温度达到要求所需的时间）来确定。

需要指出以下两点：

① 若考虑呼吸区污染物浓度分布，没有温度控制要求而仅采用通风的房间同样存在提前开启时间的需求；

② 由于散发源位置的差异，在较小换气次数条件下根据温度确定提前开启时间并不一定会使室内呼吸区污染物平均浓度高于控制值。例如，在停滞空调时段天花板附近累积散发的污染物浓度并不一定使得呼吸区该污染物浓度富集；相反，办公桌等家具表面散发的污染物则易造成较高的呼吸区污染物浓度。但是仍推荐采用 $t_{bz,s}$设计提前开启时间，如此可保证呼吸区污染物平均浓度处于设计的水平。

7.3　新风化学效应的评价方法

室内可发生的化学反应类型、途径繁多。任意时刻室内污染物组分可能均不尽相同。完整地探讨新风对室内污染物的化学效应十分困难，现有的化学反应模型也仅仅包含部分室内可能发生的化学反应。本节从工程应用角度给出新风化学效应的处理方法。

7.3.1　新风量决定性 VOCs的统计

由第 5 章对人居环境新风场景的计算可知，尽管室内同时存在的建材散发的 VOC 可能多达上百种[183-184]，但实际上决定新风量的 VOC 的数量并不庞大。典型的 VOC 包含：甲醛（以人造建材为主导散发源的新风量决定性化合物）等醛类化合物；α-蒎烯等帖烯（以实木建材为主导散发源的新风量决定性 VOC）类化合物等。

附录 E 给出了 NRC 数据库中 28 种建材分别单独存在于室内时，根据不同指标（独立指标和 LCI 类组合指标）计算得到的决定新风量的 VOC，其中针对 LCI 类组合指标给出的是 R_j 值最高的 VOC。在总共 196 种组合场景（共 28 种建材、7 个指标体系）下，在总共检测到的 102 种 VOC 中，实际决定新风量的 VOC（含 TVOC）仅为 28 种。定义新风量决定性 VOC 的特征频率 CR 如式(7-18)：

$$CR(x)=\frac{F'(x)}{N_s} \tag{7-18}$$

其中，$CR(x)$为某种 VOC 的特征频率，%；$F'(x)$为该种 VOC 在所有场景中成为决定新风量的 VOC 的频次；N_s 为场景数量。

图 7-12 给出了总共 196 种组合场景中的新风量决定性 VOC_s 的特征频率，%。

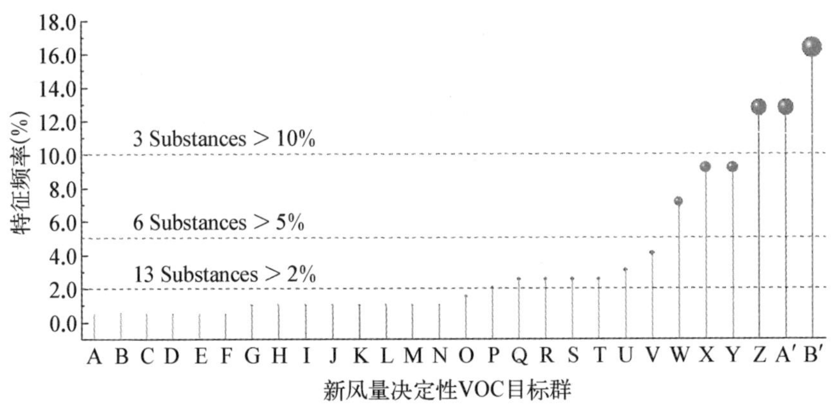

A—乙酸异丙酯；B—乙二醇乙醚醋酸酯；C—4-苯基环己烯；D—丁醇；E—1，2，4-三甲基苯；F—2-呋喃甲醛；G—苯甲醛；H—2-乙基己醇；I—1，4-二氯苯；J—癸醛；K—壬醛；L—β-蒎烯；M—反-2-辛烯醛；N—2，2，4-三甲基戊二醇二异丁酸酯；O—乙醛；P—三氯乙烯；Q—1，3-二甲苯；R—甲苯；S—正丁醛；T—α-蒎烯；U—苯乙烯；V—苯酚；W—1-己醛；X—甲醛；Y—乙酸；Z—苯；A′—总挥发性有机物；B′—萘

图 7-12　新风量决定性 VOC_s 的特征频率

图 7-12 所示的新风量决定性 VOC_s 中，特征频率大于 2%、5%和 10%的 VOC 分别为 13 种、6 种和 3 种。在考虑新风化学效应时，工程上可将研究范围缩小。

7.3.2　新风量决定性 VOC_s 的室内反应途径与新风量需求变化

当考虑室内污染物化学效应以及新风品质后，室内污染物平均浓度变化可用式(7-19)(同式(1-1))表示，即

$$V\frac{\mathrm{d}y_j(t)}{\mathrm{d}t}=\sum\dot{M}_j^{\mathrm{b}}(t)+\sum\dot{M}_j^{\mathrm{c}}(t)+\sum\dot{M}_j^{\mathrm{p}}(t)+\sum\dot{R}_j(t)-Q[y_j(t)-y_{\mathrm{in},j}(t)] \tag{7-19}$$

式中，$\sum \dot{M}_j^{\mathrm{b}}(t)$ 为室内所有建材污染物散发源的等效散发率(含源、汇效应)；$\sum \dot{M}_j^{\mathrm{c}}(t)$ 为常用消费品等所有间歇式散发源的污染物等效散发率；$\sum \dot{M}_j^{\mathrm{p}}(t)$ 为室内人员等效的污染物散发率；$\sum \dot{R}_j(t)$ 为室内气相(包含颗粒相)、室内固体表面等效化学反应率(整体生成为正，消耗为负)；$y_{\mathrm{in},\,j}(t)$ 为入室新风污染物浓度。

当 $\sum \dot{M}_j^{\mathrm{c}}(t)$、$\sum \dot{M}_j^{\mathrm{p}}(t)$、$\sum \dot{R}_j(t)$ 和 $y_{\mathrm{in},\,j}(t)$ 均为 0 时，室内稀释建材散发污染物的新风量可按特征散发率法或两阶段散发率法计算(见第 5 章)。当 $\sum \dot{M}_j^{\mathrm{c}}(t)$、$\sum \dot{M}_j^{\mathrm{p}}(t)$、$\sum \dot{R}_j(t)$ 或 $y_{\mathrm{in},\,j}(t)$ 不为 0 时，室内存在潜在长期或短期的新风量需求。本节探讨当 $\sum \dot{M}_j^{\mathrm{c}}(t)$ 和 $\sum \dot{R}_j(t)$ 不为 0 时，新风量决定性 $\mathrm{VOC_s}$(特征频率大于 2%的污染物)在室内的反应途径及潜在新风量需求变化，汇总于表 7-12。

由表 7-12 可知，室内新风量决定性 $\mathrm{VOC_s}$多可在室内与羟基、臭氧、硝酸根等反应氧化。其中，在室内常规换气次数条件下，醛类(除甲醛、乙醛等)、酮类、羟基酸类 VOC 相对较稳定[163]。

进一步讲，由于多数决定性 $\mathrm{VOC_s}$以反应物而非生成物的形式参与室内化学反应，当室内羟基、臭氧等存在较稳定的来源时(室外空气等)，室内潜在的长期新风量需求降低。如此总体长期新风量需求也是低于未考虑化学效应的理论计算值。需要指出的是，各反应途径的反应速率不一，比如污染物在室内某些固体表面的水解反应速率通常远慢于氧化反应[167,169]。若当某一反应过程的反应速率低于换气次数时，反应结束前部分反应物未参与反应即可能被排出，此时未考虑化学效应的理论计算新风量仍可认为是偏安全的。

当然，部分新风量决定性 $\mathrm{VOC_s}$也常以生成物的形式参与室内化学反应，文献[285]以甲醛为例进行了讨论，因生成甲醛导致的新风量修正系数约为 1.02～1.51。

此外，除了建材、家具、涂料等散发源外，室内新风量决定性 $\mathrm{VOC_s}$的各 VOC 通常在室内存在其他散发源，主要分为以下两类：① 二次反应产物(包含人体代谢过程)：若反应物的源较稳定，反应产物也较稳定。故此部分潜在的长期新风量需求相比理论值增长；② 常用消费品的散发，如喷雾剂、空气清新剂等：该部分污染源的散发带有间歇性，存在潜在的短期新风量需求增长。但从长期角度出发，对新风量指标的影响不大(见 1.1.1 节)。

表 7-12　新风量决定性 VOC_s 的室内化学反应途径及潜在新风量需求[167,169,171,246,284]

编号	CAS No.	中文名	室内主要反应途径，$\dot{R}_j$	室内非建材、家具散发源，$\dot{M}_j^c(t)$	潜在长期新风量需求	潜在短期新风量需求
1	91-20-3	萘	与羟基、臭氧等反应降解	塑化剂、人造树脂、橡胶、防虫剂、除臭剂	↓	↑
2	71-43-2	苯	与羟基、臭氧、硝酸根等反应降解	煤油、煤气等燃烧加热行为、驱蚊器、复印设备、吸烟	↓	↑
3	64-19-7	乙酸	多在液相被氧化降解（潮湿环境）	（1）室内柠檬酸与臭氧反应产物 （2）除垢剂等日用品	↓、↑	↑
4	50-00-0	甲醛	（1）与羟基、臭氧等反应降解 （2）半衰期可仅为 1 h	（1）室内 VOC 光化学反应的二次生成物 （2）燃烧、吸烟等行为	↓、↑	↑
5	66-25-1	1-己醛	与羟基等反应降解	室内 VOC 光化学反应的二次生成物	↓、↑	↑
6	108-95-2	苯酚	与硝酸根等反应降解	人体代谢产物之一	↓、↑	↑
7	100-42-5	苯乙烯	与臭氧等反应降解	橡胶、合成树脂、合成材料等	↓	↑
8	80-56-8	α-蒎烯	与羟基、臭氧等反应降解	空气清洗剂	↓	↑
9	123-72-8	正丁醛	与羟基等反应降解	室内 VOC 光化学反应的二次生成物	↓、↑	↑
10	108-88-3	甲苯	与羟基等反应降解	橡胶、合成材料等	↓	↑
11	108-38-3	1,3-二甲苯	与羟基等反应降解	燃烧、橡胶等	↓	↑
12	79-01-6	三氯乙烯	与羟基等反应降解	打印、印刷品	↓	↑
13	—	TVOC	包含以上	包含以上	总体↓	总体↑

7.3.3　新风品质与新风量关系简析

本节研究当式(7－19)中 $\sum \dot{M}_j^{\mathrm{c}}(t)$、$\sum \dot{M}_j^{\mathrm{p}}(t)$ 和 $\sum \dot{R}_j(t)$ 为 0，而 $y_{\mathrm{in},j}(t)$ 不为 0 时新风量需求的变化，即新风品质对新风量需求的影响。

表 7－13 给出新风量决定性 $\mathrm{VOC_s}$(特征频率大于 2%的污染物)的室外源分析[246,286-292]，在不加过滤措施的前提下，室外空气污染物组分和浓度基本决定入室新风的新风品质。由表 7－13 可见，室外源主要集中在机动车尾气排放、工业生产等。室外空气存在各类大气环境问题[293-294]，如一次污染物通过大气光化学氧化形成二次有机污染物，进一步形成气溶胶(颗粒物)等。故在城市、工业区等区域新风品质尤其不能被忽略。

表 7－13　新风量决定性 $\mathrm{VOC_s}$ 的室外源分析[246,286-292]

编号	CAS No.	中　文　名	主要室外源，$y_{\mathrm{in},j}(t)$
1	91－20－3	萘	机动车尾气排放、焦煤油释放
2	71－43－2	苯	机动车尾气排放、工业生产
3	64－19－7	乙酸	机动车尾气排放
4	50－00－0	甲醛	生物燃烧与分解、火山喷发、工业生产
5	66－25－1	1－己醛	工业生产
6	108－95－2	苯酚	工业生产
7	100－42－5	苯乙烯	机动车尾气排放、工业生产
8	80－56－8	α－蒎烯	植物代谢
9	123－72－8	正丁醛	机动车尾气排放、工业生产
10	108－88－3	甲苯	机动车尾气排放、工业生产
11	108－38－3	1,3－二甲苯	机动车尾气排放、工业生产
12	79－01－6	三氯乙烯	工业生产
13	—	总挥发性有机物	包含以上

当新风中污染物浓度不为 0 且小于室内污染物浓度限值时，假定入室新风某污染物浓度为限值的 α 倍，则基于稀释该污染物浓度的新风量与原新风量的比值按式(7－20)计算：

$$\frac{N'}{N}=\frac{\left[\dfrac{M}{V(y-\alpha\cdot y)}\right]}{\left[\dfrac{M}{V(y-0)}\right]}=\frac{1}{1-\alpha} \tag{7-20}$$

式中，N'为考虑入室新风品质的新风量，$m^3 \cdot h^{-1}$。

当α较大时，由引入引起的新风能耗将加大。而当α接近或大于1时，通过直接往室内引入新风已无法达到稀释污染物的作用，此时可通过增加空气净化器、过滤器等辅助净化设备来降低入室新风污染物浓度。需要指出的是，过滤式净化设备应及时更换，因过滤材料上累积的污染物也可能会与入室新风中的污染物发生光化学反应，在减少参与反应的污染物的同时增加甲醛等二次污染物[163,167,295]。而空气净化器也可能产生臭氧，从而可能加剧由臭氧引发的化学反应[168,296]。

ASHRAE Standard 62.1 标准也于2013年加入了考察室外空气品质的要求[14]。在设计新风量时需要考虑两点：① 区域空气品质，须考察所在区域室外空气品质是否符合 EPA 发布的全国环境空气质量标准（NAAQS, National Ambient Air Quality Standards）[297]，部分不符合要求的场合必须对空气进行净化；② 当地空气品质，需调研当地的室外空气污染源。

7.4 基于新风物理和化学效应的新风量修正方法的汇总

表7-14汇总了基于新风物理、化学效应的新风量修正法汇总。其中，R为新风量修正系数。总体而言，除了室外空气品质因素外，若考虑新风物理效应和化学效应，新风量的修正系数的取值范围约为[0.12，3.0]。但从新风量指标应“偏安全”的角度讲，新风量的修正系数应为[1.0，3.0]。当然，[0.12，1.0)这段修正系数的范围实际上也反映出在个别场景下，如考虑污染物稳态分布等情况下，新风量指标存在一定的节能潜力（在健康指标允许范围内）。此外，由于办公建筑中通常保持相对恒定的温度，表7-14中的温度因素一般无须考虑。

需要指出以下三点局限性：① 由于对相对湿度对各类建材家具 VOC 散发特性影响认识的局限，相对湿度没有作为一项修正因素予以考虑；② 表7-14中各项因素的修正系数均在该因素单独作用下给出，各项因素的组合没有予以考虑；③ 表 7－14 中的各修正系数多由理论推导和 CFD 模拟得到，暂没有进行实验验证。

表 7－14　基于新风物理、化学效应的新风量修正法汇总

影响因素	修正方法	$R=\dfrac{修正后的新风量}{原新风量}$
回风	$\dfrac{1}{\eta}$ ($\eta=90\%\sim100\%$，见[14])	1.0～1.1
间歇通风	$\dfrac{1}{f}$ 或 $\dfrac{24}{t_{B,i}}$ (f=0.33～1.0，见 5.4.3 节)	1.0～3.0
污染物浓度分布	$\dfrac{1}{E_{bz}}$ (E_{bz}=0.37～8.13，见 7.1.7 节)	0.12～2.7
化学反应(甲醛，作为生成物)	$N_c^2+N_c\left(\dfrac{v_dA_d}{V}-\dfrac{P+M}{Vy}\right)-\dfrac{Mv_dA_d}{V^2y}=0$ (见[285])	1.02～1.51
化学反应(作为反应物)	(见 7.3.2 节)	1.0
温度	$\left(\dfrac{T}{298}\right)^{0.25}\exp\left(\dfrac{A_2}{298}-\dfrac{A_2}{T}\right)$ (见 6.2.2 节)	0.5～2.0
室外空气品质	$\dfrac{1}{(1-\alpha)}$ ($0<\alpha<1$，见 7.3.3 节)	1.0～+∞

7.5　本章小结

(1) 建立了呼吸区污染物分布系数用于评价稳态新风物理效应。根据典型办公房间模型，采用 CFD 方法计算了八种通风形式下，在室内不同污染源位置(地板、墙、天花板、全部围护结构等)条件下的呼吸区污染物分布系数。在此基础上，给出了新风量修正方法并进行了模拟验证。此外研究了回风场景下呼吸区污染物分布系数特性。当新风量占送风量比例较小时，可不再考虑呼吸区污染物浓度与室内整体平均浓度的不一致性。

(2) 基于呼吸区污染物分布系数和污染源可及性评价非稳态新风物理效应。在等温通风条件下，当换气次数为 1 h^{-1}时，不同通风方式下污染源可及性达到稳定的时间约为 5～16 h。散发源位置不同也将导致不同通风方式下空间内污染物浓度分布达到稳定的时间不同。在此基础上，给出了当房间采用间歇通风时，停滞通风时间以及换气次数对新风非稳态时间的影响。其中，呼吸区污染物平均浓度达到稳定所需的时间(t_{bz})与停滞通风时间呈线性变化，而换气次数也对 t_{bz}影响显著。

(3) 分别针对等温通风和非等温通风，对基于室内建材 VOC 污染物浓度分布的通风系统提前开启时间进行了探讨。在等温通风条件下，换气次数为 0.5 h^{-1}、4 h^{-1}及 8 h^{-1}时，t_{bz}的范围分别约为 8～16 h、2～4 h 以及 1～2 h。而 t_{bz}即代表了基于室内建材 VOC 污染物浓度分布的通风系统提前开启时间。在非等温空调条件下，提前开启时间应由污染物浓度达到稳定的时间来决定，如此可保证在人员进入室内前呼吸区污染物平均浓度处于设计的可接受的浓度范围内。在较高的换气次数(≥4 h^{-1})下，由于空调环境室内平均温度达到稳定所需的时间(t_T)和 t_{bz}接近且时长范围处于 1～3 h 之间。工程上提前开启时间仍可根据空调所需的时间来确定。

(4) 基于 NRC 数据库，给出了新风量决定性 VOC_s，用于研究室内新风化学效应。特征频率大于 2%、5%和 10%的 VOC 分别为 13 种、6 种和 3 种。除去 TVOC，各 VOC 多可在室内与羟基、臭氧、硝酸根等反应氧化，即以反应物而非生成物形式参与室内化学反应，从而使得室内潜在的长期新风量需求降低。与此同时，各决定性 VOC 通常在室内仍存在其他源：① 二次反应产物；② 间歇类日用品等散发源。故而存在潜在的短期新风量需求增长。但从长期角度出发，对新风量指标的影响并不大。即按不考虑化学效应新风量计算方法计算新风量，工程上仍可认为是偏安全的。

(5) 最后，汇总了针对：① 回风；② 间歇通风；③ 污染物浓度分布；④ 化学反应(作为生成物，以甲醛为例)；⑤ 化学反应(作为反应物)；⑥ 温度；⑦ 室外空气品质，等不同因素的新风量修正方法。

第8章 结论与展望

8.1 结　　论

本文以住宅和办公建筑为对象，以加拿大国家研究委员会建筑研究学会(NRC)建材 VOC 散发数据库为基础数据，通过理论分析、实验研究、数值模拟等方法，探讨了基于稀释多建材(多散发源)共存场景中气相 VOC 浓度的新风量设计和修正方法。主要结论如下：

(1) 对于采用直流舱测试获得的干建材 VOC 散发数据库，当测试结果中仅含少量时刻气相 VOC 浓度且采样间隔较大时，可采用"单自由度拟合法"或"快速估计法"得到建材 VOC 散发模型关键参数(或其取值范围)。其中"单自由度拟合法"借助 PCHIP 插值算法、Levenberg-Marquardt 非线性最小化算法等数学方法，可用于估计初始 VOC 可散发浓度 C_0、材料相传质系数 D 和建材/空气界面分配系数 K。"快速估计法"基于无量纲分析，可用于估计 C_0 和 D 的取值范围。

(2) 通过"快速估计法"，将 NRC 数据库转换为"建材 VOC 散发模型关键参数数据库"。其中适合用于转换的建材为 ACT2(见 4.1.3 节，表 4－3)等 24 种单层建材，以及 MDF2(见 4.1.3 节，表 4－4)等 4 种可近似认为单层的装配建材。从室内空气品质角度出发，建材 VOC 散发模型关键参数数据库可用于：① 筛选级室内建材的选择；② 预测室内建材 VOC 散发水平和人员暴露水平。

(3) 对多建材共存的办公建筑、住宅等人居环境，提出了：① 全散发周期特征散发率法和② 非稳态/准稳态两阶段散发率法，用于计算室内所需新风量。基于标准房间和 NRC 数据库，选取 GB/T 18883、CRELs、CS 01350 和 ATSDR 等四个独立指标，以及 GBZ 2.1、AgBB 和 EU－LCI 等三个组合指标，共七个室内空气品质指标体系对两种新风量计算法进行了案例分析。结果表明：① 建材组合、散发源面积、室内空气品质指标体系对新风量影响均较显著；② 无论实木建材还是人工合成建材，由于其散发的污染物种类和水平不同，均需设计合理的新风量将室内 VOC 浓度控制在合理的水平；③ 对确定新风量起决定性作用的 VOC_s 的种类尽管不唯一但也存在一个较小的范围；④ 案例计算中室内建材 VOC 散发的持续时间可以达到 3～5 年，但理论上相对高散发率水平的非稳态散发阶段时间不超过半年。对于采用新建材的建筑，若采用准稳态散发阶段新风量计算法计算新风量，所需新风量仅约为特征散发率法计算得到的新风量的一半。此外，给出了基于组合指标的优先控制目标和新风量计算方法用于工程实践的一般应用方法。

(4) 选取了聚碳酸酯(PC)、低密度聚乙烯(LDPE)、聚甲基丙烯酸甲酯(PMMA)、聚丙烯(PP)和聚苯乙烯(PS)等五种聚合物，利用微天平实验平台，研究了甲醛在聚合物中的吸附、散发特性。针对甲醛在聚合物及其他建材中表现出来的部分可逆特性，检验和分析可能的原因。首先，利用傅里叶变换衰减全反射红外光谱(ATR－FTIR)技术检验了经甲醛暴露的聚合物表面未形成多聚甲醛(paraformaldehyde)，由此验证了吸附量大于散发量的原因在于甲醛在同一温度下的部分可逆吸附。其次，基于多孔介质非均匀吸附理论，假定吸附位均匀分布且足够数量时，甲醛在聚合物中的吸附过程为等比部分可逆吸附，该比例可通过完整的吸附、散发实验确定，实验数据支持该假设。最后，通过萃取荧光法(extraction/fluorimetry)，验证了甲醛在聚合物中的吸附过程为物理吸附(可逆)和化学吸附(存在化学反应，且部分化学反应在更高温度下可逆)共存的过程。

(5) 结合新风物理和化学效应评估了新风量的计算方法。提出基于呼吸区污染物分布系数的非均匀环境新风量修正方法。建立典型办公房间模型，采用 CFD 方法计算了八种通风形式下，在室内不同污染源位置(地板、墙、天花板、全部围护结构等)条件下呼吸区污染物分布系数，给出了新风量的修正方法及其验证。提出了基于室内建材 VOC 污染物浓度分布的通风及空调系统提前开启时间。另外统计了新风量决定性 VOC_s，结合新风化学效应认为尽管室内潜在的短期新风需求可能上升，但潜在的长期新风量需求降低。故当考虑室内化学反应时，未考虑化学反应的新风量计算方法一般仍可用。最后，汇总了针对：① 回风；② 间歇通风；③ 污染物浓度分布；④ 化学反应(作为生成物，以甲醛为例)；⑤ 化学反应(作为反应物)；⑥ 温度；⑦ 室外空气品质等不同因素的新风量修正方法。

8.2 创新点

(1) 提出了针对 NRC 数据库等国际建材 VOC 散发数据库的散发模型关键参数"快速估计法",将 NRC 数据库转换为"建材 VOC 散发模型关键参数数据库",为工程界利用国际基础研究成果提供了一种不同的方法。

(2) 提出了全散发周期"特征散发率法"和非稳态/准稳态"两阶段散发率法"两种基于室内多建材共存场景的新风量计算方法,以及针对回风、间歇通风、呼吸区污染物分布、化学反应、温度、室外空气品质等不同因素的新风量修正方法,为国家相关标准的制定提供了参考依据。

(3) 已有研究表明甲醛在聚合物中的吸附过程存在部分可逆现象,本文研究发现其吸附过程为等比部分可逆吸附,甲醛在聚合物中同时进行物理吸附和化学吸附(存在化学反应),且部分化学反应在更高温度下可逆。

8.3 局限性

由于知识、条件、时间限制等原因,本文的工作还存在局限性,主要有以下几个方面:

(1) 采用了加拿大 NRC 建材散发数据库,而非我国自建自有数据库预测新风量指标。

(2) 由于数据库本身测量误差未知,未能量化由"快速估计法"转换数据库数据,到采用两类新风量估算法计算新风量所带来的误差。

(3) 甲醛在聚合物中可能存在的具体的反应路径暂未进一步实验分析,也没有明确得到甲醛在聚合物中部分可逆吸附的原因(具体的反正生成物等)。

(4) 对基于新风量物理、化学效应提出的新风量修正法尚未进行实验验证。

8.4 展　望

本文的研究尚有许多有待进一步深入进行的研究工作,总结如下:

(1) 本文所采取的建材 VOC 散发数据库为国外数据库，尽管本文对其建材制造水平进行了部分分析比较，但不可避免与我国现阶段建材制造和使用现状存在差距。我国建材领域存在新建材实用化速度快、标准制定滞后等现状，应探讨适用于我国建材发展速度的建材 VOC 散发数据库建立方法，以用以确定符合我国国情的新风量指标。

(2) 本文直接借鉴了国外组合指标体系用于计算新风量。由于我国尚无组合指标体系，应进一步分析以国外 LCI 指标计算我国新风量的可行性。

(3) 甲醛在聚合物中的部分可逆吸附特征中存在化学反应，其具体的反应机制、途径和产物仍值得研究，该研究对探索甲醛在室内环境中在其他建材中吸附和散发行为的影响具有借鉴意义。

(4) 当入室新风品质较差时，采取过滤等技术仍可有可能增加过滤处化学效应的风险。应研究如何改进现有的合理的技术在不增加室内化学效应的基础上提高室内新风品质。

(5) 本文着重对办公室的新风量计算和修正进行了探讨。住宅作为另一类重要的人居环境，新风在其内部的物理和化学效应不同于办公室，应予以研究。

(6) 人居环境以及其他功能建筑的污染源不仅包含建筑装饰材料，还包含人员以及部分间歇散发源，针对不同功能建筑如何设计合理的新风量仍值得进一步研究。

(7) 研究基于建材 VOC 散发的新风量指标与基于 CO_2 的新风量指标的比较，即综合考虑人员污染和化学污染的室内新风量的计算方法。

附录 A　NRC 数据库 VOC 检测率

表 SA-1 统计了 NRC 数据库中各 VOC 的检测率。

表 SA-1　NRC 数据库 VOC 检测率

编号	CAS No.	中 文 名	IUPAC 命名	化学分类	*DR*,%
1	104-76-7	2-乙基己醇	2-ethylhexan-1-ol	醇、二元醇、二元醇醚	0.35
2	71-36-3	丁醇	butan-1-ol	醇、二元醇、二元醇醚	0.14
3	57-55-6	1,2-丙二醇	(2R)-propane-1,2-diol	醇、二元醇、二元醇醚	0.09
4	64-17-5	乙醇	ethanol	醇、二元醇、二元醇醚	0.07
5	108-95-2	苯酚	phenol	醇、二元醇、二元醇醚	0.05
6	142-96-1	二丁醚	1-butoxybutane	醇、二元醇、二元醇醚	0.05
7	67-63-0	2-丙醇	propan-2-ol	醇、二元醇、二元醇醚	0.04
8	75-65-0	2-甲基-2-丙醇	2-methylpropan-2-ol	醇、二元醇、二元醇醚	0.02
9	107-21-1	1,2-乙二醇	ethane-1,2-diol	醇、二元醇、二元醇醚	0.02
10	111-27-3	1-己醇	hexan-1-ol	醇、二元醇、二元醇醚	0.02

续 表

编号	CAS No.	中文名	IUPAC 命名	化学分类	DR,%
11	71－23－8	丙醇	propan－1－ol	醇、二元醇、二元醇醚	0.02
12	110－80－5	2－乙氧基乙醇	2－ethoxyethanol	醇、二元醇、二元醇醚	0.02
13	112－34－5	二乙二醇丁醚	2－(2－butoxyethoxy) ethan－1－ol	醇、二元醇、二元醇醚	0.02
14	111－90－0	二乙二醇乙醚	2－(2－ethoxyethoxy) ethan－1－ol	醇、二元醇、二元醇醚	0.02
15	6846－50－0	2,2,4－三甲基戊二醇 二异丁酸酯	2,2,4－trimethyl－1－[(2－methylpropanoyl) oxy] pentan－3－yl 2－methylpropanoate	脂	0.12
16	141－78－6	乙酸乙酯	ethyl acetate	脂	0.09
17	638－49－3	甲酸戊脂	pentyl formate	脂	0.09
18	111－15－9	乙二醇乙醚醋酸酯	2－ethoxyethyl acetate	脂	0.07
19	108－21－4	乙酸异丙酯	propan－2－yl acetate	脂	0.05
20	123－86－4	乙酸丁酯	butyl acetate	脂	0.04
21	25265－77－4	2,2,4－三甲基-1,3－戊二醇单异丁酸酯	2,2,4－trimethyl－1,3－pentanediolmono (2－methylpropanoate)	脂	0.04
22	628－63－7	乙酸正戊酯	pentyl acetate	脂	0.02
23	79－20－9	乙酸甲酯	methyl acetate	脂	0.02
24	109－60－4	乙酸正丙酯	propyl acetate	脂	0.02
25	112－31－2	癸醛	decanal	醛	0.65
26	124－19－6	壬醛	onanal	醛	0.65
27	100－52－7	苯甲醛	benzaldehyde	醛	0.61
28	66－25－1	1－己醛	hexanal	醛	0.56
29	123－72－8	正丁醛	butanal	醛	0.51

续　表

编号	CAS No.	中 文 名	IUPAC 命名	化学分类	DR,%
30	124－13－0	正辛醛	octanal	醛	0.49
31	110－62－3	戊醛	pentanal	醛	0.49
32	111－71－7	庚醛	heptanal	醛	0.40
33	50－00－0	甲醛	methanal	醛	0.25
34	75－07－0	乙醛	acetaldehyde	醛	0.25
35	123－38－6	丙醛	propanal	醛	0.21
36	2548－87－0	反－2－辛烯醛	(2E)－2－octenal	醛	0.11
37	18829－55－5	2－庚烯醛	(2E)－hept－2－enal	醛	0.09
38	98－01－1	2－呋喃甲醛	furan－2－carbaldehyde	醛	0.04
39	4170－30－3	2－丁烯醛	(E)－but－2－enal	醛	0.02
40	590－86－3	3－甲基丁醛	3－methylbutanal	醛	0.02
41	67－64－1	丙酮	propan－2－one	酮	0.77
42	78－93－3	甲基乙基酮	butan－2－one	酮	0.30
43	98－86－2	甲基苯基酮	1－phenylethan－1－one	酮	0.26
44	110－43－0	甲基戊基酮	heptan－2－one	酮	0.09
45	108－10－1	异丁基甲基酮	4－methylpentan－2－one	酮	0.07
46	108－94－1	环己酮	cyclohexanone	酮	0.04
47	106－68－3	乙基戊基酮	octan－3－one	酮	0.02
48	1669－44－9	3－辛烯－2－酮	3－octen－2－one	酮	0.02
49	1121－64－8	3－环庚烯－1－酮	cyclohept－3－en－1－one	酮	0.02
50	38284－27－4	3,5－辛二烯－2－酮	(3E,5E)－octa－3,5－dien－2－one	酮	0.02
51	1120－21－4	十一烷	undecane	烷烃、烯烃	0.89
52	124－18－5	癸烷	decane	烷烃、烯烃	0.84
53	112－40－3	十二烷	dodecane	烷烃、烯烃	0.84
54	629－59－4	十四烷	tetradecane	烷烃、烯烃	0.67
55	111－84－2	壬烷	onane	烷烃、烯烃	0.61

续 表

编号	CAS No.	中文名	IUPAC 命名	化学分类	DR,%
56	110-54-3	正己烷	hexane	烷烃、烯烃	0.60
57	111-65-9	辛烷	octane	烷烃、烯烃	0.60
58	629-50-5	十三烷	tridecane	烷烃、烯烃	0.60
59	142-82-5	庚烷	heptane	烷烃、烯烃	0.54
60	629-62-9	十五烷	pentadecane	烷烃、烯烃	0.54
61	544-76-3	十六烷	hexadecane	烷烃、烯烃	0.44
62	107-83-5	2-甲基戊烷	2-methylpentane	烷烃、烯烃	0.42
63	96-14-0	3-甲基戊烷	3-methylpentane	烷烃、烯烃	0.30
64	294-62-2	环十二烷	cyclododecan	烷烃、烯烃	0.05
65	540-84-1	2,2,4-三甲基戊烷	2,2,4-trimethylpentane	烷烃、烯烃	0.05
66	109-66-0	正戊烷	pentane	烷烃、烯烃	0.04
67	115-11-7	2-甲基丙烯	2-methylprop-1-ene	烷烃、烯烃	0.02
68	109-67-1	1-戊烯	pent-1-ene	烷烃、烯烃	0.02
69	592-41-6	1-己烯	hex-1-ene	烷烃、烯烃	0.02
70	592-76-7	1-庚烯	hept-1-ene	烷烃、烯烃	0.02
71	111-66-0	1-辛烯	oct-1-ene	烷烃、烯烃	0.02
72	589-34-4	3-甲基己烷	3-methylhexane	烷烃、烯烃	0.02
73	617-78-7	3-已基戊烷	3-ethylpentane	烷烃、烯烃	0.02
74	565-59-3	2,3-二甲基戊烷	2,3-dimethylpentane	烷烃、烯烃	0.02
75	75-83-2	2,2-二甲基丁烷	2,2-dimethylbutane	烷烃、烯烃	0.02
76	79-29-8	2,3-二甲基丁烷	2,3-dimethylbutane	烷烃、烯烃	0.02
77	110-82-7	环己烷	cyclohexane	环烷烃	0.30
78	1678-92-8	正丙基环乙烷	propylcyclohexane	环烷烃	0.25
79	1678-93-9	丁基环己烷	butylcyclohexane	环烷烃	0.23
80	1678-91-7	乙基环己烷	ethylcyclohexane	环烷烃	0.21

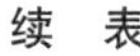

续　表

编号	CAS No.	中 文 名	IUPAC 命名	化学分类	DR,%
81	91－17－8	十氢萘	1,2,3,4,4a,5,6,7,8,8a－decahydronaphthalene	环烷烃	0.18
82	493－02－7	反式十氢化萘	(4ar,8ar)-decahydronaphthalene	环烷烃	0.04
83	96－37－7	甲基环戊烷	methylcyclopentane	环烷烃	0.02
84	108－87－2	甲基环己烷	methylcyclohexane	环烷烃	0.02
85	2452－99－5	1,2－二甲基环戊烷	1,2－dimethylcyclopentan	环烷烃	0.02
86	110－83－8	环己烯	cyclohexene	环烯烃	0.02
87	80－56－8	α－蒎烯	(1S, 5S)－2, 6, 6－trimethylbicyclo[3. 1. 1]hept－2－ene	萜烯	0.46
88	138－86－3	(±)-柠檬烯	1－methyl－4－(1－methylethenyl)- cyclohexene	萜烯	0.37
89	127－91－3	β-蒎烯	6, 6－dimethyl－2－methylidenebicyclo[3. 1. 1]heptane	萜烯	0.32
90	79－92－5	莰烯	2, 2－dimethyl－3－methylidenebicyclo[2. 2. 1]heptane	萜烯	0.30
91	13466－78－9	3－蒈烯	3, 7, 7－trimethylbicyclo[4. 1. 0]hept－3－ene	萜烯	0.26
92	5989－27－5	(±)-柠檬烯	1－methyl－4－prop－1－en－2－yl－cyclohexene	萜烯	0.16
93	99－85－4	1－异丙基-4－甲基-1,4－环己二烯	1－methyl－4－(propan－2－yl) cyclohexa－1, 4－diene	萜烯	0.12
94	99－86－5	1－异丙基-4－甲基-1,3－环己二烯	1－methyl－4－(propan－2－yl) cyclohexa－1, 3－diene	萜烯	0.09
95	108－88－3	甲苯	methylbenzene	芳香族化合物	0.96
96	71－43－2	苯	benzene	芳香族化合物	0.89

续 表

编号	CAS No.	中文名	IUPAC 命名	化学分类	*DR*,%
97	108-38-3	1,3-二甲苯	1,3-dimethylbenzene	芳香族化合物	0.88
98	100-41-4	乙苯	ethylbenzene	芳香族化合物	0.84
99	106-42-3	1,4-二甲苯	1,4-dimethylbenzene	芳香族化合物	0.82
100	95-47-6	1,2-二甲苯	1,2-dimethylbenzene	芳香族化合物	0.81
101	108-67-8	1,3,5-三甲基苯	1,3,5-trimethylbenzene	芳香族化合物	0.68
102	95-63-6	1,2,4-三甲基苯	1,2,4-trimethylbenzene	芳香族化合物	0.67
103	620-14-4	3-乙基甲苯	1-ethyl-3-methylbenzene	芳香族化合物	0.65
104	611-14-3	2-乙基甲苯	1-ethyl-2-methylbenzene	芳香族化合物	0.61
105	622-96-8	4-乙基甲苯	1-ethyl-4-methylbenzene	芳香族化合物	0.58
106	103-65-1	1-苯基丙烷	propylbenzene	芳香族化合物	0.58
107	526-73-8	1,2,3-三甲苯	1,2,3-trimethylbenzene	芳香族化合物	0.56
108	91-20-3	萘	aphthalene	芳香族化合物	0.54
109	99-87-6	4-异丙基甲苯	1-methyl-4-(propan-2-yl)benzene	芳香族化合物	0.46
110	98-82-8	异丙基苯	propan-2-ylbenzene	芳香族化合物	0.40
111	95-93-2	1,2,4,5-四甲苯	1,2,4,5-tetramethylbenzene	芳香族化合物	0.33
112	100-42-5	苯乙烯	ethenylbenzene	芳香族化合物	0.33
113	4994-16-5	4-苯基环己烯	cyclohex-3-en-1-ylbenzene	芳香族化合物	0.23
114	4536-86-1	4-苯基十一烷	(1-propyloctyl)benzene	芳香族化合物	0.02
115	104-87-0	4-甲基苯甲醛	4-methylbenzaldehyde	芳香族化合物	0.02
116	3777-69-3	2-正戊基呋喃	2-pentylfuran	呋喃	0.30
117	4466-24-4	2-正丁基呋喃	2-butylfuran	呋喃	0.04

续　表

编号	CAS No.	中 文 名	IUPAC 命名	化学分类	DR,%
118	3208-16-0	2-乙基呋喃	2-ethylfuran	呋喃	0.04
119	541-05-9	六甲基环三硅氧烷	2,2,4,4,6,6-hexamethyl-1,3,5,2,4,6-trioxatrisilinane	硅氧烷	0.09
120	556-67-2	八甲基环四硅氧烷	octamethyl-1,3,5,7,2,4,6,8-tetraoxatetrasilocane	硅氧烷	0.04
121	719-22-2	2,6-二叔丁基-1,4-苯醌	2,6-di-tert-butylcyclohexa-2,5-diene-1,4-dione	醌	0.02
122	106-46-7	1,4-二氯苯	1,4-dichlorobenzene	卤代烃	0.68
123	75-09-2	二氯甲烷	dichloromethane	卤代烃	0.23
124	79-01-6	三氯乙烯	1,1,2-trichloroethene	卤代烃	0.18
125	95-50-1	1,2-二氯苯	1,2-dichlorobenzene	卤代烃	0.12
126	1002-69-3	1-氯癸烷	1-chlorodecane	卤代烃	0.05
127	111-85-3	1-氯辛烷	1-chlorooctane	卤代烃	0.04
128	127-18-4	四氯乙烯	tetrachloroethylene	卤代烃	0.02
129	67-66-3	三氯甲烷	trichloromethane	卤代烃	0.02
130	872-50-4	1-甲基-2-吡咯烷酮	1-methylpyrrolidin-2-one	酰胺	0.04
131	127-19-5	N,N-二甲基乙酰胺	N,N-dimethylacetamide	酰胺	0.04
132	64-19-7	乙酸	acetic acid	有机酸	0.56
133	142-62-1	己酸	hexanoic acid	有机酸	0.07
134	64-18-6	甲酸	formic acid	有机酸	0.02

附录 B　建材 VOC 散发模型关键参数数据库

如图 SB-1 至如图 SB-28 给出了采用“快速估计法”，基于 NRC 数据库计算的 28 种建材(24 种单层建材和 4 种近似为单层的装配建材)关键参数(C_0 和 D)的拟合结果，并组成“建材 VOC 散发模型关键参数数据库”。

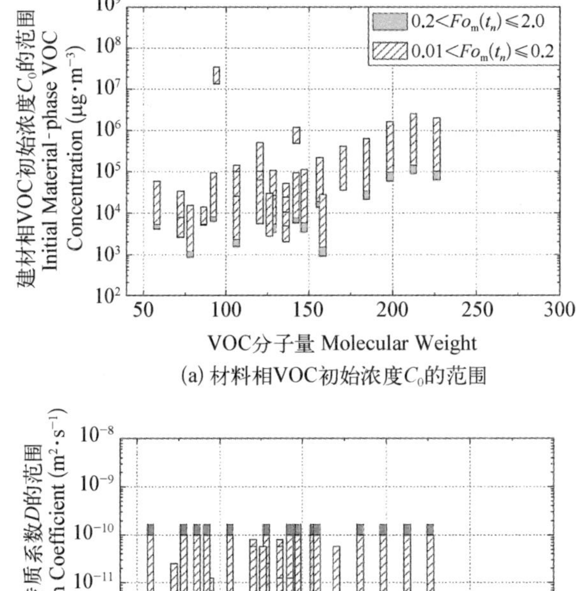

(a) 材料相VOC初始浓度C_0的范围

(b) 材料相VOC传质系数D的范围

图 SB-1　建材 VOC 散发模型关键参数数据库(ACT2)

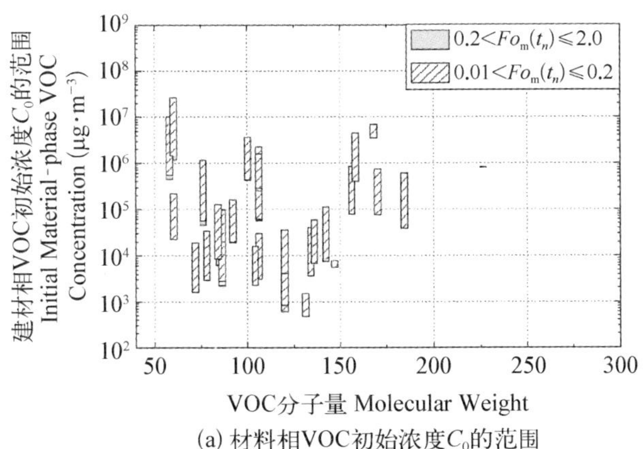

(a) 材料相VOC初始浓度C_0的范围

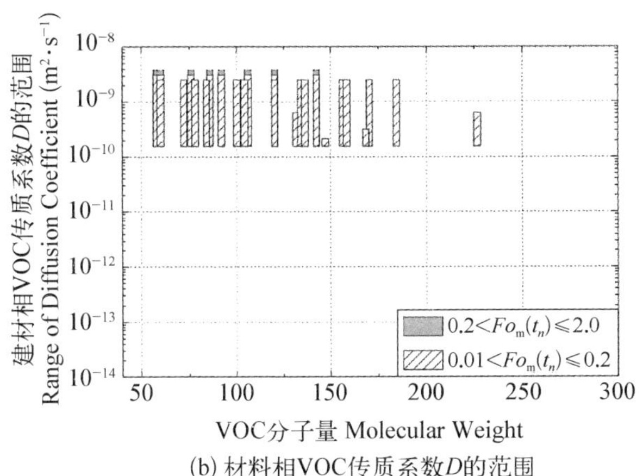

(b) 材料相VOC传质系数D的范围

图 SB-2　建材 VOC 散发模型关键参数数据库(CRP1)

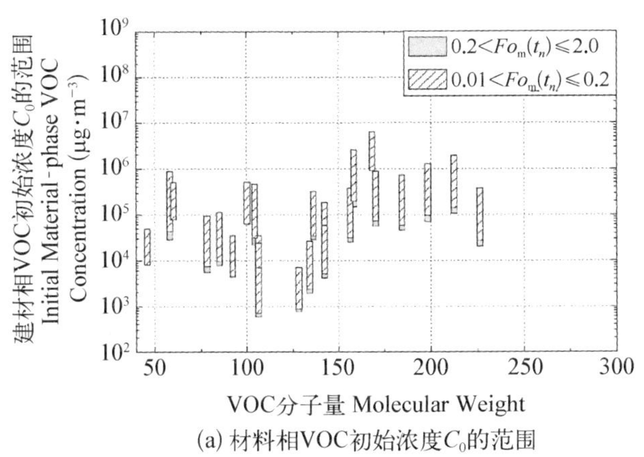

(a) 材料相VOC初始浓度C_0的范围

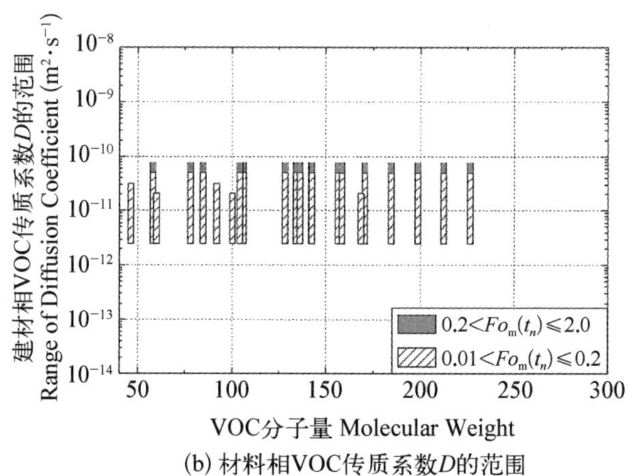

(b) 材料相VOC传质系数D的范围

图 SB－3　建材 VOC 散发模型关键参数数据库(CRP2)

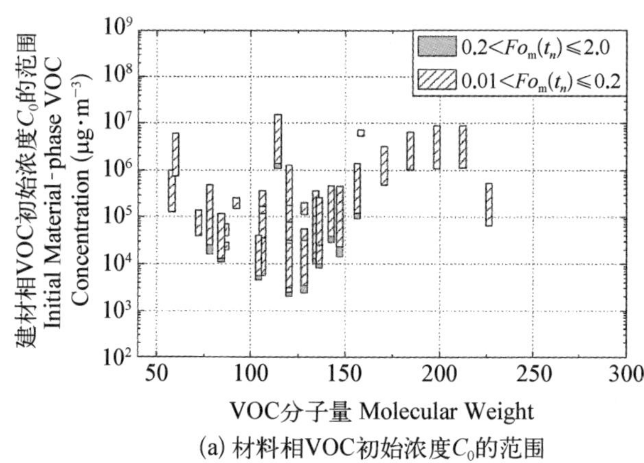

(a) 材料相VOC初始浓度C_0的范围

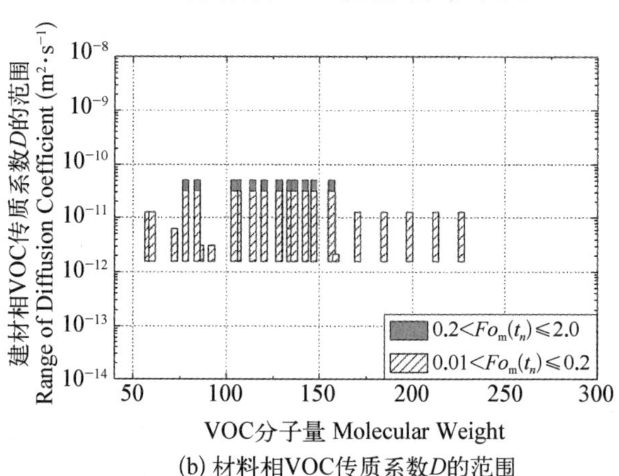

(b) 材料相VOC传质系数D的范围

图 SB－4　建材 VOC 散发模型关键参数数据库(CRP4)

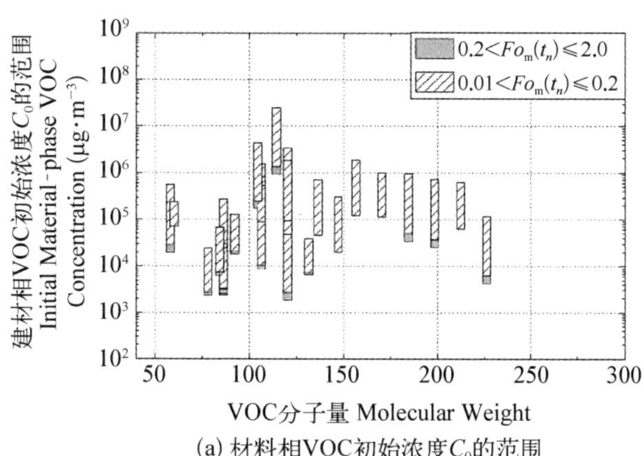

(a) 材料相VOC初始浓度C_0的范围

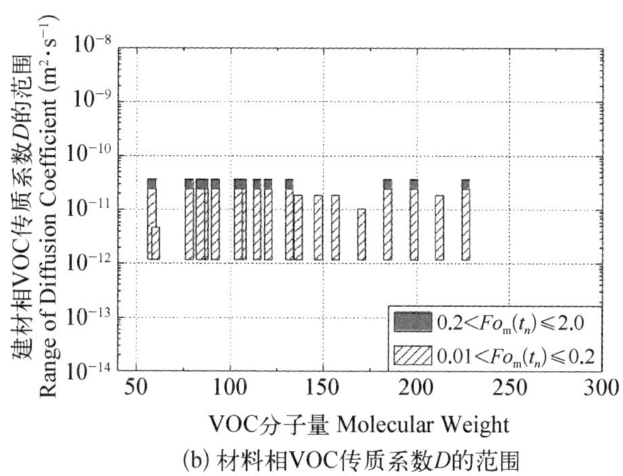

(b) 材料相VOC传质系数D的范围

图 SB-5　建材 VOC 散发模型关键参数数据库(CRP5)

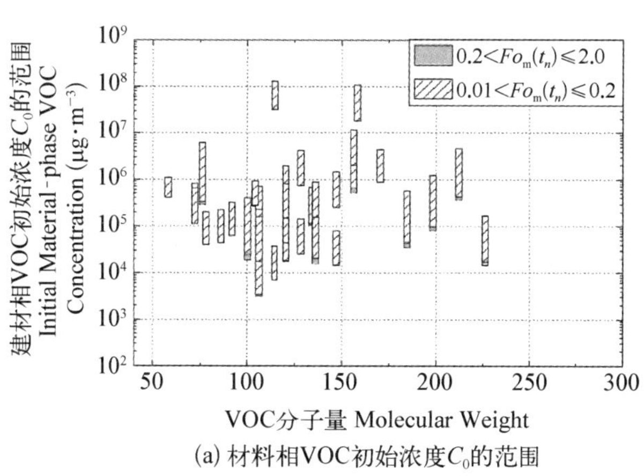

(a) 材料相VOC初始浓度C_0的范围

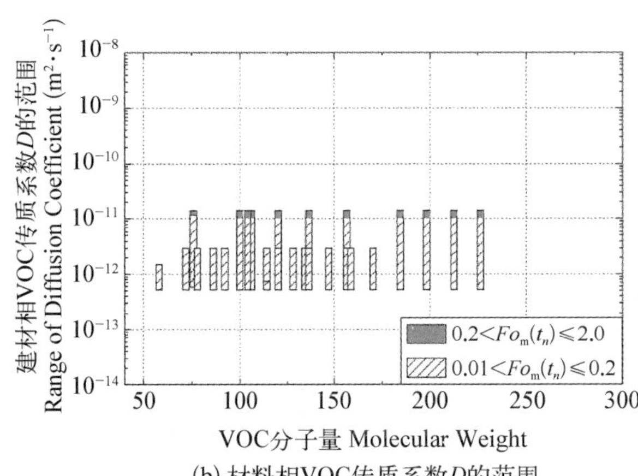

(b) 材料相VOC传质系数D的范围

图 SB-6 建材 VOC 散发模型关键参数数据库(CRP6)

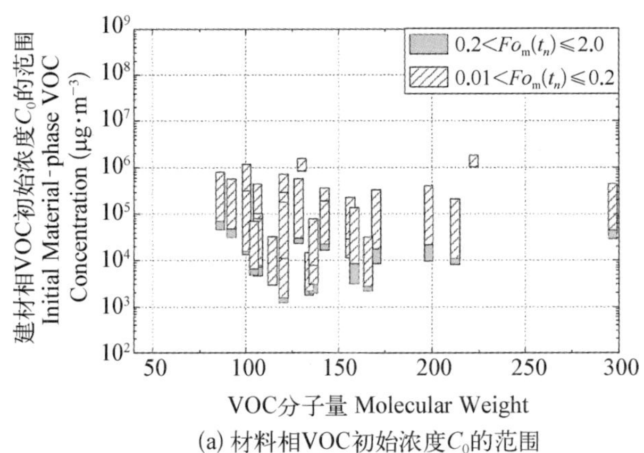

(a) 材料相VOC初始浓度C_0的范围

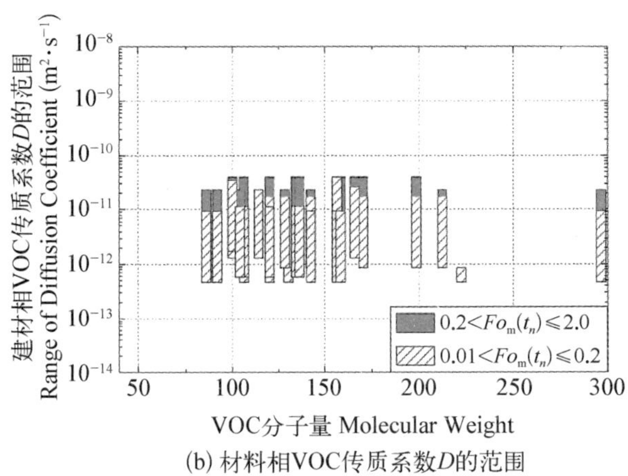

(b) 材料相VOC传质系数D的范围

图 SB-7 建材 VOC 散发模型关键参数数据库(CRP7)

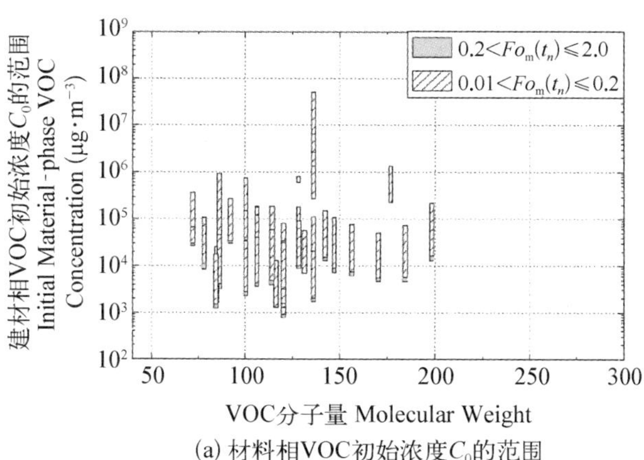

(a) 材料相VOC初始浓度C_0的范围

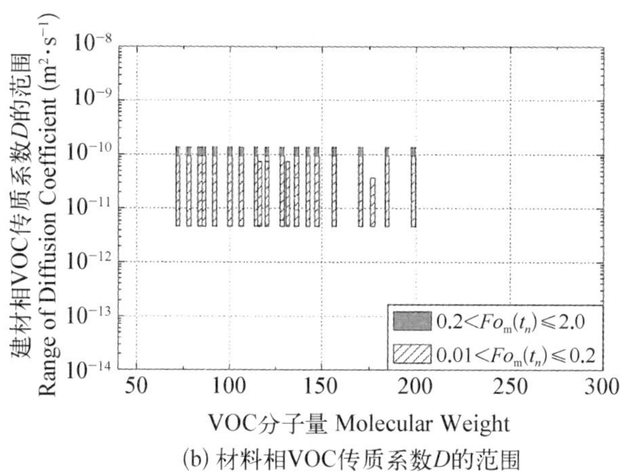

(b) 材料相VOC传质系数D的范围

图 SB-8　建材 VOC 散发模型关键参数数据库(GB1)

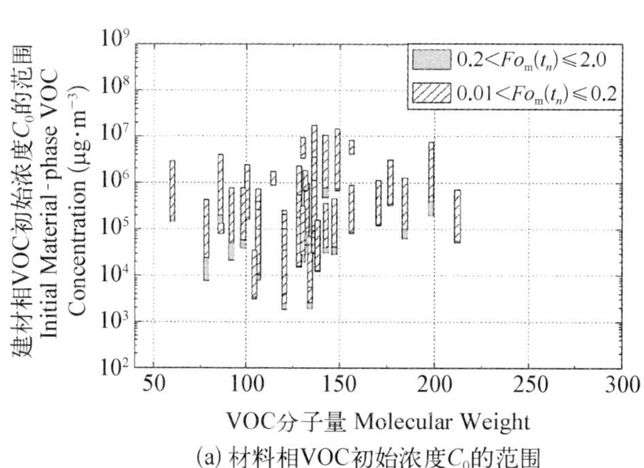

(a) 材料相VOC初始浓度C_0的范围

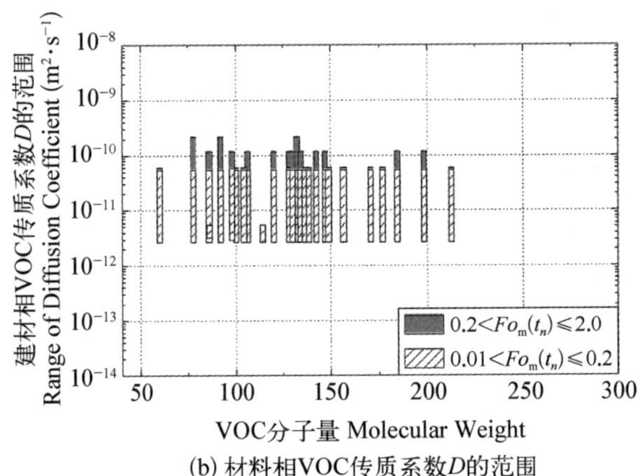

(b) 材料相VOC传质系数D的范围

图 SB-9 建材 VOC 散发模型关键参数数据库(GB2)

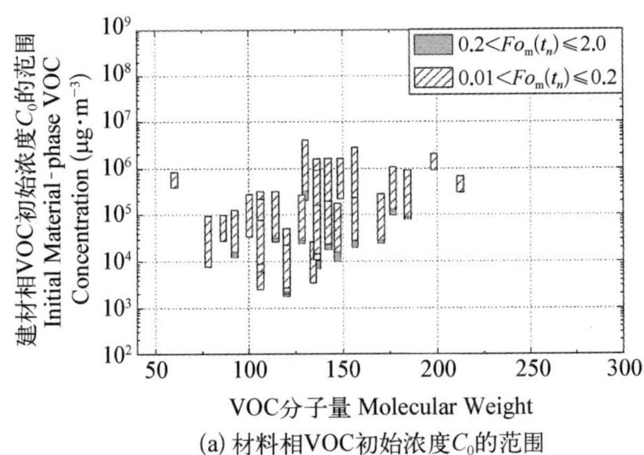

(a) 材料相VOC初始浓度C_0的范围

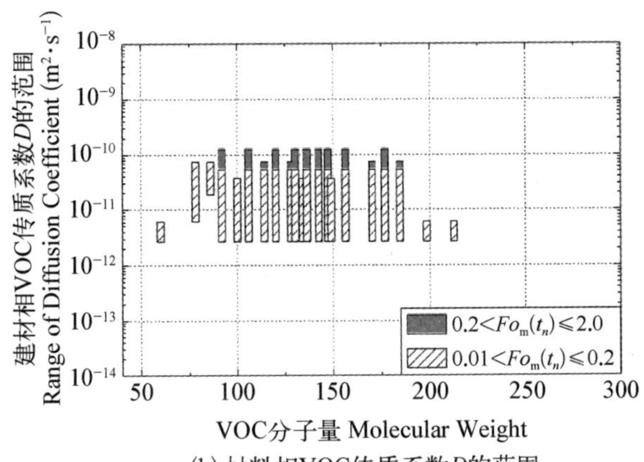

(b) 材料相VOC传质系数D的范围

图 SB-10 建材 VOC 散发模型关键参数数据库(GB3)

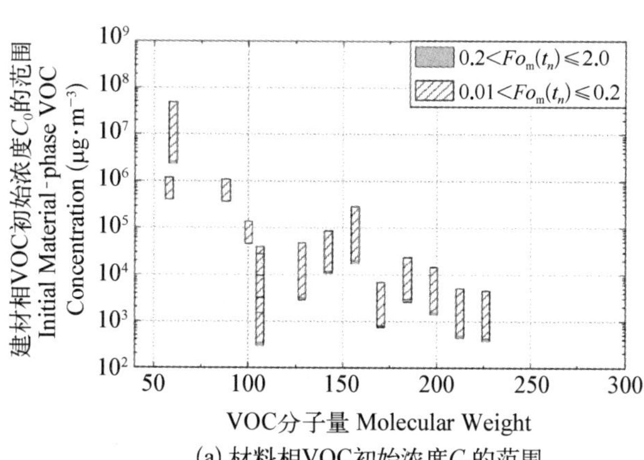

(a) 材料相VOC初始浓度C_0的范围

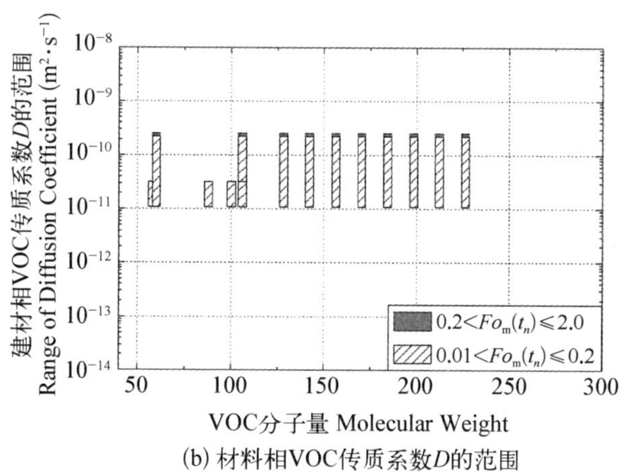

(b) 材料相VOC传质系数D的范围

图 SB-11　建材 VOC 散发模型关键参数数据库(OAK1)

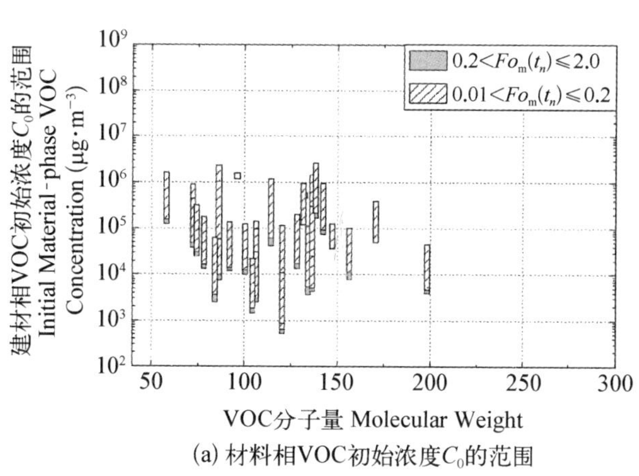

(a) 材料相VOC初始浓度C_0的范围

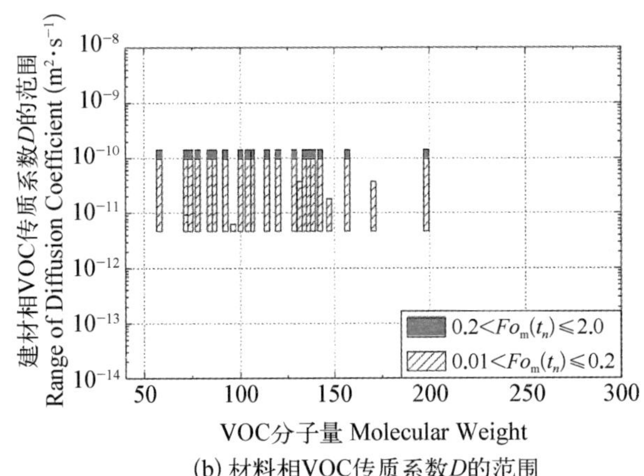

(b) 材料相VOC传质系数D的范围

图 SB-12　建材 VOC 散发模型关键参数数据库(OSB1)

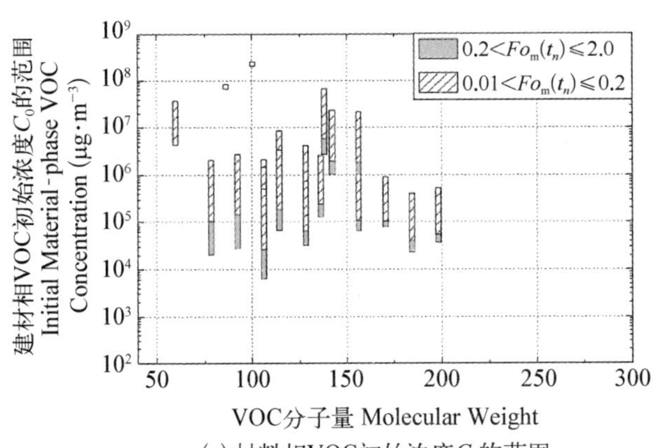

(a) 材料相VOC初始浓度C_0的范围

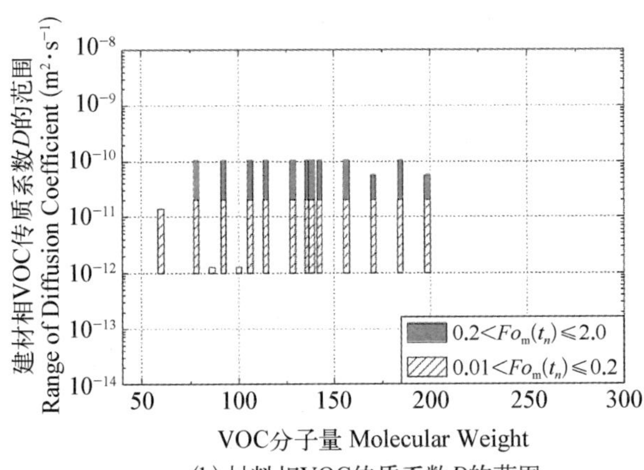

(b) 材料相VOC传质系数D的范围

图 SB-13　建材 VOC 散发模型关键参数数据库(OSB2)

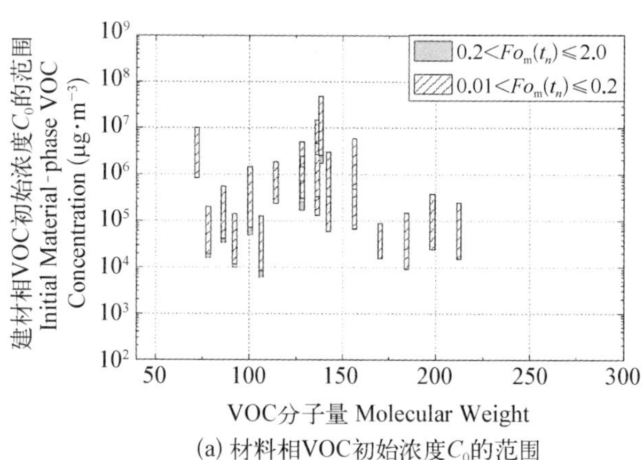

(a) 材料相VOC初始浓度C_0的范围

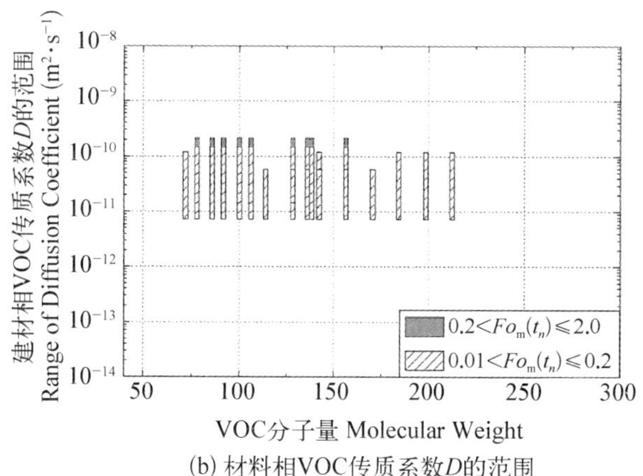

(b) 材料相VOC传质系数D的范围

图 SB－14　建材 VOC 散发模型关键参数数据库(OSB3)

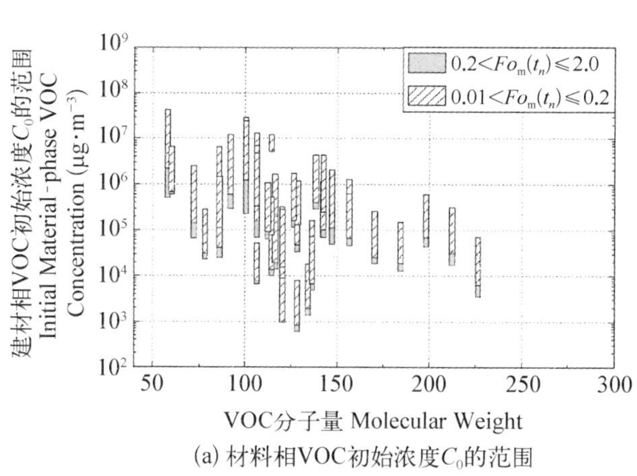

(a) 材料相VOC初始浓度C_0的范围

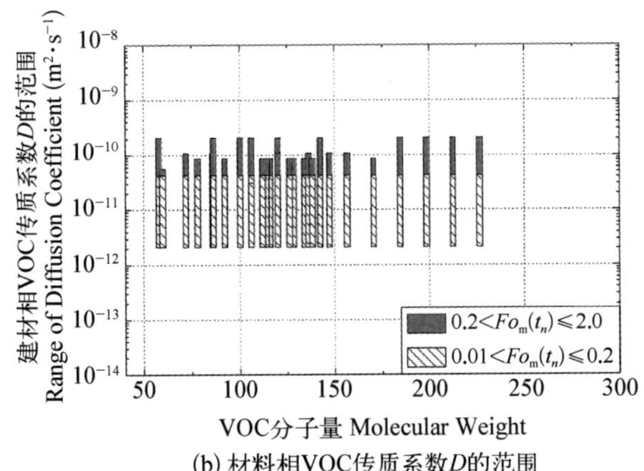

(b) 材料相VOC传质系数D的范围

图 SB-15 建材 VOC 散发模型关键参数数据库(OSB4)

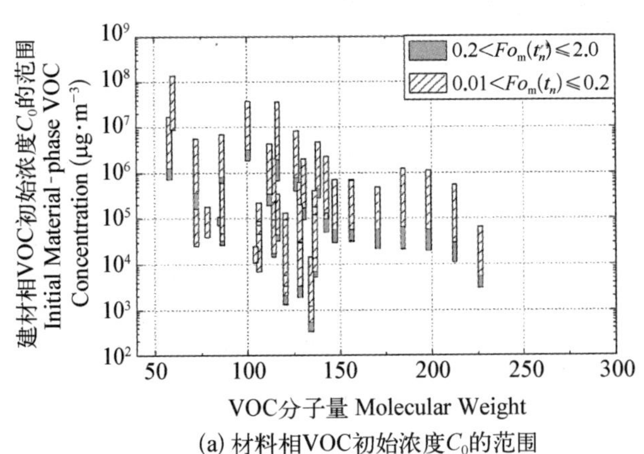

(a) 材料相VOC初始浓度C_0的范围

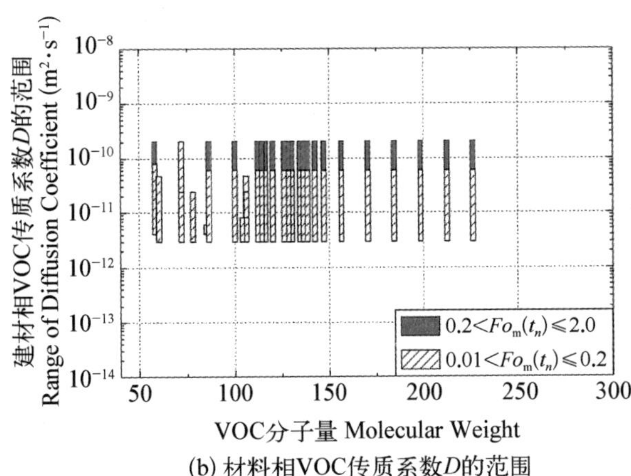

(b) 材料相VOC传质系数D的范围

图 SB-16 建材 VOC 散发模型关键参数数据库(OSB5a)

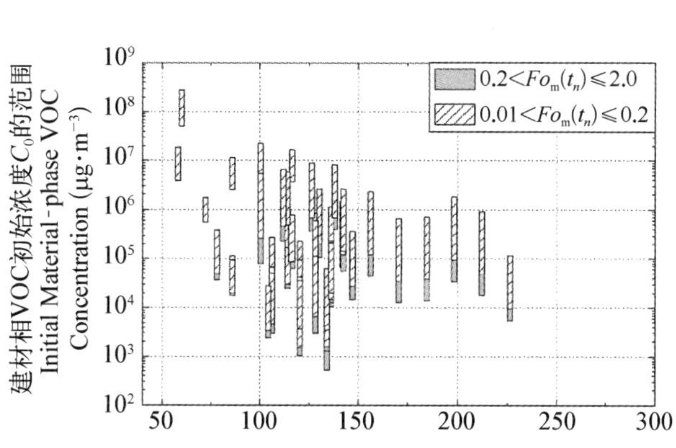

(a) 材料相VOC初始浓度C_0的范围

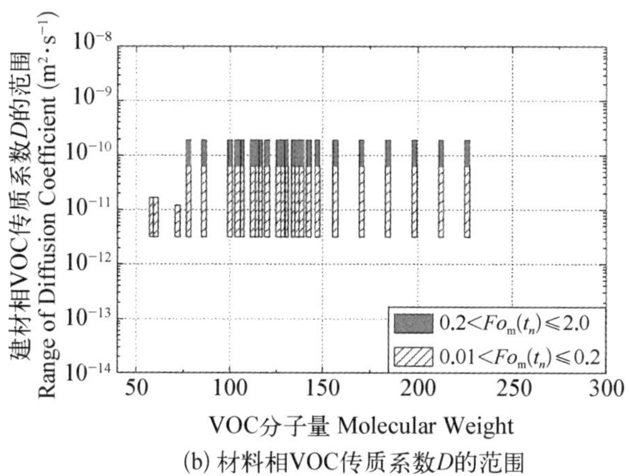

(b) 材料相VOC传质系数D的范围

图 SB-17　建材 VOC 散发模型关键参数数据库(OSB5b)

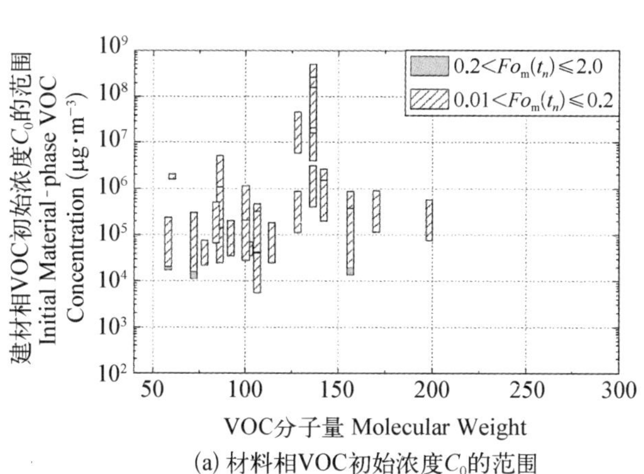

(a) 材料相VOC初始浓度C_0的范围

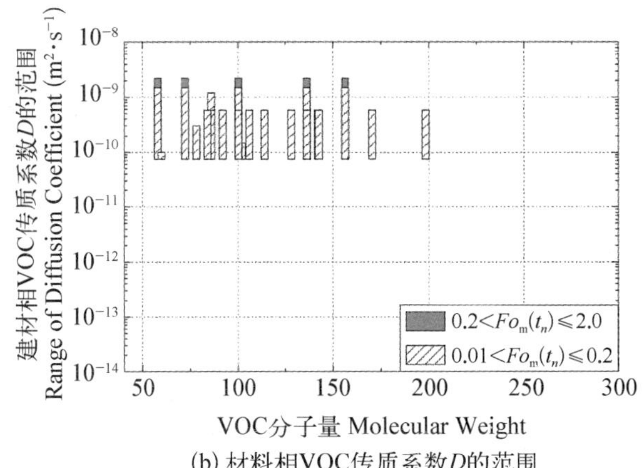

(b) 材料相VOC传质系数D的范围

图 SB-18　建材 VOC 散发模型关键参数数据库(PIN1)

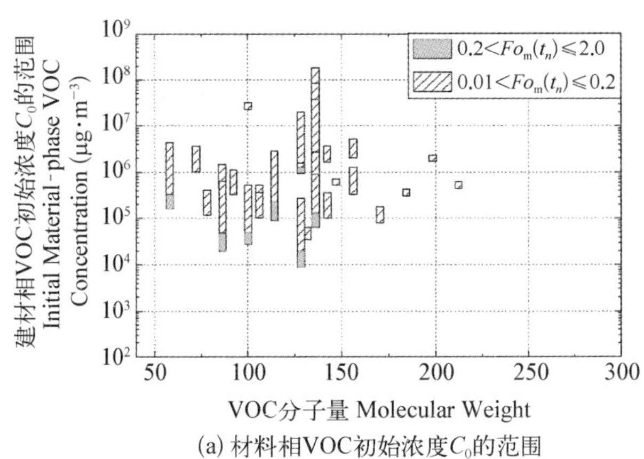

(a) 材料相VOC初始浓度C_0的范围

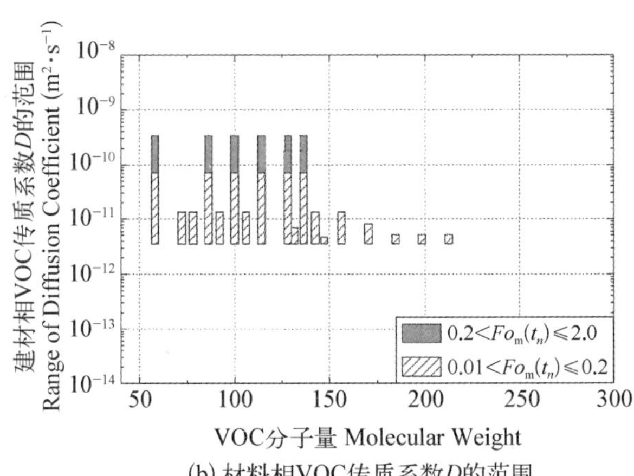

(b) 材料相VOC传质系数D的范围

图 SB-19　建材 VOC 散发模型关键参数数据库(PLY1)

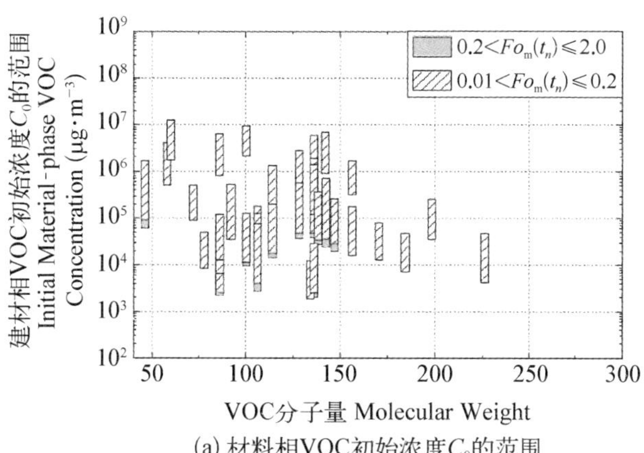

(a) 材料相VOC初始浓度C_0的范围

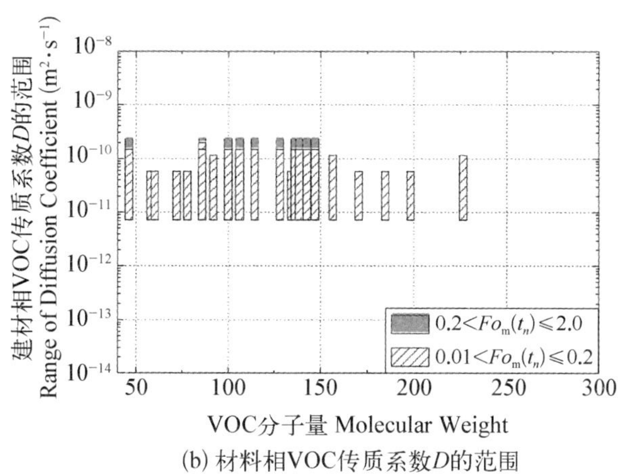

(b) 材料相VOC传质系数D的范围

图 SB-20　建材 VOC 散发模型关键参数数据库(PLY2)

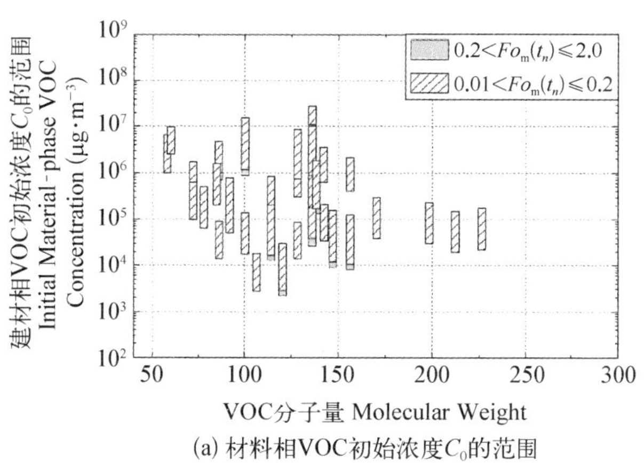

(a) 材料相VOC初始浓度C_0的范围

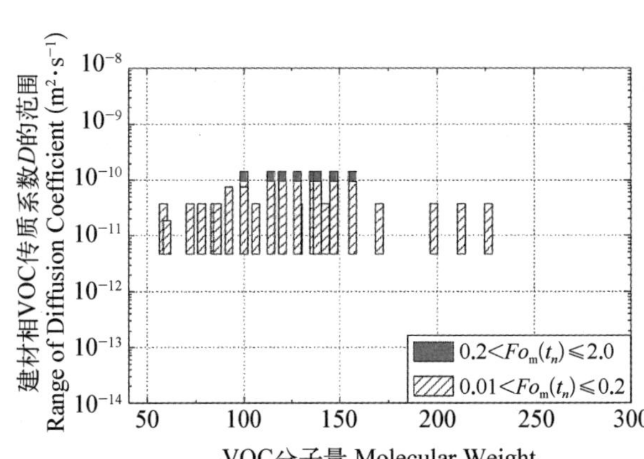

(b) 材料相VOC传质系数D的范围

图 SB－21　建材 VOC 散发模型关键参数数据库(PLY3)

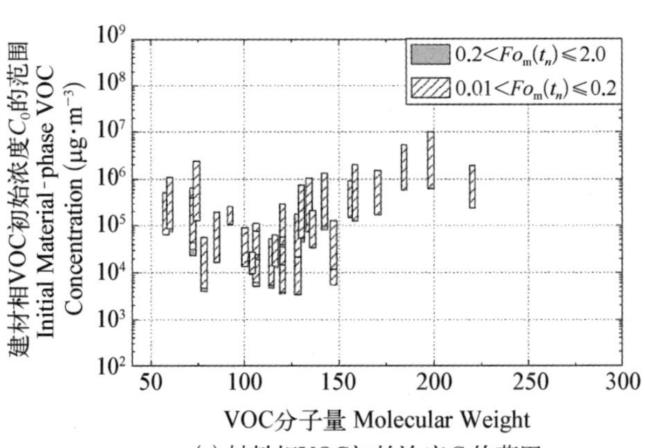

(a) 材料相VOC初始浓度C_0的范围

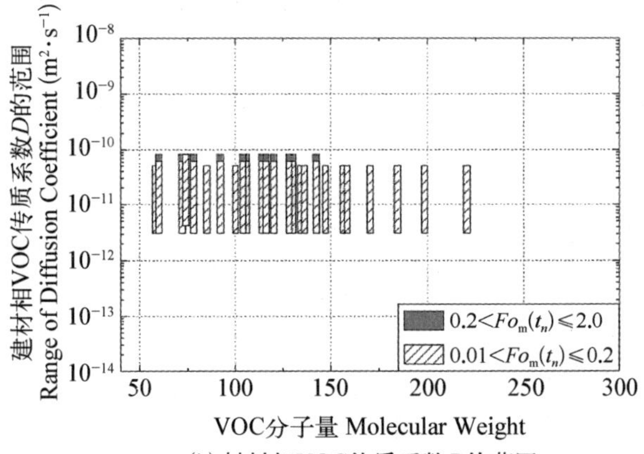

(b) 材料相VOC传质系数D的范围

图 SB－22　建材 VOC 散发模型关键参数数据库(UP1)

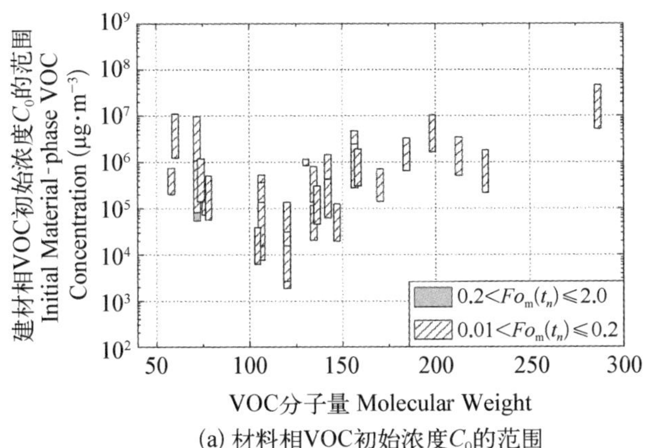

(a) 材料相VOC初始浓度C_0的范围

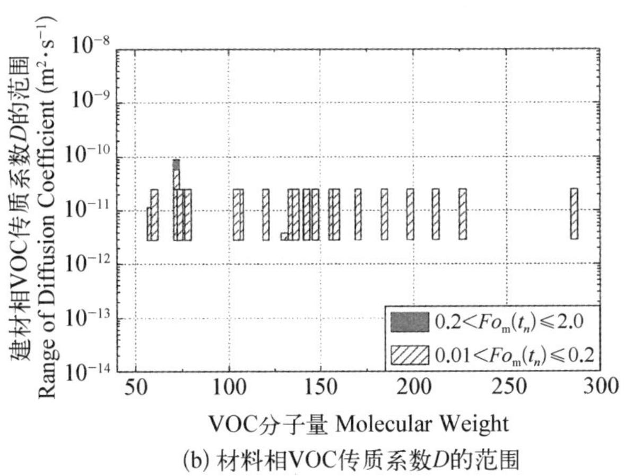

(b) 材料相VOC传质系数D的范围

图 SB－23　建材 VOC 散发模型关键参数数据库(UP3)

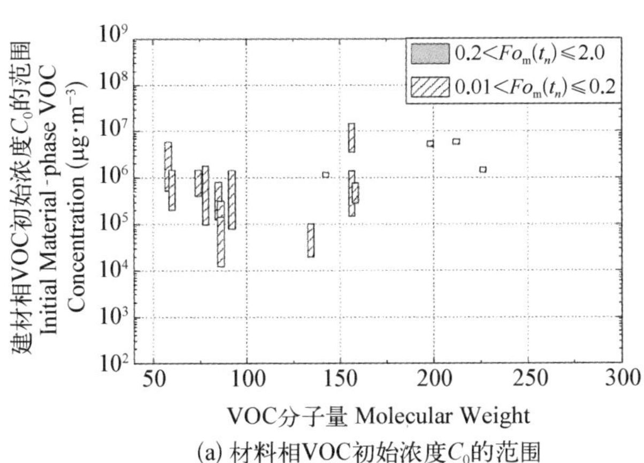

(a) 材料相VOC初始浓度C_0的范围

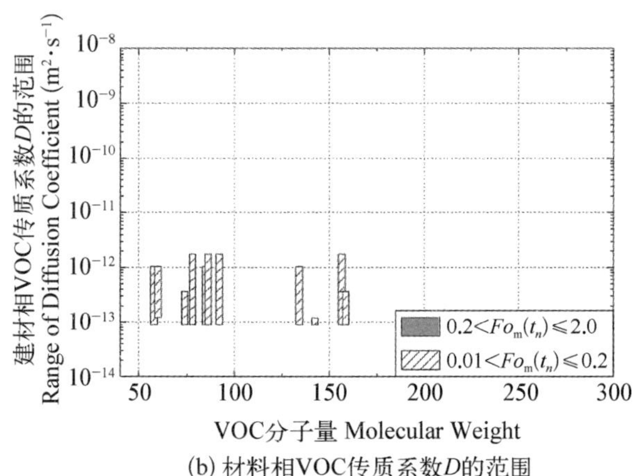

(b) 材料相VOC传质系数D的范围

图 SB-24　建材 VOC 散发模型关键参数数据库(VIN1)

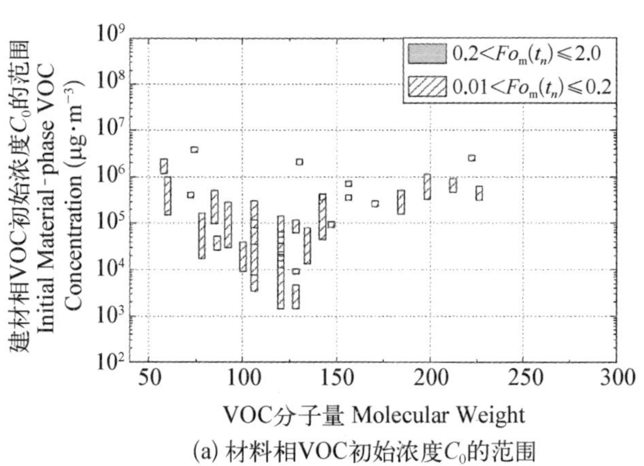

(a) 材料相VOC初始浓度C_0的范围

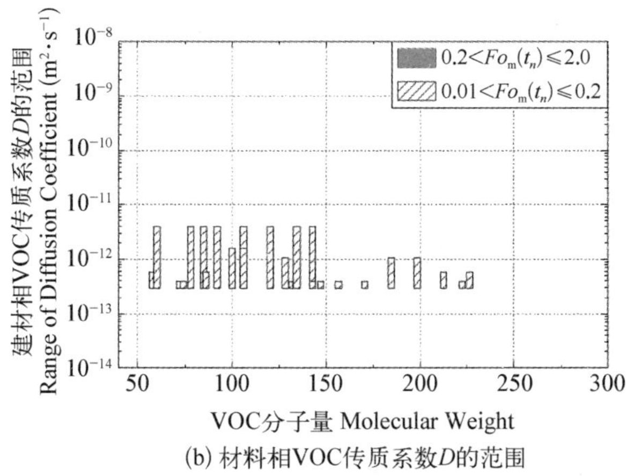

(b) 材料相VOC传质系数D的范围

图 SB-25　建材 VOC 散发模型关键参数数据库(VIN2)

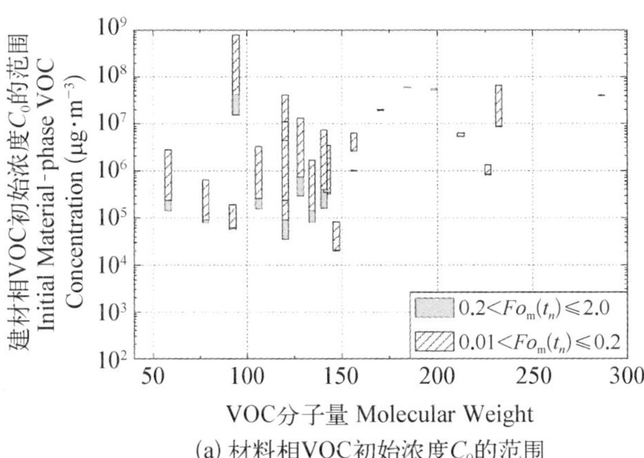

(a) 材料相VOC初始浓度C_0的范围

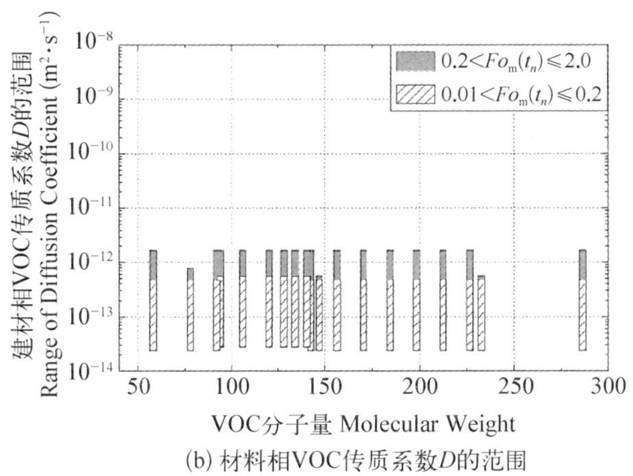

(b) 材料相VOC传质系数D的范围

图 SB-26　建材 VOC 散发模型关键参数数据库(VIN3)

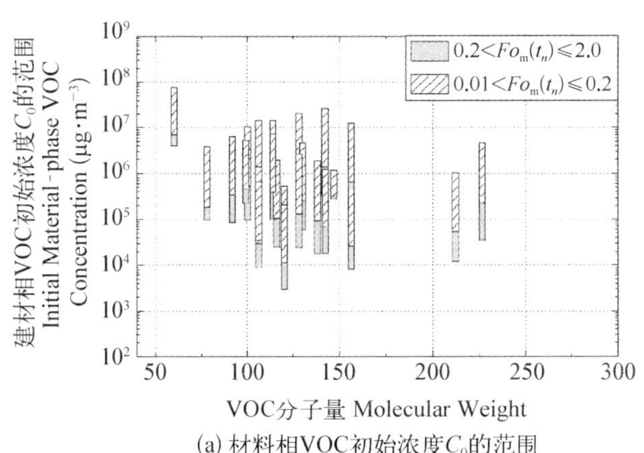

(a) 材料相VOC初始浓度C_0的范围

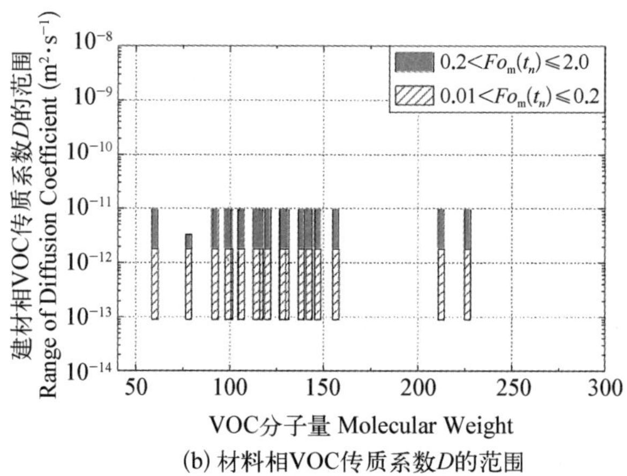

(b) 材料相VOC传质系数D的范围

图 SB－27　建材 VOC 散发模型关键参数数据库(LIN1)

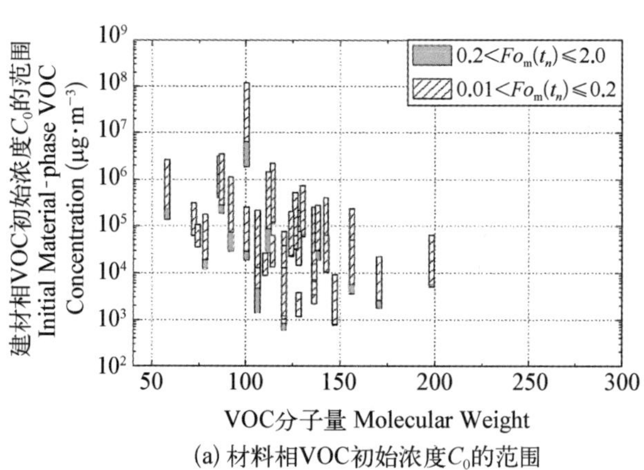

(a) 材料相VOC初始浓度C_0的范围

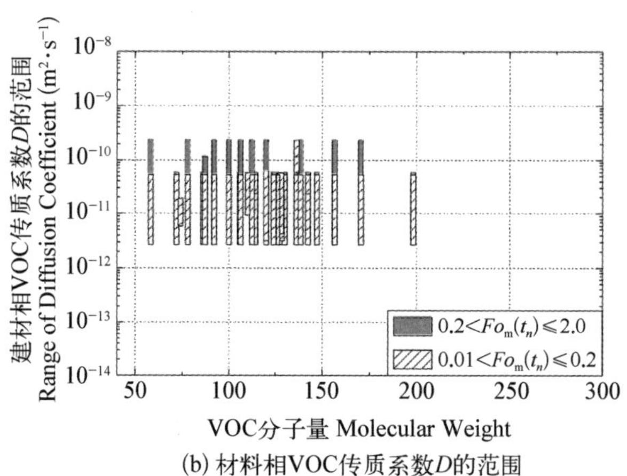

(b) 材料相VOC传质系数D的范围

图 SB－28　建材 VOC 散发模型关键参数数据库(MDF2)

附录 C　建材 VOC 散发模型关键参数的拟合

如图 SC－1 和如图 SC－2 给出了采用“单自由度拟合法”，基于 NRC 数据库拟合得到的共 36 种建材的关键参数(C_0、D 和 K)的拟合结果。

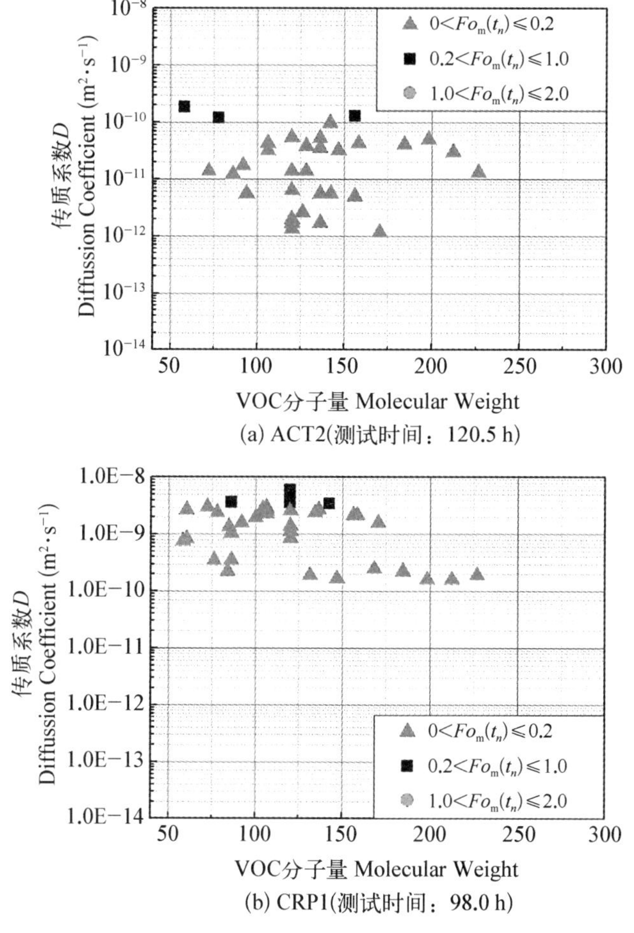

(a) ACT2(测试时间：120.5 h)

(b) CRP1(测试时间：98.0 h)

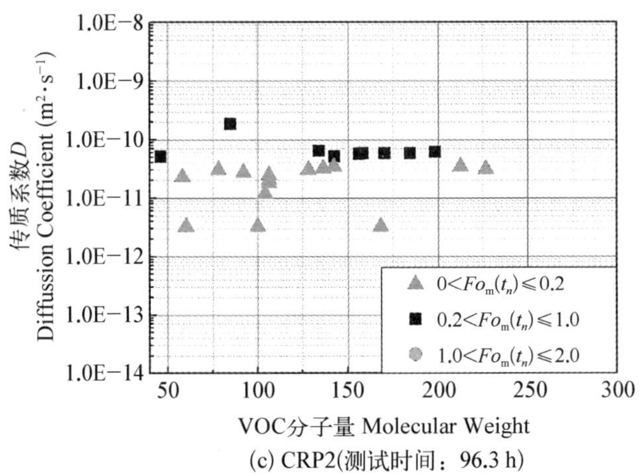

(c) CRP2(测试时间：96.3 h)

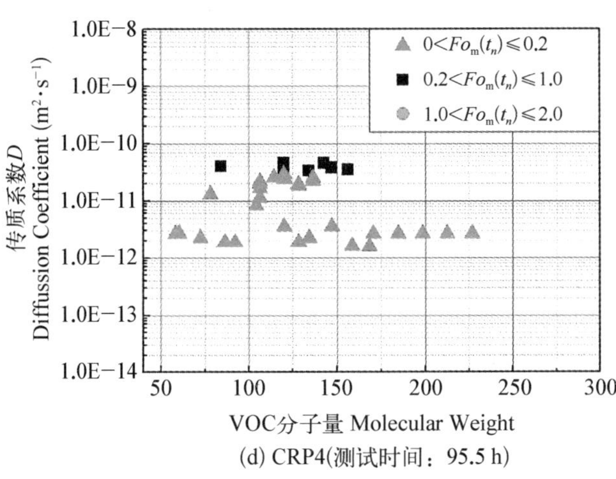

(d) CRP4(测试时间：95.5 h)

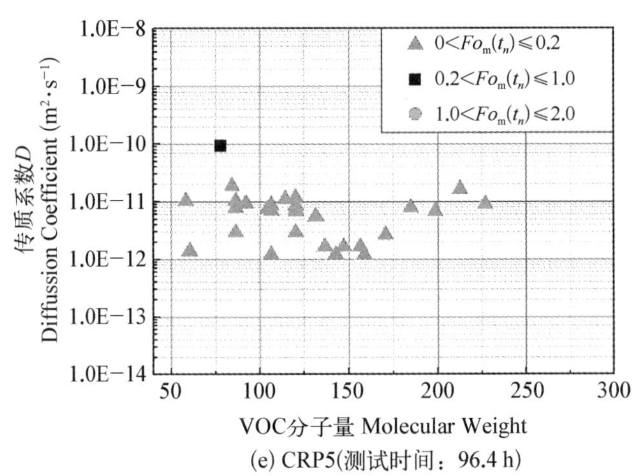

(e) CRP5(测试时间：96.4 h)

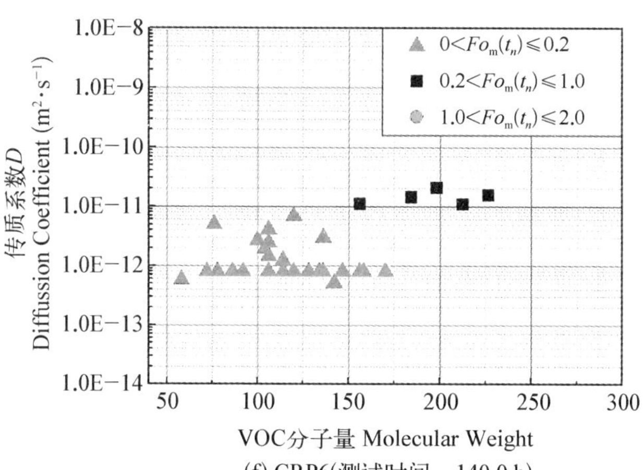

(f) CRP6(测试时间：140.0 h)

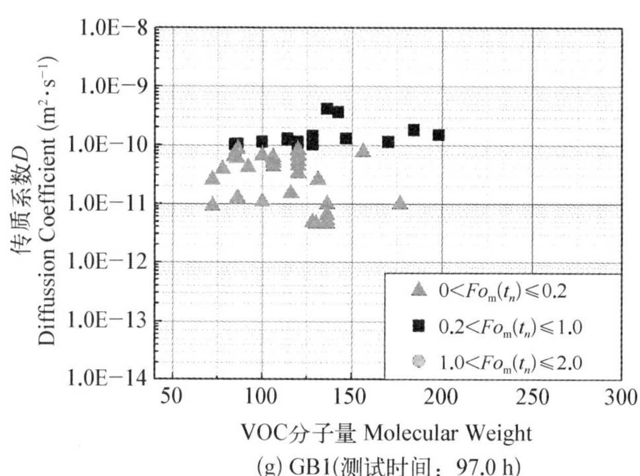

(g) GB1(测试时间：97.0 h)

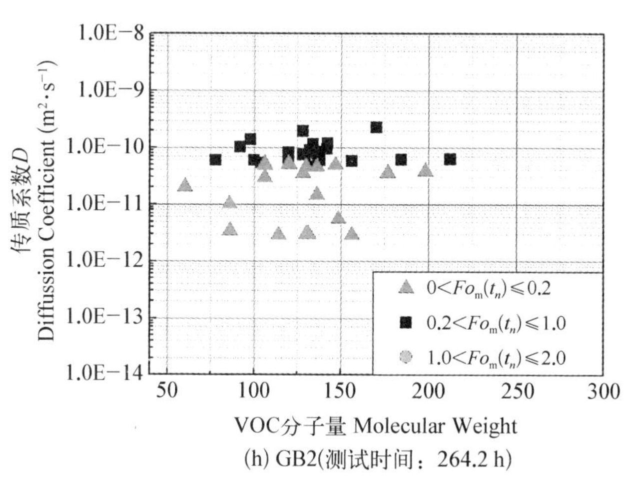

(h) GB2(测试时间：264.2 h)

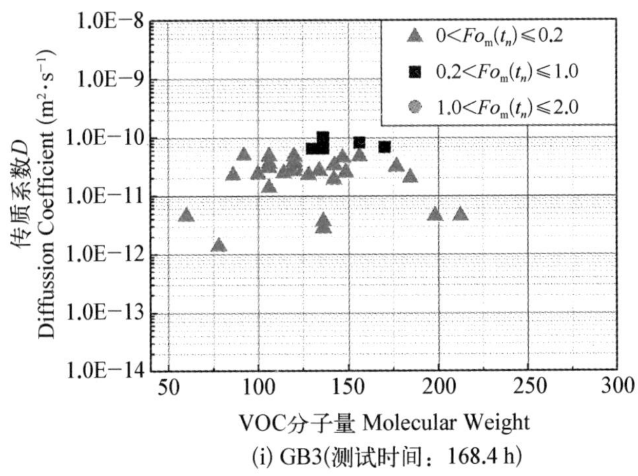

(i) GB3(测试时间：168.4 h)

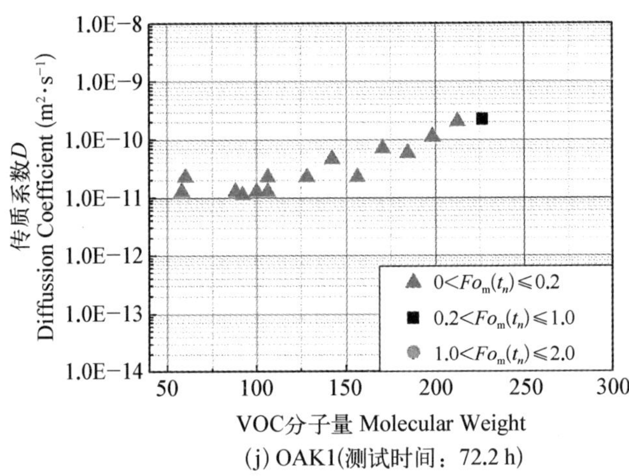

(j) OAK1(测试时间：72.2 h)

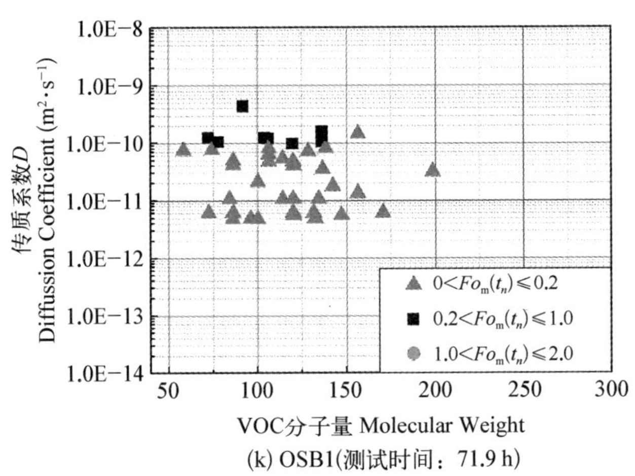

(k) OSB1(测试时间：71.9 h)

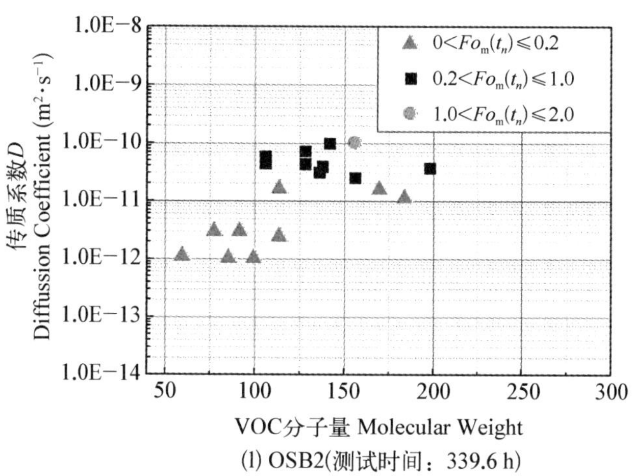

(l) OSB2(测试时间：339.6 h)

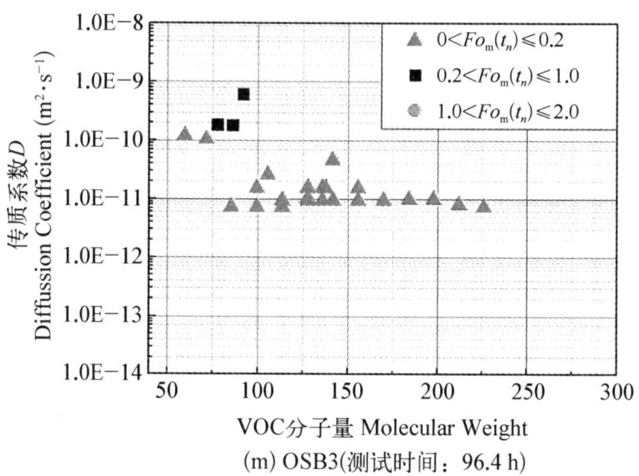

(m) OSB3(测试时间：96.4 h)

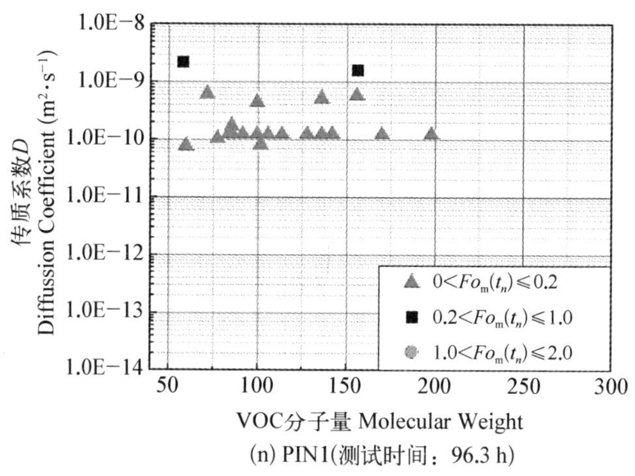

(n) PIN1(测试时间：96.3 h)

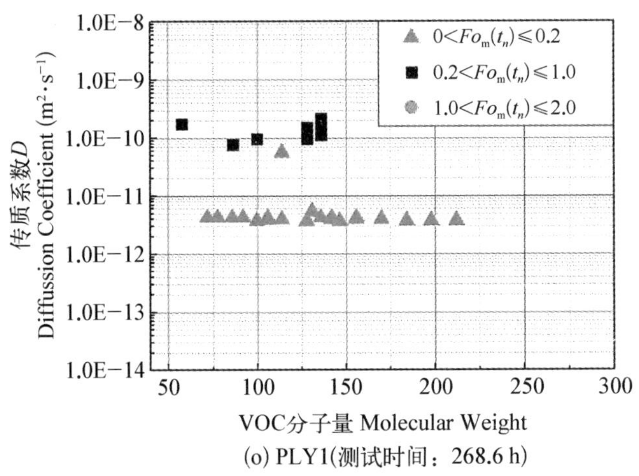

(o) PLY1(测试时间：268.6 h)

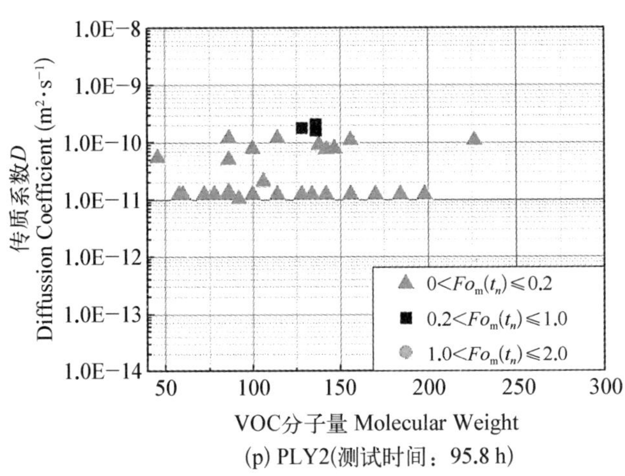

(p) PLY2(测试时间：95.8 h)

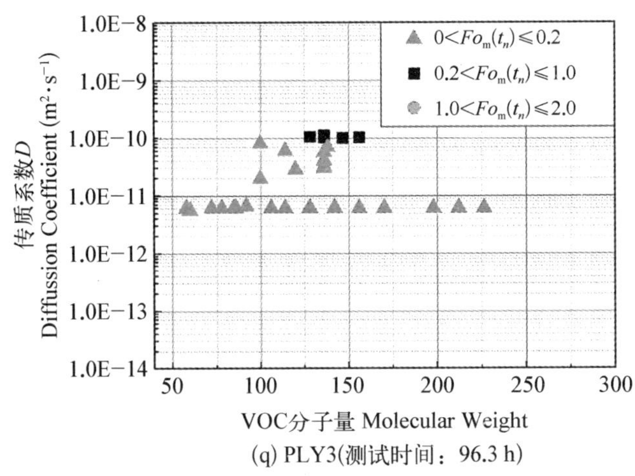

(q) PLY3(测试时间：96.3 h)

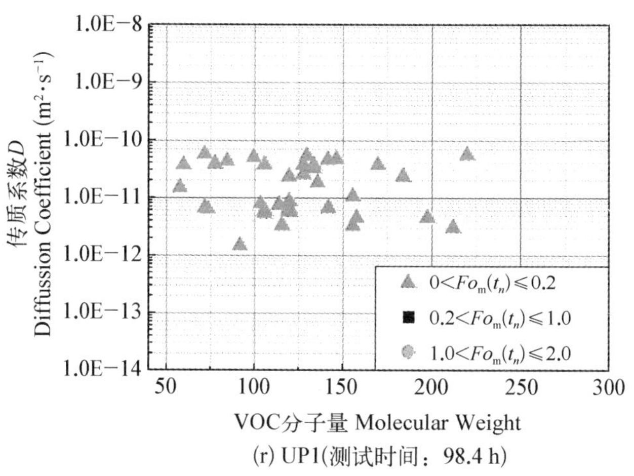

(r) UP1(测试时间：98.4 h)

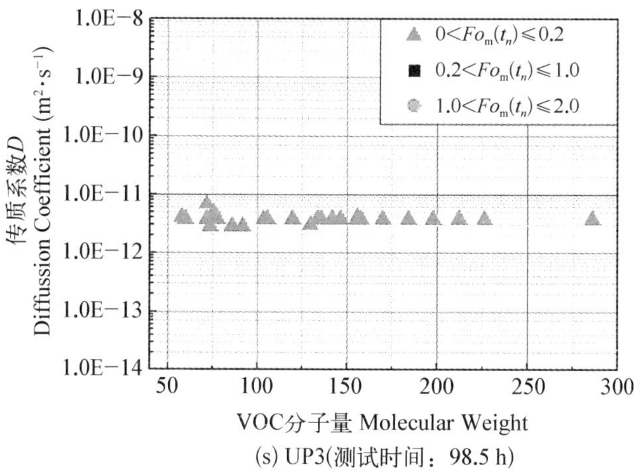

(s) UP3(测试时间：98.5 h)

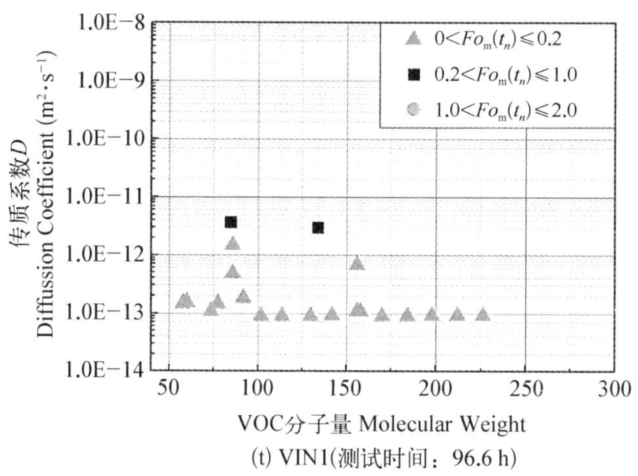

(t) VIN1(测试时间：96.6 h)

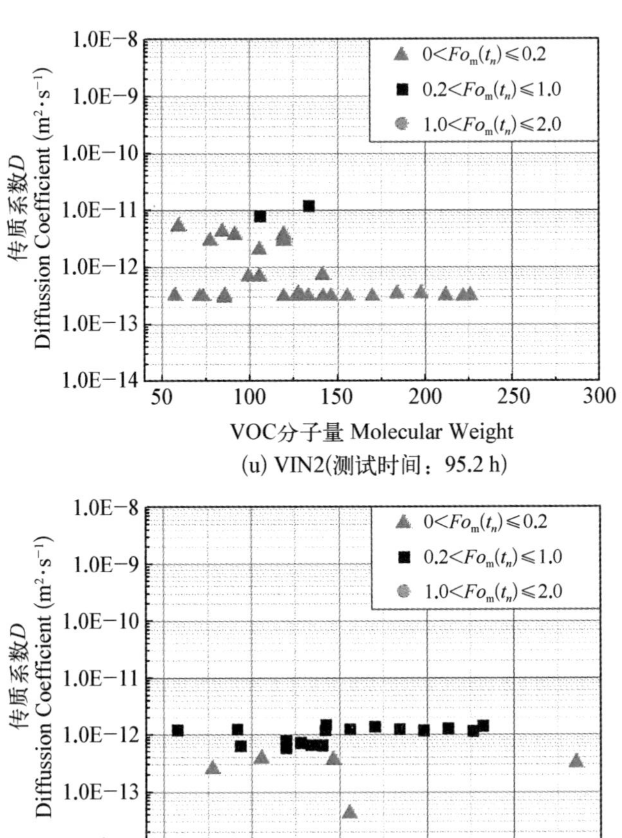

(u) VIN2(测试时间：95.2 h)

(v) VIN3 (测试时间：233.0 h)

图 SC-1 建材 VOC 散发模型关键参数数据库(单层建材)

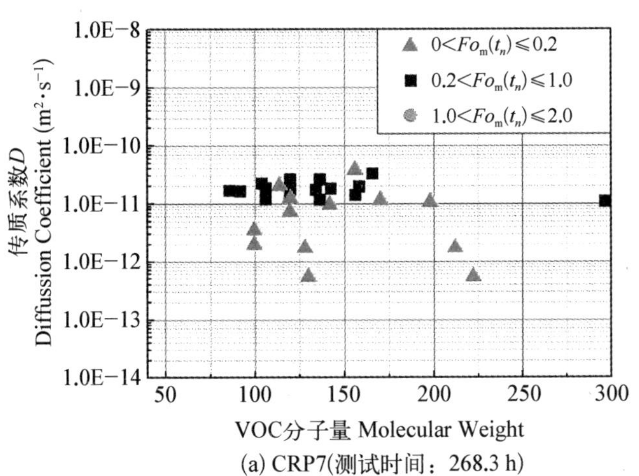

(a) CRP7(测试时间：268.3 h)

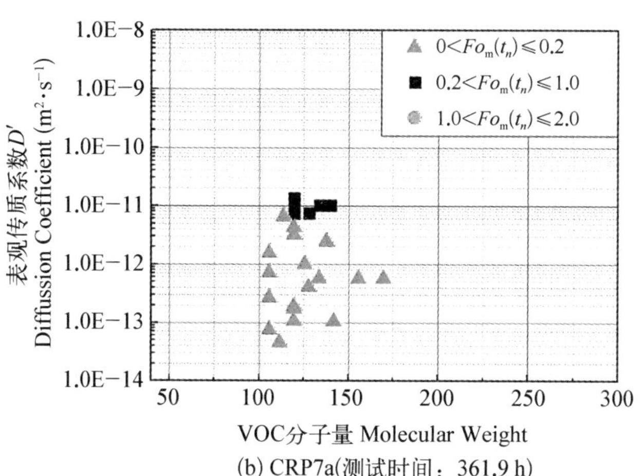

(b) CRP7a(测试时间：361.9 h)

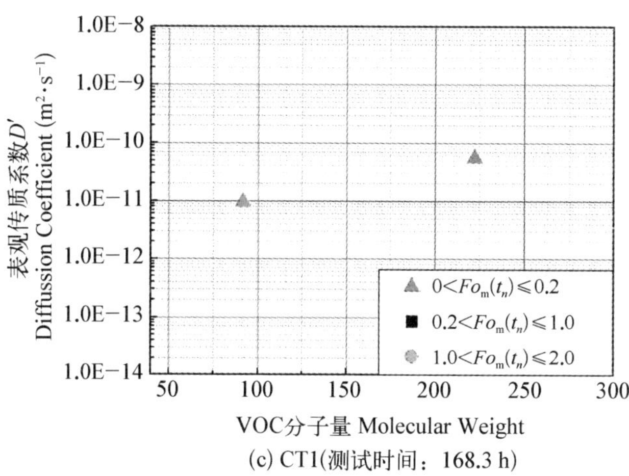

(c) CT1(测试时间：168.3 h)

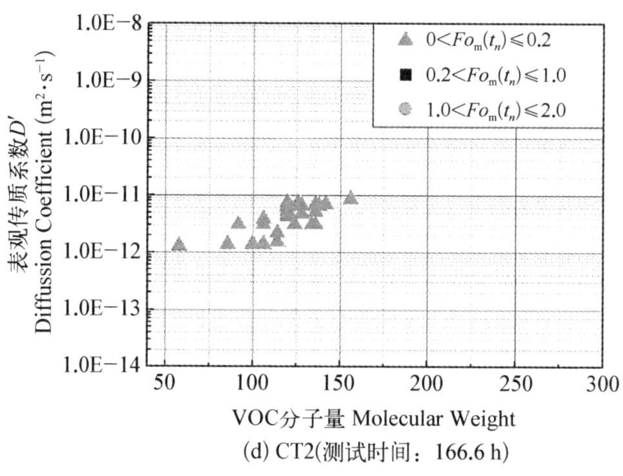

(d) CT2(测试时间：166.6 h)

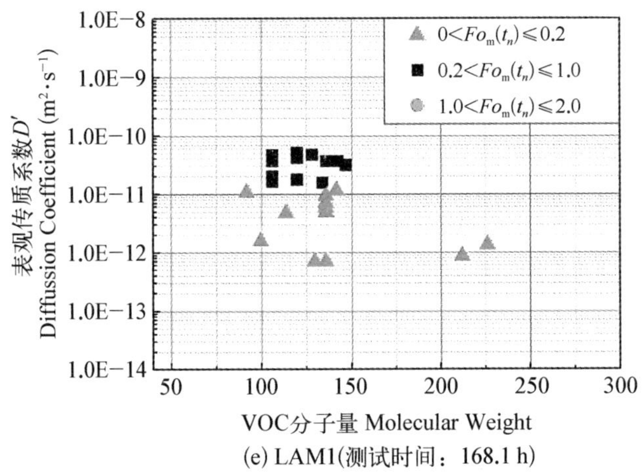

(e) LAM1(测试时间：168.1 h)

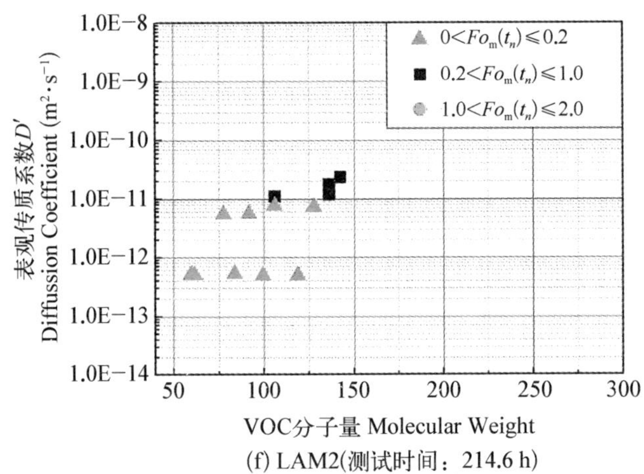

(f) LAM2(测试时间：214.6 h)

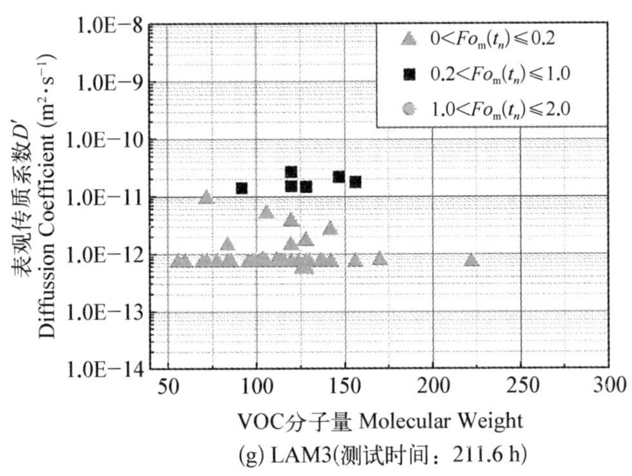

(g) LAM3(测试时间：211.6 h)

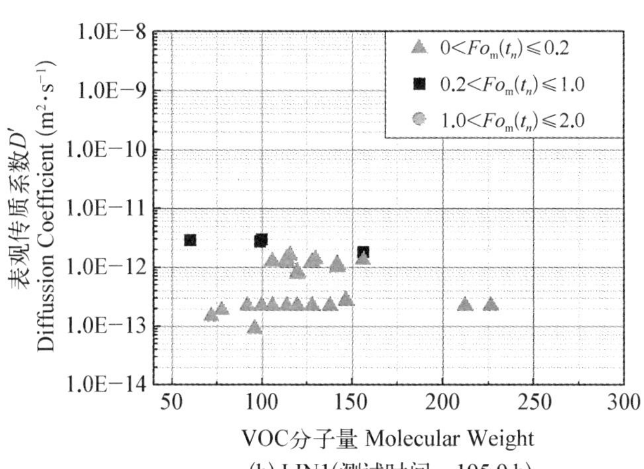

(h) LIN1(测试时间：195.9 h)

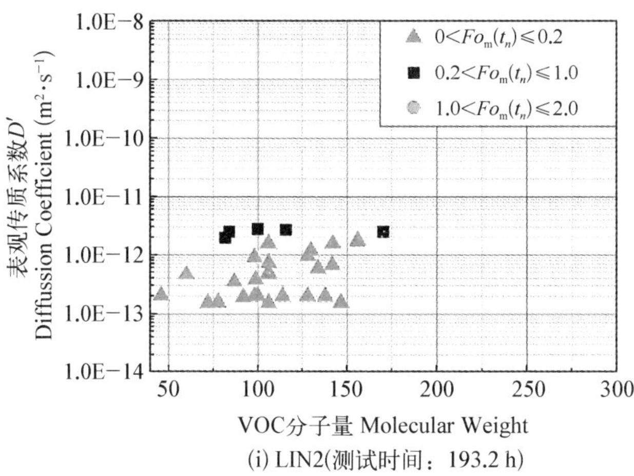

(i) LIN2(测试时间：193.2 h)

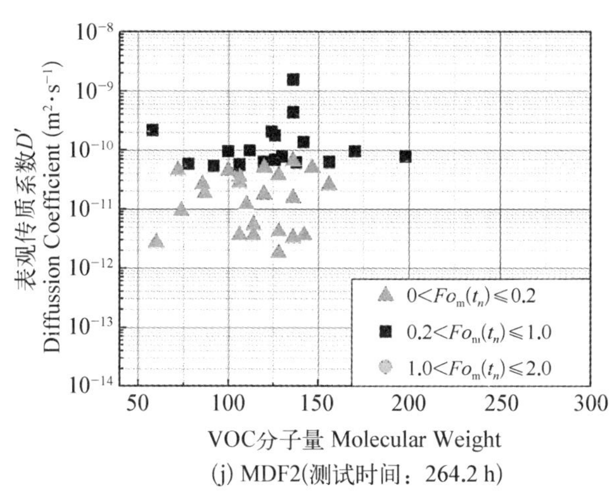

(j) MDF2(测试时间：264.2 h)

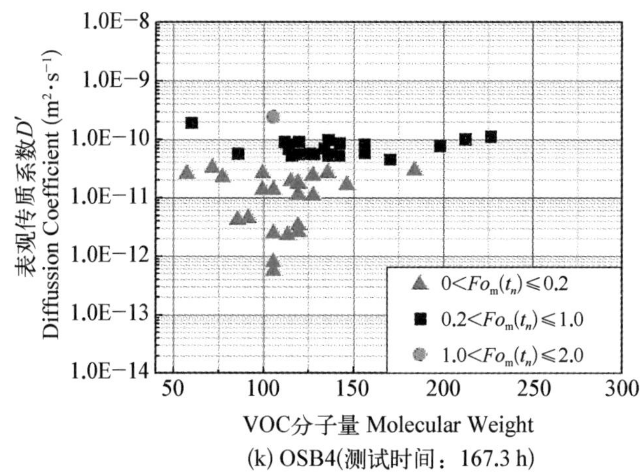

(k) OSB4(测试时间：167.3 h)

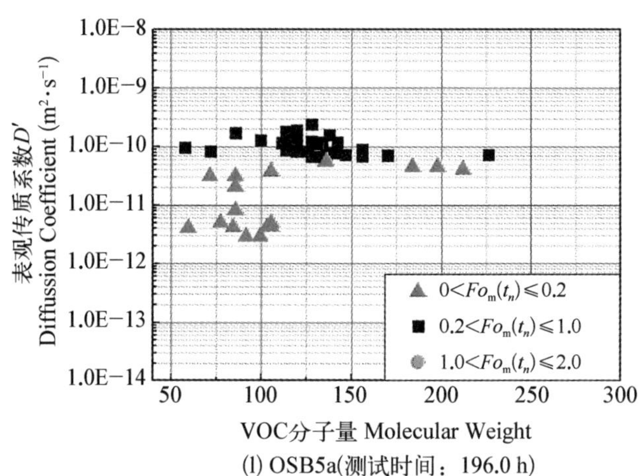

(l) OSB5a(测试时间：196.0 h)

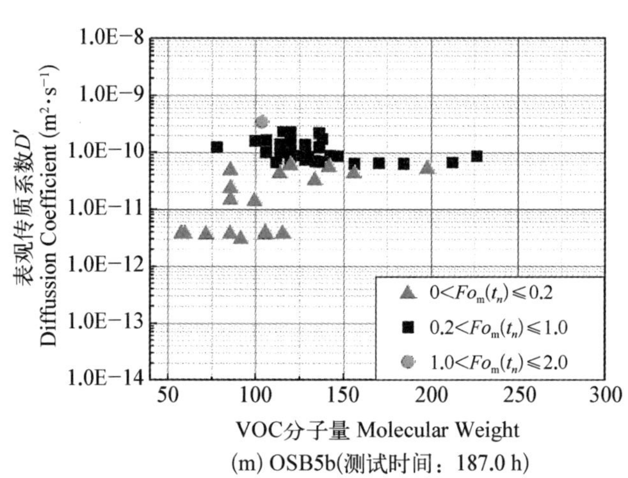

(m) OSB5b(测试时间：187.0 h)

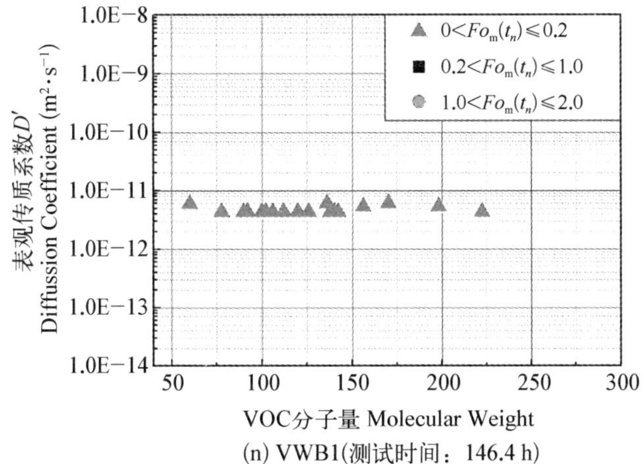

(n) VWB1(测试时间：146.4 h)

图 SC-2 建材 VOC 散发模型表观关键参数的拟合(装配建材)

附录 D　建材 TVOC 散发模型表观关键参数数据库

表 SD－1 给出了采用“快速估计法”，基于 NRC 数据库计算的 24 种单层建材和 4 种近似为单层的装配建材的“建材 $TVOC_s$ 散发模型表观关键参数估计数据库”。

表 SD－1　NRC 数据库 $TVOC_s$ 散发模型表观关键参数估计

ID	$D'(m^2 \cdot s^{-1})$		$C_0'(\mu g \cdot m^{-3})$	
	$0.2 < Fo_m(t_n) \leqslant 2.0$	$0.01 < Fo_m(t_n) \leqslant 2.0$	$0.2 < Fo_m(t_n) \leqslant 2.0$	$0.01 < Fo_m(t_n) \leqslant 2.0$
ACT2	$[9.80\times10^{-11}, 1.67\times10^{-10}]$	$[4.90\times10^{-12}, 1.67\times10^{-10}]$	$[1.98\times10^{+06}, 3.24\times10^{+06}]$	$[1.98\times10^{+06}, 6.12\times10^{+07}]$
CRP1	$[3.15\times10^{-09}\quad 3.88\times10^{-09}]$	$[1.57\times10^{-10}, 3.88\times10^{-09}]$	$[5.19\times10^{+06}, 5.83\times10^{+06}]$	$[5.19\times10^{+06}, 6.77\times10^{+07}]$
CRP2	$[4.97\times10^{-11}\quad 7.77\times10^{-11}]$	$[2.49\times10^{-12}, 7.77\times10^{-11}]$	$[2.79\times10^{+06}, 3.49\times10^{+06}]$	$[2.79\times10^{+06}, 3.71\times10^{+07}]$
CRP4	$[3.17\times10^{-11}\quad 5.08\times10^{-11}]$	$[1.58\times10^{-12}, 5.08\times10^{-11}]$	$[1.55\times10^{+07}, 2.27\times10^{+07}]$	$[1.55\times10^{+07}, 2.10\times10^{+08}]$
CRP5	$[1.18\times10^{-12}\quad 1.18\times10^{-12}]$	$[1.18\times10^{-12}, 1.18\times10^{-12}]$	$[1.45\times10^{+08}, 1.45\times10^{+08}]$	$[1.45\times10^{+08}, 5.38\times10^{+08}]$
CRP6	$[5.14\times10^{-13}\quad 5.14\times10^{-13}]$	$[5.14\times10^{-13}, 5.14\times10^{-13}]$	$[1.70\times10^{+08}, 1.70\times10^{+08}]$	$[1.70\times10^{+08}, 8.39\times10^{+08}]$
GB1	$[9.24\times10^{-11}\quad 1.37\times10^{-10}]$	$[4.62\times10^{-12}, 1.37\times10^{-10}]$	$[1.25\times10^{+06}, 1.52\times10^{+06}]$	$[1.25\times10^{+06}, 1.71\times10^{+07}]$
GB2	$[5.32\times10^{-11}\quad 1.19\times10^{-10}]$	$[2.66\times10^{-12}, 1.19\times10^{-10}]$	$[4.97\times10^{+06}, 7.49\times10^{+06}]$	$[4.97\times10^{+06}, 9.10\times10^{+07}]$
GB3	$[5.32\times10^{-11}\quad 1.24\times10^{-10}]$	$[2.66\times10^{-12}, 1.24\times10^{-10}]$	$[2.40\times10^{+06}, 3.45\times10^{+06}]$	$[2.40\times10^{+06}, 3.72\times10^{+07}]$

续 表

ID	$D'(m^2 \cdot s^{-1})$		$C_0'(\mu g \cdot m^{-3})$	
	$0.2 < Fo_m(t_n) \leqslant 2.0$	$0.01 < Fo_m(t_n) \leqslant 2.0$	$0.2 < Fo_m(t_n) \leqslant 2.0$	$0.01 < Fo_m(t_n) \leqslant 2.0$
OAK1	$[2.19\times10^{-11}\quad 2.56\times10^{-10}]$	$[1.09\times10^{-11}, 2.56\times10^{-10}]$	$[1.85\times10^{+06}, 2.13\times10^{+06}]$	$[1.85\times10^{+06}, 3.91\times10^{+07}]$
OSB1	$[1.25\times10^{-10}\quad 1.45\times10^{-10}]$	$[6.23\times10^{-12}, 1.45\times10^{-10}]$	$[1.06\times10^{+07}, 1.22\times10^{+07}]$	$[1.06\times10^{+07}, 2.39\times10^{+08}]$
OSB2	$[2.02\times10^{-11}\quad 1.05\times10^{-10}]$	$[1.01\times10^{-12}, 1.05\times10^{-10}]$	$[1.32\times10^{+07}, 2.89\times10^{+07}]$	$[1.32\times10^{+07}, 3.80\times10^{+08}]$
OSB3	$[7.28\times10^{-12}\quad 7.28\times10^{-12}]$	$[7.28\times10^{-12}, 7.28\times10^{-12}]$	$[1.61\times10^{+09}, 1.61\times10^{+09}]$	$[1.61\times10^{+09}, 1.61\times10^{+09}]$
PIN1	$[7.45\times10^{-11}\quad 7.45\times10^{-11}]$	$[7.45\times10^{-11}, 7.45\times10^{-11}]$	$[1.32\times10^{+08}, 1.32\times10^{+08}]$	$[1.32\times10^{+08}, 1.01\times10^{+09}]$
PLY1	$[7.07\times10^{-11}\quad 3.39\times10^{-10}]$	$[3.54\times10^{-12}, 3.39\times10^{-10}]$	$[7.80\times10^{+06}, 1.57\times10^{+07}]$	$[7.80\times10^{+06}, 1.93\times10^{+08}]$
PLY2	$[1.47\times10^{-10}\quad 2.30\times10^{-10}]$	$[7.33\times10^{-12}, 2.30\times10^{-10}]$	$[5.22\times10^{+06}, 7.98\times10^{+06}]$	$[5.22\times10^{+06}, 1.47\times10^{+08}]$
PLY3	$[9.31\times10^{-11}\quad 1.45\times10^{-10}]$	$[4.65\times10^{-12}, 1.45\times10^{-10}]$	$[1.16\times10^{+07}, 1.51\times10^{+07}]$	$[1.16\times10^{+07}, 1.81\times10^{+08}]$
UP1	$[3.05\times10^{-12}\quad 3.05\times10^{-12}]$	$[3.05\times10^{-12}, 3.05\times10^{-12}]$	$[1.09\times10^{+07}, 1.09\times10^{+07}]$	$[1.09\times10^{+07}, 1.12\times10^{+08}]$
UP3	$[2.82\times10^{-12}\quad 2.82\times10^{-12}]$	$[2.82\times10^{-12}, 2.82\times10^{-12}]$	$[3.84\times10^{+07}, 3.84\times10^{+07}]$	$[3.84\times10^{+07}, 1.42\times10^{+08}]$
VIN1	$[8.91\times10^{-14}\quad 8.91\times10^{-14}]$	$[8.91\times10^{-14}, 8.91\times10^{-14}]$	$[5.28\times10^{+07}, 5.28\times10^{+07}]$	$[5.28\times10^{+07}, 6.14\times10^{+08}]$
VIN2	$[2.94\times10^{-13}\quad 2.94\times10^{-13}]$	$[2.94\times10^{-13}, 2.94\times10^{-13}]$	$[1.20\times10^{+07}, 1.20\times10^{+07}]$	$[1.20\times10^{+07}, 1.21\times10^{+08}]$
VIN3	$[4.67\times10^{-13}\quad 7.69\times10^{-13}]$	$[2.34\times10^{-14}, 7.69\times10^{-13}]$	$[5.08\times10^{+08}, 5.94\times10^{+08}]$	$[5.08\times10^{+08}, 4.73\times10^{+09}]$
CRP7	$[9.30\times10^{-12}\quad 2.27\times10^{-11}]$	$[4.65\times10^{-13}, 2.27\times10^{-11}]$	$[1.80\times10^{+06}, 2.42\times10^{+06}]$	$[1.80\times10^{+06}, 2.06\times10^{+07}]$

续 表

ID	$D'(m^2 \cdot s^{-1})$		$C_0'(\mu g \cdot m^{-3})$	
	$0.2 < Fo_m(t_n) \leqslant 2.0$	$0.01 < Fo_m(t_n) \leqslant 2.0$	$0.2 < Fo_m(t_n) \leqslant 2.0$	$0.01 < Fo_m(t_n) \leqslant 2.0$
CRP7a	$[6.89\times10^{-12}\quad 1.28\times10^{-11}]$	$[3.45\times10^{-13}, 1.28\times10^{-11}]$	$[1.03\times10^{+10}, 1.04\times10^{+10}]$	$[1.03\times10^{+10}, 1.46\times10^{+10}]$
CT1	$[4.55\times10^{-12}\quad 4.55\times10^{-12}]$	$[4.55\times10^{-12}, 4.55\times10^{-12}]$	$[2.07\times10^{+07}, 2.07\times10^{+07}]$	$[2.07\times10^{+07}, 2.80\times10^{+07}]$
CT2	$[2.33\times10^{-11}\quad 3.36\times10^{-11}]$	$[1.16\times10^{-12}, 3.36\times10^{-11}]$	$[1.58\times10^{+07}, 2.20\times10^{+07}]$	$[1.58\times10^{+07}, 4.01\times10^{+08}]$
LAM1	$[6.35\times10^{-13}\quad 6.35\times10^{-13}]$	$[6.35\times10^{-13}, 6.35\times10^{-13}]$	$[2.56\times10^{+06}, 2.56\times10^{+06}]$	$[2.56\times10^{+06}, 1.45\times10^{+07}]$
LAM2	$[4.98\times10^{-13}\quad 4.98\times10^{-13}]$	$[4.98\times10^{-13}, 4.98\times10^{-13}]$	$[1.79\times10^{+06}, 1.79\times10^{+06}]$	$[1.79\times10^{+06}, 2.16\times10^{+07}]$
LAM3	$[5.55\times10^{-13}\quad 5.55\times10^{-13}]$	$[5.55\times10^{-13}, 5.55\times10^{-13}]$	$[1.28\times10^{+08}, 1.28\times10^{+08}]$	$[1.28\times10^{+08}, 1.11\times10^{+09}]$
LIN1	$[1.77\times10^{-12}\quad 9.44\times10^{-12}]$	$[8.86\times10^{-14}, 9.44\times10^{-12}]$	$[8.01\times10^{+06}, 3.10\times10^{+07}]$	$[8.01\times10^{+06}, 5.64\times10^{+08}]$
LIN2	$[1.80\times10^{-12}\quad 6.50\times10^{-12}]$	$[8.99\times10^{-14}, 6.50\times10^{-12}]$	$[9.63\times10^{+07}, 2.50\times10^{+08}]$	$[9.63\times10^{+07}, 2.48\times10^{+09}]$
MDF2	$[5.32\times10^{-11}\quad 5.85\times10^{-11}]$	$[2.66\times10^{-12}, 5.85\times10^{-11}]$	$[2.94\times10^{+07}, 3.24\times10^{+07}]$	$[2.94\times10^{+07}, 6.47\times10^{+08}]$
VWB1	$[3.46\times10^{-12}\quad 3.46\times10^{-12}]$	$[3.46\times10^{-12}, 3.46\times10^{-12}]$	$[3.17\times10^{+06}, 3.17\times10^{+06}]$	$[3.17\times10^{+06}, 1.36\times10^{+07}]$
OSB4	$[4.24\times10^{-11}\quad 8.67\times10^{-11}]$	$[2.12\times10^{-12}, 8.67\times10^{-11}]$	$[7.93\times10^{+06}, 1.49\times10^{+07}]$	$[7.93\times10^{+06}, 2.86\times10^{+08}]$
OSB5a	$[5.96\times10^{-11}\quad 2.03\times10^{-10}]$	$[2.98\times10^{-12}, 2.03\times10^{-10}]$	$[1.61\times10^{+07}, 5.17\times10^{+07}]$	$[1.61\times10^{+07}, 1.01\times10^{+09}]$
OSB5b	$[6.25\times10^{-11}\quad 1.91\times10^{-10}]$	$[3.12\times10^{-12}, 1.91\times10^{-10}]$	$[1.24\times10^{+07}, 2.22\times10^{+07}]$	$[1.24\times10^{+07}, 2.73\times10^{+08}]$

附录 E 新风量决定性 VOC_s

表 SE－1 统计了基于 NRC 数据库，当室内仅含有单一建材时室内决定新风量的 VOC_s。

表 SE－1 仅含有单一建材时室内决定新风量的 VOC_s

NRC ID	项目	决定新风量的 VOC_s						
		LCI 组合指标			独立指标			
		GBZ 2.1	AgBB	EU LCI	GB/T 18883	CS 01350	CRELs	ATSDR
ACT2	CAS No.	108－95－2	108－95－2	95－63－6	—	108－95－2	108－95－2	71－43－2
	中文名	苯酚	苯酚	1,2,4－三甲基苯	总挥发性有机物	苯酚	苯酚	苯
CRP1	CAS No.	108－38－3	91－20－3	108－38－3	—	108－38－3	108－38－3	108－38－3
	中文名	1,3－二甲苯	萘	1,3－二甲苯	总挥发性有机物	1,3－二甲苯	1,3－二甲苯	1,3－二甲苯
CRP2	CAS No.	64－19－7	91－20－3	100－42－5	—	91－20－3	91－20－3	71－43－2
	中文名	乙酸	萘	苯乙烯	总挥发性有机物	萘	萘	苯
CRP4	CAS No.	64－19－7	91－20－3	106－46－7	—	91－20－3	91－20－3	91－20－3
	中文名	乙酸	萘	1,4－二氯苯	总挥发性有机物	萘	萘	萘
CRP5	CAS No.	100－42－5	4994－16－5	100－42－5	—	100－42－5	100－42－5	79－01－6
	中文名	苯乙烯	4－苯基环己烯	苯乙烯	总挥发性有机物	苯乙烯	苯乙烯	三氯乙烯

续 表

NRC ID	项　目	决定新风量的 VOCs						
		LCI 组合指标			独　立　指　标			
		GBZ 2.1	AgBB	EU LCI	GB/T 18883	CS 01350	CRELs	ATSDR
CRP6	CAS No.	123-72-8	91-20-3	100-42-5	—	91-20-3	91-20-3	91-20-3
	中文名	正丁醛	萘	苯乙烯	总挥发性有机物	萘	萘	萘
GB1	CAS No.	123-72-8	80-56-8	80-56-8	—	71-43-2	71-43-2	79-01-6
	中文名	正丁醛	α-蒎烯	α-蒎烯	总挥发性有机物	苯	苯	三氯乙烯
GB2	CAS No.	64-19-7	111-15-9	124-19-6	—	91-20-3	91-20-3	79-01-6
	中文名	乙酸	乙二醇乙醚醋酸酯	壬醛	总挥发性有机物	萘	萘	三氯乙烯
GB3	CAS No.	64-19-7	104-76-7	112-31-2	—	91-20-3	91-20-3	71-43-2
	中文名	乙酸	2-乙基己醇	癸醛	总挥发性有机物	萘	萘	苯
OAK1	CAS No.	64-19-7	64-19-7	112-31-2	—	108-88-3	108-88-3	108-88-3
	中文名	乙酸	乙酸	癸醛	总挥发性有机物	甲苯	甲苯	甲苯
OSB1	CAS No.	98-01-1	66-25-1	66-25-1	—	91-20-3	91-20-3	79-01-6
	中文名	2-呋喃甲醛	1-己醛	1-己醛	总挥发性有机物	萘	萘	三氯乙烯
OSB2	CAS No.	64-19-7	66-25-1	66-25-1	—	71-43-2	71-43-2	71-43-2
	中文名	乙酸	1-己醛	1-己醛	总挥发性有机物	苯	苯	苯
OSB3	CAS No.	123-72-8	66-25-1	66-25-1	—	71-43-2	71-43-2	71-43-2
	中文名	正丁醛	1-己醛	1-己醛	总挥发性有机物	苯	苯	苯

续 表

NRC ID	项 目	决定新风量的 VOC_s						
		LCI 组合指标			独 立 指 标			
		GBZ 2.1	AgBB	EU LCI	GB/T 18883	CS 01350	CRELs	ATSDR
PIN1	CAS No.	64-19-7	80-56-8	80-56-8	—	71-43-2	71-43-2	71-43-2
	中文名	乙酸	α-蒎烯	α-蒎烯	总挥发性有机物	苯	苯	苯
PLY1	CAS No.	123-72-8	80-56-8	127-91-3	none	71-43-2	71-43-2	71-43-2
	中文名	正丁醛	α-蒎烯	β-蒎烯	总挥发性有机物	苯	苯	苯
PLY2	CAS No.	64-19-7	66-25-1	66-25-1	none	91-20-3	108-88-3	71-43-2
	中文名	乙酸	1-己醛	1-己醛	总挥发性有机物	萘	甲苯	苯
PLY3	CAS No.	64-19-7	66-25-1	127-91-3	none	71-43-2	71-43-2	71-43-2
	中文名	乙酸	1-己醛	β-蒎烯	总挥发性有机物	苯	苯	苯
UP1	CAS No.	64-19-7	91-20-3	124-19-6	none	91-20-3	91-20-3	91-20-3
	中文名	乙酸	萘	壬醛	总挥发性有机物	萘	萘	萘
UP3	CAS No.	64-19-7	91-20-3	6846-50-0	none	91-20-3	91-20-3	91-20-3
	中文名	乙酸	萘	2,2,4-三甲基戊二醇二异丁酸酯	总挥发性有机物	萘	萘	萘
VIN1	CAS No.	71-43-2	104-76-7	108-21-4	none	71-43-2	71-43-2	71-43-2
	中文名	苯	2-乙基己醇	乙酸异丙酯	总挥发性有机物	苯	苯	苯
VIN2	CAS No.	64-19-7	91-20-3	71-36-3	none	91-20-3	91-20-3	91-20-3
	中文名	乙酸	萘	丁醇	总挥发性有机物	萘	萘	萘

续 表

NRC ID	项　目	决定新风量的 VOC_s						
		LCI 组合指标			独　立　指　标			
		GBZ 2.1	AgBB	EU LCI	GB/T 18883	CS 01350	CRELs	ATSDR
VIN3	CAS No.	108－95－2	108－95－2	6846－50－0	none	108－95－2	108－95－2	91－20－3
	中文名	苯酚	苯酚	2,2,4－三甲基戊二醇二异丁酸酯	总挥发性有机物	苯酚	苯酚	萘
CRP7	CAS No.	108－88－3	100－52－7	75－07－0	50－00－0	50－00－0	50－00－0	50－00－0
	中文名	甲苯	苯甲醛	乙醛	甲醛	甲醛	甲醛	甲醛
LIN1	CAS No.	64－19－7	100－52－7	106－46－7	none	50－00－0	50－00－0	50－00－0
	中文名	乙酸	苯甲醛	1,4－二氯苯	总挥发性有机物	甲醛	甲醛	甲醛
MDF2	CAS No.	64－19－7	64－19－7	66－25－1	50－00－0	50－00－0	50－00－0	50－00－0
	中文名	乙酸	乙酸	1－己醛	甲醛	甲醛	甲醛	甲醛
OSB4	CAS No.	123－72－8	66－25－1	66－25－1	none	75－07－0	50－00－0	50－00－0
	中文名	正丁醛	1－己醛	1－己醛	总挥发性有机物	乙醛	甲醛	甲醛
OSB5a	CAS No.	64－19－7	2548－87－0	66－25－1	none	75－07－0	50－00－0	50－00－0
	中文名	乙酸	反－2－辛烯醛	1－己醛	总挥发性有机物	乙醛	甲醛	甲醛
OSB5b	CAS No.	64－19－7	2548－87－0	66－25－1	none	50－00－0	50－00－0	50－00－0
	中文名	乙酸	反－2－辛烯醛	1－己醛	总挥发性有机物	甲醛	甲醛	甲醛

参考文献

[1] 吴良镛.人居环境科学导论[M].北京：中国建筑工业出版社，2001.

[2] Klepeis N E, Nelson W C, Ott W R, et al. The National Human Activity Pattern Survey (NHAPS): A resource for assessing exposure to environmental pollutants[J]. Journal of Exposure Analysis & Environmental Epidemiology, 2001, 11: 231-252.

[3] Redlich C A, Sparer J, Cullen M R. Sick-building syndrome[J]. The Lancet, 1997, 349: 1013-1016.

[4] Burge S, Hedge A, Wilson S, et al. Sick building syndrome: a study of 4373 office workers[J]. Annals of Occupational Hygiene, 1987, 31: 493-504.

[5] Fisk W J. Health and productivity gains from better indoor environments and their relationship with building energy efficiency[J]. Annual Review of Energy and the Environment, 2000, 25: 537-566.

[6] Billings J S. Ventilation and heating[M]. New York, USA: The Engineering Record, 1893.

[7] Yaglou C P, Riley E C, Coggins D I. Ventilation requirements[J]. ASHVE Transactions, 1936, 42: 133-162.

[8] Yaglou C P, Witheridge W N. Ventilation requirements (part 2)[J]. ASHVE Transactions, 1937, 43: 423-436.

[9] Klauss A, Tull R, Roots L, et al. History of changing concepts in ventilation requirements[J]. ASHRAE Journal, 1970, 12: 51-55.

[10] Ole Fanger P. The new comfort equation for indoor air quality[J]. ASHRAE Journal, 1989, 31: 33-38.

[11] Ole Fanger P. Introduction of the olf and the decipol units to quantify air pollution perceived by humans indoors and outdoors[J]. Energy and Buildings, 1988, 12: 1-6.

[12] Janssen J E. The history of ventilation and temperature control[J]. ASHRAE Journal, 1999, 10: 47-52.

[13] 中华人民共和国国家质量监督检验检疫总局等. GB/T 18883－2002 室内空气质量标准[S]. 北京：中国标准出版社，2002.

[14] ASHRAE. ANSI/ASHRAE Standard 62.1－2013 Ventilation for acceptable indoor air quality[S]. Atlanta, GA, USA: ASHRAE, 2013.

[15] 中华人民共和国住房和城乡建设部. GB 50736－2012 民用建筑供暖通风与空气调节设计规范[S]. 北京：中国建筑工业出版社，2012.

[16] Olesen B W. International standards for the indoor environment[J]. Indoor Air, 2004, 14: 18－26.

[17] Sherman M H, Hodgson A T. Formaldehyde as a basis for residential ventilation rates [J]. Indoor Air, 2004, 14: 2－9.

[18] Nazaroff W W, Weschler C J. Cleaning products and air fresheners: Exposure to primary and secondary air pollutants[J]. Atmospheric Environment, 2004, 38: 2841－2865.

[19] Singer B C, Coleman B K, Destaillats H, et al. Indoor secondary pollutants from cleaning product and air freshener use in the presence of ozone[J]. Atmospheric Environment, 2006, 40: 6696－6710.

[20] Little J C, Hodgson A T, Gadgil A J. Modeling emissions of volatile organic compounds from new carpets[J]. Atmospheric Environment, 1994, 28: 227－234.

[21] Fenske J D, Paulson S E. Human breath emissions of VOC_s[J]. Journal of the Air & Waste Management Association, 1999, 49: 594－598.

[22] Won D, Magee R, Yang W, et al. A material emission database for 90 target VOC_s [C]//Proceedings of Indoor Air 2005, Beijing, China; 2005: 2070－2075.

[23] Ye W, Little J C, Won D, et al. Screening-level estimates of indoor exposure to volatile organic compounds emitted from building materials [J]. Building and Environment, 2014, 75: 58－66.

[24] Persily A K. Evaluating building IAQ and ventilation with indoor carbon dioxide[J]. ASHRAE Transactions, 1997, 103: 193－204.

[25] Satish U, Mendell M, Shekhar K, et al. Is CO_2 an indoor pollutant? Direct effects of low-to-moderate CO_2 concentrations on human decision-making performance [J]. Environmental Health Perspectives, 2012, 120: 1671－1677.

[26] WHO. Air quality guidelines: Global update 2005. Particulate matter, ozone, nitrogen dioxide and sulfur dioxide[M]. Denmark: WHO Regional Office for Europe, 2005.

[27] 张旭，周翔，王军. 民用建筑室内设计新风量研究[J]. 暖通空调，2012，42：27－32.

[28] Behrendt H, Freidrich K, Kramer U. The role of indoor and outdoor air pollution in allergic diseases[M]//Younes VJ, Smith (eds), Allergic Hypersensitivities Induced by

Chemicals CRC Press, Boca Ration, Florida, 1995: 173 - 182.

[29] Blondeau P, Iordache V, Poupard O, et al. Relationship between outdoor and indoor air quality in eight French schools[J]. Indoor Air, 2005, 15: 2 - 12.

[30] Guo Z, Sparks L E, Tichenor B A, et al. Predicting the emissions of individual VOC_s from petroleum-based indoor coatings [J]. Atmospheric Environment, 1998, 32: 231 - 237.

[31] Wang X, Zhang Y. General analytical mass transfer model for VOC emissions from multi-layer dry building materials with internal chemical reactions[J]. Chinese Science Bulletin, 2011, 56: 222 - 228.

[32] Xu Y, Little J C. Predicting emissions of $SVOC_s$ from polymeric materials and their interaction with airborne particles[J]. Environmental Science & Technology, 2006, 40: 456 - 461.

[33] 张寅平主编,邓启红,钱华,莫金汉副主编. 中国室内环境与健康研究进展报告 2012[M]. 北京:中国建筑工业出版社,2012.

[34] Lundberg I, Milatou-Smith R. Mortality and cancer incidence among Swedish paint industry workers with long-term exposure to organic solvents[J]. Scandinavian Journal of Work, Environment & Health, 1998, 24: 270 - 275.

[35] Schnatter A R, Rosamilia K, Wojcik N C. Review of the literature on benzene exposure and leukemia subtypes [J]. Chemico-Biological Interactions, 2005, 153: 9 - 21.

[36] Liu H, Liang Y, Bowes S, et al. Benzene exposure in industries using or manufacturing paint in China-A literature review, 1956 - 2005 [J]. Journal of Occupational and Environmental Hygiene, 2009, 6: 659 - 670.

[37] Chang J, Fortmann R, Roache N, et al. Evaluation of low-VOC latex paints[J]. Indoor Air, 1999, 9: 253 - 258.

[38] Hodgson A, Apte M, Shendell D, et al. Implementation of VOC source reduction practices in a manufactured house and in school classrooms[J]. Lawrence Berkeley National Laboratory, 2002.

[39] 严顺英. 低毒型脲醛树脂的合成反应动力学研究[D]. 昆明:昆明理工大学,2006.

[40] Zhang L, Steinmaus C, Eastmond D A, et al. Formaldehyde exposure and leukemia: A new meta-analysis and potential mechanisms[J]. Mutation Research/Reviews in Mutation Research, 2009, 681: 150 - 168.

[41] Baumann M G, Lorenz L F, Batterman S A, et al. Aldehyde emissions from particleboard and medium density fiberboard products[J]. Forest Products Journal, 2000, 50: 75 - 82.

[42] Xiao G, Pan C, Cai Y, et al. Effect of benzene, toluene, xylene on the semen quality of exposed workers[J]. Chinese Medical Journal, 1999, 112: 709 - 712.

[43] Zhang J J, Smith K R. Indoor air pollution: A global health concern[J]. British Medical Bulletin, 2003, 68: 209 - 225.

[44] Loh M M, Levy J I, Spengler J D, et al. Ranking cancer risks of organic hazardous air pollutants in the United States[J]. Environmental Health Perspectives, 2007, 115: 1160.

[45] Salthammer T, Mentese S, Marutzky R. Formaldehyde in the indoor environment[J]. Chemical Reviews, 2010, 110: 2536 - 2572.

[46] Jones A P. Indoor air quality and health[J]. Atmospheric Environment, 1999, 33: 4535 - 4564.

[47] Andersson K, Bakke J, Bjørseth O, et al. TVOC and health in non-industrial indoor environments[J]. Indoor Air, 1997, 7: 78 - 91.

[48] Mölhave L. Volatile organic compounds, indoor air quality and health[J]. Indoor Air, 1991, 1: 357 - 376.

[49] Woodruff T J, Axelrad D A, Caldwell J, et al. Public health implications of 1990 air toxics concentrations across the United States[J]. Environmental Health Perspectives, 1998, 106: 245.

[50] Däumling C. Product evaluation for the control of chemical emissions to indoor air - 10 years of experience with the AgBB scheme in Germany[J]. CLEAN - Soil, Air, Water, 2012, 40: 779 - 789.

[51] 中华人民共和国住房和城乡建设部. GB 50325 - 2010 民用建筑工程室内环境污染控制规范[S]. 北京：中国计划出版社，2010.

[52] Billings J S. The principles of ventilation and heating and their practical application [M]. New York: The Engineering & Building Record, 1889.

[53] Sundell J. On the association between building ventilation characteristics, some indoor environmental exposures, some allergic manifestations and subjective symptom reports [J]. Indoor Air, 1994, 4: 7 - 49.

[54] Jokl M V. Evaluation of indoor air quality using the decibel concept based on carbon dioxide and TVOC[J]. Building and Environment, 2000, 35: 677 - 697.

[55] Cain W S, Leaderer B P, Isseroff R, et al. Ventilation requirements in buildings—I. Control of occupancy odor and tobacco smoke odor[J]. Atmospheric Environment (1967), 1983, 17: 1183 - 1197.

[56] Berg-Munch, Clausen G, Fanger P O. Ventilation requirements for the control of body odor in spaces occupied by women[J]. Environmental International, 1986, 12: 195 - 199.

[57] Olesen B W. International development of standards for ventilation of buildings[J]. ASHRAE Journal, 1997, 39: 31 - 39.

[58] BSI. BS EN 15242 Ventilation for buildings. Calculation methods for the determination of air flow rates in buildings including infiltration[J] BSI, 2008.

[59] ASHRAE. ANSI/ASHRAE Standard 62. 1 - 2004 Ventilation for acceptable indoor air quality[S]. Atlanta, GA, USA: ASHRAE, 2004.

[60] Rackes A, Waring M S. Modeling impacts of dynamic ventilation strategies on indoor air quality of offices in six US cities[J]. Building and Environment, 2013, 60: 243 - 253.

[61] Cometto-Muñiz J E, Cain W S, Hudnell H K. Agonistic sensory effects of airborne chemicals in mixtures: odor, nasal pungency, and eye irritation[J]. Perception & Psychophysics, 1997, 59: 665 - 674.

[62] Taylor S T. Determining ventilation rates-Revisions to standard 62 - 1989[J]. ASHRAE Journal, 1996, 2: 52 - 58.

[63] Steven T, Taylor P E. Rationale for code minimum ventilation rates[M]. Atlanta: ASHRAE, 2003.

[64] ASHRAE. ANSI/ASHRAE Standard 62. 2 - 2013 Ventilation for acceptable indoor air quality in low-rise residential buildings[S]. Atlanta, GA, USA: ASHRAE, 2013.

[65] 王军. 高密人群建筑空间新风量指标的基础研究[D]. 上海：同济大学,2012.

[66] DSIC. Standard test method for determination of the indoor-relevant time-value by chemical analysis and sensory evaluation[S] 2003.

[67] 姚远. 家具化学污染物释放标识若干关键问题研究[D]. 北京：清华大学,2011.

[68] BIFMA. ANSI/BIFMA M7. 1 Standard test method for determining VOC emissions from office furniture systems, components and seating[S]. Grand Rapids, MI, USA: BIFMA International, 2011.

[69] CDPH. Standard method for the testing and evaluation of volatile organic chemical emissions from indoor sources using environmental chambers, version 1. 1[S]. CA, USA: CDPH, 2010.

[70] Deng B, Tian R, Kim C. An analytical solution for VOC_s sorption on dry building materials[J]. Heat and Mass Transfer, 2007, 43: 389 - 395.

[71] Wang X, Zhang Y, Zhao R. Study on characteristics of double surface VOC emissions from dry flat-plate building materials[J]. Chinese Science Bulletin, 2006, 51: 2287 - 2293.

[72] Xiong J, Zhang Y, Huang S. Characterisation of VOC and formaldehyde emission from building materials in a static environmental chamber: Model development and

application[J]. Indoor and Built Environment, 2011, 20: 217 - 225.

[73] Deng B, Yu B, Kim C N. An analytical solution for VOC_s emission from multiple sources/sinks in buildings[J]. Chinese Science Bulletin, 2008, 53: 1100 - 1106.

[74] Xu Y, Zhang Y. An improved mass transfer based model for analyzing VOC emissions from building materials[J]. Atmospheric Environment, 2003, 37: 2497 - 2505.

[75] 熊建银. 建材 VOC 散发特性研究：测定、微介观诠释及模拟[D]. 北京：清华大学，2010.

[76] Xiong J, Yao Y, Zhang Y. C-history method: Rapid measurement of the initial emittable concentration, diffusion and partition coefficients for formaldehyde and VOC_s in building materials[J]. Environmental Science & Technology, 2011, 45: 3584 - 3590.

[77] Xiong J, Yan W, Zhang Y. Variable volume loading method: A convenient and rapid method for measuring the initial emittable concentration and partition coefficient of formaldehyde and other aldehydes in building materials[J]. Environmental Science & Technology, 2011, 45: 10111 - 10116.

[78] Cox S S, Liu Z, Little J C, et al. Diffusion-controlled reference material for VOC emissions testing: proof of concept[J]. Indoor Air, 2010, 20: 424 - 433.

[79] Liu Z, Liu X, Zhao X, et al. Developing a reference material for diffusion-controlled formaldehyde emissions testing[J]. Environmental Science & Technology, 2013, 47: 12946 - 12951.

[80] Wei W, Howard-Reed C, Persily A, et al. Standard formaldehyde source for chamber testing of material emissions: Model development, experimental evaluation, and impacts of environmental factors[J]. Environmental Science & Technology, 2013, 47: 7848 - 7854.

[81] Wei W, Xiong J, Zhang Y. Temperature impact on the emissions from VOC and formaldehyde reference sources[C]//Proceedings of the 8th International Symposium on Heating, Ventilation and Air Conditioning. Xi'an, China, 2014: 389 - 394.

[82] Wei W, Zhang Y, Xiong J, et al. A standard reference for chamber testing of material VOC emissions: Design principle and performance[J]. Atmospheric Environment, 2012, 47: 381 - 388.

[83] Zhang Y, Xu Y. Characteristics and correlations of VOC emissions from building materials[J]. International Journal of Heat and Mass Transfer, 2003, 46: 4877 - 4883.

[84] Qian K, Zhang Y, Little J C, et al. Dimensionless correlations to predict VOC emissions from dry building materials[J]. Atmospheric Environment, 2007, 41:

352 - 359.

[85] Zhang Y, Luo X, Wang X, et al. Influence of temperature on formaldehyde emission parameters of dry building materials[J]. Atmospheric Environment, 2007, 41: 3203 - 32016.

[86] Yan W, Zhang Y, Wang X. Simulation of VOC emissions from building materials by using the state-space method[J]. Building and Environment, 2009, 44: 471 - 478.

[87] Yang X, Chen Q, Zhang J, et al. A mass transfer model for simulating VOC sorption on building materials[J]. Atmospheric Environment, 2001, 35: 1291 - 1299.

[88] Deng B, Kim C N. CFD simulation of VOC_s concentrations in a residential building with new carpet under different ventilation strategies[J]. Building and Environment, 2007, 42: 297 - 303.

[89] Liu Z, Ye W, Little J C. Predicting emissions of volatile and semivolatile organic compounds from building materials: A review[J]. Building and Environment, 2013, 64: 7 - 25.

[90] Tichenor B A, Guo Z, Dunn J E, et al. The interaction of vapour phase organic compounds with indoor sinks[J]. Indoor Air, 1991, 1: 23 - 35.

[91] Little J C, Hodgson A T. A strategy for characterizing homogeneous, diffusion-controlled, indoor sources and sinks[M]. Philadelphia, PA: American Society for Testing and Materials, 1996.

[92] Yang X. Study of building material emissions and indoor air quality [D]. Massachusetts Institute of Technology, 1999.

[93] Yang X, Chen Q, Zhang J S, et al. Numerical simulation of VOC emissions from dry materials[J]. Building and Environment, 2001, 36: 1099 - 1107.

[94] Huang H, Haghighat F. Modelling of volatile organic compounds emission from dry building materials[J]. Building and Environment, 2002, 37: 1349 - 1360.

[95] Lee C-S, Haghighat F, Ghaly W. Modeling the VOC emissions of solid wet building material assembly and its assessment[C]//Proceedings of Indoor Air 2002, Monterey, CA, USA; 2002.

[96] Kumar D, Little J C. Single-layer model to predict the source/sink behavior of diffusion-controlled building materials [J]. Environmental Science & Technology, 2003, 37: 3821 - 3827.

[97] Kumar D, Little J C. Characterizing the source/sink behavior of double-layer building materials[J]. Atmospheric Environment, 2003, 37: 5529 - 5537.

[98] Haghighat F, Huang H. Integrated IAQ model for prediction of VOC emissions from building material[J]. Building and Environment, 2003, 38: 1007 - 1017.

[99] Murakami S, Kato S, Ito K, et al. Modeling and CFD prediction for diffusion and adsorption within room with various adsorption isotherms[J]. Indoor Air, 2003, 13: 20 - 27.

[100] Deng B, Kim C N. An analytical model for VOC_s emission from dry building materials [J]. Atmospheric Environment, 2004, 38: 1173 - 1180.

[101] Xu Y, Zhang Y. A general model for analyzing single surface VOC emission characteristics from building materials and its application [J]. Atmospheric Environment, 2004, 38: 113 - 119.

[102] Zhang L Z, Niu J L. Modeling VOC_s emissions in a room with a single-zone multi-component multi-layer technique[J]. Building and Environment, 2004, 39: 523 - 531.

[103] Lee C-S, Haghighat F, Ghaly W S. A study on VOC source and sink behavior in porous building materials-analytical model development and assessment[J]. Indoor Air, 2005, 15: 183 - 196.

[104] Lee C-S, Haghighat F, Ghaly W. Conjugate mass transfer modeling for VOC source and sink behavior of porous building materials: When to apply It? [J]. Journal of Building Physics, 2006, 30: 91 - 111.

[105] Hu H P, Zhang Y P, Wang X K, et al. An analytical mass transfer model for predicting VOC emissions from multi-layered building materials with convective surfaces on both sides[J]. International Journal of Heat and Mass Transfer, 2007, 50: 2069 - 2077.

[106] Yuan H, Little J C, Marand E, et al. Using fugacity to predict volatile emissions from layered materials with a clay/polymer diffusion barrier [J]. Atmospheric Environment, 2007, 41: 9300 - 9308.

[107] Li F, Niu J. Control of volatile organic compounds indoors — Development of an integrated mass-transfer-based model and its application [J]. Atmospheric Environment, 2007, 41: 2344 - 2354.

[108] Xiong J, Zhang Y, Wang X, et al. Macro-meso two-scale model for predicting the VOC diffusion coefficients and emission characteristics of porous building materials [J]. Atmospheric Environment, 2008, 42: 5278 - 5290.

[109] 张泉,郑娟,张林锋,等.一种干建材有机挥发物散发的新解析模型[J].湖南大学学报(自然科学版),2010,37: 13 - 17.

[110] Deng B, Tang S, Kim J, et al. Numerical modeling of volatile organic compound emissions from multi-layer dry building materials[J]. Korean Journal of Chemical Engineering, 2010, 27: 1049 - 1055.

[111] Xiong J, Liu C, Zhang Y. A general analytical model for formaldehyde and VOC emission/sorption in single-layer building materials and its application in determining the characteristic parameters[J]. Atmospheric Environment, 2012, 47: 288 - 294.

[112] Deng Q, Yang X, Zhang J S. New indices to evaluate volatile organic compound sorption capacity of building materials (RP - 1321)[J]. HVAC&R Research, 2010, 16: 95 - 105.

[113] Li M. Diffusion-controlled emissions of volatile organic compounds (VOC_s): Short-, mid-, and long-term emission profiles[J]. International Journal of Heat and Mass Transfer, 2013, 62: 295 - 302.

[114] Zhu L, Deng B, Guo Y. A unified model for VOC_s emission/sorption from/on building materials with and without ventilation[J]. International Journal of Heat and Mass Transfer, 2013, 67: 734 - 740.

[115] Cox S S, Little J C, Hodgson A T. Measuring concentrations of volatile organic compounds in vinyl flooring [J]. Journal of the Air & Waste Management Association, 2001, 51: 1195 - 1201.

[116] Smith J F, Gao Z, Zhang J S, et al. A new experimental method for the determination of emittable initial VOC concentrations in building materials and sorption isotherms for $IVOC_s$[J]. CLEAN - Soil, Air, Water, 2009, 37: 454 - 458.

[117] Seo J, Kato S, Ataka Y, et al. Evaluation of effective diffusion coefficient in various building materials and absorbents by mercury intrusion porosimetry[C]//Proceedings of Indoor Air 2005. Beijing, China; 2005: 1854 - 1859.

[118] Haghighat F, Lee C S, Ghaly W S. Measurement of diffusion coefficients of VOC_s for building materials: review and development of a calculation procedure[J]. Indoor Air, 2002, 12: 81 - 91.

[119] Tiffonnet A-L, Blondeau P, Allard F, et al. Sorption isotherms of acetone on various building materials[J]. Indoor and Built Environment, 2002, 11: 95 - 104.

[120] Bodalal A S. Fundamental mass transfer modeling of emission of volatile organic compounds from building materials [D]. Ottawa: Carleton University, 1999.

[121] Cox S S, Zhao D, Little J C. Measuring partition and diffusion coefficients for volatile organic compounds in vinyl flooring [J]. Atmospheric Environment, 2001, 35: 3823 - 3830.

[122] Guo Z. Review of indoor emission source models. Part 2. Parameter estimation[J]. Environmental Pollution, 2002, 120: 551 - 564.

[123] Hansson P, Stymne H. VOC diffusion and absorption properties of indoor materials-consequences for indoor air quality [C]//Proceedings of Healthy Buildings 2000.

Espoo, Finland, 2000: 151 - 156.

[124] Kirchner S, Badey J R, Knudsen H N, et al. Sorption capacities and diffusion coefficients of indoor surface materials exposed to VOC_s: proposal of new test procedures[C]//Proceedings of Indoor Air 99. Edinburg, Scotland, 1999: 430 - 435.

[125] Meininghaus R, Gunnarsen L, Knudsen H N. Diffusion and sorption of volatile organic compounds in building materials-Impact on indoor air quality [J]. Environmental Science & Technology, 2000, 34: 3101 - 3108.

[126] Gunnarsen L, Nielsen P A, Wolkoff P. Design and characterization of the CLIMPAQ, chamber for laboratory investigations of materials, pollution and air quality[J]. Indoor Air, 1994, 4: 56 - 62.

[127] Wolkoff P, Clausen P A, Nielsen P A, et al. Field and laboratory emission cell: FLEC[C]//Proceedings of Healthy Buildings 1991. Washington, D. C. , USA; 1991.

[128] Meininghaus R, Uhde E. Diffusion studies of VOC mixtures in a building material [J]. Indoor Air, 2002, 12: 215 - 222.

[129] Bodalal A, Zhang J S, Plett E G. A method for measuring internal diffusion and equilibrium partition coefficients of volatile organic compounds for building materials [J]. Building and Environment, 2000, 35: 101 - 110.

[130] Zhao D, Little J C, Cox S S. Characterizing polyurethane foam as a sink for or source of volatile organic compounds in indoor air[J]. Journal of Environmental Engineering, 2004, 130: 983 - 989.

[131] Yuan H, Little J C, Hodgson A T. Transport of polar and non-polar volatile compounds in polystyrene foam and oriented strand board [J]. Atmospheric Environment, 2007, 41: 3241 - 3250.

[132] Liu Z. Developing reference materials for VOC, formaldehyde and SVOC emissions testing [D]. Blacksburg, VA: Virginia Polytechnic Institute and State University, 2012.

[133] Crank J. The mathematics of diffusion[M]. 2nd ed. Oxford, England: Clarendon Press, 1975.

[134] Li F, Niu J. Simultaneous estimation of VOC_s diffusion and partition coefficients in building materials via inverse analysis[J]. Building and Environment, 2005, 40: 1366 - 1374.

[135] Li F, Niu J. An inverse approach for estimating the initial distribution of volatile organic compounds in dry building material[J]. Atmospheric Environment, 2005, 39: 1447 - 1455.

[136] Wang X, Zhang Y. A new method for determining the initial mobile formaldehyde concentrations, partition coefficients, and diffusion coefficients of dry building materials[J]. Journal of the Air & Waste Management Association, 2009, 59: 819 - 825.

[137] Wang X, Zhang Y, Xiong J. Correlation between the solid/air partition coefficient and liquid molar volume for VOC_s in building materials [J]. Atmospheric Environment, 2008, 42: 7768 - 7774.

[138] Xiong J, Chen W, Smith J F, et al. An improved extraction method to determine the initial emittable concentration and the partition coefficient of VOC_s in dry building materials[J]. Atmospheric Environment, 2009, 43: 4102 - 4107.

[139] Xiong J, Zhang Y. Impact of temperature on the initial emittable concentration of formaldehyde in building materials: experimental observation[J]. Indoor Air, 2010, 20: 523 - 529.

[140] Xiong J, Huang S, Zhang Y. A novel method for measuring the diffusion, partition and convective mass transfer coefficients of formaldehyde and VOC in building materials[J]. PLoS ONE, 2012, 7: e49342.

[141] Huang S, Xiong J, Zhang Y. A rapid and accurate method, ventilated chamber C-history method, of measuring the emission characteristic parameters of formaldehyde/VOC_s in building materials[J]. Journal of Hazardous Materials, 2013, 261: 542 - 549.

[142] Chen M S, Fan L, Hwang C, et al. Air flow models in a confined space a study in age distribution[J]. Building Science, 1969, 4: 133 - 143.

[143] Nauman E B. Residence time distribution and micromixing[J]. Chemical Engineering Communications, 1981, 8: 53 - 131.

[144] Sandberg M. What is ventilation efficiency? [J]. Building and Environment, 1981, 16: 123 - 135.

[145] Skçret E, Mathisen H M. Ventilation efficiency[J]. Environment International, 1982, 8: 473 - 481.

[146] Sandberg M, Sjöberg M. The use of moments for assessing air quality in ventilated rooms[J]. Building and Environment, 1983, 18: 181 - 197.

[147] Sandberg M, Skaret E. Air change and ventilation efficiency-New aids for HVAC designers[M]. Swedish Institute for Building Research, 1985.

[148] Murakami S. New scales for ventilation efficiency and their application based on numerical simulation of room airflow[C]//Proceedings of International Symposium on Room Air Convection and Ventilation Effectiveness, Tokyo, Japan, 1992: 22 - 38.

[149] Kato S. New scales for evaluating ventilation efficiency as affected by supply and exhaust opening based on spatial distribution of contaminant[M] ISRACVE, 1992.

[150] Kato S, Yang J-H. Study on inhaled air quality in a personal air-conditioning environment using new scales of ventilation efficiency[J]. Building and Environment, 2008, 43: 494 - 507.

[151] Peng S-H, Davidson L. Towards the determination of regional purging flow rate[J]. Building and Environment, 1997, 32: 513 - 525.

[152] Deng Q, Tang G. Ventilation effectiveness. Physical model and CFD solution[C]// Proceedings of the 4th International Conference on Indoor Air Quality, Ventilation and Energy Conservation in Buildings, IAQVEC 2001. Changsha, China; 2001.

[153] Li X, Li D, Yang X, et al. Total air age: An extension of the air age concept[J]. Building and Environment, 2003, 38: 1263 - 1269.

[154] Zhao B, Li X, Li D, et al. Revised air-exchange efficiency considering occupant distribution in ventilated rooms[J]. Journal of the Air & Waste Management Association, 2003, 53: 759 - 763.

[155] Zhao B, Li X, Chen X, et al. Determining ventilation strategy to defend indoor environment against contamination by integrated accessibility of contaminant source (IACS)[J]. Building and Environment, 2004, 39: 1035 - 1042.

[156] Li X, Zhao B. Accessibility: A new concept to evaluate ventilation performance in a finite period of time[J]. Indoor and Built Environment, 2004, 13: 287 - 293.

[157] 张寅平,李晓峰,王新轲.空间流动影响因子——室内空气污染控制新概念及其应用[J].中国科学E辑,2006,36: 51 - 67.

[158] Li X, Zhu F. Response coefficient: A new concept to evaluate ventilation performance with "Pulse" boundary conditions[J]. Indoor and Built Environment, 2009, 18: 189 - 204.

[159] 马晓钧.通风空调房间温湿度和污染物分布规律及其应用研究[D].北京:清华大学,2012.

[160] Xiong J, Wei W, Huang S, et al. Association between the emission rate and temperature for chemical pollutants in building materials: General correlation and understanding[J]. Environmental Science & Technology, 2013, 47: 8540 - 8547.

[161] Weschler C J, Hodgson A T, Wooley J D. Indoor chemistry: ozone, volatile organic compounds, and carpets[J]. Environmental Science & Technology, 1992, 26: 2371 - 2377.

[162] Weschler C J, Shields H C, Naik D V. Indoor chemistry involving O_3, NO, and NO_2 as evidenced by 14 months of measurements at a site in Southern California[J].

Environmental Science & Technology, 1994, 28: 2120 - 2132.

[163] Weschler C J, Shields H C. Potential reactions among indoor pollutants[J]. Atmospheric Environment, 1997, 31: 3487 - 3495.

[164] Weschler C J, Shields H C. Indoor ozone/terpene reactions as a source of indoor particles[J]. Atmospheric environment, 1999, 33: 2301 - 2312.

[165] Weschler C J. Ozone in indoor environments: concentration and chemistry[J]. Indoor Air, 2000, 10: 269 - 288.

[166] Shaughnessy R J, McDaniels T, Weschler C J. Indoor chemistry: ozone and volatile organic compounds found in tobacco smoke[J]. Environmental Science & Technology, 2001, 35: 2758 - 2764.

[167] Weschler C J. Reactions among indoor pollutants[J]. The Scientific World Journal, 2001, 1: 443 - 457.

[168] Fan Z, Lioy P, Weschler C, et al. Ozone-initiated reactions with mixtures of volatile organic compounds under simulated indoor conditions[J]. Environmental Science & Technology, 2003, 37: 1811 - 1821.

[169] Weschler C J. Chemical reactions among indoor pollutants: what we've learned in the new millennium[J]. Indoor Air, 2004, 14: 184 - 194.

[170] Weschler C J, Wisthaler A, Cowlin S, et al. Ozone-initiated chemistry in an occupied simulated aircraft cabin[J]. Environmental Science & Technology, 2007, 41: 6177 - 6184.

[171] Weschler C J. Changes in indoor pollutants since the 1950s[J]. Atmospheric Environment, 2009, 43: 153 - 169.

[172] Wisthaler A, Weschler C J. Reactions of ozone with human skin lipids: Sources of carbonyls, dicarbonyls, and hydroxycarbonyls in indoor air[C]//Proceedings of the National Academy of Sciences, 2010, 107: 6568 - 6575.

[173] Uhde E, Salthammer T. Impact of reaction products from building materials and furnishings on indoor air quality—a review of recent advances in indoor chemistry[J]. Atmospheric Environment, 2007, 41: 3111 - 3128.

[174] Tamás G, Weschler C J, Toftum J, et al. Influence of ozone-imonene reactions on perceived air quality[J]. Indoor Air, 2006, 16: 168 - 178.

[175] Wisthaler A, Tamás G, Wyon D P, et al. Products of ozone-initiated chemistry in a simulated aircraft environment[J]. Environmental Science & Technology, 2005, 39: 4823 - 4832.

[176] Mo J, Zhang Y, Xu Q, et al. Photocatalytic purification of volatile organic compounds in indoor air: A literature review[J]. Atmospheric Environment, 2009,

43: 2229 - 2246.

[177] Özkaynak H, Ryan P, Allen G, et al. Indoor air quality modeling: Compartmental approach with reactive chemistry[J]. Environment International, 1982, 8: 461 - 471.

[178] Nazaroff W W, Cass G R. Mathematical modeling of chemically reactive pollutants in indoor air[J]. Environmental Science & Technology, 1986, 20: 924 - 934.

[179] Weschler C J, Shields H C. Production of the hydroxyl radical in indoor air[J]. Environmental Science & Technology, 1996, 30: 3250 - 3258.

[180] Drakou G, Zerefos C, Ziomas I, et al. Measurements and numerical simulations of indoor O_3 and NO_x in two different cases[J]. Atmospheric Environment, 1998, 32: 595 - 610.

[181] Sarwar G, Corsi R, Kimura Y, et al. Hydroxyl radicals in indoor environments[J]. Atmospheric Environment, 2002, 36: 3973 - 3988.

[182] Carslaw N. A new detailed chemical model for indoor air pollution[J]. Atmospheric Environment, 2007, 41: 1164 - 1179.

[183] Guieysse B, Hort C, Platel V, et al. Biological treatment of indoor air for VOC removal: Potential and challenges[J]. Biotechnology Advances, 2008, 26: 398 - 410.

[184] Girman J R. Volatile organic compounds and building bake-out[J]. Occupational Medicine: State of the Art Reviews, 1989, 4: 695 - 712.

[185] Harrison P, Crump D, Kephalopoulos S, et al. Harmonised regulation and labelling of product emissions — A new initiative by the European Commission[J]. Indoor and Built Environment, 2011, 20: 581 - 583.

[186] Cal/EPA. All OEHHA acute, 8-hour and chronic reference exposure levels (chRELs) as of June 2014. [EB/OL] www. oehha. ca. gov/air/Allrels. html, last accessed: September 17th, 2014.

[187] OSHA. Occupational Safety and Health Standards, Code of Federal Regulations, Title 29 Part 1910 (29 CFR 1910. 1000). Toxic and Hazardous Substances-Air contaminants[EB/OL]. www. osha. gov/pls/oshaweb/owadisp. show_document? p_table=STANDARDS&p_id=9991, last accessed: September 25th, 2014.

[188] ACGIH. TLVs and BEIs of ACGIH Handbook[M]. Cincinnati, OH, USA: ACGIH Worldwide, 2005.

[189] 中华人民共和国卫生部. GBZ 2. 1 - 2007 工作场所有害因素职业接触限值 第 1 部分: 化学有害因素[S]. 北京: 人民卫生出版社,2007.

[190] ATSDR. Minimal risk levels (MRLs)-July 2013[EB/OL]. www. atsdr. cdc. gov/mrls/mrllist. asp, last accessed: September 17th, 2014.

[191] ANSES. Emissions de compos'es organiques volatils (COV) par les produits de

construction et de d'ecoration [EB/OL]. https: //www. anses. fr/fr/content/emissions-de-compos% C3% A9s-organiques-volatils-cov-par-les-produits-de-construction-et-de, last accessed: November 10th, 2014.

[192] Willem H, Singer B C. Chemical emissions of residential materials and products: Review of available information[M]. Lawrence Berkeley National Laboratory, 2010.

[193] Fernandes EdO, Gustafsson H, Seppçnen O, et al. ENVIE Project: WP3 Technical report on characterisation of spaces and sources. Co-ordination action on indoor air quality and health effects-EnVie: EU - FP6 Project NO. SSPE - CT - 2004 - 502671, 2008.

[194] Fowler D, Brunekreef B, Fuzzi S, et al. Research findings in support of the EU Air Quality Review[M]. Brussels: European Commission, 2013.

[195] An Y, Zhang J, Shaw C Y. Sink effect study for common building materials-a literature review & research plan[M]. National Research Council Canada, 1997.

[196] An Y, Zhang J, Shaw C Y. A review of volatile organics emission data for building materials and furnishings[M]. National Research Council Canada, 1997.

[197] Zhang J, Shaw C Y. Modelling of volatile organic compound (VOC) emissions from building materials/furnishings—A literature review[M]. National Research Council Canada, 1997.

[198] Zhang J, Wang J, Shaw C Y. A theoretical examination of a simplified procedure for data analysis in small chamber testing of material emissions[M]. National Research Council Canada, 1997.

[199] Zhu J, Zhang J, Kanabus-Kaminska J, et al. Characterization and quantification of volatile organic compounds in emissions from building materials for dynamic chamber tests[M]. National Research Council Canada, 1997.

[200] Burrows J, Won D. NRC - IRC's material emissions study yielding results[J]. Solplan Review, 2005: 18 - 9.

[201] Magee R, Lusztyk E, Won D, et al. Prediction of VOC concentration profiles in a newly constructed house using small chamber data and an IAQ simulation program [C]//Proceedings of Indoor Air 2002. 2002: 1 - 33.

[202] Magee R, Won D, Shaw C, et al. VOC emission from building materials-the impact of specimen variability-a case study[M]. National Research Council Canada, 2003.

[203] Won D, Lusztyk E, Shaw C. Target VOC list: National Research Council Canada[M]. 2005.

[204] Won D, Nong G, Shaw C. Quantification of the effects of air velocity on VOC emissions from building materials[M]. National Research Council Canada, 2004.

[205] Won D, Shaw C. Determining coefficients for mass-transfer models for volatile organic compound emissions from architectural coatings[M]. National Research Council Canada, 2003.

[206] Won D, Shaw C. Investigation of building materials as VOC sources in indoor air [M]. National Research Council Canada, 2004.

[207] Won D, Shaw C. Effects of air velocity and temperature on VOC emissions from architectural coatings[M]. National Research Council Canada, 2005.

[208] Charles K, Magee R, Won D, et al. Indoor air quality guidelines and standards[M]. National Research Council Canada, 2005.

[209] Shaw C, Sander D, Magee R, et al. Material emissions and indoor air quality modelling project-an overview[M]. National Research Council Canada, 2001.

[210] Shaw C, Won D, Reardon J. Managing volatile organic compounds and indoor air quality in office buildings: An engineering approach[M]. National Research Council Canada, 2005.

[211] Bluyssen P M, de Oliveira Fernandes E, Molina J. EDBIAPS, European data base on indoor air pollution sources: marketing and organisational matters[J].

[212] He G, Yang X. On regression method to obtain emission parameters of building materials[J]. Building and Environment, 2005, 40: 1282-1287.

[213] Moré J J. The Levenberg-Marquardt algorithm: Implementation and theory. Numerical Analysis[M]. Springer, 1978.

[214] Zhou J L, Tits A L. An SQP algorithm for finely discretized continuous minimax problems and other minimax problems with many objective functions[J]. SIAM Journal on Optimization, 1996, 6: 461-487.

[215] Li M. Robust nonfitting way to determine mass diffusivity and initial concentration for VOC_s in building materials with accuracy estimation[J]. Environmental Science & Technology, 2013, 47: 9086-9092.

[216] Yao Y, Xiong J, Liu W, et al. Determination of the equivalent emission parameters of wood-based furniture by applying C-history method[J]. Atmospheric Environment, 2011, 45: 5602-5611.

[217] White F M. Heat and mass transfer. Reading[M]. MA: Addison-Wesley, 1998.

[218] Lyman W J, Reehl W F, Rosenblatt D H, et al. Handbook of chemical property estimation methods: environmental behavior of organic compounds[M]. McGraw-Hill New York, 1982.

[219] Fritsch F N, Carlson R E. Monotone piecewise cubic interpolation[J]. SIAM Journal on Numerical Analysis, 1980, 17: 238-246.

[220] Kahaner D, Moler C B, Nash S. Numerical methods and software[M]. Prentice-Hall Englewood Cliffs, NJ, 1989.

[221] Jennrich R I, Robinson S M. A Newton-Raphson algorithm for maximum likelihood factor analysis[J]. Psychometrika, 1969, 34: 111 - 123.

[222] Brown K M, Dennis Jr J E. Derivative free analogues of the Levenberg-Marquardt and Gauss algorithms for nonlinear least squares approximation[J]. Numerische Mathematik, 1971, 18: 289 - 297.

[223] Deuflhard P. Newton methods for nonlinear problems: affine invariance and adaptive algorithms[M]. Springer, 2011.

[224] ASTM. D5157 - 97(2008) Standard guide for statistical evaluation of indoor air quality models[S]. West Conshohocken, PA: ASTM International, 2008.

[225] 叶蔚,张旭.一种极端条件建材 VOC 散发模型关键参数估计法[J].上海市制冷学会 2013 年学术年会论文集.上海,2013: 455 - 460.

[226] 宋伟,孔庆媛,李洪枚.木家具关键挥发性有机化合物散发传质特性[J].环境科学学报,2013,33: 1703 - 1719.

[227] 宋伟,孔庆媛,李洪枚,李强,李继光.木家具中挥发性有机物的散发传质特性[J].过程工程学报,2013,1: 003.

[228] Liu Z, Howard-Reed C, Cox SS, et al. Diffusion-controlled reference material for VOC emissions testing: effect of temperature and humidity[J]. Indoor Air, 2014, 24: 283 - 291.

[229] Howard-Reed C, Liu Z, Cox S, et al. Diffusion-controlled toluene reference material for VOC emissions testing: International interlaboratory study[J]. Journal of the Air & Waste Management Association, 2014, 64: 468 - 480.

[230] ASTM. D5116 - 10 Standard guide for small-scale environmental chamber determinations of organic emissions from indoor materials products[M]. West Conshohocken, PA: ASTM International, 2010.

[231] Guan J, Gao K, Wang C, et al. Measurements of volatile organic compounds in aircraft cabins. Part I: Methodology and detected VOC species in 107 commercial flights[J]. Building and Environment. 2014, 72: 154 - 161.

[232] Lusztyk E, Yang W, Won D Y. Methodology for the analysis of VOC_s in emission testing of building materials[M]. Canada: National Research Council Canada, 2005.

[233] Ye W, Won D, Zhang X. A preliminary ventilation rate determination methods study for residential buildings and offices based on VOC emission database[J]. Building and Environment, 2014, 79: 168 - 180.

[234] Awbi H B. Ventilation of buildings[M]. Routledge, 2013.

[235] Wal J F, Hoogeveen A W, Leeuwen L. A quick screening method for sorption effects of volatile organic compounds on indoor materials[J]. Indoor Air, 1998, 8: 103 - 112.

[236] 中华人民共和国建设部，中华人民共和国国家质量监督检验检疫总局. GB 18580 - 2001 室内装饰装修材料 人造板及其制品甲醛释放量[S]. 北京：中国标准出版社，2001.

[237] Ashley D L, Bonin M A, Cardinali F L, et al. Blood concentrations of volatile organic compounds in a nonoccupationally exposed US population and in groups with suspected exposure[J]. Clinical chemistry, 1994, 40: 1401 - 1404.

[238] Sofuoglu S C, Aslan G, Inal F, et al. An assessment of indoor air concentrations and health risks of volatile organic compounds in three primary schools[J]. International Journal of Hygiene and Environmental Health, 2011, 214: 36 - 46.

[239] 中华人民共和国国家质量监督检验检疫总局. GB 18587 - 2001 室内装饰装修材料 地毯、地毯衬垫及地毯胶粘剂有害物质释放限量[S]. 北京：中国标准出版社，2001.

[240] Sherman M H. Efficacy of intermittent ventilation for providing acceptable indoor air quality[J]. ASHRAE Transactions, 2006, 112: 93 - 101.

[241] Santamouris M, Synnefa A, Asssimakopoulos M, et al. Experimental investigation of the air flow and indoor carbon dioxide concentration in classrooms with intermittent natural ventilation[J]. Energy and Buildings, 2008, 40: 1833 - 1843.

[242] Kolokotroni M, Aronis A. Cooling-energy reduction in air-conditioned offices by using night ventilation[J]. Applied Energy, 1999, 63: 241 - 253.

[243] Birtles A, Kolokotroni M, Perera M. Night cooling and ventilation design for office-type buildings[J]. Renewable Energy, 1996, 8: 259 - 263.

[244] Howard-Reed C, Liu Z, Benning J, et al. Diffusion-controlled reference material for volatile organic compound emissions testing: Pilot inter-laboratory study[J]. Building and Environment, 2011, 46: 1504 - 1511.

[245] Huang S, Xiong J, Zhang Y. Influence of temperature on the initial emittable concentration of formaldehyde in building materials: interpretation and validation [C]//Proceedings of Indoor Air 2014, Volume V. Hong Kong, 2014: 155 - 157.

[246] WHO. Guidelines for indoor air quality-Selected pollutants[M]. Denmark: WHO Regional Office for Europe, 2010.

[247] Tang X, Bai Y, Duong A, et al. Formaldehyde in China: Production, consumption, exposure levels, and health effects[J]. Environment International, 2009, 35: 1210 - 1224.

[248] ATSDR. Toxicological profile for formaldehyde[M]. Atlanta, GA, USA: Agency

for Toxic Substances and Disease Registry, US Department of Health and Human Services, 1999.

[249] Hennebert P. Solubility and diffusion coefficients of gaseous formaldehyde in polymers[J]. Biomaterials, 1988, 9: 162 - 167.

[250] Dainton F, Ivin K, Walmsley D. The equilbrium between gaseous formaldehyde and solid polyoxymethylene[J]. Transactions of the Faraday Society, 1959, 55: 61 - 64.

[251] Taylor L A, Barbeito M S, Gremillion G G. Paraformaldehyde for surface sterilization and detoxification[J]. Applied Microbiology, 1969, 17: 614 - 618.

[252] NIOSH. Formaldehyde by VIS 3500[M]//NIOSH manual of analytical methods (NMAM), Fourth edition. Washington, DC: NIOSH; 1994.

[253] Ye W, Cox S S, Zhao X, et al. Partially-irreversible sorption of formaldehyde in five polymers[J]. Atmospheric Environment, 2014, 99: 288 - 297.

[254] Levine H, Slade L. Water as a plasticizer: physico-chemical aspects of low-moisture polymeric systems[J]. Water Science Reviews, 1988, 3: 79 - 185.

[255] Leonardo M R, da Silva LAB, da Silva RS. Release of formaldehyde by 4 endodontic sealers[J]. Oral Surgery, Oral Medicine, Oral Pathology, Oral Radiology, and Endodontology, 1999, 88: 221 - 225.

[256] Bryant WMD, Thompson J B. Chemical thermodynamics of polymerization of formaldehyde in an aqueous environment[J]. Journal of Polymer Science Part A - 1: Polymer Chemistry, 1971, 9: 2523 - 2540.

[257] Busfield W K, Merigold D. The thermodynamics of polymerisation of aldehydes and cyclic ethers. Part I. Formaldehyde and trioxane[J]. Die Makromolekulare Chemie, 1970, 138: 65 - 76.

[258] Clouthier D, Ramsay D. The spectroscopy of formaldehyde and thioformaldehyde[J]. Annual Review of Physical Chemistry, 1983, 34: 31 - 58.

[259] Lobo H, Bonilla J V. Handbook of plastics analysis[M]. CRC Press, 2003.

[260] Jaroniec M, Madey R. Physical adsorption on heterogeneous solids[M]. Amsterdam: Elsevier, 1988.

[261] Oura K, Zotov A, Lifshits V, et al. Surface science: an introduction[M]. Berlin: Springer, 2003.

[262] Zhang Y. Indoor air quality engineering[M]. CRC Press, 2004.

[263] Deng Q, Yang X, Zhang J. Study on a new correlation between diffusion coefficient and temperature in porous building materials[J]. Atmospheric Environment, 2009, 43: 2080 - 2083.

[264] Wolkoff P. Impact of air velocity, temperature, humidity, and air on long-term VOC

emissions from building products[J]. Atmospheric Environment, 1998, 32: 2659 - 2668.

[265] Fang L, Clausen G, Fanger P O. Impact of temperature and humidity on chemical and sensory emissions from building materials[J]. Indoor Air, 1999, 9: 193 - 201.

[266] Parthasarathy S, Maddalena R L, Russell M L, et al. Effect of temperature and humidity on formaldehyde emissions in temporary housing units[J]. Journal of the Air & Waste Management Association, 2011, 61: 689 - 695.

[267] Lin C-C, Yu K-P, Zhao P, et al. Evaluation of impact factors on VOC emissions and concentrations from wooden flooring based on chamber tests[J]. Building and Environment, 2009, 44: 525 - 533.

[268] Huang H, Haghighat F, Blondeau P. Volatile organic compound (VOC) adsorption on material: influence of gas phase concentration, relative humidity and VOC type [J]. Indoor Air, 2006, 16: 236 - 247.

[269] Yang X, Zhang J, Deng Q. ASHRAE RP - 1321—Modeling VOC sorption of building materials and its impact on indoor air quality-Phase II (Second Phase of RP - 1097), Final report[R]. ASHRAE, 2010.

[270] Xu J, Zhang J S. An experimental study of relative humidity effect on VOC_s' effective diffusion coefficient and partition coefficient in a porous medium[J]. Building and Environment, 2011, 46: 1785 - 1796.

[271] Haghighat F, De Bellis L. Material emission rates: Literature review, and the impact of indoor air temperature and relative humidity[J]. Building and Environment, 1998, 33: 261 - 277.

[272] Andersen I, Lundqvist G R, Mølhave L. Indoor air pollution due to chipboard used as a construction material[J]. Atmospheric Environment (1967), 1975, 9: 1121 - 1127.

[273] 曹连英,沈隽,王敬贤,等. 相对湿度对刨花板 VOC_s 释放特性的影响[J]. 北京林业大学学报,2013,35: 149 - 153.

[274] Jorgensen R, Knudsen H, Fanger P. The influence on indoor air quality of adsorption and desorption of organic compounds on materials[J]. Indoor Air, 1993, 93: 383 - 388.

[275] Kirchner S, Karpe P, Rouxel P, bâtiment Csetd. Adsorption/desorption processes of organic pollutants on indoor material areas[M]. Centre Scientifique et Technique du Batiment, 1996.

[276] Corsi R, Won D, Rynes M. The interaction of VOC_s and indoor materials: an experimental evaluation of adsorptive sinks and influencing factors[J]. Indoor Air, 1999, 1: 448 - 453.

[277] Farajollahi Y, Chen Z, Haghighat F. An experimental study for examining the effects of environmental conditions on diffusion coefficient of VOC_s in building materials[J]. CLEAN - Soil, Air, Water, 2009, 37: 436 - 443.

[278] 李先庭,赵彬.室内空气流动数值模拟[M].北京:机械工业出版社,2009.

[279] 李先庭.用计算流体动力学方法求解通风房间的空气年龄[J].清华大学学报(自然科学版),1998,38:28 - 31.

[280] Etheridge D W, Sandberg M. Building ventilation: theory and measurement[M]. John Wiley & Sons, 1996.

[281] Fluent Inc. Fluent 6.0 user's guide[M]. Lebanon: NH: Fluent Inc., 2001.

[282] Sakamoto Y, Matsuo Y. Numerical predictions of three-dimensional flow in a ventilated room using turbulence models[J]. Applied Mathematical Modelling, 1980, 4: 67 - 72.

[283] 王凤.包含外围护结构的室内环境 CFD 模拟[D].大连:大连理工大学,2013.

[284] Zhang J, Wilson W E, Lioy P J. Indoor air chemistry: formation of organic acids and aldehydes[J]. Environmental Science & Technology, 1994, 28: 1975 - 1982.

[285] Ye W, Won D, Zhang X. Practical approaches to determine ventilation rate for offices while considering physical and chemical variables for building material emissions[J]. Building and Environment, 2014, 82: 490 - 501.

[286] Seinfeld J H, Pandis S N. Atmospheric chemistry and physics: from air pollution to climate change[M]. John Wiley & Sons, 2012.

[287] Watson J G, Chow J C, Fujita E M. Review of volatile organic compound source apportionment by chemical mass balance[J]. Atmospheric Environment, 2001, 35: 1567 - 1584.

[288] Na K, Moon K-C, Kim Y P. Source contribution to aromatic VOC concentration and ozone formation potential in the atmosphere of Seoul[J]. Atmospheric Environment, 2005, 39: 5517 - 5524.

[289] Henry R C, Lewis C W, Collins J F. Vehicle-related hydrocarbon source compositions from ambient data: the GRACE/SAFER method[J]. Environmental Science & Technology, 1994, 28: 823 - 832.

[290] Edwards R D, Jurvelin J, Koistinen K, et al. VOC source identification from personal and residential indoor, outdoor and workplace microenvironment samples in EXPOLIS - Helsinki, Finland[J]. Atmospheric Environment, 2001, 35: 4829 - 4841.

[291] Guo H, Wang T, Simpson I, et al. Source contributions to ambient VOC_s and CO at a rural site in eastern China[J]. Atmospheric Environment, 2004, 38: 4551 - 4560.

[292] Mukund R, Kelly T J, Spicer C W. Source attribution of ambient air toxic and other

VOCs in Columbus, Ohio[J]. Atmospheric Environment, 1996, 30: 3457 - 3470.

[293] 白志鹏,李伟芳. 二次有机气溶胶的特征和形成机制[J]. 过程工程学报,2008,8: 202 - 208.

[294] Kroll J H, Seinfeld J H. Chemistry of secondary organic aerosol: Formation and evolution of low-volatility organics in the atmosphere[J]. Atmospheric Environment, 2008, 42: 3593 - 3624.

[295] Li T-H, Turpin B J, Shields H C, et al. Indoor hydrogen peroxide derived from ozone/d-limonene reactions[J]. Environmental Science & Technology, 2002, 36: 3295 - 3302.

[296] Hubbard H, Coleman B, Sarwar G, et al. Effects of an ozone-generating air purifier on indoor secondary particles in three residential dwellings[J]. Indoor Air, 2005, 15: 432 - 444.

[297] USEPA. National Primary and Secondary Ambient Air Quality Standards, Code of Federal Regulations[S/OL]. Title 40 Part 50 (40 CFR 50), as amended July 30, 2004 and Oct. 17, 2006. www. epa. gov/air/criteria. html, last accessed: September 25th, 2014.

后记

行文至此，光阴荏苒。廿余载求学生涯终将匆匆而过。说匆匆许是为了表明还有未被岁月抹灭的心。记起的碎碎片片和记不起的起起伏伏。还好，梦想还在。

衷心感谢恩师张旭教授，言传身教，对我专业素养、人生观和价值观的塑造都无以言表。张老师会在学生迷茫之际给予及时的指导，在学生渴望拓宽视野之际给予足够的自由，也会在学生做人做事不恰之时给予中肯的批评。我很知足，唯有感恩。祝张老师和袁老师身体健康，一切顺利。

衷心感谢硕士阶段导师张恩泽高工，张老师总是会在我犹豫抉择之际给我指点迷津。感谢课题组高军副教授、杨洁副教授、周翔讲师、苏醒助教，以及朱春、王军、韩星、刘俊、竟峰、黄晓庆、李翔、张荣鹏、于水、金敏刚等师兄师姐，鲍谦、孙永强、周慧鑫、刘焱、蒋丹丹、高玉磊等同门，以及杨德润、张昌淋、文玲等师弟师妹对我学习、工作和生活的关心和帮助。还要感谢张小波、张淇淇、张韵淇、宋天珩、房艳兵等师弟师妹在我出国期间协助我处理国内事务。课题组其他同门在此不一一列举，多谢大家。尽管总有风风雨雨，但课题组一直齐心向上的氛围让我饱受历练。

感谢同济大学机械与能源工程学院先进城市能源及建筑环境控制与安全综合实验中心马瑛老师、臧建彬老师、蔡健老师、王晓东老师、曹昌盛老师、赵美老师等对我的指点，平时对您们多有麻烦。

感谢国家留学基金委资助我赴美国 Virginia Tech 进行为期 15 个月的联合培养。这段经历弥足珍贵，让我见识并参与到了美国学术文化的氛围中去。感谢在美期间导师 Dr. John C. Little，给予我充分的学术机会和资源，在每周一次的学术交谈中也让我逐步深入开展本课题的研究。感谢 Dr. Doyun Won 无偿提供加拿大国家研究委员会建筑研究学会 NRC 建材 VOC 散发数据库，以及对我多篇论文的指导与帮助。感谢 VT Air 方向 Xiaomin Zhao、Dr. Yaoxing Wu、Dr. Linsey C. Marr 等给予我学术上的帮助。特别感谢 Dr. Steven S. Cox 和 Dr. Jeffrey L. Parks，亦师亦友，在悉心指导我学术科研之余让我真正走进并了解了美国人民的生活。

在多层建材 VOC 散发模型和多源汇 VOC 散发模型的学习过程中，感谢西安交通大学王新珂副教授以及上海理工大学邓宝庆副教授的指导。

感谢父亲叶建初和母亲柳建萍对我无穷尽的爱，无以报答，儿子在外多年难尽孝心。不曾想到写到这里也会眼眶莹润。

最后，感谢在同济大学研究生会工作学习的近三年时光，感谢陈以一副校长、李昕副书记、研究生工作部陆居怡老师、宋木生老师、吴佳老师、校团委杨元飞老师、陈一希老师，机械与能源工程学院于睿坤老师等对我工作上的包容和指点。忘不了一起奋斗的兄弟姐妹，希望大家都在各自的岗位上践行“赤诚、热情、奉献、卓越”的新枫林精神。当然，因为这段经历认识了她，谢谢你带我走出低谷。

希望，新的生活就在眼前。